21世纪高等学校规划教材

大学信息技术教程

Fundamentals of College Information Technology

严熙 主编
华伟 於跃成 副主编

高校系列

人民邮电出版社
北京

图书在版编目（ＣＩＰ）数据

大学信息技术教程 / 严熙主编. -- 北京：人民邮
电出版社，2018.2（2020.8 重印）
21世纪高等学校规划教材
ISBN 978-7-115-47417-9

Ⅰ．①大⋯ Ⅱ．①严⋯ Ⅲ．①电子计算机－高等学校
－教材 Ⅳ．①TP3

中国版本图书馆CIP数据核字(2018)第017935号

内 容 提 要

　　本书以江苏省和全国计算机等级考试的考试大纲为指导进行编写。全书共分两个部分：第一部分为信息技术基础，第二部分为计算机基础实验指导；本书系统地论述了计算机与信息技术概述、计算机硬件组成、计算机软件、计算机网络与通信、多媒体技术及应用、数据库与信息系统，同时还安排了计算机操作系统、Office 办公软件等计算机基础相关实验。

　　本书基础理论简洁明了，实验操作具体实用，习题选择典型，是一本基础知识和实践操作相结合的学习教材。本书既可以作为本科各专业大学计算机基础课程的教材，也可以作为实验教材、自学用书、江苏省和全国计算机等级考试复习用书。

◆ 主　　编　严　熙
　　副 主 编　华　伟　於跃成
　　责任编辑　李　召
　　责任印制　沈　蓉　彭志环

◆ 人民邮电出版社出版发行　　北京市丰台区成寿寺路 11 号
　　邮编　100164　　电子邮件　315@ptpress.com.cn
　　网址　http://www.ptpress.com.cn
　　北京市艺辉印刷有限公司印刷

◆ 开本：787×1092　1/16
　　印张：19　　　　　　　　　　　2018 年 2 月第 1 版
　　字数：502 千字　　　　　　　　2020 年 8 月北京第 4 次印刷

定价：52.00 元
读者服务热线：(010)81055256　印装质量热线：(010)81055316
反盗版热线：(010)81055315

前　言

随着计算机科学的飞速发展和计算机技术的不断普及应用，当今时代的每一位学习者都必须具备计算机的基本应用能力以及一定的计算机文化素养。目前，计算机基础教学已经在我国大部分地区的中小学开展，不同地区的学生在进入大学之前都已经掌握了不同程度的计算机操作技能以及理论知识，而并非是零基础。教育部在高校计算机基础教学发展战略研究报告暨计算机基础课程教学基本要求中提出，计算机基础教学要培养学习者对计算机的认知能力以及使用计算机解决实际问题的能力。因此，计算机基础教学对于学习者的培养目标，不仅仅是要加强学习者的计算机应用技能和基础知识，而是应该在此基础上使学习者能够理解计算机在解决问题的时候所发挥的作用，培养学习者使用计算机处理和解决实际问题的能力，进而培养学习者的思维能力，展现计算机科学的思维方式，提升实践创新能力。

本书紧扣江苏省普通高校计算机等级考试大纲，充分吸收江苏省高校计算机基础课程教学改革最新成果，反映了计算机技术最新的发展动态。本书分为两大部分，第一部分为信息技术基础，主要介绍计算机信息处理技术的基础知识，共分 6 个章节，系统地论述了计算机与信息技术概述、计算机软件、计算机网络与通信、多媒体技术及应用、数据库与信息系统等计算机基础理论知识。第二大部分为计算机基础实验指导，以 Windows 7 和 Office 2010 为系统环境，共分 5 个章节 10 个实验，包含了 Windows 7 操作系统的基本操作、Word 2010 的基本操作与综合操作、Excel 2010 基本操作、数据的分析与管理、PowerPoint 2010 演示文稿的基本操作与个性化设置、计算机维护与安全等典型且实用的实验任务。

本书理论及实验内容涉及的知识面广，其内容体现了循序渐进、由浅入深的思想和理念，适合分级教学，以满足不同学时、不同基础读者的学习需求。在教学实践中，教师可根据学时数和学生的基础来选择内容，学习者可依据自身的兴趣和学习需求选择实验内容进行自主实验。本书可单独作为实训教材使用，也可作为大学计算机基础理论课的配套教程。

本书由严熙主编，华伟、於跃成副主编，在编写过程中，得到了张晓如、祁云嵩、王逊、王芳、范燕、段旭、潘舒、石亮、王红梅的大力支持和帮助，在此深表感谢。

在教材形成和撰写过程中，得益于同行众多类教材的启发，得到了江苏科技大学教务处、江苏科技大学教材科、计算机学院领导的精心指导，得到了江苏兄弟学校同仁们的真诚关怀，在此深表感谢。

编　者
2018 年 1 月

目　录

第一部分　信息技术基础

第二部分　计算机基础实验指导

第一部分

信息技术基础

第 **1** 章 计算机与信息技术概述

计算机技术发展日新月异，计算机的应用也越来越广泛，计算机的诞生标志着人类社会进入了一个崭新的科技新纪元。尤其是微型计算机的发展和 Internet 的普及应用，正在逐步改变着人们的工作和生活方式。要学会使用计算机，我们不仅要学习计算机的基本原理和系统组成，也要充分理解计算机的主要技术指标以及计算机安全等基本知识，以利于进一步学习和掌握计算机的操作技术。

通过学习本章，主要掌握以下几方面内容：

（1）了解计算机的诞生及发展过程；

（2）认识计算机的特点、应用和分类；

（3）了解计算机的发展趋势；

（4）熟悉信息技术的相关概念；

（5）掌握计算机中的二进制及其转换。

1.1 计算机概述

1.1.1 计算机的发展历程

17 世纪，德国数学家莱布尼茨发明了震惊世界的二进制，为计算机内部数据的表示方法创造了条件。20 世纪初，电子技术得到了飞速发展，1904 年，英国电气工程师弗莱明研制出了真空二极管。1906 年，美国科学家福雷斯特发明了真空三极管，为计算机的诞生奠定了基础。

20 世纪 40 年代后期，西方国家的工业技术得到迅猛的发展，相继出现了雷达和导弹等高科技产品，大量复杂的科技产品的计算使得原有的计算工具无能为力，迫切需要在计算技术上有所突破。1943年正值第二次世界大战，由于军事上的需要，宾夕法尼亚大学电子工程系的教授莫克利和他的研究生埃克特研制的世界上第一台计算机 ENIAC（Electronic Numerical Integrator And Computer，电子数字积分计算机）诞生了，如图 1-1 所示。

图 1-1 世界上第一台计算机 ENIAC

ENIAC 的主要元件是电子管，每秒可完成 5000 次加法运算，300 多次乘法运算，比当时最快的计算工具要快 300 倍。ENIAC 重 30 多吨，占地 170m^2，采用了 18 000

多个电子管、1 500 多个继电器、70 000 多个电阻和 10 000 多个电容,耗电 150 千瓦。虽然 ENIAC 的体积庞大、性能差,但它的出现具有跨时代的意义,它开创了电子技术发展的新时代——计算机时代的到来。

同一时期,ENIAC 项目组的一个美籍匈牙利研究人员冯·诺依曼开始研制他自己的离散变量自动电子计算机(Electronic Discrete Variable Automatic Computer, EDVAC)。该计算机是当时最快的计算机,其主要设计理论是采用二进制和存储程序方式。因此人们把冯·诺依曼的这个理论称为冯·诺依曼体系结构,并沿用至今。冯·诺依曼也被誉为"现代电子计算机之父"。

从第一台计算机 ENIAC 诞生到至今的几十年时间里,计算机技术成为发展最快的现代技术之一,根据计算机所采用的物理器件,可以将计算机的发展划分为 4 个阶段,如表 1-1 所示。

表 1-1　　　　　　　　　　　　　　计算机发展的 4 个阶段

阶段	划分年代	采用的元器件	运算速度(每秒指令数)	主 要 特 点	应用领域
第一代计算机	1946~1957 年	电子管	几千条	主存储器采用磁鼓,体积庞大、耗电量大、运行速度低、可靠性较差、内存容量小	国防及科学研究工作
第二代计算机	1958~1964 年	晶体管	几万至几十万条	主存储器采用磁芯,开始使用高级程序及操作系统,运算速度提高、体积减小	工程设计、数据处理
第三代计算机	1965~1970 年	中小规模集成电路	几十万至几百万条	主存储器采用半导体存储器,集成度高、功能增强、价格下降	工业控制、数据处理
第四代计算机	1971 年至今	大规模、超大规模集成电路	上千万至万亿条	计算机走向微型化,性能大幅度提高,软件也越来越丰富,为网络化创造了条件。同时计算机逐渐走向人工智能化,并采用了多媒体技术,具有听、说、读、写等功能	工业、生活等各个方面

1.1.2　计算机的特点、应用和分类

随着科学技术的发展,计算机已被广泛应用于各个领域,在人们的生活和工作中起着重要的作用。下面介绍计算机的特点、应用和分类。

1. 计算机的特点

计算机之所以具有如此强大的功能,这是由它的特点所决定的。计算机主要有以下 6 个主要特点。

(1)运算速度快。计算机的运算速度指的是单位时间内所能执行指令的条数,一般以每秒能执行多少条指令来描述。早期的计算机由于技术的原因,工作频率较低,而随着集成电路技术的发展,计算机的运算速度得到飞速提升,目前世界上已经有运算速度超过每秒亿亿次的计算机。

(2)计算精度高。计算机的运算精度取决于采用机器码的字长(二进制码),即常说的 8 位、16 位、32 位和 64 位等,字长越长,有效位数就越多,精度就越高。如果使用十位十进制数转换成机器码,便可以轻而易举的取得几百亿分之一的精度。

(3)准确的逻辑判断能力。除了计算功能外,计算机还具备数据分析和逻辑判断能力,高级计算机还具有推理、诊断和联想等模拟人类思维的能力,因此计算机俗称为"电脑"。而具有准

确、可靠的逻辑判断能力是计算机能够实现信息处理自动化的重要原因之一。

（4）强大的存储能力。计算机具有许多存储记忆载体，可以将运行的数据、指令程序和运算的结果存储起来，供计算机本身或用户使用，还可即时输出为文字、图像、声音和视频等各种信息。例如，要在一个大型图书馆使用人工查阅书目可能会尤如大海捞针，而采用计算机管理后，所有的图书目录及索引都存储在计算机中，这时查找一本图书只需要几秒钟。

（5）自动化程度高。计算机内具有运算单元、控制单元、存储单元和输入输出单元，计算机可以按照编写的程序（一组指令）实现工作自动化，不需要人的干预，而且还可反复执行。例如，企业生产车间及流水线管理中的各种自动化生产设备，正是因为植入了计算机控制系统才使工厂生产自动化成为可能。

（6）具有网络与通信功能。通过计算机网络技术可以将不同城市、不同国家的计算机连在一起形成一个计算机网，在网上的所有计算机用户均可以共享资料和交流信息，从而改变了人类的交流方式和信息获取方式。

2. 计算机的应用

在计算机诞生的初期，计算机主要应用于科研和军事等领域，负责的工作内容主要是针对大型的高科技研发活动。近年，随着社会的发展和科技的进步，计算机的性能不断上升，在社会的各个领域都得到了广泛的应用。

计算机的应用可以概括为以下 7 个方面。

（1）科学计算。科学计算即通常所说的数值计算，是指利用计算机来完成科学研究和工程设计中提出的一系列复杂的数学问题的计算。计算机不仅能进行数字运算，还可以解答微积分方程以及不等式。由于计算机具有较高的运算速度，对于以往人工难以完成甚至无法完成的数值计算，计算机都可以完成，如气象资料分析和卫星轨道的测算等。目前，基于互联网的云计算，甚至可以体验每秒 10 万亿次的超强运算能力。

（2）数据处理和信息管理。对大量的数据进行分析、加工和处理等工作早已开始使用计算机来完成，这些数据不仅包括"数"，还包括文字、图像和声音等数据形式。由于现代计算机速度快、存储容量大，使得计算机在数据处理和信息加工方面的应用十分广泛，如企业的财务管理、事物管理及资料和人事档案的文字处理等。利用计算机进行信息管理，为实现办公自动化和管理自动化创造了有利条件。

（3）过程控制。过程控制也称为实时控制，它是指利用计算机对生产过程和其他过程进行自动监测以及自动控制设备工作状态的一种控制方式，被广泛应用于各种工业环境中，并替代人在危险、有害的环境中作业，不受疲劳等因素的影响，并可完成人类所不能完成的有高精度和高速度要求的操作，从而节省了大量的人力物力，并大大提高了经济效益。

（4）人工智能。人工智能（Artificial Intelligence，AI）是指设计有智能性的计算机系统，让计算机具有人才具有的智能特性，让计算机模拟人类的某些智力活动，如"学习""识别图形和声音""推理过程"和"适应环境"等。目前，人工智能主要应用在智能机器人、机器翻译、医疗诊断、故障诊断、案件侦破和经营管理等方面。

（5）计算机辅助。计算机辅助也称为计算机辅助工程应用，是指利用计算机协助人们完成各种设计工作。计算机的辅助功能是目前正在迅速发展并不断取得成果的重要应用领域，主要包括计算机辅助设计（Computer Aided Design，CAD）、计算机辅助制造（Computer Aided Manufacturing，CAM）、计算机辅助教育（CAE）、计算机辅助教学（Computer Assisted Instruction，CAI）和计算机辅助测试（Computer Aided Testing，CAT）等。

（6）网络通信。网络通信是计算机技术与现代通信技术相结合的产物。网络通信是指利用计算机网络实现信息的传递功能，随着 Internet 技术的快速发展，人们可以在不同地区和国家间进行数据的传递，并可通过计算机网络进行各种商务活动。

（7）多媒体技术。多媒体技术（Multimedia Technology）是指通过计算机对文字、数据、图形、图像、动画和声音等多种媒体信息进行综合处理和管理，使用户可以通过多种感官与计算机进行实时信息交互的技术。多媒体技术拓宽了计算机的应用领域，使计算机广泛应用于教育、广告宣传、视频会议、服务业和文化娱乐业等。

3. 计算机的分类

计算机的种类非常多，划分的方法也有很多种，按计算机的用途可将其分为专用计算机和通用计算机两种。其中，专用计算机是指为适应某种特殊需要而设计的计算机，如计算导弹弹道的计算机等。因为这类计算机都增强了某些特定功能，忽略了一些次要要求，所以有高速度、高效率、使用面窄和专机专用的特点。通用计算机广泛适用于一般科学运算、学术研究、工程设计和数据处理等领域，具有功能多、配置全、用途广、通用性强等特点，目前市场上销售的计算机大多属于通用计算机。

按计算机的性能、规模和处理能力，可以将计算机分为巨型机、大型机、中型机、小型机和微型机 5 类，具体介绍如下。

（1）巨型机。巨型机（如图 1-2 所示）也称超级计算机或高性能计算机，是速度最快、处理能力最强的计算机，是为少数部门的特殊需要而设计的。通常，巨型机多用于国家高科技领域和尖端技术研究，是一个国家科研实力的体现，现有的超级计算机运算速度大多可以达到每秒一太（Trillion，万亿）次以上。2014 年 6 月，在德国莱比锡市发布的世界超级计算机 500 强排行榜上，中国超级计算机系统"天河二号"位居榜首，其浮点运算速度达到每秒 33.86 千万亿次。

（2）大型机。大型机（如图 1-3 所示）或称大型主机，其特点是运算速度快、存储量大、通用性强，主要针对计算量大、信息流通量多、通信能力高的用户，如银行、政府部门和大型企业等。目前，生产大型主机的公司主要有 IBM 等。

图 1-2 巨型机

图 1-3 大型机

（3）中型机。中型机的性能低于大型机，其特点是处理能力强，常用于中小型企业和公司。

（4）小型机。小型机是指采用精简指令集处理器，性能和价格介于微型机服务器和大型机之间的一种高性能 64 位计算机。小型机的特点是结构简单、可靠性高、维护费用低，常用于中小型企业。随着微型计算机的飞速发展，小型机最终被微型机取代的趋势已非常明显。

（5）微型机。微型计算机简称微机，它是应用最普及的机型，占了计算机总数中的绝大部分，而且价格便宜、功能齐全，被广泛应用于机关、学校、企事业单位和家庭中。微型机按结构和性能可以划分为单片机、单板机、个人计算机（PC）、工作站和服务器等，其中个人计算机又可分为台式计算机和便携式计算机（如笔记本电脑）两类，分别如图1-4、图1-5所示。

图 1-4　台式计算机　　　　　　　　　　　　　　图 1-5　笔记本电脑

1.1.3　计算机的发展趋势

从计算机的历史发展来看，计算机的体积越来越小、耗电量越来越小、速度越来越快、性能越来越好、价格越来越便宜、操作越来越容易。

1. 计算机的发展趋势

目前计算机的发展趋势主要有如下几个方面。

（1）多极化

今天包括电子词典、掌上电脑、笔记本电脑等在内的微型计算机在我们的生活中已经是处处可见，同时大型、巨型计算机也得到了快速的发展。特别是在 VLSI 的技术基础上的多处理机技术使计算机的整体运算速度与处理能力得到了极大的提高。

除了向微型化和巨型化发展之外，中小型计算机也各有自己的应用领域和发展空间。特别在注意运算速度提高的同时，提倡功耗小、对环境污染小的绿色计算机和提倡综合应用的多媒体计算机已经被广泛应用，多极化的计算机家族还在迅速发展中。

（2）网络化

网络化就是通过通信线路将一定地域内不同地点的计算机连接起来形成一个更大的计算机网络系统。计算机网络的出现只有 40 多年的历史，但已成为影响到人们日常生活的应用热潮，是计算机发展的一个主要趋势。

（3）多媒体化

媒体可以理解为存储和传输信息的载体，文本、声音、图像等都是常见的信息载体。过去的计算机只能处理数值信息和字符信息，即单一的文本媒体。近几年发展起来的多媒体计算机则集多种媒体信息的处理功能于一身，实现了图、文、声、像等各种信息的收集、存储、传输和编辑处理，被认为是信息处理领域在 20 世纪 90 年代出现的又一次革命。

（4）智能化

智能化虽然是未来新一代计算机的重要特征之一，但现在已经能看到它的许多踪影，比如能自动接收和识别指纹的门控装置，能听从主人语音指示的车辆驾驶系统等。让计算机具有人的某些智能将是计算机发展过程中的下一个重要目标。

2. 未来新一代计算机芯片技术

由于计算机中最重要的核心部件是芯片，因此计算机芯片技术的不断发展也是推动计算机未来发展的动力。Intel 公司的创始人之一戈登·摩尔在 1965 年曾预言了计算机集成技术的发展规律，那就是：每 18 个月在同样面积的芯片中集成的晶体管数量将翻一番，而成本将下降一半。这就是摩尔定律。

几十年来，计算机芯片的集成度严格按照摩尔定律进行发展，不过该技术的发展并不是无限的。因为计算机采用电流作为数据传输的信号，而电流主要靠电子的迁移而产生，电子最基本的通路是原子，一个原子的直径大约等于 1nm，目前芯片的制造工艺已经达到了 90nm 甚至更小，也就是说一条传输电流的导线的直径即为 90 个原子并排的长度，那么最终晶体管的尺寸将接近纳米级，即达到一个原子的直径长度，但是这样的电路是极不稳定的，因为电流极易造成原子迁移，那么电路也就断路了。

由于晶体管计算机存在上述物理极限，因而世界上许多国家在很早的时候就开始了各种非晶体管计算机的研究，如超导计算机、生物计算机、光子计算机和量子计算机等，这类计算机也被称为第五代计算机或新一代计算机，它们能在更大程度上仿真人的智能，这类技术也是目前世界各国计算机发展技术研究的重点。

1.2 信息与信息技术

以计算机技术、通信技术和网络技术为核心的信息技术，对人类社会的各个领域，对人类的生活和工作方式产生了巨大的影响。半个多世纪以来，人类社会正在由工业社会进入信息社会，而随着科学技术的不断进步，信息技术将得到更深、更广和更快的发展。

1.2.1 信息技术概述

信息在不同的领域有不同的定义。一般来说，信息是对客观世界中各种事物的运动状态和变化的反映。简单地说，信息是经过加工的数据，或者说信息是数据处理的结果，泛指人类社会传播的一切内容，如音讯、消息、通信系统传输和处理的对象等。在信息化社会中，信息已成为科技发展的日益重要的资源。

信息技术（Information Technology，IT）是一门综合的技术，人们对信息技术的定义，因其使用的目的、范围和层次不同而有不同的表述。联合国教科文组织对信息技术的定义为"应用在信息加工和处理中的科学、技术与工程的训练方法和管理技巧；上述方法和技巧的应用；计算机及其与人、机的相互作用，与之相应的社会、经济和文化等诸种事物"，该定义强调的是信息技术的现代化应用与高科技含量，主要指一系列与计算机相关的技术。狭义范围内的信息技术是指对信息进行采集、传输、存储、加工和表达的各种技术的总称。

信息技术主要是应用计算机科学和通信技术来设计、开发、安装和实施信息系统及应用软件，主要包括传感技术、通信技术、计算机技术和缩微技术。

（1）传感技术。传感技术是关于从自然信源获取信息，并对之进行处理（变换）和识别的一门多学科交叉的现代科学与工程技术，它涉及传感器、信息处理和识别的规划设计、开发、建造、测试、应用及评价改进等活动，传感技术、计算机技术和通信一起被称为信息技术的三大支柱，其主要任务是延长和扩展人类收集信息的功能。目前，传感技术已经发展了一大批敏感元件，例如，通过照相机、红外、紫外等光波波段的敏感元件来帮助人们提取肉眼所见不到重要信息，也可通过超声和次声传感器来帮助人们获得人耳听不到的信息。

（2）通信技术。通信技术又称通信工程，主要研究的是通信过程中的信息传输和信号处理的原理和应用。目前，通信技术得到了飞速发展，从传统的电话、电报、收音机、电视到如今的移动电话（手机）、传真、卫星通信、光纤通信和无线技术等现代通信方式，从而使数据和信息的传递效率得到大大提高，通信技术已成为办公自动化的支撑技术。

（3）计算机技术。计算机技术是信息技术的核心内容，其主要研究任务是延长人的思维器官处理信息和决策的功能。计算机技术作为一个完整系统所运用的技术，主要包括系统结构技术、系统管理技术、系统维护技术和系统应用技术等。近年，计算机技术同样取得了飞速的发展，尤其是随着多媒体技术的发展，计算机的体积越来越小，但应用功能却越来越强大。

（4）缩微技术。缩微技术是一种涉及多学科、多部门、综合性强且技术成熟的现代化信息处理技术，其主要研究任务是延长人的记忆器官存储信息的功能。例如，在金融系统、卫生系统、保险系统、工业系统均采用缩微技术复制了纸质载体的文件，从而改变了过去传统管理方法，提高了档案文件、文献资料的管理水平，提高了经济效益。

总的来说，现代信息技术是一个内容十分广泛的技术群，它包括微电子技术、光电子技术、通信技术、网络技术、感测技术、控制技术和显示技术等，此外，物联网和云计算作为信息技术新的高度和形态被提出，并得到了发展，根据中国物联网校企联盟的定义，物联网为当下大多数技术与计算机互联网技术的结合，它能更快、更准地收集、传递、处理和执行信息，是科技的最新呈现形式与应用。

1.2.2 信息化社会

信息化社会也称信息社会，是脱离工业化社会以后，信息将起主要作用的社会。一般认为，信息化是指以计算机信息技术和传播手段为基础的信息技术和信息产业在经济和社会发展中的作用日益加强，并发挥主导作用的动态发展过程。信息化社会是指以信息产业在国民经济中的比重、信息技术在传统产业中的应用程度和信息基础设施建设水平为主要标志的社会。

在信息化社会里，人类借助计算机与通信技术的运用，其处理信息的能力和传输信息的速度得到快速提高，信息社会的交流在很大程度上围绕信息网络及其服务中心开展，因此信息网络已成为信息化社会的基础设施。进入 21 世纪后，世界各国都在加强信息化建设，而信息化建设又推动了计算机科学技术的发展与信息化社会的发展，促进了计算机文化的产生，并彻底改变了人们的工作方式和生活方式，从而产生了移动电子商务、无纸化办公、远程教学、网络会议和网上购物等新的生活理念。

如今，计算机技术水平的高低是衡量信息化社会人才素质的重要标志，计算机文化的普及程度也标志着一个国家的综合发展水平，并将影响整个国家的信息化的进程。因此，掌握计算机技术与计算机文化，才能真正适应信息化社会的建设需要，才能创造出更加灿烂辉煌的人类文明。

1.2.3 信息安全

现代信息技术给人类带来了高效、方便的信息服务，同时也使人类信息环境面临许多前所未有的难题，如隐私权受侵问题、知识产权问题、竞争问题和信息安全问题等。这就需要我们在理解信息技术带来的实际的和潜在的不良影响后，加强信息道德教育和规范网络行为，这样才能真正地对其不利方面进行抵制。

信息安全包括信息本身的安全和信息系统的安全，可以从以下 4 个方面来理解信息安全和加强信息安全意识。

（1）数据安全。在输入、处理和统计数据过程中，由于计算机硬件出现故障，或是人为的误操作，以及计算机病毒和黑客的入侵等造成数据损坏和丢失现象，应通过确保数据存储的安全、加密数据技术和安装杀毒软件等来避免这类危害。

（2）计算机安全。国际标准化委员会对计算机安全的定义是"为数据处理系统和采取的技术的和管理的安全保护，保护计算机硬件、软件、数据不因偶然的或恶意的原因而遭到破坏、更改、泄露"。计算机安全中最重要的是存储数据的安全，其面临的主要威胁包括计算机病毒、非法访问、计算机电磁辐射和硬件损坏等。

（3）信息系统安全。信息系统安全是指信息网络中的硬件、软件和系统数据要受到保护，不能遭到破坏或泄露，以确保信息系统能够持续、可靠地运行，信息服务不中断。

（4）法律保护。为了加强对计算机信息系统的安全保护和安全管理，我国先后制定了多部关于信息安全的法律法规，包括《中华人民共和国计算机信息系统安全保护条例》《计算机信息网络国际联网安全保护管理办法》《互联网信息服务管理办法》和《信息网络传播权保护条例》等。

1.3 计算机中的数据及二进制

在计算机中，各种信息都是以数据的形式出现，对数据进行处理后产生的结果为信息，因此数据是计算机中信息的载体，数据本身没有意义，只有经过处理和描述，才能赋予其实际意义，如单独一个数据"32℃"并没有什么实际意义，但如果表示为"今天的气温是32℃"时，这条信息就有意义了。

计算机中处理的数据可分为数值数据和非数值数据（如字母、汉字和图形等）两大类，无论什么类型的数据，在计算机内部都是以二进制的形式存储和运算的。计算机在与外部交流时会采用人们熟悉和便于阅读的形式表示，如十进制数据、文字表达和图形显示等，这之间的转换则由计算机系统来完成。

在计算机内存储和运算数据时，通常要涉及的数据单位有以下3种。

（1）位（bit）。计算机中的数据都是以二进制来表示的，二进制的代码只有"0""1"两个数码，采用多个数码（0和1的组合）来表示一个数，其中的每一个数码称为一位，位是计算机中最小的数据单位。

（2）字节（Byte）。在对二进制数据进行存储时，以8位二进制代码为一个单元存放在一起，称为一个字节，即1 Byte=8 bit。字节是计算机中信息组织和存储的基本单位，也是计算机体系结构的基本单位。在计算机中，通常用B（字节）、KB（千字节）、MB（兆字节）或GB（吉字节）为单位来表示存储器（如内存、硬盘、U盘等）的存储容量或文件的大小。所谓存储容量指存储器中能够包含的字节数，存储单位B、KB、MB、GB和TB的换算关系如下。

1 KB（千字节）=1 024 B（字节）=2^{10}B（字节）

1 MB（兆字节）=1 024 KB（千字节）=2^{20}B（字节）

1 GB（吉字节）=1 024 MB（兆字节）=2^{30}B（字节）

1 TB（太字节）=1 024 GB（吉字节）=2^{40}B（字节）

（3）字长。人们将计算机一次能够并行处理的二进制代码的位数，称为字长。字长是衡量计算机性能的一个重要指标。字长越长，数据所包含的位数越多，计算机的数据处理速度越快。计算机的字长通常是字节的整倍数，如8位、16位、32位、64位和128位等。

1.3.1 数制及其转换

数制是指用一组固定的符号和统一的规则来表示数值的方法。其中，按照进位方式计数的数制称为进位计数制。在日常生活中，人们习惯用的进位计数制是十进制，而计算机则使用二进制；除此以外，还包括八进制和十六进制等。二进制顾名思义，就是逢二进一的数字表示方法；以此类推，十进制就是逢十进一，八进制就是逢八进一等。

进位计数制中每个数码的数值不仅取决于数码本身，其数值的大小还取决于该数码在数中的位置，如十进制数 828.41，整数部分的第 1 个数码"8"处在百位，表示 800，第 2 个数码"2"处在十位，表示 20，第 3 个数码"8"处在个位，表示 8，小数点后第 1 个数码"4"处在十分位，表示 0.4，小数点后第 2 个数码"1"处在百分位，表示 0.01。也就是说，处在不同位置数码它们所代表的数值不相同，分别具有不同的位权值，数制中数码的个数称为数制的基数，十进制数有 0、1、2、3、4、5、6、7、8、9 共 10 个数码，其基数为 10。

无论在何种进位计数制中，数都可写成按位权展开的形式，如十进制数 828.41 可写成：

$828.41=8\times100+2\times10+8\times1+4\times0.1+1\times0.01$

或者：

$828.41=8\times10^2+2\times10^1+8\times10^0+4\times10^{-1}+1\times10^{-2}$

上式称为数值的按位权展开式，其中 10^i 称为十进制数的位权数，其基数为 10，使用不同的基数，便可得到不同的进位计数制。设 R 表示基数，则称为 R 进制，使用 R 个基本的数码，R^i 就是位权，其加法运算规则是"逢 R 进一"，则任意一个 R 进制数 D 均可以展开表示为。

$$(D)_R=\sum_{i=-m}^{n-1}K_i\times R^i$$

上式中的 K_i 为第 i 位的系数，可以为 0,1,2,…，$R{-}1$ 中的任何一个数，R^i 表示第 i 位的权。如表 1-2 所示为计算机中常用的几种进位计数制的表示。

表 1-2　　　　　　　　　计算机中常用的几种进位数制的表示

进位制	基数	基本符号（采用的数码）	权	形式表示
二进制	2	0,1	2^i	B
八进制	8	0,1,2,3,4,5,6,7	8^i	O
十进制	10	0,1,2,3,4,5,6,7,8,9	10^i	D
十六进制	16	0,1,2,3,4,5,6,7,8,9,A,B,C,D,E,F	16^i	H

通过表 1-2 可知，对于数据 4A9E，从使用的数码可以判断出其为十六进制，而对于数据 492 来说，如何判断属于哪种数制呢？在计算机中，为了区分不同进制的数，可以用括号加数制基数下标的方式来表示不同数制的数，例如，$(492)_{10}$ 表示十进制数，$(1001.1)_2$ 则表示二进制数，$(4A9E)_{16}$ 则表示十六进制数，也可以分别表示为 $(492)_D$、$(1001.1)_B$、$(4A9E)_H$ 带有字母的形式。在程序设计中，为了区分不同进制数，常在数字后直接加英文字母后缀来区别，如 492D、1001.1B 等。

如表 1-3 所示为上述几种常用数制的对照关系表。

表 1-3		常用数制对照关系表	
十 进 制 数	二 进 制 数	八 进 制 数	十六进制数
0	0000	0	0
1	0001	1	1
2	0010	2	2
3	0011	3	3
4	0100	4	4
5	0101	5	5
6	0110	6	6
7	0111	7	7
8	1000	10	8
9	1001	11	9
10	1010	12	A
11	1011	13	B
12	1100	14	C
13	1101	15	D
14	1110	16	E
15	1111	17	F

下面将具体介绍 4 种常用数制之间的转换方法。

1. 非十进制数转换为十进制数

将二进制数、八进制数和十六进制数转换十进制数时，只需用该数制的各位数乘以各自位权数，然后将乘积相加。用按权展开的方法即可得到对应的结果。

【例 1-1】 将二进制数 10110 转换成十进制数。

先将二进制数 10110 按位权展开，再对其乘积相加，转换过程如下所示。

$$(10110)_2 = (1 \times 2^4 + 0 \times 2^3 + 1 \times 2^2 + 1 \times 2^1 + 0 \times 2^0)_{10}$$
$$= (16 + 4 + 2)_{10}$$
$$= (22)_{10}$$

【例 1-2】 将八进制数 232 转换成十进制数。

先将八进制数 232 按位权展开，再对其乘积相加，转换过程如下所示。

$$(232)_8 = (2 \times 8^2 + 3 \times 8^1 + 2 \times 8^0)_{10}$$
$$= (128 + 24 + 2)_{10}$$
$$= (154)_{10}$$

【例 1-3】 将十六进制数 232 转换成十进制数。

先将十六进制数 232 按位权展开，再对其乘积相加，转换过程如下所示。

$$(232)_{16} = (2 \times 16^2 + 3 \times 16^1 + 2 \times 16^0)_{10}$$
$$= (512 + 48 + 2)_{10}$$
$$= (562)_{10}$$

2. 十进制数转换成其他进制数

将十进制数转换成二进制数、八进制数和十六进制数时，可将数字分成整数和小数分别转换，然后再拼接起来。

例如，将十进制数转换成二进制数时，整数部分采用"除 2 取余倒读"法，即将该十进制数除以 2，得到一个商和余数（K_0），再将商数除以 2，又得到一个新的商和余数（K_1），如此反复，直到商是 0 时得到余数（K_{n-1}），然后将得到的各次余数，以最后余数为最高位，最初余数为最低位依次排列，即 $K_{n-1}\cdots K_1 K_0$，这就是该十进制数对应的二进制整数部分。

小数部分采用"乘 2 取整正读"法，即将十进制的小数乘 2，取乘积中的整数部分作为相应二进制小数点后最高位 K_{-1}，取乘积中的小数部分反复乘 2，逐次得到 $K_{-2}\ K_{-3}\cdots K_{-m}$，直到乘积的小数部分为 0 或位数达到所需的精确度要求为止，然后把每次乘积所得的整数部分由上而下（即从小数点自左往右）依次排列起来（$K_{-1}\ K_{-2}\cdots K_{-m}$）即为所求的二进制数的小数部分。

同理，将十进制数转换成八进制数时，整数部分除 8 取余；小数部分乘 8 取整；将十进制数转换成十六进制数时，整数部分除 16 取余，小数部分乘 16 取整。

【例 1-4】 将十进制数 26.6875 转换成二进制数。

用除 2 取余法进行整数部分转换，再用乘 2 取整法进行小数部分转换，具体转换过程如下所示。得到：

$$（26.6875）_{10} = （1010.1011）_2$$

```
                              0.6875
                            ×    2            取整数
  2 | 26   取余数              1.3750          1（高位）
  2 | 13     0    低位       ×    2
  2 |  6     1                0.7500          0
  2 |  3     0              ×    2
       1     1    高位        1.5000          1
                            ×    2
                             1.0000          1（低位）
```

3. 二进制数转换成八进制、十六进制数

二进制数转换成八进制数所采用的转换原则是"3 位分一组"，即以小数点为界，整数部分从右向左每 3 位为一组，若最后一组不足 3 位，则在最高位前面添 0 补足 3 位，然后将每组中的二进制数按权相加得到对应的八进制数；小数部分从左向右每 3 位分为一组，最后一组不足 3 位时，尾部用 0 补足 3 位，然后按照顺序写出每组二进制数对应的八进制数即可。

【例 1-5】 将二进制数 1101001.101 转换为八进制数。

转换过程如下所示。

二进制数	001	101	001 .	101
八进制数	1	5	1 .	5

得到的结果为：$(1101001.101)_2 = (151.5)_8$

二进制数转换成十六进制数所采用的转换原则与上面的类似，采用的转换原则是"4 位分一组"，即以小数点为界，整数部分从右向左、小数部分从左向右每 4 位一组，不足 4 位用 0 补齐即可。

【例 1-6】 将二进制数 101110011000111011 转换为十六进制数。

转换过程如下所示。

二进制数	0010	1110	0110	0011	1011
十六进制数	2	E	6	3	B

得到的结果为：$(101110011000111011)_2 = (2E63B)_{16}$

4. 八进制数、十六进制数转换成二进制数

八进制数转换成二进制数的转换原则是"一分为三",即从八进制数的低位开始,将每一位上的八进制数写成对应的 3 位二进制数即可。如有小数部分,则从小数点开始,分别向左右两边按上述方法进行转换即可。

【例 1-7】 将八进制数 162.4 转换为二进制数。

转换过程如下所示。

八进制数　　　　1　　　6　　　2　　.　4
二进制数　　　001　　110　　010　.　100

得到的结果为:$(162.4)_8 = (001110010.100)_2$

十六进制数转换成二进制数的转换原则是"一分为四",即把每一位上的十六进制数写成对应的 4 位二进制数即可。

【例 1-8】 将十六进制数 3B7D 转换为二进制数。

转换过程如下所示。

十六进制数　　　3　　　　B　　　　7　　　　D
二进制数　　　0011　　1011　　0111　　1101

得到的结果为:$(3B7D)_{16} = (0011101101111101)_2$

1.3.2 二进制数的运算

计算机内部采用二进制表示数据,其主要原因是电路容易实现、二进制运算法则简单、可以方便地利用逻辑代数分析和设计计算机的逻辑电路等。下面将对二进制的算术运算和逻辑运算进行简要介绍。

1. 二进制的算术运算

二进制的算术运算也就是通常所说的四则运算,包括加、减、乘、除,运算比较简单,其具体运算规则如下。

(1)加法运算。按"逢二进一"法,向高位进位,运算规则为:0+0=0、0+1=1、1+0=1、1+1=10。例如,$(10011.01)_2 + (100011.11)_2 = (110111.00)_2$。

(2)减法运算。减法实质上是加上一个负数,主要应用于补码运算,运算规则为:0-0=0、1-0=1、0-1=1(向高位借位,结果本位为 1)、1-1=0。例如,$(110011)_2 - (001101)_2 = (100110)_2$。

(3)乘法运算。乘法运算与我们常见的十进制数对应的运算规则类似,规则为:0×0=0、1×0=0、0×1=0、1×1=1。例如,$(1110)_2 × (1101)_2 = (10110110)_2$。

(4)除法运算。除法运算也与十进制数对应的运算规则类似,规则为:0÷1=0、1÷1=1,而 0÷0 和 1÷0 是无意义的。例如,$(1101.1)_2 ÷ (110)_2 = (10.01)_2$。

2. 二进制的逻辑运算

计算机所采用的二进制数 1 和 0 可以代表逻辑运算中的"真"与"假""是"与"否"和"有"与"无"。二进制的逻辑运算包括"与""或""非""异或"4 种,具体介绍如下。

(1)"与"运算。"与"运算又称为逻辑乘,通常用符号"×""∧""·"来表示。其运算法则为:0∧0=0、0∧1=0、1∧0=0、1∧1=1。通过上述法则可以看出,当两个参与运算的数中有一个数为 0 时,其结果也为 0,此时是没有意义的,只有当数中的数值都为 1 时,结果为 1,即只有当所有的条件都符合时,逻辑结果才为肯定值。例如,假定某一个公益组织规定加入成员的条件是女性与慈善家,那么只有既是女性又是慈善家的人才能加入该组织。

（2）"或"运算。"或"运算又称为逻辑加，通常用符号"+"或"∨"来表示。其运算法则为：$0 \vee 0=0$、$0 \vee 1=0$、$1 \vee 0=1$、$1 \vee 1=1$。该法规表明只要有一个数为1，则结果就是1，例如，假定某一个公益组织规定加入成员的条件是女性或慈善家，那么只要符合其中任意一个条件或两个条件都可以加入该组织。

（3）"非"运算。"非"运算又称为逻辑否运算，通常是在逻辑变量上加上划线来表示，如变量为 A，则其非运算结果用 $\overline{A}$ 表示。其运算法则为：$\overline{0}=1$、$\overline{1}=0$。例如，假定 A 变量表示男性，$\overline{A}$ 就表示非男性，即指女性。

（4）"异或"运算。"异或"运算通常用符号"⊕"表示，其运算法则为：$0 \oplus 0=0$、$0 \oplus 1=1$、$1 \oplus 0=1$、$1 \oplus 1=0$。该法规表明，当逻辑运算中变量的值不同时，结果为1，而变量的值相同时，结果为0。

1.3.3　数的编码表示

一般的数都有正负之分，计算机只能记忆0和1，为了将数在计算机中存放和处理就要将数的符号进行编码。基本方法是在数中增加一位符号位（一般将其安排在数的最高位之前），并用"0"表示数的正号，用"1"表示数的负号，例如：

数+1110011在计算机中可存为01110011；

数−1110011在计算机中可存为11110011。

这种数值位部分不变，仅用0和1表示其符号得到的数的编码，称为原码，并将原来的数称为真值，将其编码形式称为机器数。

按上述原码的定义和编码方法，数0就有两种编码形式：0000…0和100…0。所以对于带符号的整数来说，n 位二进制原码表示的数值范围是：

$$-(2^{n-1}-1)\sim+(2^{n-1}-1)$$

例如，8位原码的表示范围为：−127～+127，16位原码的表示范围为−32767～+32767。

用原码作乘法，计算机的控制较为简单，两符号位单独相乘就得结果的符号位，数值部分相乘就得结果的数值。但用其做加减法就较为困难，主要难在结果符号的判定，并且实际进行加法还是进行减法操作还要依据操作对象具体判定。为了简化运算操作，把加法和减法统一起来以简化运算器的设计，计算机中也用到了其他的编码形式，主要有补码和反码。

下面仅给出求补码和反码的算法和应用举例。

（1）求反码的算法

对于正数，其反码和原码同形；对于负数，则将其原码的符号位保持不变，而将其他位按位求反（即将0换为1，将1换为0）。

（2）求补码的算法

对于正数，其补码和原码同形；对于负数，先求其反码，再在最低位加"1"（称为末位加1）。

求原码、反码和补码的计算，举例如表1-4所示（以8位代码为例）。

若对一补码再次求补就又得到了对应的原码。

表1-4　　　　　　　　　　　真值、原码、反码、补码对照举例

十进制数	二进制数	十六进制数	原码	反码	补码	说明
69	1000101	45	01000101	01000101	01000101	定点正整数
−92	−1011100	−5C	11011100	10100011	10100100	定点负整数

续表

十进制数	二进制数	十六进制数	原码	反码	补码	说明
0.82	0.11010010	0.D2	01101001	01101001	01101001	定点正小数
−0.6	−0.10011010	−0.9A	11001101	10110010	10110011	定点负小数

注：在二进制数的小数取舍中，0 舍 1 入。$(0.82)_{10} = (0.110100011\cdots)_2$，取 8 位小数，就把第 9 位上的 1 入到第 8 位，而第 8 位进位，从而得到十进制数 0.82 的二进制数是 0.11010010。在原码中，为了凑 8 位数字，把最后一个 0 舍去。−0.6 的转换类似。

习　题　1

1. 选择题

（1）1946 年诞生的世界上第一台电子计算机是（　　）。

　　A. UNIVAC-I　　　　B. EDVAC　　　　C. ENIAC　　　　D. IBM

（2）第二代计算机的划分年代是（　　）。

　　A. 1946～1957 年　　B. 1958～1964 年　C. 1965～1970 年　D. 1971 年至今

（3）以下对信息特征的描述中，不正确的是（　　）。

　　A. 信息是一成不变的东西

　　B. 所有的信息都必须依附于某种载体，但是，载体本身并不是信息

　　C. 同一信息能同时或异时、同地或异地被多个人所共享

　　D. 只要有物质存在，有事物运动，就会有它们的运动状态和方式，就会有信息存在

（4）1KB 的准确数值是（　　）。

　　A. 1 024 Byte　　　　B. 1 000 Byte　　　C. 1 024 bit　　　D. 1 024 MB

（5）在关于数制的转换中，下列叙述正确的是（　　）。

　　A. 采用不同的数制表示同一个数时，基数（R）越大，则使用的位数越少

　　B. 采用不同的数制表示同一个数时，基数（R）越大，则使用的位数越多

　　C. 不同数制采用的数码是各不相同的，没有一个数码是一样的

　　D. 进位计数制中每个数码的数值不仅取决于数码本身

（6）十进制数 55 转换成二进制数等于（　　）。

　　A. 111111　　　　　B. 110111　　　　　C. 111001　　　　D. 111011

（7）与二进制数 101101 等值的十六进数是（　　）。

　　A. 2D　　　　　　　B. 2C　　　　　　　C. 1D　　　　　　D. B4

2. 问答题

（1）计算机的发展经历了哪些阶段？计算机的发展趋势是什么？

（2）计算机通常分为哪几类？

（3）什么是信息技术？人们如何利用信息技术来处理信息？

（4）表示计算机存储器容量的单位是什么？KB、MB、GB 代表什么意思？

（5）分别用原码、补码、反码表示有符号数+102 和−103。

第**2**章　计算机硬件组成

计算机系统由硬件和软件组成。硬件是计算机系统中具体物理装置的总称，人们看到的各种芯片、主板、外设、电缆等都属于计算机硬件。硬件与软件共同协作运行程序、处理和解决问题。

通过学习本章，主要掌握以下几方面内容：

（1）计算机的组成与分类（计算机的逻辑结构及各组成部分的功能、常用微处理器产品及其主要性能）；

（2）CPU 的结构与原理（CPU 的基本结构、指令和指令系统的概念，PC 的物理组成、主要部件的结构及其功能）；

（3）常用输入设备（键盘、鼠标器、扫描仪、数码相机）的功能、性能指标及其基本工作原理；

（4）常用的输出设备（显示器、打印机）的功能、分类、性能指标及基本工作原理；

（5）常用外存的类型、性能、特点、基本工作原理。

2.1　计算机系统的基本构成

2.1.1　冯·诺依曼计算机

1. 冯·诺依曼计算机的基本特征

1946 年，美籍匈牙利人冯·诺依曼提出了一个全新的存储程序通用电子计算机设计方案，尽管计算机经历了多次的更新换代，但到目前为止，其整体结构上仍属于冯·诺依曼计算机的模型，还保持着冯·诺依曼计算机的基本特征：

① 采用二进制数表示程序和数据；

② 能存储程序和数据，并能自动控制程序的执行；

③ 具备运算器、控制器、存储器、输入设备和输出设备 5 个基本部分，基本结构如图 2-1所示。

原始的冯·诺依曼计算机结构以运算器为核心，在运算器周围连接着其他各个部件，经由连接导线在各部件之间传送着各种信息。这些信息可分为两大类：数据信息和控制信息（在图 2-1中分别用实线和虚线表示）。数据信息包括数据、地址、指令等，数据信息可存放在存储器中；控制信息由控制器根据指令译码结果即时产生，并按一定的时间次序发送给各个部件，用以控制各部件的操作或接收各部件的反馈信号。

为了节约设备成本和提高运算可靠性，计算机中的各种信息均采用了二进制数的表示形式。

在二进制数中，每位只有"0"和"1"两个状态，计数规则是"逢二进一"。例如，用此计数规则计算式子"1+1+1+1+1"可得到 3 位二进制数"101"，即十进制数的 5。在计算机科学研究中把 8 位（bit）二进制数称为 1 个字节（Byte），简记为"B"，并把 1024B 称为 1KB，把 1024KB 称为 1MB，把 1024MB 称为 1GB，把 1024 GB 称为 1TB 等。若不加说明时，本书所写的"位"就是指二进制位。

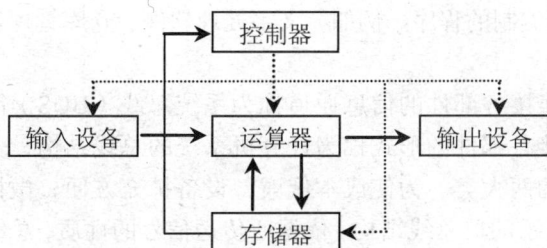

图 2-1 冯·诺依曼体系结构计算机

2. 冯·诺依曼计算机的基本部件和工作过程

在计算机的 5 大基本部件中，运算器（Arithmetic Logic Unit，ALU）的主要功能是进行算术及逻辑运算，是计算机的核心部件，运算器每次能处理的最大的二进制数长度称为该计算机的字长（一般为 8 的整倍数）；控制器（Controller）是计算机的"神经中枢"，用于分析指令，根据指令要求产生各种协调各部件工作的控制信号；存储器（Memory）用来存放控制计算机工作过程的指令序列（程序）和数据（包括计算过程中的中间结果和最终结果）；输入设备（Input Equipment）用来输入程序和数据；输出设备（Output Equipment）用来输出计算结果，即将其显示或打印出来。

根据计算机工作过程中的关联程度和相对的物理安装位置，通常将运算器和控制器合称为中央处理器（Central Processing Unit，CPU）。表示 CPU 能力的主要技术指标有字长和主频。字长代表了每次操作能完成的任务量，主频则代表了在单位时间内能完成操作的次数。一般情况下，CPU 的工作速度要远高于其他部件的工作速度，为了尽可能地发挥 CPU 的工作潜力，解决好运算速度和成本之间的矛盾，将存储器分为主存和辅存两部分。主存成本高，速度快，容量小，能直接和 CPU 交换信息，并安装于机器内部，也称其为内存；辅存成本低，速度慢，容量大，要通过接口电路经由主存才能和 CPU 交换信息，是特殊的外部设备，也称为外存。

计算机工作时，操作人员首先通过输入设备将程序和数据送入存储器中。启动运行后，计算机从存储器顺序取出指令，送往控制器进行分析并根据指令的功能向各有关部件发出各种操作控制信号，最终的运算结果要送到输出设备输出。

2.1.2 现代计算机系统的构成

一个完整的现代计算机系统包括硬件系统和软件系统两大部分，微机系统也是如此。硬件包括了计算机的基本部件和各种具有实体的计算机相关设备；软件则包括了用各种计算机语言编写的计算机程序、数据、应用说明文档等。本小节仅以微机系统为例说明现代计算机系统的构成。

1. 软件系统

在计算机系统中硬件是软件运行的物质基础，软件是硬件功能的扩充与完善，没有软件的支持，硬件的功能不可能得到充分的发挥，因此软件是使用者与计算机之间的桥梁。软件可分为系统软件和应用软件两大部分。

系统软件是为使用者能方便地使用、维护、管理计算机而编制的程序的集合，它与计算机硬件相配套，也称之为软设备。系统软件主要包括对计算机系统资源进行管理的操作系统（Operating System，OS）软件、对各种汇编语言和高级语言程序进行编译的语言处理（Language Processor，LP）软件和对计算机进行日常维护的系统服务程序（System Service Program）或工具软件等。

应用软件则主要面向各种专业应用和某一特定问题的解决，一般指操作者在各自的专业领域中为解决各类实际问题而编制的程序。例如，文字处理软件、仓库管理软件、工资核算软件等。

2. 硬件系统

在计算机科学中将连接各部件的信息通道称为系统总线（BUS）简称总线，并把通过总线连接各部件的形式称为计算机系统的总线结构，分为单总线结构和多总线结构两大类。为使成本低廉，设备扩充方便，微机系统基本上采用了图 2-2 所示的单总线结构。依据所传送信号的性质，总线由地址总线（Address BUS，AB）、数据总线（Data BUS，DB）和控制总线（Control BUS，CB）3 部分组成。依据部件作用，总线一般由总线控制器、总线信号发送/接收器、导线等构成。

在微机系统中，主板（见图 2-3）由微处理器（Micro Processing Unit，MPU）、存储器、输入/输出（I/O）接口、总线电路和基板组成，主板上安装了基本硬件系统，形成了主机部分。其中的微处理器即采用超大规模集成电路工艺将运算器和控制器制作于同一芯片之中的 CPU，其他的外部设备均通过相应的接口电路和主机总线相连，即不同的设备只要配接合适的接口电路（一般称为适配卡或接口卡）就能以相同的方式挂接在总线上。一般在微机的主板上设有数个标准的插座槽，将一块接口板插入到任一个插槽里，再用信号线将其和外部设备连接起来就完成了一台设备的硬件扩充，非常方便。

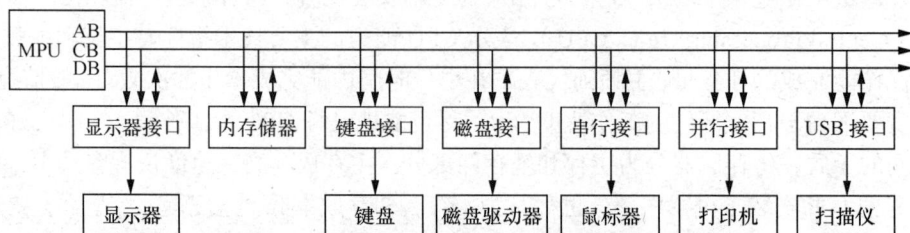

图 2-2　微型计算机的硬件系统结构示意图

图 2-3　微机主板

把主机和接口电路装配在一块电路板上，就构成单板计算机（Single Board Computer），简称单板机；若把主机和接口电路制造在一个芯片上，就构成单片计算机（Single Chip Computer），简称单片机。单板机和单片机在工农业生产、汽车、通信、家用电器等领域都得到了广泛的应用。

2.2　中央处理器

2.2.1　指令与指令系统

指令系统是计算机硬件的语言系统，也叫机器语言，指机器所具有的全部指令的集合，它反映了计算机所拥有的基本功能。从系统结构的角度看，它是系统程序员看到的计算机的主要属性。因此指令系统表征了计算机的基本功能，决定了机器所要求的能力，也决定了指令的格式和机器的结构。设计指令系统就是要选择计算机系统中的一些基本操作（包括操作系统和高级语言中的）应由硬件实现还是由软件实现，选择某些复杂操作是由一条专用的指令实现，还是由一串基本指令实现，然后具体确定指令系统的指令格式、类型、操作以及对操作数的访问方式。

指令系统是指计算机所能执行的全部指令的集合，它描述了计算机内全部的控制信息和"逻辑判断"能力。不同计算机的指令系统包含的指令种类和数目也不同。一般均包含算术运算型、逻辑运算型、数据传送型、判定和控制型、移位操作型、位（位串）操作型、输入和输出型等指令。指令系统是表征一台计算机性能的重要因素，它的格式与功能不仅直接影响到机器的硬件结构，而且也直接影响到系统软件，影响到机器的适用范围。

指令就是命令，它用来规定 CPU 执行什么操作。指令是构成程序的基本单位，程序是由一连串指令组成的。一条指令就是机器语言的一个语句，大多数情况下指令的基本格式

操作码	操作数地址

图 2-4　指令格式

如图 2-4 所示，操作码字段+操作数地址字段，其中操作码指明了指令的操作性质及功能，地址码则给出了操作数或操作数的地址。

一条指令的执行过程按时间顺序可分为以下几个步骤。

① CPU 发出指令地址。将指令指针寄存器（IP）的内容——指令地址，经地址总线送入存储器的地址寄存器中。

② 从地址寄存器中读取指令。将读出的指令暂存于存储器的数据寄存器中。

③ 将指令送往指令寄存器。将指令从数据寄存器中取出，经数据总线送入控制器的指令寄存器中。

④ 指令译码。将指令寄存器中的操作码部分送指令译码器，经译码器分析产生相应的操作控制信号，送往各个执行部件。

⑤ 按指令操作码执行。

⑥ 修改程序计数器的值，形成下一条要取指令的地址。若执行的是非转移指令，即顺序执行，则指令指针寄存器的内容加 1，形成下一条要取指令的地址。指令指针寄存器也称为程序计数器。

2.2.2　CPU 简介

当前可选用的微处理器产品较多，主要有 Intel 公司的 Pentium 系列、DEC 公司的 Alpha 系列、IBM 和 Apple 公司的 PowerPC 系列等。在中国，Intel 公司的产品占有较大的优势。主要的应用已经从 80486、Pentium、Pentium Pro、Pentium4、Intel Pentium D（即奔腾系列）、Intel Core 2 Duo 处理器，发展到目前的 Intel Core i7/i5/i3 等处理器。CPU 也从单核、双核，发展到目前常见的 4 核、6 核。图 2-5 所示为 Intel 微处理器。由于 Intel 公司的技术优势，其他一些公司采用了和 Intel 公司

图 2-5　Intel 微处理器

的产品相兼容的策略，如 AMD 公司、Cyrix 公司、TI 公司等，它们都有和相应 Pentium 系列产品性能接近甚至超出的廉价产品。

中央处理器（Central Processing Unit，CPU），主要由控制器和运算器组成。虽然只有火柴盒那么大，几十张纸那么厚，但它却是一台计算机的运算核心和控制核心，可以说是计算机的心脏。CPU 被集成在一片超大规模的集成电路芯片上，插在主板的 CPU 插槽中。图 2-6 所示为 CPU 的正面，图 2-7 所示为 CPU 的反面。

图 2-6　CPU 正面

图 2-7　CPU 反面

中央处理器中除了包括运算器和控制器外，还集成有寄存器组和高速缓冲存储器，其基本结构简介如下。

① 一个 CPU 可有几个乃至几十个内部寄存器，包括用来暂存操作数或运算结果以提高运算速度的数据寄存器；支持控制器工作的地址寄存器、状态标志寄存器等。

② 执行算术逻辑运算的运算器，它以加法器为核心，能按照二进制法则进行补码的加法运算，可进行数据的直接传送、移位和比较操作。其中的累加器是一个专用寄存器，在运算器操作时用于存放供加法器使用的一个操作数，在运算器操作完成时存放本次操作运算的结果，并不具有运算功能。

③ 控制器，由程序计数器、指令寄存器、指令译码器和定时控制逻辑电路组成，用于分析和执行指令、统一指挥微机各部分按时序协调操作。

④ 新型的微处理器普遍集成了超高速缓冲存储器。其工作速度和运算器的工作速度相一致，是提高 CPU 处理能力的重要技术措施之一，其容量达到 8MB 以上。

中央处理器（CPU）包括运算逻辑部件、寄存器部件和控制部件。

① 运算逻辑部件可以执行定点或浮点的算术运算操作、移位操作以及逻辑操作，也可执行地址的运算和转换。

② 寄存器部件包括通用寄存器、专用寄存器和控制寄存器。

③ 控制部件主要负责对指令译码，并且发出为完成每条指令所要执行的各个操作的控制信号。

由于集成化程度和制造工艺的不断提高，越来越多的功能被集成到 CPU 中去，使 CPU 管脚数量不断增加，因此插座尺寸也越来越大。

2.2.3 CPU 主要性能指标

CPU 的性能指标主要包含以下几个方面：

1. CPU 的字长（位数）

计算机中对 CPU 在单位时间内（同一时间）能一次处理的二进制数的位数叫字长。所以能处理字长为 8 位数据的 CPU 通常就叫 8 位的 CPU。同理 32 位的 CPU 就能在单位时间内处理字长为 32 位的二进制数据。字节和字长的区别：由于常用的英文字符用 8 位二进制就可以表示，所以通常就将 8 位称为一个字节。字长的长度是不固定的，对于不同的 CPU、字长的长度也不一样。8 位的 CPU 一次只能处理一个字节，而 32 位的 CPU 一次就能处理 4 个字节，同理字长为 64 位的 CPU 一次可以处理 8 个字节。目前 PC 使用的 CPU 大多是 64 位处理器。

2. 主频（CPU 时钟频率）

主频也叫时钟频率，单位是 MHz（或 GHz），用来表示 CPU 的运算、处理数据的速度。CPU 的主频=外频×倍频系数。很多人认为主频就决定着 CPU 的运行速度。这个认识不仅是个片面的，而且对于服务器来讲，这个认识也出现了偏差。至今，没有一条确定的公式能够实现主频和实际的运算速度两者之间的数值关系，即使是两大处理器厂家 Intel（英特尔）和 AMD，在这点上也存在着很大的争议。

3. CPU 总线（前端总线）的速度

前端总线（FSB）频率（即总线频率）是直接影响 CPU 与内存直接数据交换的速度。有一条公式可以计算，即数据带宽=（总线频率×数据位宽）/8，数据传输最大带宽取决于所有同时传输的数据的宽度和传输频率。CPU 总线速度决定了 CPU 与内存间数据传输速度的快慢。

4. 高速缓存（Cache）的容量与结构

缓存大小也是 CPU 的重要指标之一，而且缓存的结构和大小对 CPU 速度的影响非常大，CPU 内缓存的运行频率极高，一般是和处理器同频运作，工作效率远远大于系统内存和硬盘。实际工作时，CPU 往往需要重复读取同样的数据块，而缓存容量的增大，可以大幅度提升 CPU 内部读取数据的命中率，而不用再到内存或者硬盘上寻找，以此提高系统性能。但是由于 CPU 芯片面积和成本的因素来考虑，缓存都很小。cache 容量越大、级数越多，其效用就越显著。

5. 指令系统

CPU 依靠指令来计算和控制系统，每款 CPU 在设计时就规定了一系列与其硬件电路相配合的指令系统。指令的强弱也是 CPU 的重要指标，指令集是提高微处理器效率的最有效工具之一。从现阶段的主流体系结构讲，指令集可分为复杂指令集和精简指令集两部分，而从具体运用看，如 Intel 的 MMX（Multi Media Extended）、SSE、SSE2（Streaming-Single instruction multiple data-Extensions 2）、SEE3、SSE4 系列和 AMD 的 3DNow!等都是 CPU 的扩展指令集，分别增强了 CPU 的多媒体、图形图像和 Internet 等的处理能力。

此外，CPU 的性能还与处理器的微架构、处理器芯片的集成度、内核数量、制作工艺、工作电压等诸多因素相关。

2.3 存 储 器

2.3.1 主存储器

主存储器又称内存储器（简称内存），如图 2-8 所示。它用来存放处理程序和处理程序所必需的原始数据、中间结果及最后结果。内存直接和 CPU 交换信息，又称为主存，由半导体存储器构成。内存的容量以字节为基本单位。内存按功能可分为只读存储器、随机存储器和高速缓冲存储器三种。

图 2-8　内存条

内存由半导体存储器芯片组成，芯片有多种类型，如图 2-9 所示。

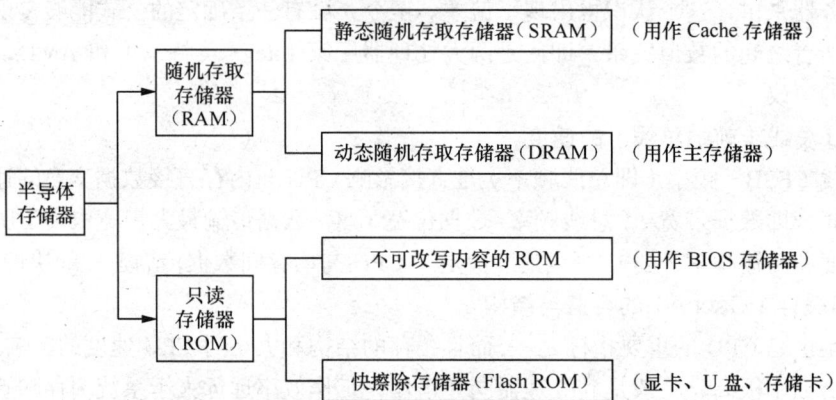

图 2-9　内存储器的分类

1. 只读存储器

只读存储器（Read Only Memory，ROM）内的信息一旦被写入就固定不变，只能被读出不能被改写，即使断电也不会丢失，因此 ROM 中常保存一些长久不变的信息。例如，IBM-PC 类计算机，就是由厂家将磁盘引导程序、自检程序和 I/O 驱动程序等常用的程序和信息写入 ROM 中避免丢失和破坏。

COMS 是一种只需要极少电量就能存放数据的芯片。由于耗能极低，CMOS 可以由集成到主板上的一个小电池供电。这种电池在计算机通电时还能自动充电。因为 CMOS 芯片可以持续获得电量，所以即使在关机后，也能保存有关计算机系统配置的重要数据。

2. 随机存取存储器

随机存取存储器（Random Access Memory，RAM）是一种通过指令可以随机存取存储器内任意单元的存储器，又称读写存储器。RAM 中存储的是正在运行的程序和数据。RAM 的容量越大，机器性能越好，目前常用随机存取存储器容量为 4GB、8GB。值得注意的是，RAM 只是临时存储信息，一旦断电，RAM 中的程序和数据会全部丢失。

RAM 可分为动态（Dynamic RAM）和静态（Static RAM）两大类。DRAM 的特点是集成度高，主要用于大容量内存储器；SRAM 的特点是存取速度快，主要用于高速缓冲存储器。

3. 高速缓冲存储器

高速缓冲存储器（Cache）用来缓解 CPU 的高速度和 RAM 的低速度之间的矛盾，有一级缓存和二级缓存之分。Cache 技术早期在大型计算机中使用，现在应用在微机中，使得微机的性能大幅度提高。Cache 的访问速度是 RAM 的 10 倍，但制作成本高，价格昂贵，故容量一般较小。值得注意的是，Cache 的容量并不是越大越好。

目前生产内存条的厂家主要有现代（Hyundai）、金士顿（Kingston）、威刚（Adata）、海盗旗（Corsair）等。在选择内存条时需主要考虑内存的速度、容量、奇偶校验等性能指标。内存按工作性能分类，主要有 DDR SDRAM、DDR2 和 DDR3 等几种，目前市场上的主流内存为 DDR3，其数据传输能力要比 DDR2 强大，能够达到 2 000MHz 的速度。一般而言，内存容量越大越有利于系统的运行。

2.3.2　辅助存储器

在一个计算机系统中，除了有内存外，一般还有辅助存储器（外存），用于存储暂时不用的程序和数据。目前，常用的外存有硬盘、光盘存储器以及体积小、容量大、便于移动携带的 USB 闪速存储器。它们和内存一样，存储容量也是以字节作为基本单位。下面主要介绍硬盘、光盘、闪速存储器这 3 种，如图 2-10、图 2-11、图 2-12 所示。

图 2-10　硬盘　　　　　　　图 2-11　光盘和光驱　　　　　　　图 2-12　U 盘

1. 硬盘存储器

硬盘是由涂有磁性材料的铝合金圆盘组成的，每个硬盘都由若干个磁性圆盘组成。目前大多数微机上使用的硬盘是 3.5 英寸的。硬盘驱动器通常采用温彻斯特技术。这一技术的特点是把磁头、盘片及执行机构都密封在一个腔体内，与外界环境隔绝。采用这种技术的硬盘也称为温彻斯特盘。

硬盘的两个主要性能指标是平均寻道时间和内部传输速率。一般来说，转速越高的硬盘寻道的时间越短且内部传输速率也越高。不过内部传输速率还受硬盘控制器的 Cache 影响，大容量的 Cache 可以改善硬盘的性能。转速指硬盘主轴马达每分钟（带动磁盘）的转速，比如 5400 r/min 就代表该硬盘中主轴转速为每分钟 5400 转。目前台式机硬盘转速依然为 7200 r/min，而主流笔记本的转速正在由 5400 r/min 过渡到 7200 r/min，性能提升非常明显。

硬盘每个存储表面被分成若干个磁道（不同的硬盘磁道数不同），每道被划分成若干个扇区（不同的硬盘扇区数不同）。每个存储表面的同一道，形成一个圆柱面，称为柱面。柱面是硬盘的一个常用指标。硬盘存储容量计算公式如下：

存储容量=磁头数×柱面数×扇区数×每扇区字节数

某硬盘有磁头 15 个，磁道数（柱面数）为 8 894，每道 63 扇区，每扇区 512B。

存储容量=15×8 894×63×512B = 4.3GB

2. 光盘存储器

光盘（Optical Disk）指的是利用光学方式进行读写信息的圆盘。计算机系统中所使用的光盘存储器是在激光视频唱片（又叫电视光盘）和数字音频唱片（又叫激光唱片）的基础上发展起来的。用激光在某种介质上写入信息，然后再利用激光读出信息的技术称为光存储技术。如果光存储使用的介质是磁性材料，即利用激光在磁记录介质上存储信息，就称为磁光存储。

人们把采用非磁性介质进行光存储的技术称为第一代光存储技术，其缺点是不能像磁记录介质那样把内容抹掉后重新写入新的内容。磁光存储技术是在光存储技术基础上发展起来的，称为第二代光学存储技术，其主要特点是可擦写。根据性能和用途的不同，光盘存储器可分为以下几种类型。

（1）CD-ROM

只读型光盘（Compact Disc-read Only Memory，CD-ROM）由生产厂家预先写入数据或程序，出厂后用户只能读取，而不能写入和修改。计算机上用的 CD-ROM 有一个数据传输速率的指标，称为倍速。1 倍速的数据传输速率是 150KB/s，写成 1X。48 倍速 CD-ROM 的数据传输速率是 48×0.15MB=7.2MB/s。

（2）MO

可擦写光盘（Magnetc Optical，MO）是一种具有磁盘性质的光盘，它的操作和硬盘完全相同，故称磁光盘。MO 的容量有 540MB、640MB、1.3GB、2.6GB、3.2GB 等。

（3）CD-R

一次性可写入光盘（CD-Recordable，CD-R）的容量为 650MB。

（4）CD-RW

光盘刻录机（CD-ReWritable，CD-RW）兼具 MO 和 CD-R 的优点。CD-RW 盘片就像硬盘一样，可以随时删除和写，CD-RW 光盘的容量为 650MB。

（5）DVD-ROM

DVD-ROM（Digital Versatile Disc-read Only Memory）是 CD-ROM 的后继产品。DVD-ROM 盘片单面单层的容量为 4.7GB，单面双层的容量为 7.5GB，双面双层的容量为 17GB。DVD 的 1 倍速的数据传输速率为 1.3MB/s。

（6）BD-ROM

BD-ROM（Blu-ray DiscRead-Only Memory）为 Blu-ray Disc 的只读光盘，能够存储大量数据的外部存储媒体，可称为"蓝光光盘"。Blu-ray Disc（蓝光光盘，BD），是 DVD 之后的下一代光盘格式之一，用以存储高品质的影音以及高容量的数据存储。

一个单层的蓝光光盘的容量为 25GB 或是 27GB，足够录制一个长达 4 小时的高清晰影片。而双层的蓝光光盘容量可达到 46GB 或 54GB，足够烧录一个长达 8 小时的高清晰影片。而容量为 100GB 或 200GB 的，分别是 4 层及 8 层。

几种不同光盘的比较如表 2-1 所示。

表 2-1   几种不同光盘的比较

光 盘 技 术	DVD	HD-DVD	Blu-Ray
分辨率	480p	720p	1080p
雷射波长	红光雷射 650nm	蓝色光束雷射 405nm	蓝色光束雷射 405nm
最小讯坑长度	0.4μm	0.2μm	0.15μm
轨距	0.74μm	0.4μm	0.32μm
单层存储容量	4.7GB	15GB	25GB
视频压缩技术	不支持	VC-1 MPEG-2 MPEG-4	VC-1 MPEG-2 MPEG-4

3. 闪速存储器

20 世纪 90 年代 Intel 公司发明的闪速存储器是一种高密度、非易失性的读/写半导体存储器，它突破了传统的存储器体系，改善了现有存储器的特性，是一种全新的存储器技术。闪速存储器的存储元电路是在 CMOS 单晶体管 EPROM 存储元基础上制造的，因此，它具有非易失性。通过先进的设计和工艺，闪速存储器实现了优于传统 EPROM 的性能，其读出数据传输速率比其他任何存储器都高。闪速存储器具有以下特点。

① 固有的非易失性。

② 廉价的高密度。

③ 可直接运行。

④ 固态性能。

闪速存储器是一种理想的存储器，采用 USB 接口。以前外置存储器和计算机主机相连采用并口或者 SCSI 接口，前者传输速率太低，后者成本太高，所以外置存储器常应用于特殊领域。采用了 USB 接口后，外存开始走向普通大众。USB 闪速存储器秉承了 USB 的主要特性，支持即插即用和热插拔功能，体积小，容量大，便于携带，是移动用户、大量数据交换用户很好的选择。目前，大多数的移动存储设备都是采用闪速存储器作为存储载体的，可以说，没有闪速存储器也就没有"移动存储"。闪速存储器被广泛应用于 U 盘、数码照相机、MP3 及移动存储设备。

在一个计算机系统中，除了有内存外，一般还有辅助存储器（外存），用于存储暂时不用的程序和数据。目前，常用的外存有硬盘、光盘存储器以及体积小、容量大、便于移动携带的 USB 闪速存储器。它们和内存一样，存储容量也是以字节作为基本单位。

2.4 主 板

主板（Moeher Board）又称为系统板或母板，主板上配备有内存插槽、CPU 插座、各种扩展槽及只读存储器等。主板上还集成了 IDE 硬盘接口、音频接口、AGP（Accelerated Graphics Port）扩展槽、PCI 扩展槽、键盘接口、鼠标接口以及 USB（Universal Serial Bus，通用串行总线）接口等，如图 2-13 所示。

主板上布满了各种电子元器件、插座、插槽和各种外部接口，它可以为计算机的所有部件提供插槽和接口，并通过其中的线路统一协调所有部件的工作。主板上主要的芯片包括 BIOS 芯片和南北桥芯片，其中 BIOS 芯片是一块矩形的存储器，里面存有与该主板搭配的基本输入/输出系统程序，能够让主板识别各种硬件，还可以设置引导系统的设备和调整 CPU 外频等；南北桥芯片通常由南桥芯片和北桥芯片组成，北桥芯片主要负责处理 CPU、内存和显卡三者间的数据交流，南桥芯片则负责硬盘等存储设备和 PCI 总线之间的数据流通。

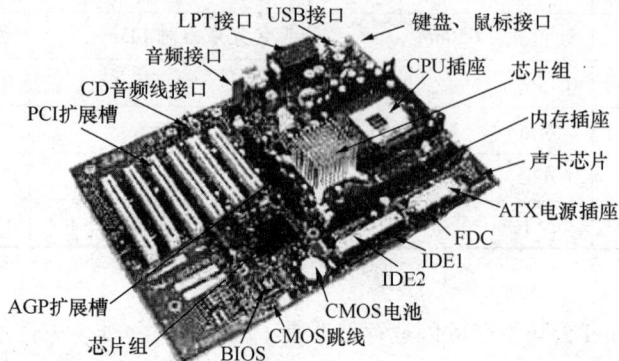

图 2-13　计算机主板

目前市场上常见的主板生产厂家有华硕、微星、技嘉等。在选择主板时需要考虑以下几个方面的因素。

① 支持 CPU 的类型与频率范围。CPU 插座类型的不同是区分主板类型的主要标志之一，CPU 只有在相应主板的支持下才能达到其额定频率，因此在选择主板时，一定要使其能足够支持所选的 CPU，并且留有一定的升级空间。

② 对内存的支持。主板对内存的支持能力主要体现在 3 个方面：一是内存插槽布局，它决定了该主板能够使用哪些类型的内存条；二是芯片组对内存的管理能力，它决定了该主板能使用内存的最大容量；三是芯片组性能对内存速度表现的影响。

③ BIOS 芯片和版本。BIOS 是集成在主板 CMOS 芯片中的软件，主板上的这块 CMOS 芯片保存有计算机系统最重要的基本输入输出程序、系统 CMOS 设置、开机上电自检程序和系统启动程序。在主板选择上应该考虑到 BIOS 能否方便地升级，是否具有优良的防病毒功能。

2.5　总线与接口

2.5.1　常用总线标准

要考察一台主机板的性能，除了要看 CPU 的性能和存储器的容量和速度外，采用的总线标准和高速缓存的配置情况也是重要的因素。

总线（Bus）是计算机各种功能部件之间传送信息的公共通信干线，主机的各个部件通过总线相连接，外部设备通过相应的接口电路再与总线相连接，从而形成了计算机硬件系统。因此总线被形象地比喻为"高速公路"。按照计算机所传输的信息类型，总线可以划分为数据总线、地址总线和控制总线，分别用来传输数据、数据地址和控制信号。

- 数据总线。数据总线用于在 CPU 与 RAM（随机存取存储器）之间来回传送需处理、存储的数据。
- 地址总线。地址总线上传送的是 CPU 向存储器、I/O 接口设备发出的地址信息。

- 控制总线。控制总线用来传送控制信息。这些控制信息包括 CPU 对内存和输入输出接口的读写信号，输入输出接口对 CPU 提出的中断请求等信号，以及 CPU 对输入/输出接口的回答与响应信号，输入/输出接口的各种工作状态信号和其他各种功能控制信号。

目前，常见的总线标准有 ISA 总线、PCI 总线、AGP 总线和 EISA 总线。

1. ISA（Industrial Standard Architecture）总线

该总线最早安排了 8 位数据总线，共 62 个引脚，主要满足 8088CPU 的要求。后来又增加了 36 个引脚，数据总线扩充到 16 位，总线传输速率达到 8MB/s，适应了 80286CPU 的需求，成为 AT 系列微机的标准总线。

2. EISA（Extend ISA）总线

该总线的数据线和地址线均为 32 位，总线数据传输速率达到 33MB/s，满足了 80386 和 80486CPU 的要求，并采用双层插座和相应的电路技术，保持了和 ISA 总线的兼容。

3. VESA（也称 VL-BUS）总线

该总线的数据线为 32 位，留有扩充到 64 位的物理空间。采用局部总线技术使总线数据传输速率达到 133MB/s，支持高速视频控制器和其他高速设备接口，满足了 80386 和 80486CPU 的要求，并采用双层插座和相应的电路技术，保持了和 ISA 总线的兼容。支持 Intel、AMD、Cyrix 等公司的 CPU 产品。

4. PCI（Peripheral Component Interconnect）总线

PCI 总线采用局部总线技术，在 33MHz 下工作时数据传输速率为 132MB/s，不受制于处理器且保持了和 ISA、EISA 总线的兼容。同时 PCI 还留有向 64 位扩充的余地，最高数据传输速率为 264MB/s，支持 Intel80486、Pentium 以及更新的微处理器产品。

总线最重要的性能是它的数据传输速率，也称为总线的带宽，即单位时间内总线上可传输的数据量。总线带宽的计算公式如下：

总线带宽（MB/s）=（数据线宽度/8）× 总线有效工作频率（MHz）

2.5.2 输入/输出接口

输入/输出（I/O）接口是主机输入/输出交换信息的通道，连接输入设备的接口为输入接口，连接输出设备的接口为输出接口，I/O 接口一般在主机的背后。常用的接口有显示器接口、键盘接口、串行口 COM1、COM2（连接鼠标器）以及并行口 LPT1、LPT2（连接打印机）等，见表 2-2。用户还可以根据自己的需要，在主板的总线插座上插上自己需要的功能卡，连接自己选配的输入/输出设备。

（1）I/O 接口的分类

从数据传输方式来看，分为串行和并行；从数据传输速率来看，分为低速和高速；从是否能连接多个设备来看分为总线式和独占式；从是否符合标准来看，分为标准接口和专用接口。

（2）USB 接口

通用串行总线（Universal Serial Bus，USB）接口是一种可以连接多个设备的总线式串行接口。现在已经在 PC、数码相机、MP3、MP4 等设备中普遍使用。

USB2.0 的数据传输速率为 480MB/s（60MB/s）。

一个 USB 接口最多能连接 127 个设备，这时必须使用"USB 集线器"来扩展原来机器的 USB 接口。它符合"即插即用"（Plug&Play，即 PnP）规范。

表 2-2 常用的 I/O 接口及其性能参数

名称	数据传输方式	数据传输速率	标准	插头/插座形式	可连接的设备数目	通常连接的设备
串行口	串行，双向	50~192000bit/s	EIA-232 或 EIA-422	DB25F 或 DB9F	1	鼠标器，MODEM
并行口(增强式)	并行，双向	1.5MByte/s	IEEE 1284	DB25M	1	打印机，扫描仪
USB(1.0) USB(1.1)	串行，双向	1.5Mbit/s(慢速) 1.5MByte/s (全速)		USB A	最多 127	键盘，鼠标器，数码相机，移动盘等
USE(2.0)	串行，双向	60MByte/s (高速)		USB A	最多 127	外接硬盘，数字视频设备，扫描仪等
IEEE 1394a IEEE 1394b	串行，双向	12.5 MByte/s, 25 MByte/s, 50MByte/s, 100MByte/s	FireWire (i.Link)		最多 63	数字视频设备
IDE	并行，双向	66 MByte/s 100 MByte/s 133 MByte/s	Ultra ATA/66 Ultra ATA/100 Ultra ATA/133	(E-IDE)	1~4	硬盘，光驱，软驱
SATA	串行，双向	150 MByte/s 300 MByte/s	SATA1.0 SATA2.0	7 针插头/插座	1	硬盘
显示器输出接口	并行，单向	200~500 MByte/s	VGA	HDB15	1	显示器
PS/2 接口	串行，双向	低速	IBM		1	键盘或鼠标器
红外线接口（IrDA）	串行，双向	115 000bit/s 或 4Mbit/s	红外线数据协会	不需要	1	键盘，鼠标器，打印机等

2.6 常用输入设备

输入设备是将数据、程序、文字符号、图像、声音等信息输送到计算机中。常用的输入设备有键盘、鼠标、触摸屏、数字转换器等。

1. 键盘

键盘是计算机最常用的输入设备，它用于向计算机内输入字符等。目前键盘大多使用 108 键，笔记本电脑一般只有 80 多键，见表 2-3。

键盘与主机的接口有多种形式，一般采用的是 AT 接口或 PS/2 接口，比较新的产品使用 USB 接口。无线键盘采用的是无线接口，它与计算机主机之间没有直接的物理连线，而是通过红外线或无线电波将输入信息传送给主机上安装的专用接收器。

表 2-3   PC 键盘中主要控制键的作用

控制键名称	主 要 功 能
Alt	Alternate 的缩写，它与另一个（些）键一起按下时，将发出一个命令，其含义由应用程序决定
Break	经常用于终止或暂停一个 DOS 程序的执行
Ctrl	Control 的缩写，它与另一个（些）键一起按下时，将发出一个命令，其含义由应用程序决定
Delete	删除光标右面的一个字符，或者删除一个（些）已选择的对象
End	一般是把光标移动到行末
Esc	Escape 的缩写，经常用于退出一个程序或操作
F1～F12	共 12 个功能键，其功能由操作系统及运行的应用程序决定
Home	通常用于把光标移动到开始位置，如一个文档的起始位置或一行的开始处
Insert	输入字符时有覆盖方式和插入方式两种，Insert 键用于在两种方式之间进行切换
Num Lock	数字小键盘可用作计算器键盘，也可用作光标控制键，由本键进行切换
Page Up	使光标向上移动若干行（向上翻页）
Page Down	使光标向下移动若干行（向下翻页）
Pause	临时性地挂起一个程序或命令
Print Screen	记录当时的屏幕映像，将其复制到剪贴板中

2. 鼠标器

鼠标器（mouse）简称鼠标，它是一种指示设备，它的技术指标之一是分辨率，用 dpi（dot per inch）表示，光电鼠标的分辨率 800dpi。

鼠标器的结构有多种，最早是机械式鼠标，接着出现的是光机式鼠标，现在流行的是光学鼠标。鼠标器与主机的接口有三种：①传统的 EIA-232 串行接口（9 针 D 型插头座）；②现今的 PS/2 接口；③还有一种现已广泛使用的 USB 接口。另外，无线鼠标也已开始推广使用，有些产品作用距离可达 10m 左右。

与鼠标器作用类似的设备还有操纵杆和触摸屏。操纵杆经常用于游戏的控制，触摸屏使用于博物馆、酒店大堂中安装的多媒体计算机上，供用户查询信息之用。

3. 扫描仪

扫描仪是将印刷制品（图片、照片、底片、书稿）的影像输入计算机的一种输入设备。扫描仪按结构来分，可分为手持式、平板式、胶片专用和滚筒式等几种。它与主机的接口有 SCST 接口、USB 接口和最新的 FireWire 接口。

（1）平板式扫描仪（见图 2-14）：主要扫描反射式稿件，适用范围较广。其扫描速度、精度、质量比较好。

（2）滚筒式（见图 2-15）和胶片专用扫描仪：高分辨率的专业扫描仪，技术性能很高，多用于专业印刷排版领域。

（3）手持式扫描仪（见图 2-16）：扫描头较窄，分辨率低，只适用于扫描较小的图件。

图 2-14　平板式扫描仪

图 2-15　滚筒式扫描仪

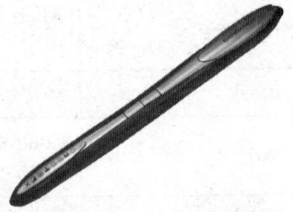
图 2-16　手持式扫描仪

4. 数码相机

数码相机（digitalcamera）又叫数字相机，与传统照相机相比，它不需要胶卷和暗房，能直接将照片以数字形式记录下来，并输入计算机进行处理，或与电视机连接进行观看。

数码相机将影像聚焦在成像芯片（CCD 或 CMOS）上，像素在 200 万～300 万以下的普及型相机大多采用 CMOS 成像芯片；档次较高的数码相机的成像芯片采用 CCD 器件居多，数码相机的存储器大多采用由闪烁存储器组成的存储卡，如 MMC 卡、SD 卡、记忆棒（menmory stick）等，即使关机也不会丢失信息。

数码相机与计算机连接的 USB 接口、与电视机连接的模拟视频信号接口，原理如图 2-17 所示。

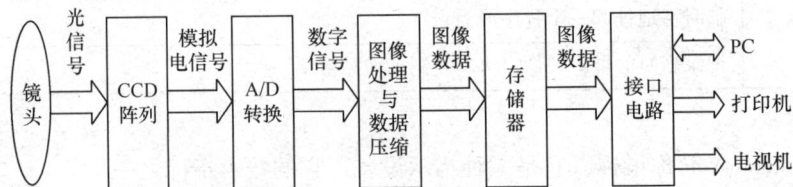
图 2-17　数码相机原理图

2.7　常用输出设备

1. 显示器

显示器是计算机必不可少的一种图文输出设备，其作用是将数字信号转换为光信号，最后将文字与图形显示出来。计算机显示器通常由显示器和显示控制器两部分组成，如图 2-18 和图 2-19 所示。

图 2-18　液晶显示器

图 2-19　显示控制器

（1）显示器

计算机使用的显示器主要有两类：CRT 显示器和 LCD、LED 液晶显示器。与 CRT 显示器相比，液晶显示器具有工作电压低、没有辐射危害、功耗小、不闪烁，适用于大规模集成电路驱动，已经广泛应用于便携式计算机、数码相机、数码摄像机、电视机等设备。

无论是 CRT 还是 LCD 显示器，它们主要的性能参数有：

① 显示屏的尺寸。传统显示屏的宽高比一般为 4：3，宽屏液晶显示器的宽高比为 16：9 或 16：10。

② 刷新速率。刷新速率指所显示的图像每秒钟更新的次数。刷新频率越高，图像的稳定性越好。PC 显示器的画面刷新速率一般在 60Hz 以上。

③ 显示分辨率：水平像素个数×垂直像素个数。例：920×1200，1280×1024，1024×768，800×600，640×480。在显卡的控制下，屏幕分辨率是可以设置的。

④ 可显示颜色数目。彩色显示器的彩色是由三个基色 R、G、B 合成而得到的。例如，R、G、B 分别用 8 位表示，则它就有 2^{24}=1680 万种不同的颜色。

（2）显示控制器

显示控制器在 PC 中多半做成扩充卡的形式，所以也叫作显示卡、图形卡或者视频卡。有些 PC 的主板上已包含有显示卡。显示卡主要由显示控制电路、绘图处理器、显示存储器和接口电路四个部分组成。

接口电路负责显示卡与 CPU 和内存的数据传输。目前大多使用 AGP 接口，它可把主存（RAM）和 VRAM 直接连接起来，其数据线宽度为 32 位，时钟频率 66MHz，但目前越来越多的显卡开始采用性能更好的 PCI-E 接口。

由于 3D 游戏大量出现和硬件价格迅速下降，现在显示卡一般都采用具有 3D 功能的绘图处理器（GPU）芯片，使得游戏能取得更为逼真的效果。

目前流行的 GPU 芯片有 nVIDIA 公司的 GeForce FX5200、GeForce FX5700、GeForce FX5900、GeForce FX6800、GeForce 8800GT，AMD 公司的 ATI 系列，如 Radeon 9600、Radeon 9700、Radeon 9800、Radeon X800 系列等。

2. 打印机

打印机也是 PC 的一种主要输出设备，它能把程序、数据、字符、图形打印在纸上。目前使用较广的打印机有针式打印机、激光打印机和喷墨打印机三种。

（1）针式打印机

针式打印机（见图 2-20）是一种击打式打印机，打印头安装了若干根钢针，有 9 针、16 针、24 针等几种。由于打印质量不高、工作噪声大，现已被淘汰出办公和家用打印机市场。

（2）激光打印机

激光打印机（见图 2-21）是激光技术与复印技术相结合的产物，它是一种高质量、高速度、低噪声、价格适中的输出设备。激光打印机多半使用并行接口或 USB 接口，一些高速激光打印机则使用 SCSI 接口。激光打印机分为黑白和彩色两种。

（3）喷墨打印机

喷墨打印机（见图 2-22）也是一种非击打式输出设备。喷墨打印机按打印头的工作方式可以分为压电喷墨技术和热喷墨技术两大类；按照喷墨材料的性质又可以分为水质料、固态油墨和液态油墨等类型。

| 图 2-20 针式打印机 | 图 2-21 激光打印机 | 图 2-22 喷墨打印机 |

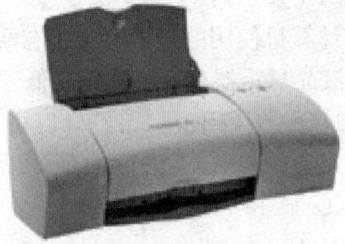

习 题 2

1. 选择题

（1）计算机的硬件系统主要包括运算器、控制器、存储器、输出设备和（　　）。

    A. 键盘　　　　　　　　B. 鼠标　　　　　　　　C. 输入设备　　　　D. 显示器

（2）在计算机指令中，指参加运算的数据及其所在的单元地址的是（　　）。

    A. 地址码　　　　　　　B. 源操作数　　　　　　C. 操作数　　　　　　D. 操作码

（3）计算机的系统总线是计算机各部件间传递信息的公共通道，它分为（　　）。

    A. 数据总线和控制总线

    B. 数据总线、控制总线和地址总线

    C. 地址总线和数据总线

    D. 地址总线和控制总线

（4）下列叙述中，错误的是（　　）。

    A. 内存储器一般由 ROM、RAM 和高速缓存（Cache）组成

    B. RAM 中存储的数据一旦断电就全部丢失

    C. CPU 可以直接存取硬盘中的数据

    D. 存储在 ROM 中的数据断电后也不会丢失

（5）能直接与 CPU 交换信息的存储器是（　　）。

    A. 硬盘存储器　　　　　B. 光盘驱动器　　　　　C. 内存储器　　　　　D. 软盘存储器

（6）英文缩写 ROM 的中文译名是（　　）。

    A. 高速缓冲存储器　　　　　　　　　　　B. 只读存储器

    C. 随机存取存储器　　　　　　　　　　　D. 光盘

（7）下列设备组中，全部属于外部设备的一组是（　　）。

    A. 打印机、移动硬盘、鼠标　　　　　　　B. CPU、键盘、显示器

    C. SRAM 内存条、光盘驱动器、扫描仪　　D. U 盘、内存储器、硬盘

2. 问答题

（1）计算机系统由哪几个部分组成？各部分的功能是什么？

（2）微型计算机的存储体系如何？内存和外存各有什么特点？

（3）微型计算机中 ROM 与 RAM 的区别是什么？

（4）什么是输入设备，包括哪些？什么是输出设备，包括哪些？

第**3**章 计算机软件

计算机如果只有硬件而没有软件，那就只是一台裸机，用户是无法直接使用或操作它的。没有软件的计算机就和没有头脑、没有灵魂的人一样，是不能工作的。一台性能优良的计算机，其硬件系统能否发挥应有的作用，取决于其配置的软件是否完善、丰富。计算机软件就是计算机运行所需的各种程序、数据及有关文档资料的集合。

通过学习本章，主要掌握以下几方面内容：
（1）软件概述及分类；
（2）操作系统的功能、分类、常用产品及其主要特点；
（3）程序设计语言及其处理系统；
（4）算法和数据结构基本概念。

3.1 软件的分类

计算机软件（Computer Software）也称软件，它是指计算机系统中的程序及其文档，程序是计算任务的处理对象和处理规则的描述，是按照一定顺序执行的、能够完成某一任务的指令集合，而文档则是为了便于了解程序所需的阐明性资料。

计算机之所以能够按照用户的要求运行，便是通过程序来控制计算机的工作流程，以完成特定的设计任务，在完成任务的过程中，人与计算机之间的沟通就需要使用一种语言，这就是计算机语言，也称为程序设计语言，它是计算机软件的基础和组成。

根据不同的角度和标准，可以将计算机软件分成不同的种类。

3.1.1 按软件用途分类

1. 系统软件

系统软件是指控制和协调计算机及外部设备，支持应用软件开发和运行的系统，其主要功能是调度、监控和维护计算机系统，同时负责管理计算机系统中各种独立的硬件，使它们可以协调工作。系统软件是软件运行的基础，所有应用软件都是在系统软件上运行的。

系统软件主要分为操作系统、语言处理程序、数据库管理系统和系统辅助处理程序等，具体介绍如下。

（1）操作系统。操作系统（Operating Systems，OS）是计算机系统的指挥调度中心，它可以为各种程序提供运行环境。常见的操作系统有 DOS、Windows、UNIX 和 Linux 等，如在本书的项目三将要学习的 Windows 7 就是一个操作系统。

（2）语言处理程序。语言处理程序是为用户设计的编程服务软件，用来编译、解释和处理各种程序所使用的计算机语言，是人与计算机相互交流的一种工具，包括机器语言、汇编语言和高级语言 3 种。计算机只能直接识别和执行机器语言，因此要在计算机上运行高级语言程序就必须配备程序语言翻译程序，翻译程序本身是一组程序，不同的高级语言都有相应的翻译程序。

（3）数据库管理系统。数据库管理系统（简称 DBMS）是一种操作和管理数据库的大型软件，它是位于用户和操作系统之间的数据管理软件，也是用于建立、使用和维护数据库的管理软件，把不同性质的数据进行组织，以便能够有效地查询、检索和管理这些数据。常用的数据库管理系统有 SQL Server、Oracle 和 Access 等。

（4）系统辅助处理程序。系统辅助处理程序也称为软件研制开发工具或支撑软件，主要有编辑程序、调试程序、装备和连接程序和调试程序等，这些程序的作用是维护计算机的正常运行，如 Windows 操作系统中自带的磁盘整理程序等。

2. 应用软件

应用软件是指一些具有特定功能的软件，是为解决各种实际问题而编制的程序，在其中包括各种程序设计语言，以及用各种程序设计语言编制的应用程序。计算机中的应用软件种类非常繁多，这些软件能够帮助用户完成特定的任务，如要编辑一篇文章可以使用 Word，要制作一份报表可以使用 Excel，这类软件都属于应用软件。表 3-1 所示列举了一些主要应用领域的应用软件，用户可以结合工作或生活的需要进行选择。

表 3-1　　　　　　　　　　主要应用领域的应用软件

软 件 种 类	举　　　例
办公软件	Microsoft Office、WPS
图形处理与设计	Photoshop、Flash、3ds Max 和 AutoCAD
程序设计	Visual C++、Visual Studio、Dephi
图文浏览软件	ACDSee、Adobe Reader、超星图书阅览器、ReadBook
翻译与学习	金山词霸、金山快译和金山打字通
多媒体播放和处理	Windows Media Player、千千静听、绘声绘影、Premiere
网站开发	Dreamweaver、FrontPage
磁盘分区	Fdisk、PartitionMagic
数据备份与恢复	Fdisk、PartitionMagic
网络通信	腾讯 QQ、Foxmail、MSN
上传与下载	CuteFTP、FlashGet、迅雷
计算机病毒防护	金山毒霸、360 杀毒、木马克星

3.1.2　按软件权益分类

按照软件权益的处理方式，计算机软件分为商品软件、共享软件、自由软件三类。

1. 商品软件

商品软件是指用户需要付费才能得到软件的使用权。它除了受版权保护外，还受到软件许可证的保护。

2. 共享软件

共享软件是一种"买前免费试用"的具有版权的软件，它通常允许用户试用一段时间，也允许用户进行复制和散发（但不可修改后散发），但过了试用期若还想继续使用，就得交一笔注册费，成为注册用户。

3. 自由软件

自由软件是用户可共享自由软件，允许随意复制、修改其源代码，允许销售和自由传播。但是，对软件源代码的任何修改都必须向所有用户公开，还必须允许此后的用户享有进一步复制和修改的自由。自由软件有利于软件共享和技术创新。

3.2 软件工程基础

3.2.1 软件危机与软件工程

1. 软件危机

软件工程概念的出现源自软件危机。所谓软件危机是泛指在计算机软件的开发和维护过程中所遇到的一系列严重问题。具体的说，在软件开发和维护过程中，软件危机主要表现在：

（1）软件需求的增长得不到满足。用户对系统不满意的情况经常发生。

（2）软件开发成本和进度无法控制。开发成本超出预算，开发周期大大超过规定日期的情况经常发生。

（3）软件质量难以保证。

（4）软件不可维护或维护程度非常低。

（5）软件的成本不断提高。

（6）软件开发生产率的提高跟不上硬件的发展和应用需求的增长。

总之，可以将软件危机可以归结为成本、质量、生产率等问题。

2. 软件工程的定义

软件工程是应用于计算机软件的定义、开发和维护的一整套方法、工具、文档、实践标准和工序。软件工程的目的就是要建造一个优良的软件系统，它所包含的内容概括为以下两点：

（1）软件开发技术，主要有软件开发方法学、软件工具、软件工程环境。

（2）软件工程管理，主要有软件管理、软件工程经济学。

软件工程的主要思想是将工程化原则运用到软件开发过程，它包括 3 个要素：方法、工具和过程。方法是完成软件工程项目的技术手段；工具是支持软件的开发、管理、文档生成；过程支持软件开发的各个环节的控制、管理。

软件工程过程是把输入转化为输出的一组彼此相关的资源和活动。

3. 软件生命周期

软件生命周期：软件产品从提出、实现、使用维护到停止使用退役的过程。

软件生命周期分为软件定义、软件开发及软件运行维护三个阶段。

（1）软件定义阶段：包括制定计划和需求分析。

制订计划：确定总目标；可行性研究；探讨解决方案；制订开发计划。

需求分析：对待开发软件提出的需求进行分析并给出详细的定义。

（2）软件开发阶段：

软件设计：分为概要设计和详细设计两个部分。

软件实现：把软件设计转换成计算机可以接受的程序代码。

软件测试：在设计测试用例的基础上检验软件的各个组成部分。

（3）软件运行维护阶段：软件投入运行，并在使用中不断地维护，进行必要的扩充和删改。

4. 软件开发工具与软件开发环境

（1）软件开发工具

软件开发工具的完善和发展将促使软件开发方法的进步和完善，促进软件开发的高速度和高质量。软件开发工具的发展是从单项工具的开发逐步向集成工具发展的，软件开发工具为软件工程方法提供了自动的或半自动的软件支撑环境。同时，软件开发方法的有效应用也必须得到相应工具的支持，否则方法将难以有效的实施。

（2）软件开发环境

软件开发环境（或称软件工程环境）是全面支持软件开发全过程的软件工具集合。

计算机辅助软件工程（Computer Aided Software Engineering，CASE）将各种软件工具、开发机器和一个存放开发过程信息的中心数据库组合起来，形成软件工程环境。它将极大降低软件开发的技术难度并保证软件开发的质量。

3.2.2 结构化分析方法

结构化方法的核心和基础是结构化程序设计理论。

1. 需求分析

需求分析的任务就是导出目标系统的逻辑模型，解决"做什么"的问题。需求分析方法有：①结构化需求分析方法；②面向对象的分析方法。需求分析一般分为需求获取、需求分析、编写需求规格说明书和需求评审四个步骤。

2. 结构化分析方法

结构化分析方法是结构化程序设计理论在软件需求分析阶段的应用。

结构化分析方法的实质：着眼于数据流，自顶向下，逐层分解，建立系统的处理流程，以数据流图和数据字典为主要工具，建立系统的逻辑模型。

结构化分析的常用工具：①数据流图（DFD）；②数据字典（DD）；③判定树；④判定表。

数据流图以图形的方式描绘数据在系统中流动和处理的过程，它反映了系统必须完成的逻辑功能，是结构化分析方法中用于表示系统逻辑模型的一种工具。

图 3-1 是数据流图的基本图形元素。

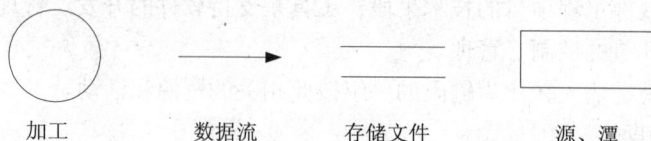

图 3-1　数据流图图形元素

加工（转换）：输入数据经加工变换产生输出。

数据流：沿箭头方向传送数据的通道，一般在旁边标注数据流名。

存储文件（数据源）：表示处理过程中存放各种数据的文件。

源，潭：表示系统和环境的接口，属系统之外的实体。

画数据流图的基本步骤：自外向内，自顶向下，逐层细化，完善求精。

如图 3-2 是一个数据流图的示例。

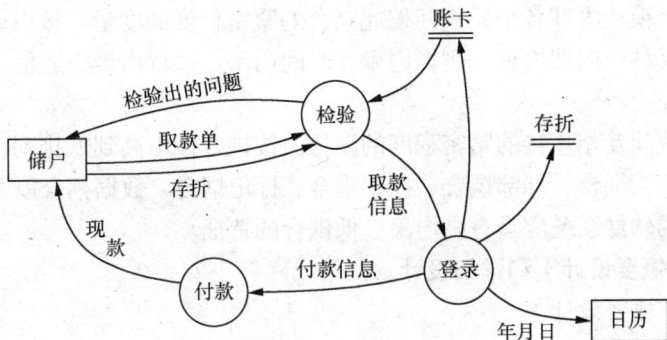

图 3-2　数据流图示例

数据字典：对所有与系统相关的数据元素的一个有组织的列表，以及精确的、严格的定义，使得用户和系统分析员对于输入、输出、存储成分和中间计算结果有共同的理解。数据字典的作用是对数据流图中出现的被命名的图形元素的确切解释。数据字典是结构化分析方法的核心。

3. 软件需求规格说明书（SRS）

软件需求规格说明书是需求分析阶段的最后成果，通过建立完整的信息描述、详细的功能和行为描述、性能需求和设计约束的说明、合适的验收标准，给出对目标软件的各种需求。

软件需求规格说明书应具有以下特点：①正确性；②无歧义性；③完整性；④可验证性；⑤一致性；⑥可理解性；⑦可修改性；⑧可追踪性，其中最重要的特点是无歧义性。

3.2.3　结构化设计方法

1. 软件设计的基础

需求分析主要解决"做什么"的问题，而软件设计主要解决"怎么做"的问题。从技术观点来看，软件设计包括软件结构设计、数据设计、接口设计、过程设计。

结构设计：定义软件系统各主要部件之间的关系。

数据设计：将分析时创建的模型转化为数据结构的定义。

接口设计：描述软件内部、软件和协作系统之间以及软件与人之间如何通信。

过程设计：把系统结构部件转换成软件的过程性描述。

从工程角度来看，软件设计分两步完成，即概要设计和详细设计。

概要设计：又称结构设计，将软件需求转化为软件体系结构，确定系统级接口、全局数据结构或数据库模式。

详细设计：确定每个模块的实现算法和局部数据结构，用适当方法表示算法和数据结构的细节。

软件设计的基本原理包括：抽象、模块化、信息隐蔽和模块独立性。

（1）抽象。抽象是一种思维工具，就是把事物本质的共同特性提取出来而不考虑其他细节。

（2）模块化。解决一个复杂问题时自顶向下逐步把软件系统划分成一个个较小的、相对独立但又不相互关联的模块的过程。

（3）信息隐蔽。每个模块的实施细节对其他模块来说是隐蔽的。

（4）模块独立性。软件系统中每个模块只涉及软件要求的具体的子功能，而和软件系统中其他的模块的接口是独立的。模块分解的主要指导思想是信息隐蔽和模块独立性。

模块的耦合性和内聚性是衡量软件的模块独立性的两个定性指标。在结构化程序设计中，模块划分的原则是：模块内具有高内聚度，模块间具有低耦合度。

内聚性：是一个模块内部各个元素间彼此结合的紧密程度的度量。按内聚性由弱到强排列，内聚可以分为以下几种：偶然内聚、逻辑内聚、时间内聚、过程内聚、通信内聚、顺序内聚及功能内聚。

耦合性：是模块间互相连接的紧密程度的度量。按耦合性由高到低排列，耦合可以分为以下几种：内容耦合、公共耦合、外部耦合、控制耦合、标记耦合、数据耦合以及非直接耦合。

一个设计良好的软件系统应具有高内聚、低耦合的特征。

2. 总体设计（概要设计）和详细设计

（1）总体设计（概要设计）

软件概要设计的基本任务是：①设计软件系统结构；②数据结构及数据库设计；③编写概要设计文档；④概要设计文档评审。

常用的软件结构设计工具是结构图，也称程序结构图。程序结构图的基本图符（见图 3-3）介绍如下：模块用一个矩形表示，箭头表示模块间的调用关系。在结构图中还可以用带注释的箭头表示模块调用过程中来回传递的信息。还可用带实心圆的箭头表示传递的是控制信息，空心圆箭心表示传递的是数据信息。

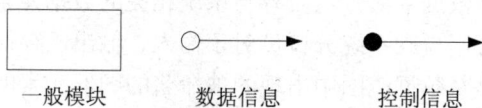

一般模块　　　　数据信息　　　　控制信息

图 3-3　程序结构图图形元素

面向数据流的设计方法定义了一些不同的映射方法，利用这些方法可以把数据流图变换成结构图表示软件的结构。

数据流的类型：大体可以分为两种类型，变换型和事务型。

① 变换型：变换型数据处理问题的工作过程大致分为三步，即取得数据、变换数据和输出数据。变换型系统结构图由输入、中心变换、输出三部分组成。

② 事务型：事务型数据处理问题的工作机理是接受一项事务，根据事务处理的特点和性质，选择分派一个适当的处理单元，然后给出结果。

（2）详细设计

详细设计是为软件结构图中的每一个模块确定实现算法和局部数据结构，用某种选定的表达工具表示算法和数据结构的细节。详细设计的任务是确定实现算法和局部数据结构，不同于编码或编程。

常用的过程设计（即详细设计）工具有以下几种：

图形工具：程序流程图、N-S（方盒图）、PAD（问题分析图）和 HIPO（层次图+输入/处理/输出图）。

表格工具：判定表。

语言工具：PDL（伪码）。

3.2.4　软件测试

1. 软件测试定义

软件测试是指使用人工或自动手段来运行或测定某个系统的过程，其目的在于检验它是否满足规定的需求或是弄清预期结果与实际结果之间的差别。

软件测试的目的是尽可能地多发现程序中的错误，不能也不可能证明程序没有错误。软件测试的关键是设计测试用例，一个好的测试用例能找到迄今为止尚未发现的错误。

2. 软件测试方法

常用的软件测试方法包括：静态测试和动态测试。

静态测试：包括代码检查、静态结构分析、代码质量度量。不实际运行软件，主要通过人工进行。

动态测试：是基于计算机的测试，主要包括白盒测试方法和黑盒测试方法。

（1）白盒测试

白盒测试方法也称为结构测试或逻辑驱动测试。它是根据软件产品的内部工作过程，检查内部成分，以确认每种内部操作都符合设计规格要求。

白盒测试的基本原则：保证所测模块中每一独立路径至少执行一次；保证所测模块所有判断的每一分支至少执行一次；保证所测模块每一循环都在边界条件和一般条件下至少各执行一次；验证所有内部数据结构的有效性。

白盒测试法的测试用例是根据程序的内部逻辑来设计的，主要用软件的单元测试，主要方法有逻辑覆盖、基本路径测试等。

① 逻辑覆盖。逻辑覆盖泛指一系列以程序内部的逻辑结构为基础的测试用例设计技术。通常程序中的逻辑表示有判断、分支、条件等几种表示方法。

语句覆盖：选择足够的测试用例，使得程序中每一个语句至少都能被执行一次。

路径覆盖：执行足够的测试用例，使程序中所有的可能的路径都至少经历一次。

判定覆盖：使设计的测试用例保证程序中每个判断的每个取值分支（T 或 F）至少经历一次。

条件覆盖：设计的测试用例保证程序中每个判断的每个条件的可能取值至少执行一次。

判断-条件覆盖：设计足够的测试用例，使判断中每个条件的所有可能取值至少执行一次，同时每个判断的所有可能取值分支至少执行一次。

逻辑覆盖的强度依次是：语句覆盖<路径覆盖<判定覆盖<条件覆盖<判断-条件覆盖。

② 基本路径测试。其思想和步骤是，根据软件过程性描述中的控制流程确定程序的环路复杂性度量，用此度量定义基本路径集合，并由此导出一组测试用例，对每一条独立执行路径进行测试。

（2）黑盒测试

黑盒测试方法也称为功能测试或数据驱动测试。黑盒测试是对软件已经实现的功能是否满足需求进行测试和验证。

黑盒测试主要诊断功能不对或遗漏、接口错误、数据结构或外部数据库访问错误、性能错误、初始化和终止条件错误。

黑盒测试不关心程序内部的逻辑，只是根据程序的功能说明来设计测试用例，主要方法有等价类划分法、边界值分析法、错误推测法等，主要用软件的确认测试。

① 等价类划分法。这是一种典型的黑盒测试方法，它是将程序的所有可能的输入数据划分成若干部分（及若干等价类），然后从每个等价类中选取数据作为测试用例。

② 边界值分析法。它是对各种输入、输出范围的边界情况设计测试用例的方法。

③ 错误推测法。人们可以靠经验和直觉推测程序中可能存在的各种错误，从而有针对性地编写检查这些错误的用例。

3. 软件测试过程

软件测试过程一般按 4 个步骤进行：单元测试、集成测试、确认测试和系统测试。

（1）单元测试

单元测试是对软件设计的最小单位——模块（程序单元）进行正确性检测的测试，目的是发现各模块内部可能存在的各种错误。

单元测试根据程序的内部结构来设计测试用例，其依据是详细设计说明书和源程序。单元测试的技术可以采用静态分析和动态测试。对动态测试通常以白盒测试为主，辅之以黑盒测试。

单元测试的内容包括：模块接口测试、局部数据结构测试、错误处理测试和边界测试。

在进行单元测试时，要用一些辅助模块去模拟与被测模块相联系的其他模块，即为被测模块设计和搭建驱动模块和桩模块。其中，驱动模块相当于被测模块的主程序，它接收测试数据，并传给被测模块，输出实际测试结果；而桩模块是模拟其他被调用模块，不必将子模块的所有功能带入。

（2）集成测试

集成测试是测试和组装软件的过程，它是把模块在按照设计要求组装起来的同时进行测试，主要目的是发现与接口有关的错误。

集成测试的依据是概要设计说明书。

集成测试所涉及的内容包括：软件单元的接口测试、全局数据结构测试、边界条件和非法输入的测试等。

集成测试通常采用两种方式：非增量方式组装与增量方式组装。

非增量方式组装：也称为一次性组装方式。首先对每个模块分别进行模块测试，然后再把所有模块组装在一起进行测试，最终得到要求的软件系统。

增量方式组装：又称渐增式集成方式。首先对一个个模块进行模块测试，然后将这些模块逐步组装成较大的系统，在组装的过程中边连接边测试，以发现连接过程中产生的问题。最后通过增值逐步组装成要求的软件系统。增量方式组装又包括自顶向下、自底向上、自顶向下与自底向上相结合等三种方式。

（3）确认测试

确认测试的任务是验证软件的有效性，即验证软件的功能和性能及其他特性是否与用户的要求一致。

确认测试的主要依据是软件需求规格说明书。

确认测试主要运用黑盒测试法。

（4）系统测试

系统测试的目的在于通过与系统的需求定义进行比较，发现软件与系统定义不符合或与之矛盾的地方。

系统测试的测试用例应根据需求分析规格说明来设计，并在实际使用环境下来运行。

系统测试的具体实施一般包括：功能测试、性能测试、操作测试、配置测试、外部接口测试、安全性测试等。

3.3 操 作 系 统

3.3.1 操作系统的含义

为了使计算机系统中所有软硬件资源协调一致、有条不紊地工作，就必须有一套软件来进行统一的管理和调度，这种软件就是操作系统。操作系统是管理软硬件资源、控制程序执行、改善人机界面、合理组织计算机工作流程和为用户使用计算机提供良好运行环境的一种系统软件。计算机系统不能缺少操作系统，正如人不能没有大脑一样，而且操作系统的性能在很大程度上直接决定了整个计算机系统的性能。操作系统直接运行在裸机上，是对计算机硬件系统的第一次扩充。在操作系统的支持下，计算机才能运行其他的软件。从用户的角度看，

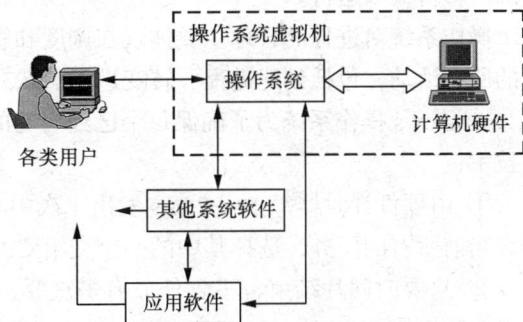

图 3-4　操作系统的作用

操作系统加上计算机硬件系统形成一台虚拟机（通常广义上的计算机），它为用户构成了一个方便、有效、友好的使用环境。因此可以说，操作系统不但是计算机硬件与其他软件的接口，而且也是用户和计算机的接口。操作系统的作用如图 3-4 所示。

3.3.2　操作系统的基本功能

操作系统作为计算机系统的管理者，它的主要功能是对系统所有的软硬件资源进行合理而有效的管理和调度，提高计算机系统的整体性能。一般而言，引入操作系统有两个目的：第一，从用户角度来看，操作系统将裸机改造成一台功能更强、服务质量更高、用户使用起来更加灵活方便、更加安全可靠的虚拟机，使用户无须了解更多有关硬件和软件的细节就能使用计算机，从而提高用户的工作效率；第二，为了合理地使用系统包含的各种软硬件资源，提高整个系统的使用效率。具体地说，操作系统具有处理器管理、存储管理、设备管理、文件管理、作业管理等功能。

1. 处理器管理

处理器管理也称进程管理。进程是一个动态的过程，是执行起来的程序，是系统进行资源调度和分配的独立单位。

进程与程序的区别，有以下 4 点。

① 程序是"静止"的，它描述的是静态指令集合及相关的数据结构，所以程序是无生命的；进程是"活动"的，它描述的是程序执行起来的动态行为，所以进程是有生命周期的。

② 程序可以脱离机器长期保存，即使不执行的程序也是存在的。而进程是执行着的程序，当程序执行完毕，进程也就不存在了。进程的生命是暂时的。

③ 程序不具有并发特征，不占用 CPU、存储器、输入/输出设备等系统资源，因此不会受到其他程序的制约和影响。进程具有并发性，在并发执行时，由于需要使用 CPU、存储器、输入/输出设备等系统资源，因此受到其他进程的制约和影响。

④ 进程与程序不是一一对应的。一个程序多次执行，可以产生多个不同的进程。一个进程也可以对应多个程序。

进程在其生存周期内，由于受资源制约，其执行过程是间断的，因此进程状态也是不断变化的。一般来说，进程有以下 3 种基本状态。

① 就绪状态。进程已经获取了除 CPU 之外所必需的一切资源，一旦分配到 CPU，就可以立即执行。

② 运行状态。进程获得了 CPU 及其他一切所需的资源，正在运行。

③ 等待状态。由于某种资源得不到满足，进程运行受阻，处于暂停状态，等待分配到所需

资源后，再投入运行。

操作系统对进程的管理主要体现在调度和管理进程从"创生"到"消亡"整个生存周期过程中的所有活动，包括创建进程、转变进程的状态、执行进程和撤销进程等操作。

Windows 操作系统为了确保每个已经启动的任务都有机会运行，它采用"抢先式"多任务处理技术：

① 由硬件计时器每 10～20ms 发出 1 次中断信号，Windows 立即暂停当前正在运行的任务，查看当前所有的任务，选择其中的一个交给 CPU 去运行。

② 只要时间片结束，不管任务有多重要，也不管它执行到什么地方，正在执行的任务都会被强行暂停执行。

③ 上述的任务调度，每秒钟要进行几十次到几百次。

实际上，操作系统本身的若干程序也是与应用程序同时运行的，它们一起参与 CPU 时间的分配。当然，不同程序的重要性不完全一样，它们获得 CPU 使用权的优先级也有区别。

2. 存储管理

存储器是计算机系统中存放各种信息的主要场所，因而是系统的关键资源之一，能否合理、有效地使用这种资源，在很大程度上影响到整个计算机系统的性能。操作系统的存储管理主要是对内存的管理。除了为各个作业及进程分配互不发生冲突的内存空间，保护放在内存中的程序和数据不被破坏外，还要组织最大限度地共享内存空间，甚至将内存和外存结合起来，为用户提供一个容量比实际内存大得多的虚拟存储空间。

3. 设备管理

外部设备是计算机系统中完成和人及其他系统间进行信息交流的重要资源，也是系统中最具多样性和变化性的部分。设备管理是负责对接入本计算机系统的所有外部设备进行管理，主要功能有设备分配、设备驱动、缓冲管理、数据传输控制、中断控制、故障处理等。常采用缓冲、中断、通道、虚拟设备等技术尽可能地使外部设备和主机并行工作，解决快速 CPU 与慢速外部设备的矛盾，使用户不必去涉及具体设备的物理特性和具体控制命令就能方便、灵活地使用这些设备。

4. 文件管理

计算机中存放着成千上万的文件，这些文件保存在外存中，但其处理却是在内存中进行的。对文件的组织管理和操作都是由被称之为文件系统的软件来完成的。文件系统由文件、管理文件的软件和相应的数据结构组成。文件管理支持文件的建立、存储、检索、调用、修改等操作，解决文件的共享、保密、保护等问题，并提供方便的用户使用界面，使用户能实现对文件的按名存取，而不必关心文件在磁盘上的存放细节。

5. 作业管理

作业管理是为处理器管理做准备的，包括对作业的组织、调度和运行控制。我们将一次解题过程中或一个事务处理过程中要求计算机系统所完成的工作的集合，包括要执行的全部程序模块和需要处理的全部数据，称为一个作业（Job）。

作业有 3 个状态：当作业被输入到系统的后备存储器中，并建立了作业控制模块（Job Control Block，JCB）时，称其处于后备态；作业被作业调度程序选中并为它分配了必要的资源，建立了一组相应的进程时，称其处于运行态；作业正常完成或因程序出错等而被终止运行时，称其进入完成态。

CPU 是整个计算机系统中较昂贵的资源，它的速度要比其他硬件快得多，所以操作系统要采用各种方式充分利用它的处理能力，组织多个作业同时运行，主要解决对处理器的调度、冲突处理和资源回收等问题。

3.3.3 操作系统的分类

经过了 50 多年的迅速发展，操作系统多种多样，功能也相差很大，已经发展到能够适应各种不同的应用环境和各种不同的硬件配置。操作系统按不同的分类标准可分为不同类型的操作系统，如图 3-5 所示。

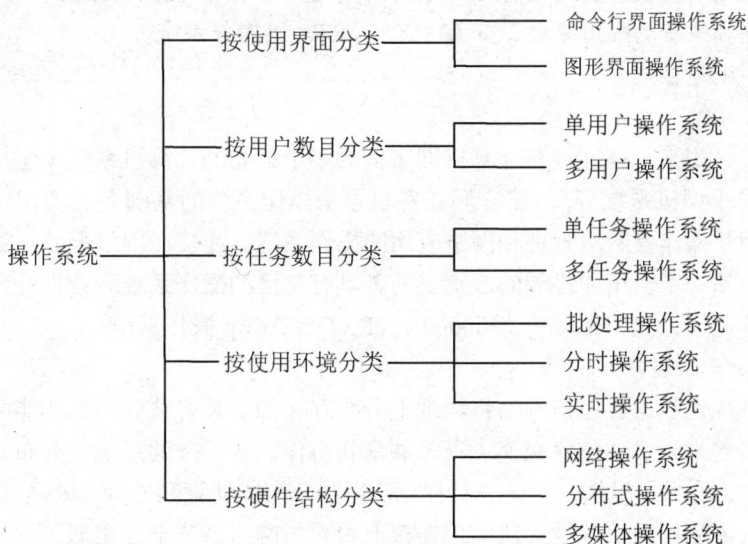

```
                                         ┌── 命令行界面操作系统
                    按使用界面分类 ────────┤
                                         └── 图形界面操作系统

                                         ┌── 单用户操作系统
                    按用户数目分类 ────────┤
                                         └── 多用户操作系统

                                         ┌── 单任务操作系统
操作系统 ───────────按任务数目分类 ────────┤
                                         └── 多任务操作系统

                                         ┌── 批处理操作系统
                    按使用环境分类 ────────┼── 分时操作系统
                                         └── 实时操作系统

                                         ┌── 网络操作系统
                    按硬件结构分类 ────────┼── 分布式操作系统
                                         └── 多媒体操作系统
```

图 3-5 操作系统的分类示意图

1. 按与用户交互的界面分类

（1）命令行界面操作系统

在命令行界面操作系统中，用户只能在命令提示符后（如 C:\>）输入命令才能操作计算机。其界面不友好，用户需要记忆各种命令，否则无法使用系统，如 MSDOS、Novell 等系统。

（2）图形界面操作系统

图形界面操作系统交互性好，用户无须记忆命令，可根据界面的提示进行操作，简单易学，如 Windows 系统。

2. 按是否能够运行多个任务分类

（1）单任务操作系统

单任务操作系统的主要特征是系统每次只能执行一个程序。例如，在打印时，微机就不能再进行其他工作了，如 DOS 操作系统。

（2）多任务操作系统

多任务操作系统允许同时运行两个以上的程序。例如，在打印时，可以同时执行另一个程序，如 Windows NT、Windows 2000/XP、Windows Vista/7、UNIX 等系统。

3. 按使用环境分类

（1）批处理操作系统

将若干作业按一定的顺序统一交给计算机系统，由计算机自动地、顺序完成这些作业，这样的系统称为批处理操作系统。批处理操作系统的主要特点是用户脱机使用计算机和成批处理，从而大大提高了系统资源的利用率和系统的吞吐量，如 MVX、DOS/VSE、AOS/V 等操作系统。

（2）分时操作系统

分时操作系统是一台主机带有若干台终端，CPU 按照预先分配给各个终端的时间片，轮流为各个终端服务，即各个用户分时共享计算机系统的资源。它是一种多用户系统，其特点是具有交互性、即时性、同时性和独占性，如 UNIX、XENIX 等操作系统。

（3）实时操作系统

实时操作系统是对来自外界的信息在规定的时间内即时响应并进行处理的系统。它的两大特点是响应的即时性和系统的高可靠性，如 IRMX、VRTX 等操作系统。

4. 按硬件结构分类

（1）网络操作系统

网络操作系统是用来管理连接在计算机网络上的多个独立的计算机系统（包括微机、无盘工作站、大型机和中小型机系统等），使它们在各自原来操作系统的基础上实现相互之间的数据交换、资源共享、相互操作等网络管理和网络应用的操作系统。连接在网络上的计算机被称为网络工作站，简称工作站。工作站和终端的区别是前者具有自己的操作系统和数据处理能力，后者要通过主机实现运算操作，如 Netware、Windows NT、OS/2Warp 操作系统。

（2）分布式操作系统

分布式操作系统也是通过通信网络将物理上分布存在的、具有独立运算功能的数据处理系统或计算机系统连接起来，实现信息交换、资源共享和协作完成任务的系统。分布式操作系统管理系统中的全部资源，为用户提供一个统一的界面，强调分布式计算和处理，更强调系统的坚强性、重构性、容错性、可靠性和快速性。从物理连接上看它与网络系统十分相似，它与一般网络系统的主要区别表现在：当操作人员向系统发出命令后能迅速得到处理结果，但运算处理是在系统中的哪台计算机上完成的操作人员并不知道，如 Amoeba 操作系统。

（3）多媒体操作系统

多媒体计算机是近几年发展起来的集文字、图形、声音、活动图像于一体的计算机。多媒体操作系统对上述各种信息和资源进行管理，包括数据压缩、声像同步、文件格式管理、设备管理、提供用户接口等。

3.3.4 常见操作系统

1. Windows 操作系统

Windows 操作系统是目前 PC 上最流行的图形界面操作系统，其使用界面友好，操作简便，特别适于非计算机专业人员使用。Windows 操作系统经历了以下发展过程：1985 年推出了 Windows 1.0 版；1995 年推出了全新的 Windows 95，Windows 95 出色的多媒体特性、人性化的操作、美观的界面令其获得空前成功；1998 年 Windows 98 发布，Windows 98 是 Windows 95 的升级版本，它完善、扩充了许多新功能；2000 年微软公司迎来了 Windows NT 5.0，为了纪念新千年，这个操作系统被命名为 Windows 2000；2001 年，Microsoft 公司推出了 Windows XP；2009 年发布 Windows 7，Windows 7 第一次在操作系统中引入 Life Immersion 概念，即在系统中集成许多人性因素，一切以人为本，同时沿用了 Vista 的 Aero（Authentic 真实，Energetic 动感，Reflective 反射性，Open 开阔）界面，提供了高质量的视觉感受，使得桌面更加流畅、稳定。目前，Microsoft 公司正在陆续发布 Windows 8、Windows 10 等版本。

2. UNIX 和 Linux 操作系统

UNIX 操作系统是一个强大的多用户、多任务操作系统，支持多种处理器架构，按照操作系统的分类，属于分时操作系统，最早由 KenThompson、Dennis Ritchie 和 Douglas McIlroy 于 1969 年在 AT&T 的贝尔实验室开发。特点是结构简练、功能强大、可移植性好、可伸缩性和互操作性强、网络通信功能强、安全可靠等。直到 Linux 开始流行，UNIX 系统一直是使用最广泛、影响最大的主流操作系统之一。

Linux 是一种"类 UNIX"的操作系统，原创者是芬兰的一名青年学者林纳斯·托瓦兹（Linus Torvalds），1991 年时（21 岁）他决定自己做一个操作系统。开发工作在 UNIX 的一个教学版本 Minix 基础上进行，托瓦兹把源程序在网上发布，供他人试用和修改，然后再传回给他。最后的成果就成为后来众所周知的 Linux 内核。紧接着的两年里，Linux 内核日臻完善，完全可以作为一个产品。但托瓦兹并没有申请专利权，也不把 Linux 作为商品来出售。他在自由软件联盟申请了普通公共许可证（General Public License，GPL），Linux 内核成为一个完全自由的软件。Linux 操作系统在网络服务器、个人计算机、巨型机、嵌入式系统（如手机、游戏机、电子书阅读器、路由器等）中发挥了巨大的威力。全球现在已经有超过 300 个 Linux 发行版，最普遍使用的发行版有十多个。

3. Android 操作系统

Android 是一种以 Linux 为基础的开放源代码操作系统，目前广泛应用在智能手机上。Android 操作系统由 Google 公司与开放手机联盟合作开发，该联盟包括了中国移动、摩托罗拉、高通、宏达和 T-Mobile 在内的 30 多家无线应用方面的领头羊。Android 平台由操作系统、中间件、用户界面和应用软件组成，包括了一部手机工作所需的全部软件。作为一个多方倾力打造的平台，Android 具有很多优点：实际应用程序运行速度快；开发限制少，平台开放；程序多任务性能优秀，切换迅速等。

4. iOS 操作系统

iOS 是由苹果公司开发的移动操作系统。苹果公司最早于 2007 年 1 月 9 日的 Macworld 大会上公布这个系统，最初是设计给 iPhone 使用的，后来陆续套用到 iPod touch、iPad 以及 Apple TV 等产品上。iOS 与苹果的 Mac OS X 操作系统一样，属于类 UNIX 的商业操作系统。iOS 操作系统相对要稳定，由于不开放源代码，扩展相对不足，但移植性很好。

3.4　程序设计基础

程序设计是计算机基础知识的一个重要部分，学会程序设计，可以使读者更进一步地懂得计算机的工作过程，可以更容易理解计算机的强大功能。

3.4.1　程序与程序设计

1. 程序

程序就是完成或解决某一问题的方法和步骤。它是为完成某个任务而设计的，由有限步骤所组成的一个有机的序列（见图 3-6）。它应该包括两方面的内容：做什么和怎么做。本章所讨论的"程序"就是指计算机程序，它是为了使计算机完成一个预定的任务而设计的一系列的语句或指令的集合。因此，可以说"程序"是为了解决某一特定问题而用某种计算机程序设计语言编写出的代码序列。

一个计算机程序要描述问题的每个对象和对象之间的关系，要描述对这些对象作处理的处理规则。其中关于对象及对象之间的关系是数据结构的内容，而处理规则是求解的算法。针对问题所涉及的对象和要完成的处理，设计合理的数据结构可以有效地简化算法，数据结构和算法是程序最主要的两个方面。

图 3-6　程序的作用

由于程序为计算机规定了计算步骤，因此为了更好地使用计算机，就必须了解程序的几个性质。

① 目的性。程序必须有一个明确的目的，即为了解决什么问题。

② 分步性。程序是分为许多步骤的，稍大一些的程序不可能一步就解决问题。

③ 有限性。解决问题的步骤不可能是无穷的，它必须在有限步骤内解决问题。如果有无穷多个步骤，那么在计算机上就实现不了。

④ 操作性。程序总是实施各种操作于某些对象的，它必须是可操作的。

⑤ 有序性。这是最重要的一点。解题步骤不是杂乱无章地堆积在一起，而是要按一定的顺序排列的。

2. 文档

文档是软件开发、使用和维护过程中必不可少的资料。通过文档人们可以清楚地了解程序的功能、结构、运行环境和使用方法。尤其在软件的后期维护中，文档更是不可或缺的重要资料。

3. 程序设计

计算机系统由可以看见的硬件系统和看不见的软件系统组成。要使计算机能够正常的工作，仅仅有硬件系统是不行的，没有软件系统（即没有程序）的计算机可以说只是一堆废铁，什么事情都干不了。例如，撰写一篇文章的时候，需要在"操作系统"的平台上用"文字编辑"软件来实现文字的输入和文章的编辑排版等。这些软件其实就是通常所说的计算机程序。但是，如果没有这些软件的话，如何向计算机中输入文字？又如何让计算机来对你的文章进行编辑排版呢？

对于使用计算机的大多数人来讲，当希望计算机来完成某一项工作时，将面临两种情况：一是可以借助现成的应用软件完成，如设计一个网页可以使用 Dreamweaver，写一份报告可以使用 Word，做一个产品介绍可以使用 PowerPoint，处理一幅图片可以使用 Photoshop 等；二是没有完全适合你的应用软件，这时就必须将要解决问题的步骤编写成一条条指令，而且这些指令还必须被计算机间接或直接地接收并能够执行。换句话说，为了使计算机达到预期目的，就要先得到解决问题的步骤，并依据对该步骤的数学描述编写计算机能够接收和执行的指令序列——程序，然后运行程序得到所要的结果，这就是程序设计。

学习程序设计，主要是进一步了解计算机的工作原理和工作过程。例如，知道数据是怎样存储和输入/输出的，知道如何解决含有逻辑判断和循环的复杂问题，知道图形是用什么方法画出来以及怎样画出来的等。这样在使用计算机时，不但知其然而且还知其所以然，能够更好地理解计算机的工作流程和程序的运行状况，为以后维护或修改应用程序以适应新的需要打下了良好的基础。

学习程序设计，还要养成一种严谨的软件开发习惯，熟悉软件工程的基本原则。

再有，程序设计是计算机应用人员的基本功。一个有一定经验和水平的计算机应用人员不应当和一般的计算机用户一样，只满足于能使用某些现成的软件，而且还应当具有自己开发应用程序的能力。现成的软件不可能满足一切领域的多方面的需求，即使是现在有满足需要的软件产品，但是随着时间的推移和条件的变化它也会变得不适应。因此，计算机应用人员应当具备能够根据本领域的需要进行必要的程序开发工作的能力。

4. 程序设计的步骤

目前的冯·诺依曼型计算机，还不能直接接受任务，而只能按照人们事先确定的方案，执行人们规定好的操作步骤。那么要让计算机处理一个问题（程序设计），需要经过哪些步骤呢？

① 分析问题，确定解决方案。当一个实际问题提出后，应首先对以下问题做详细的分析：需要输入哪些原始数据，需要对其进行什么处理，在处理时需要有什么样的硬件和软件环境，需要以什么样的格式输出哪些结果等。在以上分析的基础上，确定相应的处理方案。一般情况下，处理问题的方法会有很多，这时就需要根据实际问题选择其中较为优化的处理方法。

② 建立数学模型。在对问题全面理解后，需要建立数学模型，这是把问题向计算机处理方式转化的第一步骤。建立数学模型是把要处理的问题数学化、公式化，有些问题比较直观，可不去讨论数学模型问题；有些问题符合某些公式或有现成的数学模型可以直接利用；但是多数问题都没有对应的数学模型可以直接利用，这就需要创建新的数学模型，如果有可能还应对数学模型做进一步的优化处理。

③ 确定算法（算法设计）。建立数学模型以后，许多情况下还不能直接进行程序设计，需要确定符合计算机运算的算法。计算机的算法比较灵活，一般要优选逻辑简单、运算速度快、精度高的算法用于程序设计；此外，还要考虑占用内存空间小、编程容易等特点。算法可以使用自然语言、伪码或流程图等按规定的方法进行描述。

④ 编写源程序。要让计算机完成某项工作，必须将已设计好的操作步骤以由若干条指令组成的程序的形式书写出来，让计算机按程序的要求一步一步地执行。

⑤ 程序调试。程序调试就是为了纠正程序中可能出现的错误，它是程序设计中非常重要的一步。没有经过调试的程序，很难保证没有错误，就是非常熟练的程序员也不能保证这一点，因此，程序调试是不可缺少的重要步骤。

⑥ 整理资料。程序编写、调试结束以后，为了使用户能够了解程序的具体功能，掌握程序的运行操作，有利于程序的修改、阅读和交流，必须将程序设计的各个阶段形成的资料和有关说明加以整理，写成程序说明书。其内容应该包括：程序名称、完成任务的具体要求、给定的原始数据、使用的算法、程序的流程图、源程序清单、程序的调试及运行结果、程序的操作说明、程序的运行环境要求等。程序说明书是整个程序设计的技术报告，用户应该按照程序说明书的要求将程序投入运行，并依据程序说明书对程序的技术性能和质量做出评价。

在程序开发过程中，上述步骤可能会有反复，如果发现程序有错，就要逐步向前排查错误，修改程序。情况严重时可能会要求重新认识问题和重新设计算法。

以上介绍的是对一个简单问题的程序设计步骤，若处理的是一个很复杂的问题，则需要采用"软件工程"的方法来处理，其步骤要复杂得多。

3.4.2 结构化程序设计的基本原则

早期的非结构化语言中都有 Go To 语句，它允许程序从一个地方直接跳转到另一个地方。执行这个语句的好处是程序设计十分方便灵活，减少了人工复杂度，但其缺点也是十分突出的，大量的跳转语句会使程序的流程十分复杂紊乱，难以看懂也难以验证程序的正确性，如果有错，排起错来更是十分困难。这种流程图所表达的混乱与复杂，正是软件危机中程序人员处境的一个生动写照。

人们从多年来的软件开发经验中发现，任何复杂的算法，都可以由顺序结构、选择（分支）结构和循环结构 3 种基本结构组成，因此，构造一个解决问题的具体方法和步骤的时候，也仅以这 3 种基本结构作为"建筑单元"，遵守 3 种基本结构的规范，基本结构之间可以相互包含，但不允许交叉，不允许从一个结构直接转到另一个结构的内部。正因为整个算法都是由 3 种基本结构组成的，就像用模块构建的一样，所以结构清晰，易于正确性验证，易于纠错。这种方法，就是结构化方法。遵循这种方法的程序设计，就是结构化程序设计。

1. 模块化程序设计概念

采用模块化设计方法是实现结构化程序设计的一种基本思路或设计策略。事实上，模块本身也是结构化程序设计的必然产物。当今，模块化方法也为其他软件开发的工程化方法所采用，并不为结构化程序设计所独家占有。

① 模块。当把要开发的一个较大规模的软件，依照功能需要，采用一定的方法（例如，结构化方法）划分成一些较小的部分时，这些较小的部分就称为模块，也叫作功能模块。

② 模块化设计。通常把以功能模块为设计对象，用适当的方法和工具对模块的外部（各有关模块之间）与模块内部（各成分之间）的逻辑关系进行确切的描述称为模块化设计。

2. 程序设计的风格

程序设计是一门技术，需要相应的理论、技能、方法和工具来支持。程序设计的最终产品是程序，但仅设计和编制出一个运行结果正确的程序是不够的，还应养成良好的程序设计风格。因为程序设计风格会深刻地影响软件的质量和可维护性，良好的程序设计风格可以使程序结构清晰合理，使程序代码便于维护。

良好的程序设计风格，是在程序设计的全过程中逐步养成的，它主要表现在：程序设计的风格、程序设计语言运用的风格、程序文本的风格以及输入/输出的风格 4 个方面。

（1）程序设计的风格

程序设计的风格主要体现在以下 3 个方面。

① 结构要清晰。为了达到这个目标，要求程序是模块化结构的，并且是按层次组织各模块的，每个模块内部都是由顺序、选择、循环 3 种基本结构组成的。

② 思路要清晰。为了达到这个目标，要求在设计的过程中遵循"自顶向下、逐步细化"的原则。

③ 在设计程序时应遵循"简短朴实"的原则，切忌卖弄所谓的"技巧"。

例如，为了实现两个变量"x"与"y"的内容互换，可以使用以下 3 条语句：

```
Let T = x
Let x= y
Let y = T
```

其中 T 为工作单元。不要为了省略一个工作单元采用下列 3 条语句：

```
Let x = x - y
Let y = y + x
Let x = y - x
```

两个程序段都可以实现两个变量 x 与 y 的内容互换，但是前者简单、清晰，而后者虽然也只有 3 个语句，并且还少用了一个工作单元，但是易读性差，难以理解。

（2）程序设计语言运用的风格

程序设计语言运用的风格主要体现在以下两个方面。

① 选择合适的程序设计语言。

选择程序设计语言的原则有 3 点：符合软件工程的要求，符合结构化程序设计的思想，使用要方便。

② 不要滥用程序设计语言中的某些特色。

特别要注意，程序设计时，尽量不要用灵活性大、不容易理解的语句成分。

（3）程序文本的风格

程序文本的风格主要体现在 4 个方面。

① 注意程序文本的易读性。

② 符号要规范化。

③ 在程序中加必要的注释。

④ 在程序中要合理地使用分隔符。

（4）输入/输出的风格

输入/输出的风格主要体现在 3 个方面。

① 对输出的数据应该加上必要的说明。

② 在需要输入数据时，应该给出必要的提示。提示的内容主要有数据的范围和意义、输入的结束标志等。

③ 以适当的方式对输入数据进行检查，以确保其有效性。

3. 结构化程序设计的原则

结构化程序设计是荷兰学者狄克斯特拉（Dijkstra）提出的，它规定了一套方法，使程序具有合理的结构，以保证和验证程序的正确性。这种方法要求程序设计者不能随心所欲地编写程序，而要按照一定的结构形式来设计和编写程序。它的一个重要目的是使程序具有良好的结构，使程序易于设计、易于理解、易于调试、易于修改，以提高设计和维护程序工作的效率。

结构化程序设计方法的主要原则可以概括为"自顶向下，逐步求精，模块化和限制使用 Go To 语句"。

① 自顶向下。程序设计时，应先考虑总体，后考虑细节；先考虑全局目标，后考虑局部目标。即首先把一个复杂的大问题分解为若干相对独立的小问题。如果小问题仍较复杂，则可以把这些小问题又继续分解成若干子问题，这样不断地分解，使得小问题或子问题简单到能够直接用程序的 3 种基本结构表达为止。

② 逐步求精。对复杂问题，应设计一些子目标作过渡，逐步细化。

③ 模块化。一个复杂问题，肯定是由若干个简单的问题构成的。模块化就是把程序要解决的总目标分解为子目标，再进一步分解为具体的小目标。把每一个小目标叫作一个模块。对应每一个小问题或子问题编写出一个功能上相对独立的程序块来，最后再统一组装，这样，对一个复杂问题的解决就变成了对若干个简单问题的求解。

④ 限制使用 Go To 语句。Go To 语句是有害的，程序的质量与 Go To 语句的数量成反比，应该在所有的高级程序设计语言中限制 Go To 语句的使用。

3.4.3　面向对象的程序设计

面向对象的程序设计（Object Oriented Programming，OOP）是 20 世纪 80 年代提出的，它汲

取了结构化程序设计中好的思想，引入了新的概念和思维方式，从而给程序设计工作提供了一种全新的方法。通常，在面向对象的程序设计风格中，会将一个问题分解为一些相互关联的子集，每个子集内部都包含了相关的数据和函数。同时，会以某种方式将这些子集分为不同等级，而一个对象就是已定义的某个类型的变量。

1. 面向对象技术的基本概念

面向对象实现的主要任务是实现软件功能，实现各个对象所应完成的任务，包括实现每个对象的内部功能、系统的界面设计、输出格式等。在面向对象技术中，主要用到以下一些基本概念。

（1）对象

对象是指具有某些特性的具体事物的抽象。在一个面向对象的系统中，对象是运行期的基本实体。它可以用来表示一个人、一个银行账户、一张数据表格，或者其他什么需要被程序处理的东西。它也可以用来表示用户定义的数据，如一个向量、时间或者列表等。在面向对象程序设计中，问题的分析一般以对象及对象间的自然联系为依据。客观世界由实体及其实体之间的联系所组成。其中客观世界中的实体称为问题域的对象。例如，一本书、一辆汽车等都是一个对象。

对象具有以下一些基本特征。

① 模块性：一个对象是一个可以独立存在的实体。各个对象之间相对独立，相互依赖性小。

② 继承性和类比性：可以把具有相同属性的一些不同对象归类，称为对象类。还可以划分类的子类，构成层次系统，下一层次的对象继承上一层次对象的某些属性。

③ 动态连接性：对象与对象之间可以相互连接构成各种不同的系统。对象与对象之间所具有的统一、方便、动态的连接和传送消息的能力与机制称为动态连接性。

④ 易维护性：任何一个对象都是一个独立的模块，无论是改善其功能还是改变其细节均局限于该对象内部，不会影响到其他的对象。

（2）类

类是指具有相似性质的一组对象。例如，芒果、苹果和桔子都是水果类的对象。类是用户定义的数据类型。一个具体对象称为类的"实例"。

（3）方法

方法是指允许作用于某个对象上的各种操作。面向对象的程序设计语言，为程序设计人员提供了一种特殊的过程和函数，然后将一些通用的过程和函数封装起来，作为方法供用户直接调用，这给用户的编程带来了很大的方便。

（4）消息

消息是指用来请求对象执行某一操作或回答某些问题的要求。对象之间通过收发消息相互沟通，这一点类似于人与人之间的信息传递。消息的接收对象会调用一个函数（过程），以产生预期的结果。传递消息的内容包括接收消息的对象名字，需要调用的函数名字，以及必要的信息。对象有一个生命周期。它们可以被创建和销毁。只要对象正处于其生存期，就可以与其进行通信。

（5）继承

继承是指可以让某个类型的对象获得另一个类型的对象的属性的方法。它支持按级分类的概念。如果类 X 继承类 Y，则 X 为 Y 的子类，Y 为 X 的父类（超类）。例如，"车"是一类对象，"小轿车""卡车"等都继承了"车"类的性质，因而是"车"的子类。

（6）封装

封装是指将数据和代码捆绑到一起，避免了外界的干扰和不确定性。目的在于将对象的使用者和对象的设计者分开。用户只能见到对象封装界面上的信息，不必知道实现的细节。封装一方面通过数据抽象，把相关的信息结合在一起，另一方面也简化了接口。

在一个对象内部，某些代码和某些数据可以是私有的，不能被外界访问。通过这种方式，对象对内部数据提供了不同级别的保护，以防止程序中无关的部分意外地改变或错误地使用了对象的私有部分。

2. 面向对象技术的特点

与传统的结构化分析与设计技术相比，面向对象技术具有许多明显的优点，主要体现在以下 3 个方面。

① 可重用性。继承是面向对象技术的一个重要机制。用面向对象方法设计的系统的基本对象类可以被其他新系统重用。这通常是通过一个包含类和子类层次结构的类库来实现的。因此，面向对象方法可以由一个项目为另一个项目提供一些重用类，从而能显著提高工作效率。

② 可维护性。由于面向对象方法所构造的系统是建立在系统对象基础上的，结构比较稳定，因此，当系统的功能要求扩充或改善时，可以在保持系统结构不变的情况下进行维护。

③ 表示方法的一致性。面向对象方法要求在从面向对象分析、面向对象设计到面向对象实现的系统整个开发过程中，采用一致的表示方法，从而加强了分析、设计和实现之间的内在一致性，并且改善了用户、分析员以及程序员之间的信息交流。此外，这种一致的表示方法，使得分析、设计的结果很容易向编程转换，从而有利于计算机辅助软件工程的发展。

3.5 算法与数据结构

3.5.1 数据结构的基本概念

1. 数据结构

数据结构是指相互有关联的数据元素（也称为结点）的集合。

数据结构主要研究 3 个方面的问题：数据的逻辑结构、数据的存储结构以及在其上数据运算的集合。

2. 数据的逻辑结构

数据的逻辑结构是指反映数据元素之间逻辑关系的数据结构。

数据的逻辑结构分为线性结构和非线性结构。

线性结构（见图 3-7）是指各数据元素之间的逻辑关系可以用一个线性序列简单地表示出来。否则称之为非线性结构。

图 3-7　线性结构

线性表、栈、队列和线性链表等为线性结构，树、二叉树和图等为非线性结构，如图 3-8 和图 3-9 所示。

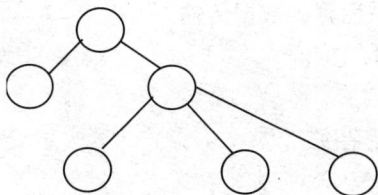

图 3-8　树型结构

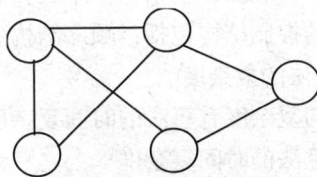

图 3-9　图型结构

3. 数据的存储结构

数据的存储结构（也称数据的物理结构）是指数据的逻辑结构在计算机存储空间中的存放形式。

数据的存储结构有顺序存储、链式存储、索引存储等。

（1）顺序存储

将逻辑上相邻的结点存储在物理位置相邻的存储单元里，结点间的逻辑关系由存储单元的邻接关系来体现，这种存储方式称作顺序存储，如图 3-10 所示。

存储地址	存储内容
200	元素1
201	元素2
…	…
$200+k*(i-1)$	元素i
…	…
$200+k*(n-1)$	元素n

图 3-10　顺序存储的线性表

（2）链接存储

不要求逻辑上相邻的结点在物理位置上也相邻，结点间的逻辑关系是由附加的指针字段表示，这种存储方式称作链式存储，如图 3-11 所示。

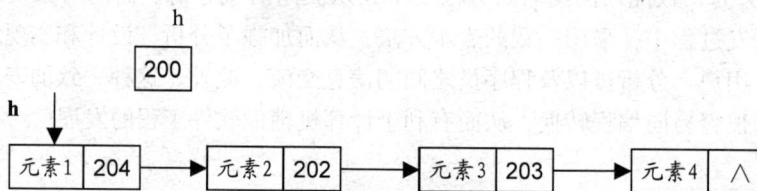

图 3-11　链式存储的线性表

同一种逻辑结构的数据可以采用不同的存储结构。同样，同一种存储结构也可以表示不同逻辑结构的数据。

3.5.2　算法

1. 算法的概念

算法是指解题方案的准确而完整的描述。是一组严谨的定义运算顺序的规则，并且每一个规则都是有效的，并且是明确的，此顺序将在有限的次数下终止。

（1）算法的特征

① 可行性：指算法中每一步骤均是可以实现的；

② 确定性：指算法中每一步骤都必须是明确的，不允许有多义性；

③ 有穷性：指算法必须能在有限的时间内做完，即能在执行有限个步骤后终止；

④ 拥有足够的情报：指算法中各种运算总是有足够且正确的初始值。

（2）算法的基本要素

① 对数据对象的运算和操作；

② 算法的控制结构。

基本运算和操作包括：算术运算、逻辑运算、关系运算、数据传输。

算法的控制结构包括：顺序结构、选择结构、循环结构。

2. 算法的复杂度

算法的复杂度有算法的时间复杂度和算法的空间复杂度。

（1）算法的时间复杂度

指执行算法所需要的计算工作量（一般用算法执行过程中所需要的基本运算次数来表示）。

（2）算法的空间复杂度

指执行这个算法过程中所需要的存储空间。

3.5.3 线性表

1. 线性表

（1）线性表的概念

线性表是由 n（$n \geq 0$）个数据元素组成的一个有限序列，表中的每一个数据元素，除了第一个外，有且只有一个前件，除了最后一个外，有且只有一个后件。如：

$$(a_1, a_2, \cdots, a_n)$$

线性表中数据元素的个数 n，称为线性表的长度。

$n=0$ 时为空表。

（2）线性表的常用操作

① 在线性表的指定位置插入一个元素；

② 在线性表中删除指定的元素；

③ 在线性表中查找指定的元素；

④ 对线性表中的元素进行排序。

（3）线性表的存储方式

线性表是一种存储结构，分顺序存储方式和链式存储方式。

2. 线性表的顺序存储

顺序存储的线性表常称顺序表。在程序设计语言中通常用一维数组来表示顺序表的存储空间。

（1）线性表顺序存储的特点

① 表中所有元素所占的存储空间是连续的；

② 表中各数据元素在存储空间中是按逻辑顺序依次存放的。

由顺序表的存储特点可见，在顺序表中可以方便地查找元素。

（2）线性表顺序存储的常用操作

① 插入

向顺序表中插入一个新元素时，可能需要往后移动一系列元素。

设顺序表中含 n 个元素，若向第 i 个元素后面插入一个新元素，则需将 $n-i$ 个元素向后移动。若每个位置插入概率相等，则在顺序表中插入一个新元素平均需要移动 $n/2$ 个元素。

② 删除

从顺序表中删除一个元素时，可能需要向前移动一系列元素。

若删除每个元素的概率相等，则在顺序表中删除一个元素平均需要移动 $n/2$ 个元素。

（3）线性表顺序存储的缺点

① 插入或删除的运算效率很低；

② 插入或删除数据元素时需要移动大量的数据元素；

③ 顺序存储结构下，线性表的存储空间不便于扩充；

④ 不便于动态分配存储空间。

3. 线性表的链式存储

线性表的链式存储结构称为线性链表。

　　在链式存储方式中，每个结点由两部分组成：一部分用于存放数据元素的值，称为数据域；另一部分用于存放指针，称为指针域，用于指向该结点的前一个或后一个结点（即前件或后件），如图 3-12 所示。

| 数据域 | 指针域 |

图 3-12　结点结构示意图

　　线性链表是一种物理存储单元上不一定连续且不一定顺序的存储结构，数据元素的逻辑顺序是通过链表中的指针链接来实现的。分为单向链表（见图 3-13）、双向链表（见图 3-14）和循环链表（见图 3-15）3 种类型。

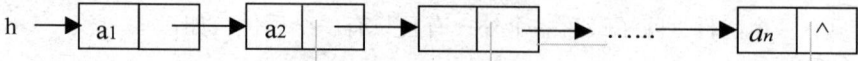

图 3-13　单向链表示意图

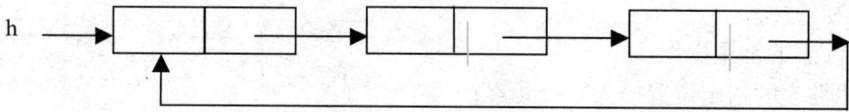

图 3-14　循环链表示意图

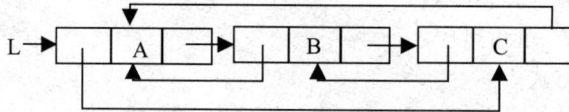

图 3-15　双向链表示意图

（1）线性表链式存储的特点

① 结点空间可以动态申请或释放；

② 数据元素的逻辑次序靠结点的指针来指示，做插入、删除操作时不需要移动数据元素。

（2）线性表链式存储的常用操作

① 查找线性链表中的指定结点；

② 在线性链表中指定结点之前插入一个新结点；

③ 在线性链表中删除指定的结点；

④ 将两个线性链表按要求合并成一个线性链表；

⑤ 线性链表的排序。

（3）线性表链式存储的缺点

① 每个结点中的指针域需额外占用存储空间；

② 链式存储结构是一种非随机存储结构。

3.5.4　栈和队列

栈和队列都是一种特殊的操作受限的线性表，它们都只允许在端点处进行插入和删除。

1. 栈

（1）栈的定义

栈只允许在一端进行插入或删除操作，是一种"先进后出"（FILO）或"后进先出"（LIFO）的线性表。允许插入与删除的一端称为栈顶，另一端称为栈底。栈顶元素总是最后被插入的元素，栈底元素总是最先被插入的元素。

（2）栈的基本操作

① 入栈运算：即在栈中插入元素；
② 退栈运算：即删除栈中元素；
③ 读栈顶元素：即将栈顶元素赋给一个指定的变量。
（3）栈的存储方式
栈的存储方式和线性表类似，即顺序栈和链式栈。

2. 队列
（1）队列的定义
队列允许在一端进入插入，而在另一端进行删除，是"先进先出"（FIFO）或"后进后出"（LILO）的线性表。
允许插入的一端称为队尾，允许删除的一端称为队头。
（2）队列的基本操作
① 入队运算：即从队尾插入一个元素；
② 退队运算：即从队头删除一个元素。
（3）队列的存储方式
队列也分顺序存储与链式存储，常用顺序存储结构。
（4）循环队列
在实际应用中，队列的顺序存储结构一般采用循环队列的形式。所谓循环队列，就是将队列存储空间的最后一个位置回到第一个位置，形成逻辑上的环状空间，供队列循环使用。

3.5.5 树与二叉树

1. 树的概念
树是一个或多个结点组成的有限集合。
在树结构中，每一个结点只有 1 个前件，称为父结点。没有前件的结点只有 1 个，称为树的根结点，简称树的根。除根结点的其余结点分为若干个不相交的集合，每个集合同时又是一棵树，称为子树。如图 3-16 所示。

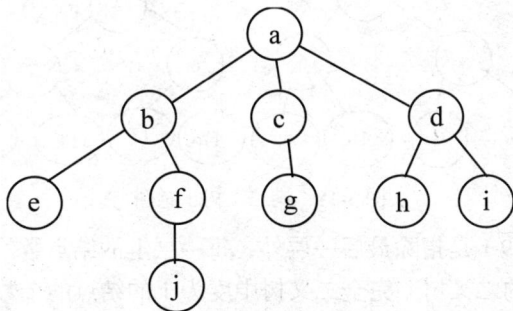

图 3-16 树示意图

每一个结点可以有多个后件，称为该结点的子结点。如图 3-16 中结点 a 有 3 个子结点，分别为 b、c、d。没有后件的结点称为叶子结点，如图 3-16 中的结点 e、g、h、i。
树有且只有 1 个根结点，如图 3-16 中结点 a。
树是一种简单的非线性结构。在树这种数据结构中，所有数据元素之间的关系具有明显的层次特性。一般按如下原则分层：根结点在第 1 层；同一个层所有结点的所有子结点都在下一层。

树的最大层次称为树的深度，如图 3-16 中的树的深度为 4。

一个结点所拥有的后件的个数称为该结点的度，如图 3-16 中结点 a 的度为 3，结点 c 的度为 1。所有结点中最大的度称为树的度，如图 3-16 树的度为 3。

在计算机中，通常用树表示多重链表，多重链表的每个结点描述了树中对应结点的信息，每个结点中的指针域的个数随树中该结点的度而定。

2. 二叉树的概念

二叉树（见图 3-17）是满足每一个结点最多有两棵子树，分别称为左子树和右子树，而且所有子树也均为二叉树的树。二叉树中的每一个结点可以有左子树，没有右子树，也可以有右子树，没有左子树，甚至左右子树都没有。

二叉树是非线性结构。它与树结构很相似，树结构的所有术语都可用到二叉树这种结构上。二叉树存储结构一般采用链式存储结构，对于满二叉树与完全二叉树可以按层序进行顺序存储。

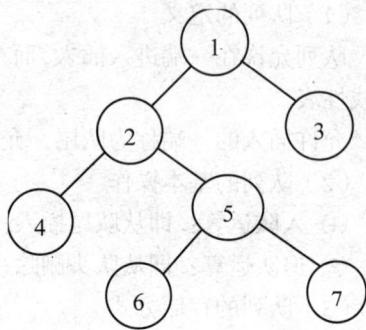

图 3-17　二叉树示意图

3. 二叉树的特点

①非空二叉树只有一个根结点；

②每一个结点的度最大为 2。

二叉树的度可以为 0（空二叉树）、1（每个结点最多只有 1 棵子树）或 2（至少有 1 个结点有 2 棵子树）。

4. 满二叉树和完全二叉树

满二叉树（见图 3-18）是指除了最后一层外，每一层上的所有结点都有两个子结点的二叉树。即在满二叉树中，每一层上的结点数都达到最大值。在满二叉树的第 k 层上有 2^{k-1} 个结点，且深度为 m 的满二叉树有 2^m-1 个结点。

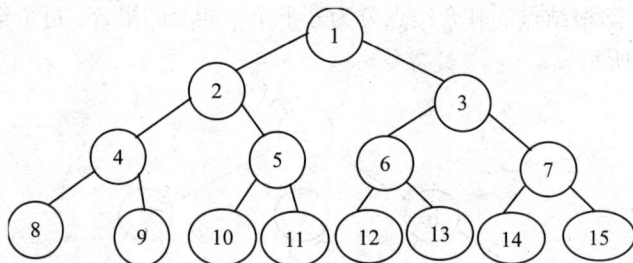

图 3-18　满二叉树示意图

完全二叉树（见图 3-19）是指除最后一层外，每一层上的结点数均达到最大值，在最后一层上只缺少右边的若干结点的二叉树。完全二叉树中度为 1 的结点的个数为 0 或 1。

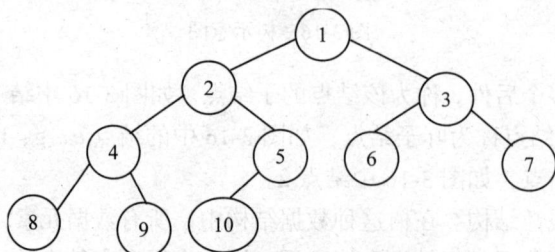

图 3-19　完全二叉树示意图

5. 二叉树的基本性质

（1）在二叉树的第 k 层上，最多有 $2^{k-1}(k \geqslant 1)$ 个结点；

（2）深度为 m 的二叉树最多有 2^m-1 个结点；

（3）度为 0 的结点（即叶子结点）总是比度为 2 的结点多一个；

（4）具有 n 个结点的二叉树，其深度至少为[$\log_2 n$]+1，其中[$\log_2 n$]表示取 $\log_2 n$ 的整数部分；

（5）具有 n 个结点的完全二叉树的深度为[$\log_2 n$]+1。

（6）若完全二叉树共有 n 个结点。如果从根结点开始，按层序（每一层从左到右）用自然数 1，2，…，n 给结点进行编号（k=1，2，…，n），则：

① 若 k=1，则该结点为根结点，它没有父结点；若 $k>1$，则该结点的父结点编号为 INT(k/2)（这里 INT 为取整运算）；

② 若 $2k \leqslant n$，则编号为 k 的结点的左子结点编号为 $2k$；否则该结点无左子结点（也无右子结点）；

③ 若 $2k+1 \leqslant n$，则编号为 k 的结点的右子结点编号为 $2k+1$；否则该结点无右子结点。

6. 二叉树的遍历

二叉树的遍历是指不重复地访问二叉树中的所有结点。

二叉树的遍历是递归定义的，有 3 种遍历：

① 前序遍历（DLR）：若二叉树为空，则结束返回。否则，首先访问根结点，然后遍历左子树，最后遍历右子树；

② 中序遍历（LDR）：若二叉树为空，则结束返回。否则，首先遍历左子树，然后访问根结点，最后遍历右子树；

③ 后序遍历（LRD）：若二叉树为空，则结束返回。否则，首先遍历左子树，然后访问遍历右子树，最后访问根结点。

习　题　3

1. 选择题

（1）在下列有关商品软件、共享软件、自由软件及其版权的叙述中，错误的是（　　）。

    A. 通常用户需要付费才能得到商品软件的合法使用权

    B. 共享软件是一种"买前免费试用"的具有版权的软件

    C. 自由软件允许用户随意复制，但不允许修改其源代码和自由传播

    D. 软件许可证确定了用户对软件的使用方式，扩大了版权法给予用户的权利

（2）下列软件中，属于应用软件的是（　　）。

    A. Windows 7　　　　B. Excel 2010　　　　C. UNIX　　　　D. Linux

（3）计算机操作系统的功能是（　　）。

    A. 把源程序代码转换成目标代码　　　　B. 实现计算机与用户之间的交流

    C. 完成计算机硬件与软件之间的转换　　D. 控制、管理计算机资源和程序的执行

（4）操作系统和应用软件在计算机中运行时，正确的关系是（　　）

    A. 操作系统调用应用软件的功能　　　　B. 应用软件调用操作系统的功能

    C. 操作系统运行完毕后再运行应用软件　D. 两者互不相关，独立运行

（5）在软件生命周期中，能准确地确定软件系统必须做什么和必须具备哪些功能的阶段是（ ）。

    A. 概要设计　　　　B. 详细设计　　　　C. 可行性研究　　D. 需求分析

（6）下列关于程序设计语言的说法错误的是（ ）。

    A. FORTAN 语言是一种面向过程的程序设计语言

    B. Java 是面向对象的程序设计语言

    C. C 语言与运行支撑环境分离，可移植性好

    D. C++是面向过程的语言，VC 是面向对象的

（7）算法分析的目的是（ ）。

    A. 找出数据结构的合理性　　　　　　B. 找出算法中输入和输出之间的关系

    C. 分析算法的易懂性和可靠性　　　　D. 分析算法的效率以求改进

（8）线性表的顺序存储结构和线性表的链式存储结构分别是（ ）。

    A. 顺序存取的存储结构、顺序存取的存储结构

    B. 随机存取的存储结构、顺序存取的存储结构

    C. 随机存取的存储结构、随机存取的存储结构

    D. 任意存取的存储结构、任意存取的存储结构

2. 问答题

（1）什么是计算机软件？

（2）软件危机是如何产生的？如何解决软件危机？

（3）常用的软件测试方法有哪些？

（4）常见的操作系统有哪些？这些操作系统之间有什么区别？

（5）什么是面向对象的程序设计？

（6）什么是数据的物理结构？什么是数据的逻辑结构？

第 **4** 章　计算机网络与通信

当今世界信息已成为人类赖以生存的重要资源。信息的流通离不开通信，信息的处理离不开计算机，计算机网络是计算机技术与通信技术密切结合的产物。信息的社会化、网络化和全球经济的一体化，无不受到计算机网络技术的巨大影响。网络使人类的工作方式、学习方式乃至思维方式发生了深刻的变革。一个国家的信息基础设施和网络化程度已成为衡量其现代化水平的重要标志。

通过学习本章，主要掌握以下几方面内容：

（1）计算机网络的组成与分类；

（2）计算机通信的基本原理；

（3）局域网的特点、组成、常见类型和常用设备；

（4）因特网及其应用。

4.1　计算机网络基础

4.1.1　计算机网络的概念

在计算机网络发展的不同阶段，由于人们对计算机网络的理解和侧重点不同而提出了不同的定义。就目前计算机网络现状来看，从资源共享的观点出发，通常将计算机网络定义为：以能够相互共享资源的方式连接起来的独立计算机系统的集合。也就是说：将相互独立的计算机系统以通信线路相连接，按照全网统一的网络协议进行数据通信，从而实现网络资源共享。

计算机网络通过计算机之间的互相通信实现网络资源共享。具体来说主要有以下几个方面的功能。

1. 数据通信

数据通信是计算机网络最基本的功能。数据通信功能为网络中各计算机之间的数据传输提供了强有力的支持手段。

2. 资源共享

计算机网络的主要目的是资源共享。计算机网络中的资源有数据资源、软件资源、硬件资源3 类，网络中的用户可以使用其中的所有资源。如使用大型数据库信息，下载使用各种网络软件，共享网络服务器中的海量存储器等。资源共享可以最大程度地利用网络中的各种资源。

3. 分布与协同处理

对于解决复杂的大型问题可采用合适的算法，将任务分散到网络中不同的计算机上进行分布式处理，建立性能优良的分布式数据库系统。这样，可以将几台普通的计算机连成高性能的分布式计算机系统。分布式处理还可以利用网络中暂时空闲的计算机，避免网络中出现忙闲不均的现象。

4. 提高系统的可靠性和可用性

计算机网络一般都属于分布式控制方式，相同的资源可分布在不同地方的计算机上，网络可通过不同的路径来访问这些资源。当网络中的某一台计算机发生故障时，可由其他路径传送信息或选择其他系统代为处理，以保证用户的正常操作，不会因局部故障而导致系统瘫痪。如某台计算机发生故障而使其数据库中的数据遭到破坏时，可以从另一台计算机的备份数据库恢复遭到破坏的数据，从而提高系统的可靠性和可用性。

4.1.2 计算机网络的发展

计算机网络出现的历史不长，但发展迅速，经历了从简单到复杂，从地方到全球的发展过程，从形成初期到现在，其大致可以分为 4 个阶段。

1. 第一代计算机网络

这一阶段可以追溯到 20 世纪 50 年代。人们将多台终端通过通信线路连接到一台中央计算机上构成"主机—终端"系统。第一代计算机网络又称为面向终端的计算机网络。这里的终端不具备自主处理数据的能力，仅仅能完成简单的输入输出功能，所有数据处理和通信处理任务均由主机完成。用今天对计算机网络的定义来看，"主机—终端"系统只能称得上是计算机网络的雏形，还算不上是真正的计算机网络，但这一阶段进行的计算机技术与通信技术相结合的研究，成为计算机网络发展的基础。

2. 第二代计算机网络

20 世纪 60 年代，计算机的应用日趋普及，许多部门，如工业、商业机构都开始配置大、中型计算机系统。这些地理位置上分散的计算机之间自然需要进行信息交换。这种信息交换的结果是多个计算机系统连接，形成一个计算机通信网络，被称之为第二代网络。其重要特征是通信在"计算机-计算机"之间进行，计算机各自具有独立处理数据的能力，并且不存在主从关系。计算机通信网络主要用于传输和交换信息，但资源共享程度不高。美国的 ARPANET 就是第二代计算机网络的典型代表。ARPANET 为 Internet 的产生和发展奠定了基础。

3. 第三代计算机网络

20 世纪 70 年代中期开始，许多计算机生产商纷纷开发出自己的计算机网络系统并形成各自不同的网络体系结构。例如 IBM 公司的系统网络体系结构 SNA、DEC 公司的数字网络体系结构 DNA。这些网络体系结构有很大的差异，无法实现不同网络之间的互连，因此网络体系结构与网络协议的国际标准化成了迫切需要解决的问题。1977 年国际标准化组织（International Standards Organization，ISO）提出了著名的开放系统互连参考模型 OSI/RM，形成了一个计算机网络体系结构的国际标准。尽管因特网上使用的是 TCP/IP，但 OSI/RM 对网络技术的发展产生了极其重要的影响。第三代计算机的特征是全网中所有的计算机遵守同一种协议，强调以实现资源共享（硬件、软件和数据）为目的。

4. 第四代计算机网络

从 20 世纪 90 年代开始，因特网实现了全球范围的电子邮件、WWW、文件传输和图像通信等数据服务的普及，但电话和电视仍各自使用独立的网络系统进行信息传输。人们希望利用同一网络来传输语音、数据和视频图像，因此提出了宽带综合业务数字网（B-ISDN）的概念。"宽带"是指网络具有极高的数据传输速率，可以承载大数据量的传输；"综合"是指信息媒体，包括语音、数据和图像可以在网络中综合采集、存储、处理和传输。由此可见,第四代计算机网络的特点是综合化和高速化。支持第四代计算机网络的技术有:异步传输模式(Asynchronous Transfer Mode,ATM)、光纤传输介质、分布式网络、智能网络、高速网络、因特网技术等。人们对这些新的技术予以极大的热情和关注,正在不断深入地研究和应用。

因特网技术的飞速发展以及在企业、学校、政府、科研部门和千家万户的广泛应用,使人们对计算机网络提出了越来越高的要求。未来的计算机网络应能提供目前电话网、电视网和计算机网络的综合服务;能支持多媒体信息通信,以提供多种形式的视频服务;具有高度安全的管理机制,以保证信息安全传输;具有开放统一的应用环境,智能的系统自适应性和高可靠性,网络的使用、管理和维护将更加方便。总之,计算机网络将进一步朝着"开放、综合、智能"方向发展,必将对未来世界的经济、军事、科技、教育与文化的发展产生重大的影响。

4.1.3 计算机网络的组成

计算机网络由 3 部分组成:网络硬件、通信线路和网络软件,其组成如图 4-1 所示。

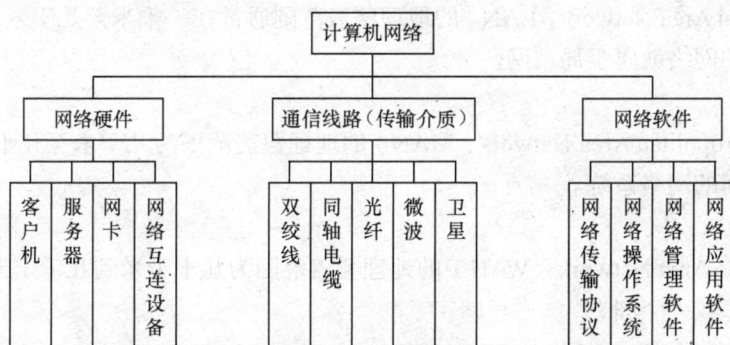

图 4-1 计算机网络的组成

1. 网络硬件

网络硬件包括客户机、服务器、网卡和网络互连设备。

客户机指用户上网使用的计算机,也可理解为网络工作站、结点机和主机。

服务器是提供某种网络服务的计算机,由运算功能强大的计算机担任。

网卡即网络适配器,是计算机与传输介质连接的接口设备。

网络互连设备包括集线器、中继器、网桥、交换机、路由器、网关等,其详细说明在后续章节中介绍。

2. 传输介质

物理传输介质是计算机网络最基本的组成部分,任何信息的传输都离不开它。传输介质分为有线介质和无线介质两种。有线传输介质包括双绞线、同轴电缆、光纤,无线电磁波为无线传输介质。

3. 网络软件

网络软件有网络传输协议、网络操作系统、网络管理软件和网络应用软件 4 个部分。

① 网络传输协议。网络传输协议就是连入网络的计算机必须共同遵守的一组规则和约定,以保证数据传送与资源共享能顺利完成。

② 网络操作系统。网络操作系统是控制、管理、协调网络上的计算机,使之能方便有效地共享网络上硬件、软件资源,为网络用户提供所需的各种服务的软件和有关规程的集合。网络操作系统除具有一般操作系统的功能外,还具有网络通信能力和多种网络服务功能。目前,常用的

网络操作系统有 Windows、UNIX、Linux 和 NetWare。

③ 网络管理软件。网络管理软件的功能是对网络中大多数参数进行测量与控制，以保证用户安全、可靠、正常地得到网络服务，使网络性能得到优化。

④ 网络应用软件。网络应用软件就是能够使用户在网络中完成相应功能的一些工具软件。例如，能够实现网上漫游的 IE 或 Netscape 浏览器，能够收发电子邮件的 Outlook Express 等。随着网络应用的普及，将会有越来越多的网络应用软件为用户带来很大的方便。

4.1.4　计算机网络的分类

计算机网络的种类很多，按照不同的分类标准，可得到不同类型的计算机网络。常见的分类标准介绍如下。

1. 按地理覆盖范围分类

计算机网络按地理覆盖范围的大小，可划分为局域网、城域网、广域网和因特网 4 种。

（1）局域网

局域网（Local Area Network，LAN）的地理覆盖范围通常在一千米至几千米，如一座办公楼、一所学校范围内的网络就属于局域网。

（2）城域网

城域网（Metropolitan Area Network，MAN）的地理覆盖范围为几千米至几十千米，是介于广域网和局域网之间的网络系统。

（3）广域网

广域网（Wide Area Network，WAN）的地理覆盖范围为几十千米到几千千米，又称远程网，可以遍布一个国家或一个洲。

（4）因特网

因特网（Internet）是一个跨越全球的计算机互连网络，它将分布在世界每个角落的局域网、城域网和广域网连接起来，组成目前全球最大的计算机网络，实现全球资源共享。

2. 按通信介质分类

根据通信介质的不同，网络可划分为以下两种。

① 有线网：采用同轴电缆、双绞线、光纤等物理介质来传输数据的网络。

② 无线网：采用微波、激光等无线介质传输数据的网络。

3. 按网络的拓扑结构分类

拓扑结构是指网络的通信线路与各站点（计算机或网络通信设备）之间的几何排列形式。按网络拓扑结构分类，网络可划分为总线型网、星型网、环型网、树型网等。

4. 按网络的传输速率分类

根据网络的传输速率大小，可将网络划分为 10Mbit/s、100Mbit/s、1 000Mbit/s 网等类型。

4.2　数字通信基础

4.2.1　数字通信概念

计算机技术和通信技术相结合，从而形成为了一门新的技术"数据通信"技术，数据通信指在两个计算机之间或一个计算机与终端之间进行信息交换传输数据。

1．通信

从广义的角度来说，各种信息的传递均可称之为通信。现代通信指的是使用电波或光波传递信息的技术，通常称为电信，如电报、电话、传真等。利用书、报、杂志、磁带、唱片等传播信息均不属于现代通信的范围。

广播和电视也使用电波传递信息，但它是一种单点向多点发送的单向通信。通常所说的电信指的是双向通信。

2．通信的组成要素

通信至少需由三个要素组成，即信息的发送者（称为信源）、信息的接收者（称为信宿）以及信息的传输媒介（称为信道），如图 4-2 所示。

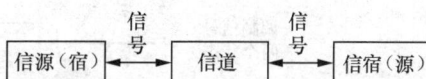

图 4-2　通信系统模型

4.2.2　通信技术

1．通信信息传输形式

通信系统中被传输的信息都必须以某种电（或光）信号的形式才能通过传输介质进行传输。电（或光）信号强度的变化有两种形式：模拟信号和数字信号，如图 4-3 所示。

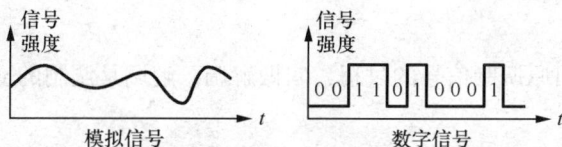

图 4-3　数字信号与模拟信号

模拟信号。模拟信号是连续变化的信号，如通过电话线传输的信号是以声音强弱幅度连续变化产生的，它可以用连续的电波表示。

数字信号。在计算机中，数字信号的大小常用有限位的二进制数表示，即 0 和 1，它是一种离散的脉冲信号。由于数字信号是用固定状态的 0 和 1 表示，故其抵抗材料本身干扰和环境干扰的能力都比模拟信号强。

传输这两种信号所采用的传输技术有模拟传输技术和数字传输技术。

2．模拟通信与数字通信

（1）模拟通信

模拟通信的基础是模拟通信技术。模拟通信技术是指直接用连续信号来传输信息，或者通过连续信号对载波进行调制来传输信息。

模拟通信技术的应用范围包括有线载波电话、广播电视等。

（2）数字通信

通过数字信号对载波进行数字调制来传输信息的技术称为数字通信。数字通信的显著特点是抗干扰能力强。

计算机网络全面采用了数字通信技术，这些数字信号可以在网络中直接传输（称为基带传输，如以太局域网），也可以经过调制后在网络中传输（称为频带传输，如广域网）。

3．调制与解调

（1）调制

利用信源信号去调整载波的某个参数（幅度、频率、相位），这个过程称为"调制"，其目的是进行长距离传输。研究发现，高频振荡的正弦波信号在长距离通信中能够比其他信号传送得更远。因此若把高频振荡的正弦波信号作为携带信息的载波，把数字信号放在（调制）载波上传输，则可比直接传输的距离远得多。

3 种模拟信号的调制：调频、调幅和调相。

3 种数字信号的调制：幅移键控、频移键控和相移键控，如图 4-4 所示。

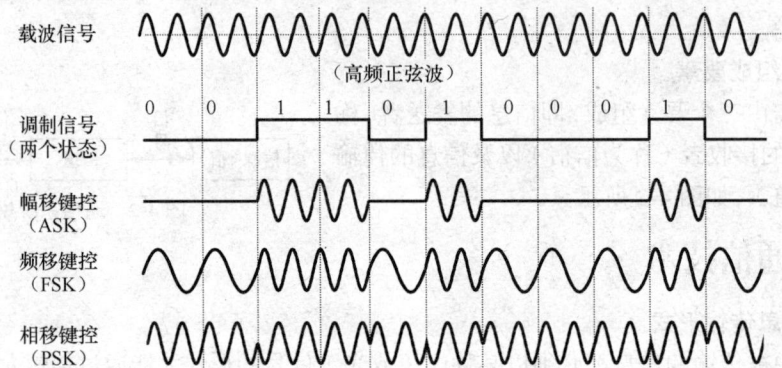

图 4-4　数字信号的 3 种调制方法

（2）解调

从已调信号中恢复出原调制信号的过程，叫做解调。解调是调制的逆过程。调制方式不同，解调方法也不一样。

调制器与解调器往往做在一起，这样的设备称为调制解调器（Modem）。

4. 多路复用技术

多路复用技术的主要目的是降低通信系统的成本，常用的有频分多路复用（FDM）（见图 4-5）与时分多路复用（TDM）。其基本原理是它将每个信源发送的信号调制在不同频率的载波上，通过多路复用器将它们复合成为一个信号，然后在同一传输线路上进行传输。抵达接收端之后，借助分路器把不同频率的载波送到不同的接收设备，从而实现传输线路的复用。使用在光纤通信中时也称为波分多路复用（WDM）。

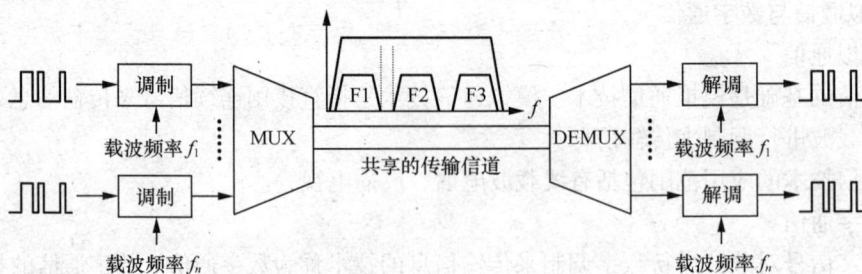

图 4-5　频分多路复用工作原理

数字传输技术采用的多路复用技术是时分多路复用（TDM），即各终端设备（计算机）以事先规定的顺序轮流使用同一传输线进行数据传输。

4.2.3　有线通信与无线通信

1. 有线通信

（1）有线载波通信

在有线通信系统中，最早是使用有线载波通信实现语音通信（电话），它利用频率分割原理，实现语音信号在有线信道上的多路复用。

有线载波通信所用的传输介质有金属导体和光导纤维。金属电缆有双绞线和同轴电缆两类。

（2）光纤通信

光纤是光导纤维的简称，它由直径为 $10\sim100\mu m$ 的细石英玻璃丝构成，透明、纤细，具有把光封闭在其中并沿轴向进行传播的导波结构。

光纤通信是利用光波来传输信息的一种技术。光波的频率为 $10^{14}\sim10^{15}Hz$，波长为微米级，一束光每秒能携带几十兆以上的比特信息，通过"波分多路复用（WDM）技术"可达到更大的通信容量。所谓波分多路复用技术，就是在一根光纤中同时传输几种不同波长的光波以达到增大信道容量的目的。

2. 无线通信

无线电波可以按频率（或波长）分为中波、短波、超短波和微波。

中波主要沿地面传播，绕射能力强，适用于广播和海上通信；短波具有较强的电离层反射能力，适用于环球通信；超短波和微波的绕射能力较差，可作为视距或超视距中继通信。

微波通信通常是指利用高频（2GHz～40GHz）范围内的电磁波（微波）来进行通信。微波通信是无线局域网中主要的传输方式，其频率高，带宽宽，传输速率也高，主要用于长途电信服务、语音和电视转播。它的一个重要特性是沿直线传播，而不是向各个方面扩散。通过抛物状天线可以将能量集中于一小束上，以获得很高的信噪比，并传输很长的距离。微波通信成本较低，但保密性差。利用微波进行远距离通信的方式主要有以下三种：地面微波接力通信、卫星通信、对流层散射通信。

3. 移动通信技术

所谓移动通信指的是处于移动状态的对象之间的通信，它包括蜂窝移动、集群调度、无绳电话、寻呼系统和卫星系统。最有代表性的终端是手机，它属于蜂窝移动系统。

移动通信系统由移动台、基站、移动电话交换中心等组成。

4.3　计算机网络硬件

4.3.1　网络传输介质

传输介质是连接网络设备的中间介质，也是信号传输的媒体，常用的介质有双绞线、同轴电缆、光纤（见图 4-6）以及微波等。

1. 双绞线

双绞线（twisted-pair）是现在最普通的传输介质，它由两条相互绝缘并扭绞在一起的铜线组成，典型直径为 1mm。两根线绞接在一起是为了防止其电磁感应在邻近线对中产生干扰信号。现行双绞线电缆中一般包含 4 对双绞线，如图 4-7 所示，具体为橙 1/橙 2、蓝 4/蓝 5、绿 6/绿 3、棕

3/棕白 7。计算机网络用 1—2、3—6 两组线对分别来发送和接收数据。双绞线的连接是使用具有国际标准的 RJ-45 插头（见图 4-8）和插座。双绞线分为屏蔽（shielded）双绞线（STP）和非屏蔽（Unshielded）双绞线（UTP）。非屏蔽双绞线有线缆外皮作为屏蔽层，适用于网络流量不大的场合中；屏蔽式双绞线具有一个金属甲套（sheath），对电磁干扰（ElectroMagnetic Interference，EMI）具有较强的抵抗能力，适用于网络流量较大的高速网络协议应用。

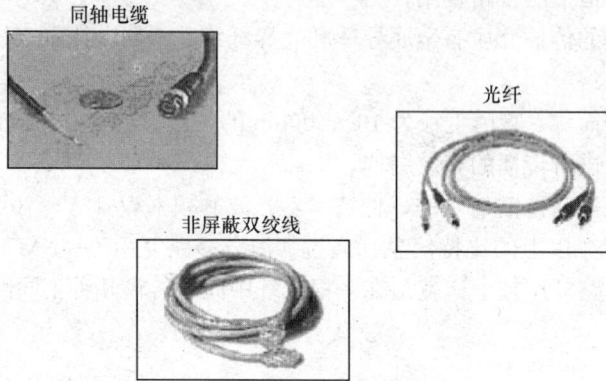

同轴电缆

光纤

非屏蔽双绞线

图 4-6　几种传输介质外观

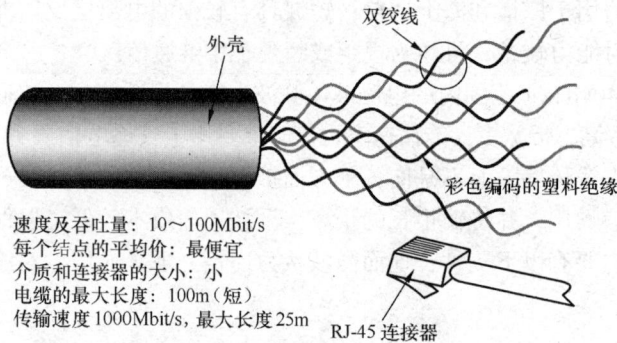

外壳

双绞线

彩色编码的塑料绝缘

速度及吞吐量：10～100Mbit/s
每个结点的平均价：最便宜
介质和连接器的大小：小
电缆的最大长度：100m（短）
传输速度1000Mbit/s，最大长度25m

RJ-45 连接器

图 4-7　双绞线的内部结构

图 4-8　RJ-45 插头图

双绞线最多应用于基于 CMSA/CD（Carrier Sense Multiple Access/Collision Detection，载波感应多路访问/冲突检测）的技术，即 10Base-T（10 Mbit/s）和 100Base-T（100 Mbit/s）的以太网（Ethernet），具体规定有：

① 一段双绞线的最大长度为 100m，只能连接一台计算机；

② 双绞线的每端需要一个 RJ-45 插件（头或座）；

③ 各段双绞线通过集线器（Hub 的 10Base-T 重发器）互连，利用双绞线最多可以连接 64 个站点到重发器（Repeater）；

④ 10Base-T 重发器可以利用收发器电缆连到以太网同轴电缆上。

2．同轴电缆

广泛使用的同轴电缆（coaxial）有两种：一种为 50Ω（指沿电缆导体各点的电磁电压对电流之比）同轴电缆，用于数字信号的传输，即基带同轴电缆；另一种为 75Ω 同轴电缆，用于宽带模拟信号的传输，即宽带同轴电缆。同轴电缆以单根铜导线为内芯，外裹一层绝缘材料，外覆密集网状导体，最外面是一层保护性塑料，如图 4-9 所示。金属屏蔽层能将磁场反射回中心导体，同时也使中心导体免受外界干扰，故同轴电缆比双绞线具有更高的带宽和更好的噪声抑制特性。

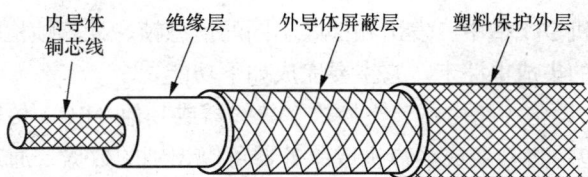

图 4-9 同轴电缆的结构图

现行以太网同轴电缆的接法有两种：直径为 0.4cm 的 RG-11 粗缆采用凿孔接头接法；直径为 0.2cm 的 RG-58 细缆采用 T 形头接法。粗缆要符合 10Base-5 介质标准，使用时需要一个外接收发器和收发器电缆，单根最大标准长度为 500m，可靠性强，最多可接 100 台计算机，两台计算机的最小间距为 2.5m。细缆按 10Base-2 介质标准直接连到网卡的 T 形头连接器（即 BNC 连接器）上，单段最大长度为 185m，最多可接 30 个工作站，最小站间距为 0.5m。

3. 光纤

光纤（Fiber Optic）是软而细的、利用内部全反射原理来传导光束的传输介质，有单模和多模之分。单模光纤多用于通信业，多模光纤多用于网络布线系统。

光纤为圆柱状，由 3 个同心部分组成——纤芯、包层和护套，如图 4-10 所示。每一路光纤包括两根，一根接收，另一根发送。用光纤作为网络介质的 LAN 技术主要是光纤分布式数据接口（Fiber-optic Data Distributed Interface，FDDI）。与同轴电缆比较，光纤的频带宽且功率损耗小，传输距离长（2km 以上）、传输率高（可达数千 Mbit/s）、抗干扰性强（不会受到电子监听），是构建安全性网络的理想选择。

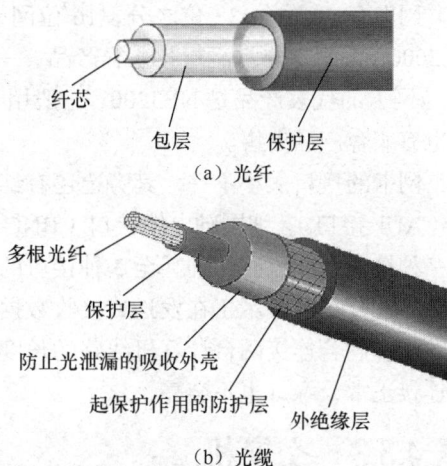

（a）光纤

（b）光缆

图 4-10 光纤与光缆的结构

4. 微波传输和卫星传输

这两种传输都属于无线通信，传输方式均以空气为传输介质，以电磁波为传输载体，联网方式较为灵活，适合应用在不易布线、覆盖面积大的地方。通过一些硬件的支持，可实现点对点或点对多点的数据、语音通信，通信方式分别如图 4-11 和图 4-12 所示。

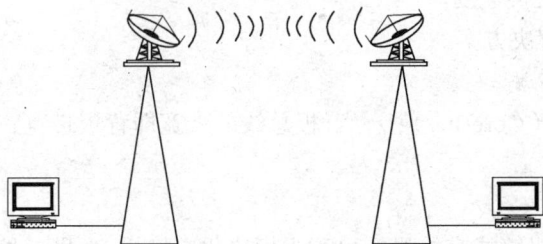

图 4-11 微波通信

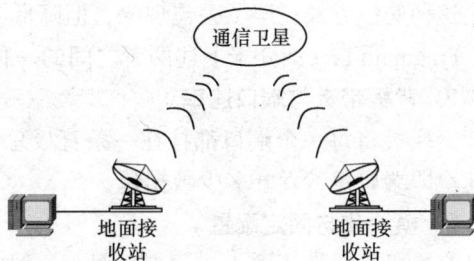

图 4-12 卫星通信

4.3.2 网卡

网卡也称网络适配器或网络接口卡（Network Interface Card，NIC），在局域网中用于将用户计算机与网络相连。大多数局域网采用以太网卡，如 NE2000 网卡、PCMCIA 卡等。

　　网卡是一块插入微机 I/O 槽中，发出和接收不同的信息帧、计算帧检验序列、执行编码译码转换等以实现微机通信的集成电路卡。它主要完成如下功能。

　　① 读入由其他网络设备（路由器、交换机、集线器或其他 NIC）传输过来的数据包（一般是帧的形式），经过拆包，将其变成客户机或服务器可以识别的数据，通过主板上的总线将数据传输到所需 PC 设备中（CPU、内存或硬盘）。

　　② 将 PC 设备发送的数据，打包后输送至其他网络设备中。网卡按总线类型可分为 ISA 网卡、EISA 网卡、PCI 网卡等，如图 4-13 所示。其中，ISA 网卡的数据传送量为 16 位；EISA 网卡和 PCI 网卡的数据传送量为 32 位，速度较快。

　　网卡有 16 位与 32 位之分，16 位网卡的代表产品是 NE2000，市面上非常流行其兼容产品，一般用于工作站；32 位网卡的代表产品是 NE3200，一般用于服务器，市面上也有兼容产品出售。

图 4-13　台式机有线网卡

　　网卡的接口大小不一，其旁边还有红、绿两个小灯。网卡的接口有 3 种规格：粗同轴电缆接口（AUI 接口）、细同轴电缆接口（BNC 接口）、无屏蔽双绞线接口（RJ-45 接口）。一般的网卡仅一种接口，但也有两种甚至 3 种接口的，称为二合一或三合一卡。红、绿小灯是网卡的工作指示灯，红灯亮时表示正在发送或接收数据，绿灯亮则表示网络连接正常，否则就不正常。值得说明的是，倘若连接两台计算机线路的长度大于规定长度（双绞线为 100 m，细电缆是 185 m），即使连接正常，绿灯也不会亮。

4.3.3　交换机

　　交换机可以根据数据链路层信息作出帧转发决策，同时构造自己的转发表。交换机运行在数据链路层，可以访问 MAC 地址，并将帧转发至该地址。交换机的出现，导致了网络带宽的增加。

1. 3 种方式的数据交换

　　Cut-through：封装数据包进入交换引擎后，在规定时间内丢到背板总线上，再送到目的端口，这种交换方式交换速度快，但容易出现丢包现象。

　　Store&Forward：封装数据包进入交换引擎后被存在一个缓冲区，由交换引擎转发到背板总线上，这种交换方式克服了丢包现象，但降低了交换速度。

　　Fragment Free：介于上述两者之间的一种解决方案。

2. 背板带宽与端口速率

　　交换机将每一个端口都挂在一条背板总线（CoreBus）上，背板总线的带宽即背板带宽，端口速率即端口每秒吞吐多少数据包。

3. 模块化与固定配置

　　交换机从设计理念上讲只有两种，一种是机箱式交换机（也称为模块化交换机），另一种是独立式固定配置交换机。

　　机箱式交换机最大的特色就是具有很强的可扩展性，它能提供一系列扩展模块，如吉比特以太网模块、FDDI 模块、ATM 模块、快速以太网模块、令牌环模块等，所以能够将具有不同协议、不同拓扑结构的网络连接起来。它最大的缺点就是价格昂贵。机箱式交换机一般作为骨干交换机来使用。

　　固定配置交换机，一般具有固定端口的配置，如图 4-14 所示。固定配置交换机的可扩充性不如机箱式交换机，但是成本低得多。

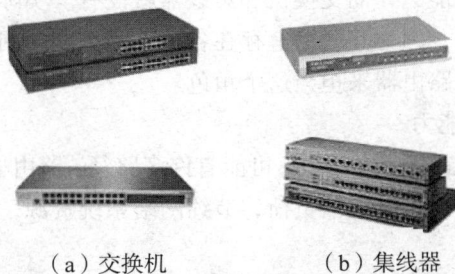

（a）交换机　　　　　（b）集线器

图 4-14　集线器与交换机

4.3.4　路由器

　　路由器（Router）是工作在 OSI 第 3 层（网络层）上、具有连接不同类型网络的能力并能够选择数据传送路径的网络设备，如图 4-15 所示。路由器有 3 个特征：工作在网络层上；能够连接不同类型的网络；具有路径选择能力。

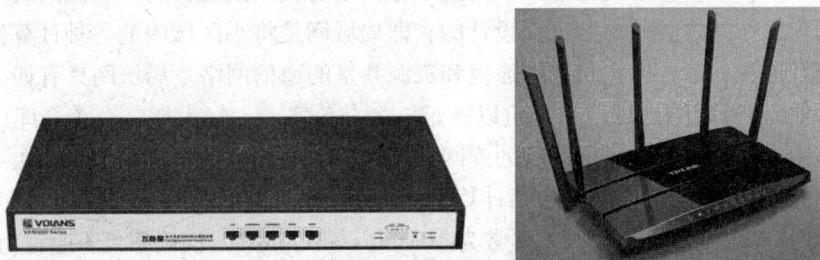

图 4-15　路由器

1. 路由器工作在第 3 层上

　　路由器是第 3 层网络设备，这样说比较难以理解，为此先介绍一下集线器和交换机。

　　集线器工作在第 1 层（即物理层），它没有智能处理能力，对它来说，数据只是电流而已，当一个端口的电流传到集线器中时，它只是简单地将电流传送到其他端口，至于其他端口连接的计算机接收不接收这些数据，它就不管了。

　　交换机工作在第 2 层（即数据链路层），它要比集线器智能一些，对它来说，网络上的数据就是 MAC 地址的集合，它能分辨出帧中的源 MAC 地址和目的 MAC 地址，因此可以在任意两个端口间建立联系，但是交换机并不懂得 IP 地址，它只知道 MAC 地址。

　　路由器工作在第 3 层（即网络层），它比交换机还要"聪明"一些，它能理解数据中的 IP 地址，如果它接收到一个数据包，就检查其中的 IP 地址。如果目标地址是本地网络的就不理会；如果是其他网络的，就将数据包转发出本地网络。

2. 路由器能连接不同类型的网络

　　常见的集线器和交换机一般都是用于连接以太网的，但是如果将两种网络类型连接起来，如以太网与 ATM 网，集线器和交换机，集线器和交换机就派不上用场了。路由器能够连接不同类型的局域网和广域网，如以太网、ATM 网、FDDI 网、令牌环网等。不同类型的网络，其传送的数据单元——帧（Frame）的格式和大小是不同的，就像公路运输是以汽车为单位装载货物，而铁路运输是以车皮为单位装载货物一样，从汽车运输改为铁路运输，必须把货物从汽车上放到火车车皮上。网络中的数据也是如此。数据从一种类型的网络传输至另一种类型的网络，必须进行帧格式转换。路由器就具有这种能力，而交换机和集线器就没有。实际上，我们所说的"互联网"，就是由各种路由器连接起来的，因为互联网上存在各种不同类型的网络，集线器和交换机根本不能胜任这个任务，所以必须由路由器来担当这个角色。

3. 路由器具有路径选择能力

在互联网中，从一个结点到另一个结点，可能有许多路径，路由器可以选择通畅快捷的近路，会大大提高通信速度，减轻网络系统通信负荷，节约网络系统资源，这是集线器和二层交换机所不具备的性能。

4.4 计算机局域网

4.4.1 局域网的定义

局域网（LAN）是指在一定地理区域内的网络。之后提出的更具有限制性的局域网定义，局域网是为单用户工作站之间共享数据而设计的，即局域网是将小区域内的各种计算机、通信设备利用通信线路互连在一起，以实现数据通信和资源共享的通信网络。局域网具有如下特点。

① 局域网覆盖有限的地理范围，可以满足一个办公室、一幢大楼、一个仓库以及一个园区等有限范围内的计算机及各类通信设备的连网需求。这个地理范围通常在 10km 内。

② 局域网是由若干通信设备，包括计算机、终端设备与各种互连设备组成。

③ 局域网具有数据传输速率高（通常为 10Mbit/s～1Gbit/s）、误码率低（通常为 10^{-8}～10^{-11}）的特点，而且具有较短的延时。

④ 局域网可以使用多种传输介质来连接，包括双绞线、同轴电缆、光缆等。

⑤ 局域网由一个单位或组织建设和拥有，易于管理和维护。

⑥ 局域网侧重于共享信息的处理问题，而不是传输问题。

⑦ 决定局域网性能的主要技术包括局域网拓扑结构、传输介质和介质访问控制方法。局域网技术不仅是计算机网络中的一个重要分支，而且也是发展最快、应用最广泛的一项技术。

4.4.2 局域网的拓扑结构

拓扑（topology）是从图论演变而来的，是一种研究与大小形状无关的点、线、面特点的方法。在计算机网络中抛开网络中的具体设备，把工作站、服务器等网络单元抽象为"点"，把网络中的电缆等通信介质抽象为"线"，这样计算机网络结构就抽象为点和线组成的几何图形，称之为网络的拓扑结构。

网络拓扑结构对整个网络的设计、功能、可靠性、费用等方面有着重要的影响。常见的拓扑结构有：总线型（BUS）、环型（RING）和星型（STAR）结构。

1. 总线型拓扑结构

总线型拓扑结构是局域网主要的拓扑结构之一。由于总线是所有节点共享的公共传输介质（双绞线或同轴电缆），所以将总线型局域网称为"共享介质"局域网，其代表网络是以太网（ethernet）。总线型局域网拓扑结构的优点是结构简单，实现容易，易于扩展，可靠性较好。由于总线作为公共传输介质为多个节点共享，所以就有可能在同一时刻有两个或两个以上节点通过总线发送数据，引起冲突，因此总线型局域网必须解决冲突问题。总线型局域网的拓扑结构如图 4-16 所示。

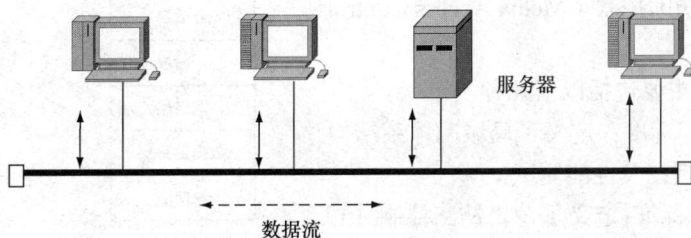

图 4-16　总线型局域网的拓扑结构

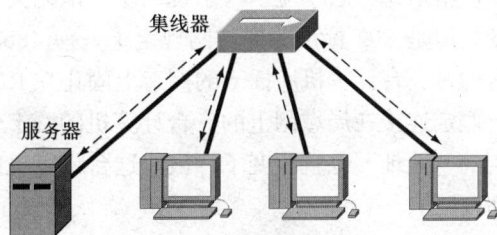

2. 环型拓扑结构

环型拓扑结构也是局域网主要的拓扑结构之一。同样，环型局域网也是一种共享介质局域网，网中多个节点共享一条环通路。为了确定环中的节点在什么时候传输数据，环型局域网也要进行介质访问控制，解决冲突问题。环型局域网的优点是控制简便，结构对称性好，传输速率高，常作为网络的主干；缺点是环上传输的任何数据都必须经过所有节点，断开环中的任何一个节点，就意味着整个网络通信的终止。环型局域网的拓扑结构如图 4-17 所示。

3. 星型拓扑结构

局域网中用得最广泛的是星型拓扑结构。星型拓扑结构中每一个节点通过点到点的链路与中心节点进行连接，任何两个节点之间的通信都要通过中心节点转换。中心节点可以是交换机或集线器或转发器。星型局域网的优点是，结构简单，建网容易，控制相对简单；缺点是中心节点负担过重，通信线路利用率低。目前，集中控制方式星型拓扑结构已较少被采用，而分布式星型拓扑结构在现代局域网中采用，交换技术的发展使交换式星型局域网被广泛采用。星型局域网的拓扑结构如图 4-18 所示。

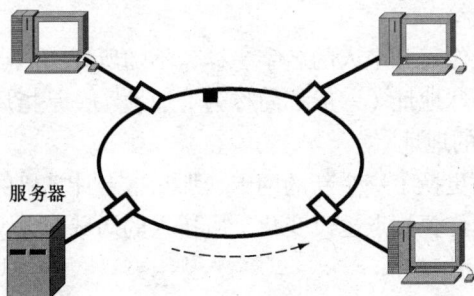

图 4-17　环型局域网的拓扑结构　　　　图 4-18　星型局域网的拓扑结构

以上分别讨论了 3 种结构的局域网，而在实际应用中，一个局域网可能是任何几种结构的扩展与组合，但是无论何种组合都必须符合 3 种拓扑结构的工作原理和要求。

4.4.3　局域网介质访问控制方法

1. 局域网体系结构

1980 年 2 月，美国电气和电子工程师协会（IEEE）成立了局域网标准委员会（IEEE 802 委员会）。IEEE 802 委员会专门从事局域网标准化工作，对局域网体系结构进行了定义，称为 IEEE

802 参考模型，如图 4-19 所示。IEEE 802 参考模型只对应 OSI 参考模型的物理层和数据链路层，它将数据链路层划分为逻辑链路控制（Logical Link Control，LLC）子层与介质访问控制（Media Access Control，MAC）子层。

IEEE 802 标准主要包括以下几种。

① IEEE 802.1 标准：定义了局域网体系结构、网络互连、网络管理以及性能测试。

② IEEE 802.2 标准：定义了逻辑链路控制（LLC）子层功能与服务。

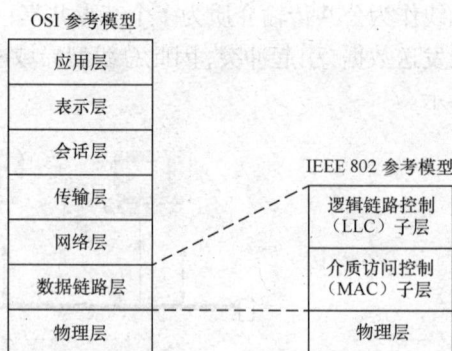

图 4-19　IEEE 802 参考模型

③ IEEE 802.3 标准：定义了（CSMA/CD）总线介质访问控制子层与物理层规范。IEEE 802.3u 定义了 100Base-T 访问控制方法与物理层规范。IEEE 802.3z 定义了 1000Base-SX 和 1000Base-LX 访问控制方法与物理层规范。

④ IEEE 802.4 标准：定义了令牌总线（token bus）介质访问控制子层与物理层规范。

⑤ IEEE 802.5 标准：定义了令牌环（token ring）介质访问控制子层与物理层规范。

⑥ IEEE 802.6 标准：定义了城域网（MAN）介质访问控制子层与物理层规范。

⑦ IEEE 802.7 标准：定义了宽带网络技术。

⑧ IEEE 802.8 标准：定义了光纤传输技术。

⑨ IEEE 802.9 标准：定义了综合语音与数据局域网（IVD LAN）技术。

⑩ IEEE 802.10 标准：定义了可互操作的局域网安全性规范。

⑪ IEEE 802.11 标准：定义了无线局域网技术。

2. MAC 地址

在局域网中，硬件地址又称为物理地址或 MAC 地址（因为这种地址用在 MAC 帧中）。

在所有计算机系统的设计中，标识系统（identification system）是一个核心问题。在标识系统中，地址就是为识别某个系统的一个非常重要的标识符。

严格地说，名字应当与系统的所在地无关。这就像每一个人的名字一样，不随所处的地点而改变。但是 802 标准为局域网规定了一种 48bit 的全球地址（一般都简称为"地址"），是指局域网上的每一台计算机所插入的网卡上固化在 ROM 中的地址。

假定连接在局域网上的一台计算机的网卡坏了而更换了一个新的网卡，那么这台计算机的局域网的"地址"也就改变了，虽然这台计算机的地理位置一点也没变化，所接入的局域网也没有任何改变。

假定将位于南京的某局域网上的一台笔记本电脑转移到北京，并连接在北京的某局域网。虽然这台笔记本电脑的地理位置改变了，但只要笔记本电脑中的网卡不变，那么该笔记本电脑在北京的局域网中的"地址"仍然和它在南京的局域网中的"地址"一样。

3. 局域网介质访问控制方法

传统的局域网是"共享"式局域网，在"共享"式局域网中，传输介质是共享的。网中的任何一个节点均可以"广播"方式把数据通过共享介质发送出去，传输介质上所有节点都能收听到这个数据信号。由于所有节点都可以通过共享介质发送和接收数据，就有可能出现两个或多个节点同时发送数据、相互干扰的情况，从而不可避免地产生"冲突"现象，这就需要用介质访问控制方法控制多个节点利用公共传输介质发送和接收数据。这是所有共享介质局域网都必须解决的问题。介质访问控制方法应解决以下几个问题。

① 应该由哪个节点发送数据？

② 在发送数据时会不会产生冲突？

③ 如果产生冲突应该怎么办？

目前被普遍采用并形成国际标准的介质访问控制方法主要有以下 3 种。

（1）带有冲突检测的载波侦听多路访问（CSMA/CD）方法

CSMA/CD 适合于总线型局域网，它的工作原理是"先听后发，边听边发，冲突停止，随机延迟后重发"。CSMA/CD 的缺点是发送的延时不确定，当网络负载很重时，冲突会增多，降低网络效率。目前，应用最广的一类总线型局域网——以太网，采用的就是 CSMA/CD。

（2）令牌总线（token bus）方法

令牌总线是在总线型局域网中建立一个逻辑环，环中的每个节点都有上一节点地址（PS）与下一节点地址（NS）。令牌按照环中节点的位置依次循环传递。每一节点必须在它的最大持有时间内发完帧，即使未发完，也只能等待下次持有令牌时再发送。

（3）令牌环（token ring）方法

令牌环适用于环型局域网，它不同于令牌总线的是令牌环网中的节点连接成的是一个物理环结构，而不是逻辑环。环工作正常时，令牌总是沿着物理环中节点的排列顺序依次传递的。当 A 节点要向 D 节点发送数据时，必须等待空闲令牌的到来。A 持有令牌后，传送数据。B、C、D 都会依次收到帧，但只有 D 节点对该数据帧进行复制，同时将此数据帧转发给下一个节点，直到最后又回到了源节点 A。

4. 交换式局域网的工作原理

在传统共享介质局域网中，所有节点共享一条公共通信传输介质。随着局域网规模的扩大与网中节点数的不断增加，每个节点平均能分到的带宽很少。当网络通信负荷加重时，冲突与重发将会大量发生，使网络效率大大降低。为了解决网络规模与网络性能之间的矛盾，提出将共享介质方式改为交换方式，这就导致并促进了交换式局域网的发展。

交换式局域网的核心设备是局域网交换机。局域网交换机可以在多个端口之间建立多个并发连接，实现多节点之间数据的并发传输，增加网络带宽，改善局域网的性能与服务质量。

4.4.4　局域网的分类

按照网络的通信方式，局域网可以分为专用服务器局域网、客户机/服务器局域网和对等局域网 3 种。

1. 专用服务器局域网

专用服务器局域网（Server-Based）是一种主/从式结构，即"工作站/文件服务器"结构的局域网，它是由若干台工作站及一台或多台文件服务器，通过通信线路连接起来的网络。该结构中，工作站可以存取文件服务器内的文件和数据及共享服务器存储设备，服务器可以为每一个工作站用户设置访问权限；但是，工作站相互之间不可能直接通信，不能进行软硬件资源的共享，这使得网络工作效率降低。Netware 网络操作系统是工作于专用服务器局域网的典型代表。

2. 客户机/服务器局域网

客户机/服务器局域网（Client/Sever）由一台或多台专用服务器来管理控制网络的运行。该结构与专用服务器局域网相同的是所有工作站均可共享服务器的软硬件资源，不同的是客户机之间可以相互自由访问，所以数据的安全性较专用服务器局域网差，服务器对工作站的管理也较困难。

但是，客户机/服务器局域网中服务器负担相对降低，工作站的资源也得到充分利用，提高了网络的工作效率。通常，这种组网方式适用于计算机数量较多、位置相对分散和信息传输量较大的单位。工作站一般安装 Windows 9x、Windows NT 和 Windows 2000 Sever，它们是客户机/服务器局域网的代表性网络操作系统。

3. 对等局域网

对等局域网（Point-to-Point）又称为点对点网络，网中通信双方地位平等，使用相同的协议来通信。每个通信节点既是网络服务的提供者——服务器，又是网络服务的使用者——工作站，并且各节点和其他节点均可进行通信，可以共享网络中各计算机的存储容量和计算机具有的处理能力。对等局域网的组建和维护较容易，且成本低，结构简单；但数据的保密性较差，文件存储分散，而且不易升级。

4.5　Internet 基础

4.5.1　Internet 概述

Internet 是从 20 世纪 60 年代末开始发展起来的，其前身是美国国防部高级研究计划署建立的一个实验性计算机网络（ARPA），目的是研究坚固、可靠并独立于各生产厂商的计算机网络所需要的有关技术。这些技术现在被称为 Internet 技术，Internet 技术的核心是 TCP/IP。

简单地讲，Internet 就是将成千上万的不同类型的计算机以及计算机网络通过电话线、高速专用线、卫星、微波和光缆连接在一起，并允许它们根据一定的规则（TCP/IP）进行互相通信，从而把整个世界联系在一起的网络。在这个网络中，几个最大的主干网络组成了 Internet 的骨架。主干网络之间建立起一个非常快速的通信线路并扩展到世界各地，其上有许多交汇的节点，这些节点将下一级较小的网络和主机连接到主干网络。

从另一个角度来看，Internet 又是一个世界规模的、巨大的信息和服务资源网络，因为它能够为每一个入网的用户提供有价值的信息和其他相关的服务。Internet 也是一个面向公众的社会性组织，有很多人自愿花费自己的时间和精力为 Internet 辛勤工作，丰富其资源，改造其服务，并允许他人共享自己的劳动成果。

总之，Internet 是当今世界最大的媒体，也是当今世界最大的计算机网络，是一个世界上最为开放的系统，更是一个无尽的信息资源宝库。

4.5.2　Internet 的基本服务功能

随着 Internet 的飞速发展，Internet 上的各种服务已多达上万种，其中大多数服务是免费的。本小节介绍 Internet 中最常见的、最重要的 4 种服务。

1. 电子邮件服务

电子邮件（E-mail）是 Internet 上最基本、最重要的服务。据统计，Internet 上 30%以上的业务量是电子邮件。电子邮件的优势是速度快，可靠性高，价格便宜，而且它不像电话那样要求通信双方同时在场，可以一信多发，可以将文字、图像和语言等多媒体信息集成在一个邮件中传送。

收发电子邮件要使用 SMTP（简单邮件传送协议）和 POP3（邮局协议）。用户通过 SMTP 服务器发送电子邮件，通过 POP3 服务器接收邮件。用户的计算机上运行电子邮件的客户程序（如

Outlook Express），Internet 服务提供商的邮件服务器上运行 SMTP 服务程序和 POP3 服务程序，用户通过建立客户程序与服务程序之间的连接来收发电子邮件，整个工作过程就像平时发送普通邮件一样，无论用户身处何地，只要能从互联网上连接到邮箱所在的 SMTP 服务器和 POP3 服务器，就可以收发电子邮件。

一封电子邮件由邮件头和邮件体两部分组成。邮件头类似于人工信件的信封，包括收件人、抄送和邮件主题等信息，如图 4-20 所示。邮件体是邮件的正文部分。

收件人：此栏填入收件人的 E-mail 地址，是必须填的。

抄送：此栏填入第二收件人的 E-mail 地址，可以不填写任何内容。

主题：是对邮件内容的一个简短概括。

使用电子邮件要有一个电子邮件信箱，用户可

图 4-20 一封电子邮件

向 Internet 服务提供商（ISP）提出申请。邮件信箱实际上是在邮件服务器上为用户分配的一块存储空间，每个电子信箱对应着一个信箱地址或叫邮件地址，其格式如下：用户名@域名。其中，用户名是用户申请电子信箱时与 ISP 协商的一个字母或字母与数字的组合，域名是 ISP 的邮件服务器地址，字符"@"是一个固定符号，发音为英文单词"at"。例如，jl@email.edu.cn 和 ky@public.wh.hb.cn 是两个合法的 E-mail 地址。

2. WWW 服务

WWW（World Wide Web）译为万维网。WWW 是以超文本标记语言和超文本传输协议为基础，能够提供面向 Internet 服务的、一致的用户界面信息浏览系统。

（1）超文本和链接的概念

超文本是一种通过文本之间的链接将多个分立的文本组合起来的一种格式。在浏览超文本时，看到的是文本信息本身，同时文本中含有一些"热点"，选中这些"热点"又可以浏览到其他的超文本。这样的"热点"就是超文本中的链接。

（2）Web 页面

阅读超文本不能使用普通的文本编辑程序，而要在专门的应用程序（如 Internet Explorer）中进行浏览。在 World Wide Web 中，浏览环境下的超文本就是通常所说的 Web 页面。

（3）统一资源定位符

使用统一资源定位符（Uniform Resource Locator，URL）可唯一地标识某个网络资源。URL 地址的思想是使所有资源都得到有效利用，实现资源的统一寻址。

（4）超文本标记语言

超文本是用超文本标记语言（Hypertext Markup Language，HTML）来实现的，HTML 文档本身只是一个文本文件，只有在专门阅读超文本的程序中才会显示成超文本格式。

例如，有如下 HTML 文档：

```
<HTML>
<HEAD>
<TITLE>这是一个关于 HTML 语言的例子</TITEL>
</HEAD>
```

```
<BODY>这是一个简单的例子</BODY>
</HTML>
```

<HTML>、<TITLE>等内容叫作 HTML 语言的标记。从上例可以看出，整个超文本文档是包含在<HTML>与</HTML>标记对中的，而整个文档又分为头部和主体部分，分别包含在标记对<HEAD></HEAD>与<BODY></BODY>中。

HTML 中还有许多其他的标记（对），HTML 正是用这些标记（对）来定义文字的显示、图像的显示和链接等多种格式。

（5）WWW 的工作原理

WWW 服务采用客户机/服务器模式，Internet 中的一些计算机专门发布 Web 信息，这样的计算机被称为 Web 服务器。这些计算机上运行的是 WWW 服务程序，用 HTML 写出的超文本文档都存放在这些计算机上。同时，在客户机上，运行专门进行 Web 页面浏览的 WWW 客户程序（浏览器）。客户程序向服务程序发出请求，服务程序响应客户程序的请求，通过 Internet 将 HTML 文档传送到客户机，客户程序以 Web 页面的格式显示文档。

3. 文件传输服务

文件传输服务（FTP 服务）是 Internet 最早提供的服务功能之一。文件传输是指通过网络将文件从一台计算机传送到另一台计算机上。Internet 上的文件传输服务是基于文件传输协议（File Transfer Protocol，FTP）的，故通常被称为 FTP 服务。FTP 服务采用客户机/服务器工作模式，服务器运行 FTP 服务程序，用户使用 FTP 客户端程序。用户通过用户名和密码与 FTP 服务器建立连接，一旦连接成功，用户就可以向 FTP 服务器发送文件或查看 FTP 文件服务器的目录结构和文件。

一些 FTP 服务器提供匿名服务，用户在登录时可以用"anonymous"作为用户名，用自己的 E-mail 地址作为口令。有些 FTP 服务器不提供匿名服务，它要求用户在登录时提供注册的用户名与口令，否则就无法使用服务器所提供的 FTP 服务。

FTP 有上载和下载两种方式，上载是用户将本地计算机上的文件传输到 FTP 服务器上；下载是用户将文件服务器上提供的文件传输到本地计算机上。用户登录到 FTP 服务器上后可以看到根目录下的多个子目录，一般供用户上载文件的目录名称是"incoming"，提供给用户下载文件的目录名称是"pub"，而其他的目录用户可能只能看到一个空目录，或者虽然可以看到文件但不能对其进行任何操作。也有一些 FTP 服务器没有提供用户上载目录，不支持上载服务。

FTP 服务实现了两台计算机之间的数据通信，但随着计算机网络通信的发展，FTP 服务显示出了一些不足之处，例如传输速度慢、传输安全性存在隐患等。目前基于点对点（P2P）技术的文件传输有着更广泛的应用领域。

点对点（Peer-to-Peer，P2P）技术打破了传统的 Client/Server（C/S）模式，在网络中的每个节点的地位都是对等的。每个节点既充当服务器，为其他节点提供服务，同时也享用其他节点提供的服务。在 P2P 网络中，随着用户的加入，不仅服务的需求增加了，系统整体的资源和服务能力也在同步地扩充，始终能比较容易地满足用户的需要。P2P 架构由于服务是分散在各个节点之间进行的，部分节点或网络遭到破坏，对其他部分的影响很小，因此 P2P 网络天生具有耐攻击、高容错的优点。目前，Internet 上各种 P2P 应用软件层出不穷，用户数量急剧增加，微软公司在新一代操作系统 Windows Vista 中也加入了 P2P 技术以用来加强协作和应用程序之间的通信。

4. 远程登录

远程登录是为用户提供以终端方式与 Internet 上的主机建立在线连接的一种服务。在这种连接建立以后，用户的计算机就可以作为远程主机的一台终端来使用远程主机上的各种资源。远程登录是 Internet 最基本的服务之一。实现远程登录的工具软件有很多，最常用的是 Telnet 程序。在 UNIX 操作系统和 Windows、DOS 操作系统中都有 Telnet 程序，其基本使用格式为 telnet 主机名端口号，例如：telnet lindar.youth.people.com。

5. Internet 其他最新服务

随着 Internet 的快速、全面发展，Internet 除了提供上述最基本的 4 项服务外，又增加了很多服务功能，例如电子公告牌（BBS）、电子商务、博客（Blog）、IP 电话、网格计算等。

总之，Internet 使现有的生活、学习、工作以及思维模式发生了根本性的变化。无论来自何方，Internet 都能把世界连在一起，Internet 使人们坐在家中就能够和世界交流。

4.5.3 TCP/IP 体系结构

Internet 中一个最重要的关键技术是 TCP/IP。TCP/IP 组成了 Internet 世界的通用语言，连入 Internet 的每一台计算机都能理解这个协议，并且依据它来发送和接收来自 Internet 上的另一台计算机的数据。

TCP/IP 建立了称为分组交换（或包交换）的网络，这是一种目的在于使沿着线路传送数据的丢失情况达到最少而又效率最高的网络。

当传送数据（如电子邮件或一个共享软件）时，TCP 首先把整个数据分解为称作分组（或称作包）的小块，每个分组由一个电子信封封装起来，附上发送者和接收者的地址，就像我们日常生活中收发邮件一样，然后 IP 解决数据应该怎样通过 Internet 中连接的各个子网的一系列路由器，从一个节点传送到另一个节点的问题。

每个路由器都会检查它所接收到的分组的目的地址，然后根据目的地址传送到另一个路由器。如果一个电子邮件被分成 10 个分组，每个分组可能会有完全不同的路由，但是收发邮件者是不会察觉这一点的，因为分组到达目的地以后，TCP 将其接收并鉴别每个分组是否正确、完整，一旦接收到了所有的分组，TCP 就会把它们组装成原来的形式。

TCP/IP（传输控制协议/因特网互联协议）又名网络通信协议，是 Internet 最基本的协议，也是 Internet 国际互联网络的基础。

TCP/IP 由网络层的 IP 和传输层的 TCP 组成。它定义了电子设备如何连入因特网，以及数据如何在它们之间传输的标准。

TCP（传输控制协议）位于传输层，负责向应用层提供面向连接的服务，确保网上发送的数据包可以完整接收，如果发现传输有问题，要求重新传输，直到所有数据安全正确地传输到目的地。IP（网络协议）负责给因特网的每一台联网设备规定一个地址，即常说的 IP 地址。同时，IP 还有另一个重要的功能，即路由选择功能，用于选择从网上一个节点到另一个节点的传输路径。

TCP/IP 共分为 4 层：应用层、传输层、互联网层和主机至网络层，分别介绍如下。

应用层（Application Layer），包含所有的高层协议，用于处理特定的应用程序数据，为应用软件提供网络接口。它主要包括文件传输协议（FTP）、电子邮件传输协议（SMTP）、域名服务（DNS）、网上新闻传输协议（NNTP）等。

传输层（Tramsport Layer），用于为两台连网设备之间提供端到端的通信，在这一层有传输控制协议（TCP）和用户数据报协议（UDP）。其中 TCP 是面向连接的协议，它提供可靠的报文传输和对上层应用的连接服务；UDP 是面向无连接的不可靠传输的协议，主要用于不需要 TCP 的排序和流量控制等功能的应用程序。

互联网层（Internet Layer），是整个体系结构的关键部分，用于确定数据包从端到端的路径选择方式。互联网层使用因特网协议（Internet Protocol，IP）、网际网控制报文协议（ICMP）。

主机至网络层（Host-to-Network Layer）。用于规定数据包从一个设备的网络层传输到另一个设备的网络层的方法。

4.5.4　IP 地址

1. IP 地址定义

接入 Internet 的计算机如同接入电话网的电话，每台计算机应有一个由授权机构分配的唯一号码标识，这个标识就是 IP 地址。IP 地址是 Internet 上主机地址的数字形式，由 32 位二进制数组成。

在 Internet 的信息服务中，IP 地址具有以下重要的功能和意义。

① 唯一的 Internet 通信地址。在 Internet 上，每个网络和每一台计算机都被分配一个 IP 地址，这个 IP 地址在整个 Internet 中是唯一的。

② 全球认可的通用地址格式。IP 地址是供全球识别的通信地址，在 Internet 上通信必须采用这种 32 位的通用地址格式，才能保证 Internet 成为向全球开放的互连数据通信系统。

③ 计算机、服务器和路由器的端口地址。在 Internet 上，任何一台服务器和路由器的每一个端口都必须有一个 IP 地址。

④ 运行 TCP/IP 的唯一标识符。TCP/IP 与其他网络通信协议的区别在于 TCP/IP 是上层协议，无论下层是何种拓扑结构的网络，均应统一在上层 IP 地址上。任何物理网接入 Internet，都必须使用 IP 地址。

Internet 是一个复杂系统，为了唯一、正确地标识网中的每一台主机，应采用结构编址。IP 地址采用分层结构编址，将 Internet 从概念上分为 3 个层次，如图 4-21 所示。最高层是 Internet；第二层为各个物理网络，简称为"网络层"；第三层是各个网络中所包含的许多主机，称为"主机层"。这样，IP 地址便由网络号和主机号两部分构成，如图 4-22 所示。由此可见，IP 地址结构编址带有明显位置信息，给出一台主机的地址，马上就可以确定它在哪一个网络上。

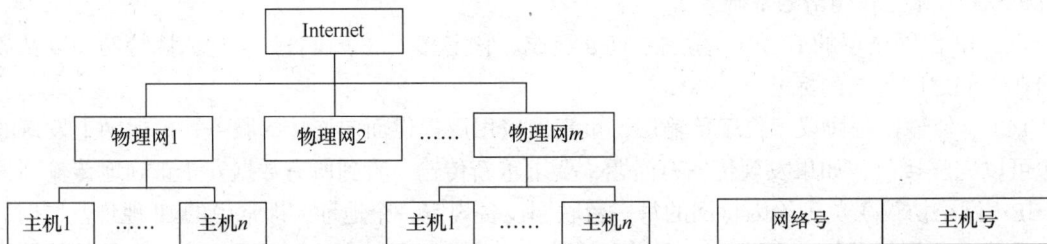

图 4-21　Internet 层次结构　　　　图 4-22　IP 地址结构

2. IP 地址的格式

IP 地址可表达为二进制格式或十进制格式。二进制的 IP 地址格式为 X.X.X.X，每个 X 为 8 位二进制数。例如：10000111011011110000010100011011。十进制的 IP 地址格式是将每 8 位二进制数用一个十进制数表示，并以小数点分隔，这种表示法叫作"点分十进制表示法"，显然这比全是 1、0 容易记忆。例如，上例地址用十进制表示为 134.111.5.27。

3. IP 地址的等级与分类

TCP/IP 规定，IP 地址用 32 位二进制数来表示且地址中包括网络号和主机号。如何将这 32 位的信息合理地分配给网络和主机作为编号，看似简单，意义却很重大，因为各部分的位数一但确定，就等于确定了整个 Internet 中所能包含的网络规模的大小、数量以及各个网络所能容纳的主机数量。从这一点出发，Internet 管理委员会将 IP 地址划分为 A、B、C、D、E 五类地址。

A 类地址的最高端为 0，从 1.x.y.z～126.x.y.z；B 类地址的最高端为 10，从 128.x.y.z～191.x.y.z；C 类地址的最高端为 110，从 192.x.y.z～223.x.y.z；D 类地址的最高端为 1110，是保留的 IP 地址；E 类地址的最高端为 1111，是科研的 IP 地址。下面重点介绍 A、B、C 这三类地址，其示意图如图 4-23 所示。

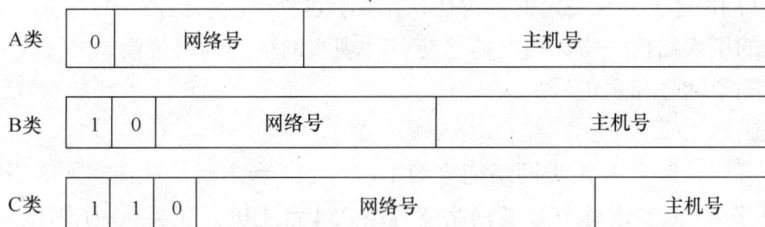

图 4-23　Internet 前三类 IP 地址示意图

A 类 IP 地址的高 8 位代表网络号，后 3 个 8 位代表主机号。IP 地址范围为 1.0.0.1～126.255.255.254。A 类地址用于超大规模的网络，每个 A 类网络能容纳 1 600 多万台主机。

B 类 IP 地址前两个 8 位代表网络号，后两个 8 位代表主机号。IP 地址范围为 128.0.0.1～191.255.255.254。B 类地址用于中等规模的网络，每个 B 类网络能容纳 65 000 多台主机。

C 类地址一般用于规模较小的本地网络，如校园网等。前 3 个 8 位代表网络号，低 8 位代表主机号，十进制第 1 组数值范围为 192～223。IP 地址范围为 192.0.0.1～223.255.255.254。C 类地址用于小型的网络，每个 C 类网络仅能容纳 254 台主机。

从地址分类的方法来看：A 类地址的数量最少，只有 126 个；B 类地址有 16 000 多个；C 类地址最多，总计达 200 多万个。A、B、C 三类地址是平级，它们之间不存在任何从属关系。

Internet 地址的定义方式是比较合理的，它既适合大规模网少而主机多，小型网多而主机少的特点，又方便网络号的提取。因为在 Internet 中寻找路径时只关心找到相应的网络，主机的寻找只是网络内部的事情，所以便于提取网络号对全网的通信是极为有利的。

4. IP 地址的获取方法

IP 地址由国际组织按级别统一分配，用户在申请入网时可以获取相应的 IP 地址。

① 最高一级 IP 地址由国际网络信息中心（Network Information Center，NIC）负责分配。其职责是分配 A 类 IP 地址，授权分配 B 类 IP 地址的组织，并有权刷新 IP 地址。

② 分配 B 类 IP 地址的国际组织有 3 个：ENIC 负责欧洲地区的分配工作，InterNIC 负责北美地区，设在日本东京大学的 APNIC 负责亚太地区。我国的 Internet 地址由 APNIC 分配（B 类地址），由原邮电部数据通信局或相应网管机构向 APNIC 申请地址。

③ C 类 IP 地址由地区网络中心向国家级网络中心（如 CHINANET 的 NIC）申请分配。

5. 子网编址

IP 地址有 32 位，可容纳上百万个主机，应该足够用了，可目前 IP 地址已经分配得差不多了。实际上，现在只剩下少部分的 B 类地址和一部分 C 类地址。IP 地址消耗如此之快的原因是存在巨大的地址浪费。以 B 类地址为例，它可以标志几万个物理网络，每个网络 65 534 台主机，如此大规模的网络几乎是不可实现的。事实上，一个数百台主机的网络已经很大了，何况上万台。因而在实际应用中，人们开始寻找新的解决方案以克服 IP 地址的浪费现象，于是便产生了子网编址技术。子网编址技术的思想是将主机号部分进一步划分为子网号和主机号两部分，这样不仅可以节约网络号，还可以充分利用主机号部分巨大的编址能力。

（1）子网编址模式下的地址结构

32 位 IP 地址被分为两部分，即网络号和主机号，而子网编址的思想是，将主机号部分进一步划分为子网号和主机号。在原来的 IP 地址模式中，网络号部分就是一个独立的物理网络，引入子网模式后，网络号加上子网号才能唯一地标识一个物理网络。

子网编址使得 IP 地址具有一定的内部层次结构，这种层次结构便于分配和管理。它的使用关键在于选择合适的层次结构——如何既能适应各种现实的物理网络规模，又能充分地利用地址空间（即从何处分隔子网号和主机号）。

（2）子网掩码

由以上分析可知，每一个 A 类网络能容纳 16 777 214 台主机，这在实际应用中是不可能的。而 C 类网络的网络 ID 太多，每个 C 类网络能容纳 254 台主机。在实际应用中，一般以子网的形式将主机分布在若干个物理地址上，划分子网就是使用主机 ID 字节中的某些位作为子网 ID 的一种机制。在没有划分子网时，一个 IP 地址可被转换成两个部分：网络 ID + 主机 ID；划分子网后，一个 IP 地址就可以成为网络 ID + 子网 ID + 主机 ID。

在实际中，采用掩码划分子网，故掩码也称子网掩码。子网掩码同 IP 地址一样，由 4 组，每组 8 位，共 32 位二进制数字构成，例如，255.255.0.0。每一类 IP 地址的缺省子网掩码如表 4-1 所示。

表 4-1　　　　　　　　　　　　　　　　　缺省子网掩码

类　　别	子　网　掩　码
A	255.0.0.0
B	255.255.0.0
C	255.255.255.0

4.5.5　域名系统

1. 域名概述

Internet 由成千上万台计算机互连而成，为使网络上每台主机（host）实现互访，Internet 定义了 IP 地址作为每台主机的唯一标识；但数字 IP 地址表述不形象，没有规律，记忆不方便，人们更喜欢使用具有一定含义的字符串来标识 Internet 上的主机。为了向一般用户提供一种直观、明了的主机识别符，TCP/IP 专门设计了一种字符型主机命名机制，这个字符型名字就是域名。

2. 域名的构成

Internet 域名采用层次型结构，反映一定的区域层次隶属关系，是比 IP 地址更高级、更直观的地址。域名由若干个英文字母和数字组成，由 "." 分隔成几个层次，从右到左依次为顶级域、二级域、三级域等。例如在域名 tsinghua.edu.cn 中，顶级域为 cn、二级域为 edu、最后一级域为 tsinghua。

域名分为国际域名和国内域名两类。国际域名也称为机构性域名，它的顶级域表示主机所在机构或组织的类型，例如，com 表示营利性组织，edu 表示教育机构，org 表示非营利性组织机构等。国际域名由国际互联网络信息中心（INTERNIC）统一管理。Internet 顶级域名分配如表 4-2

所示。国内域名也称为地理性域名，它的顶级域表示主机所在区域的国家或地区代码，如表 4-2 所示。例如，中国的地理代码为 cn，在中国境内的主机可以注册顶级域为 cn 的域名。中国的二级域又分为类别域名和行政域名两类。国内域名由中国互联网络信息中心（CNNIC）管理。

表 4-2　　　　　　　　　　　　　Internet 顶级域名分配

域　　名	域　机　构	全　　称
com	商业组织	Commercial organization
edu	教育机构	Educational institution
gov	政府部门	Government
mil	军事部门	military
net	主要网络支持中心	Networking organization
org	其他组织	Non-profit organization
int	国际组织	International organization
国家代码	各个国家	

4.5.6　Internet 接入方式

在讨论 Internet 的接入方式之前，用户首先应该明确接入 Internet 要做什么事情，也就是选择 Internet 接入点。如果用户只是希望获取信息资源和信息资源服务，那么应该选择一个合适的 ISP（Internet 服务提供商），申请一个账号，通过 ISP 连入 Internet。如果用户希望自己成为一个 ISP，为别人提供 Internet 服务，那么就必须与 NSP（Network Service Provider）联系，通过 NSP 连入通信主干网。

确定接入点后，就可以决定 Internet 接入方式了。近几年来，随着信息业务的快速增长，特别是 Internet 的迅猛发展，人们对传输速率提出了越来越高的要求，网络接入技术也因此得到了迅速的发展，并且呈现出多样化的特征。一般用户接入 Internet 的基本要求如下。

① 有很高的传输速率（即带宽），以便支持多媒体通信。一般情况下，人们对接收速率（即下行信道）的要求较高，而对发送速率（即上行信道）的要求较低，因此，传输速率可以是不对称的。

② 接通速度快。

③ 上网费用低，通信质量高。

下面介绍几种常见的接入 Internet 的方式。

（1）以终端方式入网。几乎所有的 ISP 都提供终端方式接入 Internet。这种方式利用已有的电话网，通过电话拨号程序将用户的计算机连接到 ISP 的一台主计算机上，成为该主机的一台仿真终端，经由 ISP 的主机访问 Internet。以这种方式上网时，用户需要用拨号程序的拨号功能通过调制解调器（Modem）拨通 ISP 一端的 Modem，然后根据提示输入个人账号和口令。通过账号和口令检查后，用户的计算机就是远程主机的一台终端了。

（2）以 ADSL（非对称数字用户线路）方式入网。可直接利用现有的电话线路，通过 ADSL Modem 进行数字信息传输，ADSL 连接理论速率可达到 1～8Mbit/s。它具有速率稳定、带宽独享、语音数据不干扰等优点，适用于家庭、个人等用户的大多数网络应用需求。它可以与普通电话线共存于一条电话线上，接听、拨打电话的同时能进行 ADSL 传输，而又互不影响。

（3）以光纤接入方式入网。光纤是目前宽带网络中多种传输介质中最理想的一种，它具有传输容量大，传输质量好，损耗小，中继距离长等优点。光纤连入 Internet 现在一般有两种，一种是通过光纤接入到小区节点或楼道，再由网线连接到各个共享点上；另一种是光纤到户，将光缆一直扩展到每一个计算机终端上。

（4）通过 Cable Modem 方式入网。电缆调制解调器（Cable Modem）又名线缆调制解调器。有了它，就可以利用有线电视网（CATV）进行数据传输。电缆调制解调器主要是面向计算机用户的终端，它是连接有线电视同轴电缆与用户计算机之间的中间设备。目前的有线电视节目所占用的带宽一般在 50MHz～550MHz 范围内，有很多的频带资源没有得到有效利用。由于大多数新建的 CATV 网都采用光纤同轴混合网络（HFC 网），使原有的 550MHz CATV 网扩展为 750MHz 的 HFC 双向 CATV 网，其中有 200MHz 的带宽用于数据传输，接入 Internet 网。这种模式的带宽上限为 860MHz～1000MHz。电缆调制解调器技术就是基于 750MHz HFC 双向 CATV 网的网络接入技术。

（5）通过代理服务器入网。代理服务器入网方式是在局域网上的一台计算机中运行代理服务器软件，该计算机通常称为代理服务器或网关。这台代理服务器的广域网端口接入 Internet，局域网端口与局域网相连，局域网上运行 TCP/IP。当局域网内的其他计算机有访问 Internet 资源和服务请求时，这些请求被提交给代理服务器，由代理服务器将请求送到 Internet 上去并把取回的信息送给该计算机，从而完成为局域网中的计算机的代理服务。这种代理服务是同时实现的，即局域网中的每台计算机都可以同时通过代理服务器访问 Internet，它们共享代理服务器的一个 IP 地址和同一账号。

（6）个人计算机可以通过以下 4 种方式无线连入 Internet。

① 无线局域网络（Wireless Local Area Networks，WLAN）。由电信公司或单位统一部署无线接入点，建立起无线局域网（WLAN），并接入 Internet。该方式在校园、机场、医院、饭店等人流量大的场所应用得极其广泛，如：餐饮服务业可使用无线局域网络产品，直接从餐桌即可输入并传送客人点菜内容至厨房、柜台；仓储人员透过无线网络的应用，能立即将最新的资料输入计算机仓储系统；一般位于远方且需受监控的场所，由于布线困难，可借助无线网络将远方之影像传回主控站。

② 通用分组无线业务（General Packet Radio Service，GPRS）。GPRS 是以分组的形式把数据通过手机信号传送给用户。笔记本电脑可以通过 GPRS 无线网卡连接到 Internet 上，也可以把开通了 GPRS 业务的手机直接当作 GPRS 无线 Modem 使用。

③ 码分多址（Code Division Multiple Access，CDMA）。与 GPRS 相比，CDMA 具有抗干扰能力强、宽带传输的优点。笔记本电脑同样可以使用 CDMA 无线网卡连接到 Internet。

④ 第四代移动通信技术（4rd-generation，4G）。与之前的无线上网方式相比，4G 在传输声音和数据的速度上有很大提升，能够在全球范围内更好地实现无线漫游，并能处理图像、音乐、视频流等多种媒体形式，提供包括网页浏览、电话会议、电子商务等多种信息服务。

4.6　网络安全与管理

随着计算机网络的发展，各行各业对计算机网络的依赖程度也越来越高，这种高度依赖将使网络变得十分脆弱，一旦网络受到攻击，轻者不能正常工作，重者危及国家安全，网络安全问题刻不容缓。

4.6.1　网络安全

1. 什么是网络安全

网络安全是指通过采取各种技术和管理措施，确保网络数据的可用性、完整性和保密性，其目的是确保经过网络传输和交换的数据不会发生改变、丢失和泄露。网络安全包括 5 个基本要素：机密性、完整性、可用性、可控性与可审查性。网络安全是一门涉及计算机科学、网络技术、通信技术、密码技术、信息安全技术、应用数学、数论、信息论等多种学科的综合性学科。

2. 计算机网络面临的安全威胁

计算机网络面临以下 4 种威胁。

① 截获：攻击者从网络上窃听他人的通信内容。

② 中断：攻击者有意中断他人在网络上的通信。

③ 篡改：攻击者故意篡改网络上传送的报文。

④ 伪造：攻击者伪造信息在网络上传送。

以上 4 种威胁可划分为被动攻击和主动攻击两类。截获信息的攻击是被动攻击，篡改信息和中断用户使用资源的攻击是主动攻击。

3. 网络安全技术

网络安全技术包括：防火墙技术、加密技术、鉴别技术、数字签名技术、审计监控技术、病毒防治技术。网络安全工作的目的就是为了在安全法律、法规、政策的支持与指导下，通过采用合适的安全技术与安全管理措施，完成以下任务。

① 使用访问控制机制，阻止非授权用户进入网络，即"进不来"，从而保证网络系统的可用性。

② 使用授权机制，实现对用户的权限控制，即不该拿走的"拿不走"；同时结合内容审计机制，实现对网络资源及信息的可控性。

③ 使用加密机制，确保信息不泄漏给未授权的实体或进程，即"看不懂"，从而实现信息的保密性。

④ 使用数据完整性鉴别机制，保证只有得到允许的人才能修改数据，而其他人"改不了"，从而确保信息的完整性。

⑤ 使用审计、监控、防抵赖等安全机制，使得攻击者、破坏者、抵赖者"走不脱"，并进一步对网络出现的问题提供调查依据和手段，实现信息安全的可审查性。

4. 网络安全措施

作为普通的网络用户，应该掌握下述一般的安全防护措施。

① 身份验证。通过用户名和密码来验证该用户是否合法。

② 存取控制。赋予不同身份的用户不同的操作权限。通过身份验证后，再按不同级别来设置各个用户的权限，实现信息的分级管理。

③ 数据的完整性。确保数据在传输过程中不被篡改。

④ 可靠性保护。通过数据传输加密技术，来确保信息不被泄密。

作为系统管理员，应该注意通过以下措施来保护服务器。

① 经常备份系统。

② 为不同的用户分配各自相应的权限。

③ 不要将服务器用作工作站。

④ 不要在服务器上运行应用程序。

⑤ 仅安装正版程序。

4.6.2 防火墙技术

内联网通常采用一定的安全措施与企业或机构外部的 Internet 用户相隔离，这个安全措施就是防火墙。防火墙是一种由软件、硬件构成的系统，用来在两个网络之间实施存取控制机制。软件部分可以是专利软件、共享软件或免费软件，硬件部分是由路由器构成的。

防火墙的功能有两个：一个是阻止，另一个是允许。"阻止"就是阻止某种类型的通信量通过防火墙（从外部网到内部网，或从内部网到外部网）；"允许"功能与"阻止"恰好相反。多数情况下防火墙的主要功能是"阻止"，但绝对的"阻止"也是很难做到的。

防火墙覆盖 OSI 结构的网络层、传输层与应用层，它主要由以下两部分组成。

（1）分组过滤路由器

分组过滤路由器（packet filter router）作用在网络层和传输层，它根据分组包头源地址、目的地址和端口号、协议类型等标志确定是否允许数据包通过，但是不能在用户级别上进行过滤。

（2）应用网关

应用网关（application gateway）作用在应用层，通常使用应用网关或代理服务器来区分各种应用。特点是完全"阻隔"了网络通信流，通过对每种应用服务编制专门的代理程序，实现监视和控制应用层通信流的作用。

图 4-24 所示的防火墙就同时具有这两种技术，它包括两个分组过滤路由器和一个应用网关，它们将两个局域网连接在一起。无论何种类型的防火墙，从总体上看，都应具有以下 5 大基本功能：过滤进、出网络的数据，管理进、出网络的访问行为，封堵某些禁止的业务，记录通过防火墙的信息内容和活动，对网络攻击的检测和告警。应该强调的是，防火墙是整体安全防护体系的一个重要组成部分，而不是全部，因此必须将防火墙的安全保护融合到系统的整体安全策略中，才能实现真正的安全。

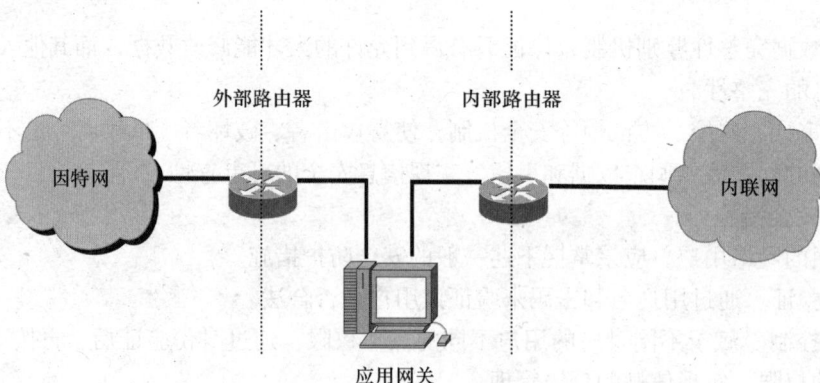

图 4-24　防火墙在因特网中的位置

目前，防火墙也存在一定的局限性。首先，对网络安全性的加强是以降低网络服务的灵活、多样和开放性作为代价的；其次，不能防范人为因素的攻击，不能防止用户误操作造成的威胁，不能防止受病毒感染的软件或文件的传输。

4.6.3　计算机病毒及其防治

计算机病毒是因特网上的巨大安全隐患之一，这些病毒可以随下载的软件、Java 程序、Active X 空间进入公司的内部网络，对计算机系统安全构成严重威胁。

1. 病毒的定义与特征

计算机病毒中的"病毒"一词来源于生物学。"计算机病毒"实际是一段可执行的程序代码，它能隐藏在计算机系统中，利用系统资源进行繁殖并生存，影响计算机系统正常运行，并通过系统进行传染。

计算机病毒作为一种特殊的程序，应具有以下特征。

① 传染性：计算机病毒可以从一个程序传染到另一个程序，从一台计算机传染到另一台计算机，同时使被传染的计算机程序、计算机以及计算机网络成为计算机病毒的生存环境和新的传染源。

② 隐蔽性：计算机病毒是一种具有很高编程技巧、短小精悍的可执行程序，它通常附着在正常程序之中或磁盘引导扇区中，想方设法隐藏自身，这是它的非法可存储性。

③ 破坏性：计算机病毒感染系统后，被感染的系统在病毒发作条件满足时，表现出一定的症状，如屏幕显示异常、系统速度变慢、文件被删除等。

④ 针对性：一种计算机病毒针对某一种计算机系统或某一类程序。

⑤ 变种性：病毒在发展、演化过程中产生变种，有些病毒能产生几十种变种。

⑥ 潜伏性：计算机病毒在传染计算机系统后，病毒的触发是由发作条件来确定的，在发作条件满足前，病毒可能在系统中没有表现症状，不影响系统的正常运行。

2. 病毒的分类与症状

（1）病毒的分类

从已发现的计算机病毒来看，小的病毒程序只有几十条指令，不到百字节，而大的病毒程序简直像个操作系统，由上万条指令组成。计算机病毒一般可分成 4 种主要类别。

① 引导区型病毒是一种在操作系统中传播的病毒，依托的环境是 BIOS 中断服务程序。引导区型病毒是利用操作系统的引导模块放在某个固定的位置，并且控制权的转交方式是以物理位置为依据，而不是以操作系统引导区的内容为依据，因而病毒占据该物理位置即可获得控制权，而将真正的引导区内容搬家转移或替换，待病毒程序执行后，将控制权交给真正的引导区内容，使得这个带病毒的系统看似正常运转，而病毒已隐藏在系统中并伺机传染、发作。

② 文件型病毒。文件型病毒是文件侵染者，也被称为寄生病毒。它运作在计算机存储器里，通常它感染扩展名为 COM、EXE、DRV、OVL 和 SYS 等的文件。每一次病毒被激活时，感染文件把自身复制到其他文件中，并能在存储器里保存很长时间，直到病毒再次被激活。

③ 复合型病毒。复合型病毒有引导区型病毒和文件型病毒两者的特征。

④ 宏病毒。宏病毒一般是指用 BASIC 语言书写的病毒程序，寄存在 Microsoft Office 文档的宏代码上。它影响对文档的各种操作，如打开、存储、关闭和清除等。当打开 Office 文档时，宏病毒程序就会被执行，即宏病毒处于活动状态；当触发条件满足时，宏病毒才开始传染、表现和破坏。

根据美国"国家计算机安全协会"统计，宏病毒目前占全部病毒的 80%，是发展最快的病毒，它能通过电子邮件、Web 下载以及文件传输等应用很容易地得以蔓延。

（2）病毒的症状

从目前发现的病毒来看，主要症状如下。

① 由于病毒程序把自己或操作系统的一部分用坏簇隐藏起来，磁盘坏簇莫名其妙地增多。

② 由于病毒程序附加在可执行程序头尾或插在中间，可执行程序长度增大。

③ 由于病毒本身或其复制品不断侵占磁盘空间，可用磁盘空间变小。

④ 由于病毒程序的异常活动，造成异常的磁盘访问。

⑤ 由于病毒程序附加或占用引导部分，系统引导变慢，或系统不认识 U 盘或硬盘，不能引导系统。

⑥ 死机现象增多或系统出现异常动作。

3. 计算机病毒的预防

（1）病毒的传染途径

病毒的传染途径主要有以下两种。

① 通过外存储器传染：使用不明渠道来的系统盘、软件、游戏等是最普遍的传染途径，由于使用带有病毒的 U 盘、活动硬盘、盗版光盘，使机器感染病毒，并传染给未被感染的"干净"的系统。

② 通过网络传染：在网络上浏览、下载文件或接收 E-mail，都会受到病毒的侵蚀和感染，这种传染扩散极快，能在很短时间内传遍正在网络上运行的机器。

（2）预防病毒的措施

一般来说，计算机病毒预防分为两种：管理方法的预防和技术上的预防，而在一定的程度上，将两种方法结合是行之有效的病毒预防措施。

用管理手段预防计算机病毒的传染，有下面 3 个措施。

① 不在计算机上使用来历不明的软盘。

② 经常对计算机和软盘进行病毒检测。

③ 在网上下载的软件要先经过病毒检测后再使用。

可采用一定的技术手段预防计算机病毒的传染，例如使用"病毒防火墙"等软件，预防计算机病毒对系统的入侵，或发现病毒欲传染系统时，向用户发出警报。"病毒防火墙"这一概念是伴随着 Internet 及网络安全技术引入的，它的原理是实时"过滤"，当应用程序对文件或邮件进行打开、关闭、执行、保存、发送时，首先自动清除文件中包含的病毒，之后再完成用户的操作，保护计算机系统不受任何来自"本地"或"远程"病毒的危害，同时也防止"本地"系统内的病毒向网络或其他介质扩散。

4. 病毒的清除

目前病毒的破坏力越来越强，几乎所有的软、硬件故障都可能与病毒有牵连。而检查和清除病毒的最佳办法就是使用各种杀毒软件。McAfee VirusScan 软件是世界上最早开发、最著名的反病毒软件，也是最早进入我国的杀毒软件。Norton AntiVirus 软件是集防毒、查毒、杀毒功能于一身的综合性病毒防治软件。我国病毒清查技术目前已逐步走向成熟，市场上也出现了一些世界领先水平的杀毒软件，例如，360 安全卫士、金山毒霸、瑞星杀毒、腾讯电脑管家等。一般来说，无论是国外还是国内的杀毒软件，都能不同程度地解决一些病毒困扰的问题，但任何一种杀毒软件都不可能解决所有问题。

4.6.4 网络管理

随着网络规模的不断扩大，网络结构变得越来越复杂，用户对网络的应用需求不断提高，依赖程度不断加大。在这种情况下，网络管理的好坏可使网络发挥的效用大为不同，网络管理已成为现代网络技术中最重要的问题。

1. 网络管理的定义

网络管理是指对整个网络应用系统的管理。具体来说，网络管理就是用软件手段对网络进行监视和控制，以减少故障发生的概率，一旦故障发生能及时发现，并能采用有效的恢复手段，最终使网络性能达到最优，进而减少网络的维护费用。

2. 网络管理的功能

OSI 网络管理标准中定义了网络管理的 5 大功能，这 5 大功能是网络管理的最基本功能。

（1）配置管理

只有在有权配置整个网络时，用户才可能正确地管理该网络，排除出现的问题，所以配置管理是网络管理的最重要功能之一。

（2）故障管理

故障管理包括故障检测、故障诊断和故障维修。它的主要目标是快速定位网络中的故障点（或潜在故障），找出发生故障的原因和解决办法。

（3）性能管理

性能管理指标通常包括网络响应时间、吞吐量和网络负载等参数。网络性能管理可分为性能监测和网络控制两部分。性能监测指网络工作状态信息的收集和整理。网络控制是为改善网络设备的性能而采取的动作和措施。

（4）记账管理

记账管理包括收集和解释网络费用信息。可以利用这一功能摊派费用或为改善工作做计划。通过记账管理，还可以了解网络的真实用途，定义它的能力和制定政策，使网络更有效。

（5）安全性管理

安全性管理能保护用户的数据和设备，防止来自内部的和外部的危险涉及硬件、软件和过程。

另外，随着各种网络应用的不断增加，网络资源管理问题也变得越来越重要，例如域名注册、网络地址分配、代理服务器等。

3. 简单网络管理协议

ISO 的网络管理标准 CMIS/CMIP 同其开放系统互连参考模型标准一样，始终没有得到社会的广泛支持和应用，目前符合 ISO 网络管理标准的实用产品几乎没有，ISO 的网络管理标准只具有参考指导作用。相反，广泛应用于 TCP/IP 网络的简单网络管理协议（SNMP）得到所有网络厂商的一致支持。

SNMP 由管理进程、管理代理、管理信息库 3 个部分组成，管理进程是一个或一组软件程序，运行在网络管理站的主机上，执行各种管理操作。管理代理是一种在被管理网络设备中运行的软件，负责执行管理进程的管理操作。管理代理可直接对本地信息库进行操作，或将数据传送到管理进程。管理信息库是一个概念上的数据库，由管理对象组成。每个管理代理管理信息库中属于本地的管理对象，各管理代理控制的管理对象共同构成全网的管理信息库。

SNMP 是在应用层上进行网络设备间的管理，可以进行网络设备状态监视、网络参数设定、网络流量的分析统计、发现网络故障等。由于它的使用及开发极为简单，所以在现代网络中得到普遍的应用。因为 SNMP 简单，所以功能有限，其主要缺点如下。

① 不能有效地传送大块数据。

② 不能将网络管理的功能分散化。

③ 安全性不够好。

1993 年发布的 SNMP v2 解决了前两个问题，SNMP v3 可以解决安全性问题。

习 题 4

1. 选择题

（1）交换式局域网和总线式局域网的最大区别在于（   ）。

    A. 前者采用星形拓扑结构，而后者采用总线型拓扑结构

    B. 前者传输介质是光纤，而后者是同轴电缆

    C. 前者每一个节点独享一定的宽带，而后者是所有节点共享一定的宽带

    D. 它们的信息帧格式不同

（2）以下正确的 IP 地址是（   ）。

    A. 323.112.0.1   B. 134.168.2.10.2   C. 202.202.1   D. 202.132.5.168

（3）以下选项中，不属于网络传输介质的是（   ）。

    A. 电话线   B. 光纤   C. 网桥   D. 双绞线

（4）将各种数字信号转换成适合于在电话线等信道传输的模拟信号的过程，称为（   ）。

    A. 调制   B. 解调   C. 编码转换   D. 线路优化

（5）以下各项中不能作为域名的是（   ）。

    A. www.sina.com   B. www,baidu.com C. ftp.pku.edu.cn D. mail.qq.com

（6）不属于 TCP/IP 层次的是（   ）。

    A. 网络访问层   B. 交换层   C. 传输层   D. 应用层

（7）把异构的计算机网络互相联机起来的基本设备是（   ）。

    A. 中继器   B. 路由器   C. 集线器   D. 调制解调器

（8）WWW 目前已经成为因特网上最广泛使用的一种服务。下面关于 WWW 服务的叙述中，错误的是（   ）。

    A. WWW 服务是按客户/服务器模式工作的。Web 服务器上运行着 WWW 服务器程序，用户计算机上运行着的 Web 浏览器是客户程序

    B. Web 浏览器通过超文本传输协议（HTTP）向服务器发出请求，用同一资源定位器（URL）指出需要浏览的是哪个服务器中的哪个网页

    C. Web 浏览器是一个比较复杂的软件，它既要与服务器通信，又要解释和显示 HTML 文档，还要与用户交互，因此功能扩展很困难，必须需要通过软件升级来解决

    D. Web 浏览器不仅能下载、浏览网页，而且还能完成 E-mail、Telnet、FTP 等其他因特网服务

2. 问答题

（1）计算网络的基本组成是什么？

（2）数字通信与模拟通信的主要区别是什么？

（3）利用什么技术可以实现通信系统的远距离传输？

（4）MAC 地址与 IP 地址的区别与联系是什么？

（5）常见的 Internet 接入方式有哪些？

第5章 多媒体技术及应用

多媒体技术是基于计算机、网络和电子技术发展起来的一门新技术，它与计算机技术和网络技术相互融合、相辅相成。多媒体技术的发展和应用，正在对信息社会及人们的工作、学习和生活产生着重大影响。本章主要针对计算机的基本操作和基本应用，概要介绍多媒体技术的基本知识。掌握多媒体技术的基本知识，对多媒体计算机系统的全面了解、熟练操作和实际应用都是十分重要和非常必要的。

通过学习本章，主要掌握以下几方面内容：

（1）西文与汉字的编码；

（2）文本的类型；

（3）数字图像；

（4）数字声音；

（5）数字视频。

5.1 多媒体概述

5.1.1 多媒体的概念

1. 媒体

在人类社会中，信息的表现形式是多种多样的，这些表现形式叫作媒体。通常遇到的文字、声音、图形、图像、动画、视频等都是表现信息、传播信息的媒体，所以说媒体就是承载信息的载体。

在计算机领域中，媒体有两种含义：存储信息的实体和表现信息的载体。纸张、磁盘、磁带、光盘等都是存储信息的实体，而诸如文本或文字、声音、图形、图像、动画、视频等则是用来表现信息的载体。

2. 多媒体与多媒体技术

所谓多媒体，是指由文本、声音、图形、动画、图像、视频等媒体中两种以上媒体的有序组合。多媒体不是几个媒体简单地随意组合，而是为了表达一个共同的较为复杂的信息（内容），实现某个技术目标，采用相应的技术，有规律地组合在一起。

多媒体技术是指对多媒体信息进行采集/数字化、压缩/解压、存储、传输、加工/综合处理、显示/播放等的技术，它包括多媒体计算机技术和多媒体网络技术。

3. 超文本与超媒体

传统的线性文本（text）是用字符流的方式存储和显示文本的，它具有结构上的线性和顺序的特性。而超文本（hypertext）则是文字信息的非顺序表现形式，它把信息分成互相关联的多个块，采用非线性的网状结构把各个信息块链接在一起。链有多种，通常是从一个信息单元（源节点）指向另一个信息单元（目的节点）的有方向的指针，没有固定的存储顺序，也没有固定的阅读顺序。简单地讲，超文本就是使用链接技术的文本。

引进了多媒体技术的超文本就称为多媒体超文本，简称超媒体（Hypermedia）。

4. 多媒体的基本特性

多媒体具有以下几种基本特性。

（1）多样性

多样性一方面是指信息媒体的多样性，另一方面是指对信息的获取、交换、组合、加工、显示等处理的多样性。

（2）数字化

数字化是指多媒体中的各种信息都是以数字形式存储、处理和传输的。

（3）集成性

集成性是指以计算机为中心综合处理多种信息媒体，将其集成为一体，使多种媒体能够充分发挥综合作用，效应更加明显。集成性既是指存储信息的实体的集成，也是指承载信息的载体的集成。

（4）交互性

交互性即人机交互，没有交互性的系统就不是多媒体系统。多媒体计算机可以让人们主动交互，即用户和计算机之间可以相互通信，从内容上、方式上实现有选择的操作或播放。

（5）实时性

在多媒体播放系统中，各种媒体（尤其是声音和视频）之间是同步的，播放的时序、速度及各媒体之间的其他关系也必须符合实际规律。多媒体系统在存储、压缩、传输和做其他处理时，必须重视实时性，支持实时播放，否则将会破坏多媒体的实时性，出现声音、图像、文字等信息无序、无章、违反实际规律的播放效果。

5.1.2 多媒体技术的产生和发展

在计算机发展的初期，信息的表现形式只有数字和文字。从 20 世纪 80 年代后期开始，人们致力于研究将声音、图形和图像作为新的信息媒体输入、输出计算机。

1984 年，美国 Apple 公司在研制 Macintosh 计算机时，创造性地使用了位映射、窗口、图符等技术，同时引入了鼠标作为交互设备，对多媒体技术的发展做出了重要贡献。

1985 年，随着 Windows 操作系统的问世，美国 Commodore 公司首先推出世界上第一台多媒体计算机 Amiga 系统，这是多媒体计算机的雏形。此后，多媒体个人计算机相继推出，并于1990 年～1995 年先后制定出了多媒体个人计算机标准 MPC 1、MPC 2 与 MPC 3。现在，多媒体计算机技术已经成熟，性能指标不断提高，实际执行的是 MPC 4 标准。

1986 年，荷兰 Philips 公司和日本 Sony 公司联合推出 CD-I（交互式紧凑光盘系统），同时公布了该系统所采用的 CD-ROM 光盘的数据格式，对大容量存储设备（光盘）的发展产生了巨大的影响。

1987 年，美国 RCA 公司推出了交互式数字视频系统 DVI，它以计算机技术为基础，用标准光盘来存储和检索静止图像、活动图像、声音和其他数据。

1987 年，Intel 公司与 IBM 公司合作推出 Action Media 750 多媒体开发平台。1991 年，Intel 和 IBM 又合作推出了改进型的 Action Media Ⅱ。从此，其他多媒体开发平台、各种多媒体处理软件、各种多媒体创作工具相继推出。由此，引发了多媒体应用软件的积极开发和多媒体技术的广泛应用。

20 世纪 90 年代以来，随着多媒体模拟信号数字化技术、多媒体数字压缩技术、调制/解调技术和网络宽带技术的发展，本来就传输数字信号的计算机网络，传输数字化了的多媒体信息成为现实，本来就传输模拟信号的广播电视网与电信网的数字化也同时得以实现，于是三网合一成为定局。三网合一，大大推动了多媒体技术的发展，扩大了多媒体信息的共享范围与多媒体技术的应用范围。多媒体技术渗透到各行各业，深入到各家各户，影响到每一个人的工作、学习与生活，世界从此变得绚丽多彩。

5.1.3　多媒体技术的应用

多媒体技术的应用几乎覆盖了计算机应用的绝大多数领域，而且还开拓了涉及人类工作、学习、生活和娱乐等方面的新领域。

1.　计算机辅助系统

计算机辅助教学，是利用多媒体技术设计和制作的多媒体课件来进行教学。利用多媒体技术教学，内容直观，生动活泼，寓教于乐，在听和看的同时还可以完成各种练习，这样可以提高学生的学习兴趣，便于理解，加深记忆，教学效率高、效果好。

计算机辅助设计，是利用多媒体技术中的二维/三维绘图技术、二维/三维动画技术、RGB 调色技术等进行各种设计，例如美术图案设计、服装设计、工艺设计、动画设计、土木建筑设计、水利工程设计、机械设计、园林设计等。计算机辅助设计可以实现设计迅速准确、模拟与修改灵活方便，设计效果好，同时又便于计算机辅助制造和自动化作业。

计算机辅助管理，是利用多媒体网络功能、图形/图像识别技术及多媒体数据库管理技术等，进行现场管理、身份识别、多媒体咨询及建立多媒体管理信息系统等。利用计算机辅助管理，可以使管理人员通过友好、直观的界面及人机交互的工作方式，获得多种形象、生动、活泼、直观的多媒体信息，并使用计算机进行记忆、识别、统计、查询等工作。计算机辅助管理改善了工作环境，提高了工作质量，有很好的应用前景。

2.　远程工作系统

远程教育是利用多媒体网络技术、多媒体教学软件和多媒体课件，通过课程上网、网上培训和网上学历教育等形式，完成教学、答疑、布置与批改作业、考试与答辩、教学管理等任务。远程教育可以共享教育资源（教学环境、教学设备、教学资料、教材、师资等），使受教育者不受时间和地点的限制，自主地接受教育，而且成本低、效果好。

远程医疗是利用多媒体网络技术进行远程数据检查与图表分析、远程诊断与会诊、远程治疗与健康咨询等。远程医疗可以共享医疗资源，不论相隔多远，如同面对面一般。

远程工作的内容还包括视频会议、远程查询、文件的接收与发布、协议/合同的签订以及分布式多媒体计算机系统支持的远程协同工作等。

3.　在商业与服务业中的应用

多媒体技术广泛应用于商业与服务业中。用于商业的有网上广告、网上购物、多媒体售货亭以及电子商务等。多功能信息咨询和服务系统（Point Of Information，POI），可以向公众提供诸如旅游、交通、邮电、商业、气象等公共信息和类似宾馆、商业大楼、影剧院、美容中心等的服务指南，POI 的应用十分广泛。

4. 文化娱乐与游戏

文化娱乐与游戏是人们生活的重要组成部分，多媒体技术给影视作品和游戏作品的制作带来了革命性变化，由电影/电视作品、戏剧/曲艺/音乐/歌曲节目、动画/卡通片，到声、文、图并茂的逼真实体模拟的游戏，画面、声音更加逼真，特技、编辑技术更加高超，趣味性、娱乐性更强，文化娱乐业出现了空前繁荣景象。在多媒体网络上，电影、电视、歌曲和广播的点播业务发展很快，人们不受地点和时间的限制，随心所欲地点播节目，深受广大用户的欢迎。随着 VCD、DVD 的出现与发展，价廉物美的文化娱乐及游戏产品备受人们欢迎，对启迪儿童的智慧、丰富成年人的娱乐活动大有益处。

5. 新闻出版与彩色印前处理

多媒体应用在新闻出版方面，出现了无纸化的电子新闻和电子出版。利用多媒体网络技术，网上新闻快速、真实，使人如同亲临现场一般。电子出版完全抛弃了传统的出版技术，速度快、成本低、利用率高，而且发行与订阅的手续简单，用户的检索查询与浏览阅读十分方便。电子出版物越来越普及，或将图书资料、期刊杂志、电子教材等上网发行，用户可在任何有终端的地方（不管有多远）阅读浏览，或将各种出版物制成光盘，用户可以浏览也可以收藏保存。

所谓彩色印前处理，就是利用多媒体图像处理和调色技术，完成彩色印刷前的处理工作。彩色印前处理的效率高、效果好。

6. 虚拟现实

虚拟现实是用多媒体计算机及其他装置虚拟现实环境，其实质是人与计算机之间或人与人借助计算机进行交流，这种交流十分逼真。人的所有感觉都能在虚拟环境中得到体现，用户在虚拟环境中具有临场感，虚拟环境中的事物运动与真实世界的运动规律一样，用户对虚拟环境中物体的控制与操作，使物体能够产生和真实世界一样的实时效果。虚拟现实技术广泛用于科学研究、各种训练、机器人技术、虚拟实验、多维电影、游戏等方面，用户不仅感觉到如同置身于实际环境一般，而且效果好、成本低。

7. 多媒体技术在其他方面的应用

多媒体技术在其他很多方面都得到了广泛应用。例如军事方面的军事指挥与通信、电子头盔与军服、电子侦察与监听、目标识别与定位、导航与效果重现等，在气象、地质、航测、遥测等方面对图像的识别与处理、模拟与预测等方面，都很好地应用了多媒体技术。

5.2　多媒体信息和文件

5.2.1　文本信息

文字是记录语言的书写符号，其作用在于表意达情，具有存储量小、信息量大的特点，是多媒体不可或缺的要素。

文本信息可采用不同的字处理软件来制作，如 WPS、Word、记事本等，随之也产生了与之相对应的多种文件格式，如 WPS、DOC、TXT 等。有些图像处理软件（如 Photoshop）也提供"输入文本"的功能，并能制作精美的艺术字。

　　向计算机输入文本信息主要靠键盘输入，也可以使用扫描仪输入已打印的文本，利用光学字符识别器/阅读器（Optical Character Recognition/Reader，OCR），还可以输入手写的字符。

1. 字母和常用符号的编码

　　在英语书中用到的字母为 52 个（大、小写字母各 26 个），数码 10 个，数学运算符号和其他标点符号等约 32 个，再加上用于打字机控制的无图形符号等，共计 128 个符号。对 128 个符号编码需要 7 位二进制数，且可以有不同的排列方式，即不同的编码方案。其中 ASCII（American Standard Code for Information Interchange，美国标准信息交换码）是使用最广泛的字符编码方案。ASCII 编码表如表 5-1 所示。

表 5-1　　　　　　　　　　　ASCII 编码表（$b_7b_6b_5b_4b_3b_2b_1$）

$b_7b_6b_5$ / $b_4b_3b_2b_1$	000	001	010	011	100	101	110	111
0000	NUL	DLE	SP	0	@	P	`	p
0001	SOH	DC1	!	1	A	Q	a	q
0010	STX	DC2	"	2	B	R	b	r
0011	ETX	DC3	#	3	C	S	c	s
0100	EOT	DV4	$	4	D	T	d	t
0101	ENQ	NAK	%	5	E	U	e	u
0110	ACK	SYN	&	6	F	V	f	v
0111	BEL	ETB	'	7	G	W	g	w
1000	BS	CAN	(	8	H	X	h	x
1001	HT	EM	)	9	I	Y	i	y
1010	LF	SUB	*	:	J	Z	j	z
1011	VT	ESC	+	;	K	[	k	{
1100	FF	FS	,	<	L	\	l		
1101	CR	GS	-	=	M	]	m	}
1110	SO	RS	.	>	N	^	n	~
1111	SI	US	/	?	O	_	o	DEL

　　ASCII 代码在初期主要用于远距离的有线或无线电通信中，为了及时发现在传输过程中因电磁干扰引起的代码出错，设计了各种校验方法，其中奇偶校验是采用最多的一种，即在 7 位 ASCII 代码之前再增加一位用作校验位，形成 8 位编码。若采用偶校验，即选择校验位的状态使包括校验位在内的编码内所有为"1"的位数之和为偶数。例如，大写字母"C"的 7 位编码是"1000011"，共有 3 个"1"，则使校验位置"1"，即得到字母"C"的带校验位的 8 位编码"11000011"；若原 7 位编码中已有偶数位"1"，则校验位置"0"。在数据接收端则对接收的每一个 8 位编码进行奇偶性检验，若不符合偶数个（或奇数个）"1"的约定就认为是一个错码，并通知对方重复发送一次。由于 8 位编码的广泛应用，8 位二进制数也被定义为一个字节，成为计算机中的一个重要单位。

2. 汉字编码

　　汉字是世界上使用最多的文字，是联合国的工作语言之一，汉字处理的研究对计算机在我国的推广应用和加强国际交流都是十分重要的。但汉字属于图形符号，结构复杂，多音字和多义字比例较大，数量太多（字形各异的汉字据统计有 50 000 个左右，常用的也在 7 000 个左右）。这些导致汉字编码处理和西文有很大的区别，在键盘上难于表现，输入和处理都难得多。依据汉字处理阶段的不同，汉字编码可分为输入码、显示字形码、机内码和交换码。

在键盘输入汉字用到的汉字输入码现在已经有数百种，商品化的也有数十种，广泛应用的有五笔字型码、全/双拼音码、自然码等。但归纳起来可分为数字码、拼音码、字形码和音形混合码。数字码以区位码、电报码为代表，一般用 4 位十进制数表示一个汉字，每个汉字编码唯一，记忆困难。拼音码又分全拼和双拼，基本上无须记忆，但重音字太多。为此又提出双拼双音、智能拼音和联想等方案，推进了拼音汉字编码的普及使用。字形码以五笔字形为代表，优点是重码率低，适用于专业打字人员应用，缺点是记忆量大。自然码则将汉字的音、形、义都反映在其编码中，是混合编码的代表。

要在屏幕或在打印机上输出汉字，就需要用到汉字的字形信息。目前表示汉字字形常用点阵字形法和矢量法。

点阵字形是将汉字写在一个方格纸上，用一位二进制数表示一个方格的状态，有笔画经过记为 "1"，否则记为 "0"，并称其为点阵。把点阵上的状态代码记录下来就得到一个汉字的字形码。显然，同一汉字用不同的字体或不同大小的点阵将得到不同的字形码。由于汉字笔画多，至少要用 16×16 的点阵（简称 16 点阵）才能描述一个汉字，这就需要 256 个二进制位，即要用 32 字节的存储空间来存放它。若要更精密地描述一个汉字就需要更大的点阵，比如 24×24 点阵（简称 24 点阵）或更大。将字形信息有组织地存放起来就形成汉字字形库。一般 16 点阵字形用于显示，相应的字形库也称为显示字库。

矢量字形则是通过抽取并存放汉字中每个笔画的特征坐标值，即汉字的字形矢量信息，在输出时依据这些信息经过运算恢复原来的字形。所以矢量字形信息可适应显示和打印各种字号的汉字。其缺点是每个汉字需存储的字形矢量信息量有较大的差异，存储长度不一样，查找较难，在输出时需要占用较多的运算时间。

有了字形库，要快速地读到要找的信息，必须知道其存放单元的地址。当输入一个汉字并要把它显示出来，就要将其输入码转换成为能表示其字形码存储地址的机内码。根据字库的选择和字库存放位置的不同，同一汉字在同一计算机内的内码也将是不同的。常见的汉字编码主要有以下几种：

（1）GB2312 汉字编码：我国广泛使用的字符集是 1981 年颁布的《信息交换用汉字编码字符集·基本集》（GB2312-80）。GB2312 字符集分为 3 部分：第一部分是字母、数字和各种符号，共 682 个；第二部分为一级常用汉字，共 3755 个，按汉语拼音排列；第三部分为二级常用字，共 3008 个，按偏旁部首排列。

（2）GBK 汉字内码扩充规范：GBK 是我国 1995 年发布的又一个汉字编码标准，全称为《汉字内码扩展规范》。它一共有 21003 个汉字和 883 个图形符号，与 GB2312 字符集兼容，另外收录了繁体字和很多生僻的汉字。我国台湾地区使用的编码是 BIG-5（大五码），它包含了 420 个符号和 1307 个繁体汉字。

（3）BIG-5（大五码）：在我国台湾、香港等地区使用，与 GB2312 不兼容。

（4）UCS/Unicode 与 GB18030 汉字编码标准：为了实现世界上不同国家不同语言文字的统一编码，国际标准化化组织（ISO）制定了一个统一编码标准，即 UCS/Unicode 编码标准。该标准已在 Windows 和 Linux 操作系统中广泛使用。为了能与 UCS/Unicode 接轨，我国发布了 GB18030-2000 汉字编码国家标准并在 2001 年开始执行。GB18030 与 GB2312 和 GBK 保持兼容。该字符集采用不等长的编码方法，单字节编码（129 个）表示 ASCII 字符，与 ASCII 码兼容；双字节编码（23940

个）表示汉字，与 GBK 保持兼容；还有约 154 万个 4 字节编码用于表示 UCS/Unicode 中的其他字符。

5.2.2　声音信息

声音包括音乐与语音，具有烘托气氛的效果。现实世界中的各种声音必须由模拟信号通过采样、量化和编码转化成数字信号，计算机才能接受和处理，其质量取决于采样频率与量化精度。这种数字化的声音信息以文件形式保存，即通常所说的音频文件或声音文件。

多媒体计算机中的声音文件一般分为两类：WAV 文件和 MIDI 文件。前者是通过外部音响设备输入到计算机的数字化声音，后者是完全通过计算机合成产生的，它们的采集、表示、播放以及使用的软件都各不相同。

1. WAV 文件

WAV 文件也叫作波形文件，是 Microsoft 公司开发的一种声音文件格式，可以由 Microsoft 公司的"录音机"程序来录制和播放。WAV 格式文件的数据是直接来源于对声音模拟波形的采样。用不同的采样频率对声音的模拟波形进行采样可以得到一系列离散的采样点，以不同的量化位数把这些采样点的值转换成二进制数，然后存入磁盘，这就产生了声音的 WAV 文件。WAV 文件所需要的存储容量很大，如果对声音质量要求不高的话，可以通过降低采样频率、采用较低的量化位数或利用单声道来录制 WAV 文件，此时的 WAV 文件大小可以大大减小。

WAV 文件数据没有经过压缩，数据量大，但音质最好。大多数压缩格式的声音都是在它的基础上经过数据的重新编码来实现的，这些压缩格式的声音信号在压缩前和回放时都要使用 WAV 格式。

2. MIDI 文件

乐器数字接口（Musical Instrument Digital Interface，MIDI）是在音乐合成器、乐器和计算机之间交换音乐信息的一种标准协议。MIDI 文件就是一种能够发出音乐指令的数字代码。与 WAV 文件不同，它记录的不是各种乐器的声音，而是 MIDI 合成器发音的音调、音量、音长等信息，所以 MIDI 总是和音乐联系在一起，它是一种数字式乐器。

利用具有乐器数字化接口的 MIDI 乐器（如 MIDI 电子键盘、合成器等）或具有 MIDI 创作能力的计算机软件可以制作或编辑 MIDI 音乐。

由于 MIDI 文件存储的是命令，而不是声音波形，所以生成的文件较小，只是同样长度的 WAV 音乐的几百分之一。

3. 常见声音文件格式

- WAV 格式

WAV 格式是 Microsoft 公司开发的一种声音文件格式，用于保存 Windows 平台的音频信息资源，被 Windows 平台及其应用程序所广泛支持。文件尺寸较大，多用于存储简短的声音片断。

- MP1/MP2/MP3 格式

MPEG 是运动图像专家组（Moving Picture Experts Group）的英文缩写，代表 MPEG 运动图像压缩标准，这里的音频文件格式指的是 MPEG 标准中的音频部分，即 MPEG 音频层（MPEG Audio Layer）。MPEG 音频文件的压缩是一种有损压缩，根据压缩质量和编码复杂程度的不同可分为三层（MPEG Audio Layer 1/2/3），分别对应 MP1、MP2 和 MP3 这三种声音文件。MPEG 音频编码具有很高的压缩率，MP1 和 MP2 的压缩率分别为 4：1 和 6：1～8：1，而 MP3 的压缩率则高达 10：1～12：1，也就是说一分钟 CD 音质的音乐，未经压缩需要 10MB 存储空间，而经过

MP3 压缩编码后只有 1MB 左右，同时其音质基本保持不失真，因此，目前使用最多的是 MP3 文件格式。

- RA/RM/RAM 格式

RealAudio 文件是 RealNetworks 公司开发的一种新型流式音频（Streaming Audio）文件格式，它包含在 RealNetworks 公司所制定的音频、视频压缩规范 RealMedia 中，主要用于在低速率的广域网上实时传输音频信息。网络连接速率不同，客户端所获得的声音质量也不尽相同：对于 14.4Kbit/s 的网络连接，可获得调幅（AM）质量的音质；对于 28.8Kbit/s 的连接，可以达到广播级的声音质量；如果拥有 ISDN 或更快的线路连接，则可获得 CD 音质的声音。

- MIDI 格式

MIDI 是乐器数字接口（Musical Instrument Digital Interface）的英文缩写，是数字音乐/电子合成乐器的统一国际标准，它定义了计算机音乐程序、合成器及其他电子设备交换音乐信号的方式，还规定了不同厂家的电子乐器与计算机连接的电缆和硬件及设备间数据传输的协议，可用于为不同乐器创建数字声音，可以模拟大提琴、小提琴、钢琴等常见乐器。相对于保存真实采样数据的声音文件，MIDI 文件显得更加紧凑，其文件尺寸通常比声音文件小得多。

5.2.3 图形与图像信息

1. 图形信息

图形又叫矢量图，基本元素是图元，采用矢量图形方法来绘制图形。矢量图形方法不直接描述画面的每一个点，而是描述产生这些点的过程及方法，即用一组指令描述构成画面的直线、矩形、椭圆、圆弧、曲线等的属性和参数（长度、大小、形状、位置、颜色等）。由于不用对画面上的每一个点进行量化保存，所以图形需要的存储量很少，但显示画面的计算时间较长，显示图形时往往可以看到画图过程。

矢量图形方法通常用于工程制图、广告设计、装潢图案设计、地图绘制等领域。

图形文件的类型有 WMF、CDR、FHX 或 AI 等，一般是直接用软件程序制作的。

（1）CDR 格式

CDR 格式是著名绘图软件 CorelDRAW 的专用图形文件格式。由于 CorelDRAW 是矢量图形绘制软件，所以 CDR 可以记录文件的属性、位置和分页等；但它在兼容度上比较差，所有 CorelDraw 应用程序中均能够使用，但其他图像编辑软件打不开此类文件。

（2）WMF 格式

WMF（Windows Metafile Format）是 Windows 中常见的一种图元文件格式，属于矢量文件格式。它具有文件短小、图案造型化的特点，整个图形常由各个独立的组成部分拼接而成，其图形往往较粗糙。

2. 图像信息

图像是位图的概念，基本元素是像素，采用点位图的方法绘制图像。点位图方法描述的是画面中的每一个像素点的亮度和颜色。显示器显示一幅图像时，是按照像素的顺序，根据各像素的数据（代表对应的颜色），一点一点地显示，而与图像的具体内容无关。

图像可通过扫描仪输入计算机，或者用数码照相机拍摄后输入计算机。打开一个已制作完成的图像文件，即可在相应的环境中显示出与之对应的图像。

常见的图像格式有 BMP、GIF、JPEG、PNG、TIFF、PCX 等。

（1）BMP 格式

BMP 是一种位图（BitMap）文件格式，它是一组点（像素）组成的图像，Windows 系统下的标准位图格式，使用很普遍。BMP 结构简单，未经过压缩，一般图像文件会比较大。它最大的好处就是能被大多数软件"接受"，可称为通用格式。

（2）GIF 格式

图形交换格式（Graphics Interchage Format，GIF）支持 256 色，分为静态 GIF 和动画 GIF 两种，支持透明背景图像，适用于多种操作系统，"体型"很小，网上很多小动画都是 GIF 格式。其实 GIF 是将多幅图像保存为一个图像文件，从而形成动画，所以归根到底 GIF 仍然是图像文件格式。

（3）JPEG 格式

JPEG 是应用最广泛的图片格式之一，它采用一种特殊的有损压缩算法，将不易被人眼察觉的图像颜色删除，从而达到较大的压缩比（可达到 2：1 甚至 40：1），所以"身材娇小，容貌姣好"，特别受网络青睐。

（4）PSD 格式

PSD 是图像处理软件 Photoshop 的专用图像格式，图像文件一般较大。

（5）PNG 格式

PNG 与 JPEG 格式类似，网页中有很多图片都是这种格式，压缩比高于 GIF，支持图像透明，可以利用 Alpha 通道调节图像的透明度。

5.2.4　动画与视频信息

1. 动画信息

人眼有一种称为"视觉暂留"的生理现象，凡是观察过的物体映像，都能在视网膜上保留一段短暂的时间。利用这一现象，让一系列计算机生成的可供实时演播的连续画面以足够多的画面连续出现，人眼就可以感觉到画面上的物体在连续运动，这样就形成了动画。动画要求的速率为 25～30 帧/秒。

动画的画面可以逐帧绘制，也可以根据设定的场景，用计算机和图形加速卡等硬件实时地"计算"出下一帧的画面。前者的工作量大，后者计算量大，但大部分工作可以用工具软件来完成。

今天，动画广泛应用于电视广告、网页和其他多媒体演示软件。

（1）GIF 格式

GIF 是图形交换格式（Graphics Interchange Format）的英文缩写，是由 CompuServe 公司于 20 世纪 80 年代推出的一种高压缩比的彩色图像文件格式。目前 Internet 上大量采用的彩色动画文件多为 GIF 格式文件，在 Flash 中可以将设计输出为 GIF 格式。

（2）SWF 格式

利用 Flash 我们可以制作出一种后缀名为 SWF（ShockWave Format）的动画，这种格式的动画图像能够用比较小的体积来表现丰富的多媒体形式。在图像的传输方面，不必等到文件全部下载完才能观看，而是可以边下载边看，因此特别适合网络传输，特别是在传输速率不佳的情况下，也能取得较好的效果。SWF 如今已被大量应用于 Web 网页进行多媒体演示与交互性设计。此外，SWF 动画是基于矢量技术制作的，因此不管将画面放大多少倍，画面均不会因此而有任何损害。综上，SWF 格式作品以其高清晰度的画质和小巧的体积，受到了越来越多网页设计者的青睐，也越来越成为网页动画和网页图片设计制作的主流，目前已成为网上动画的事实标准。

2. 视频信息

同样是利用人眼"视觉暂留"的生理现象,当每一幅图像为实时获取的真实的自然景物和情景时,就把这种动态图像称为动态视频信息,简称视频。

在实际的电影、电视和录像节目中,动态视频并不单独出现,常常是在录制动态视频的同期录制声音,或在后期配音。多媒体应用软件中的视频与音频也常常是同步实时播放的。我们把这种动态视频与音频制作在一起的可以音、像同步实时播放的信息,称为影视信息。因为动态视频信息往往和音频信息共存于同一个影视信息之中,所以人们把影视信息也称作视频信息(简称为视频)。模拟的影视信息经过采集(数字化)、编辑、压缩等步骤,存储(刻录或压制)在光盘上,就成为各种规格的多媒体应用光盘。

常用的视频文件主要有 AVI、MPEG、FLV 等格式。

(1)AVI 格式

AVI(Audio Video Interleaved,音频视频交错)格式是一种可以将视频和音频交织在一起进行同步播放的数字视频文件格式。AVI 格式由 Microsoft 公司于 1992 年推出,随 Windows3.1 一起被人们所认识和熟知。它采用的压缩算法没有统一的标准,除 Microsoft 公司之外,其他公司也推出了自己的压缩算法,只要把该算法的驱动加载到 Windows 系统中,就可以播放该算法压缩的AVI 文件。AVI 格式的优点是图像质量好,可以跨多个平台使用,但是其缺点是体积过于庞大,其文件扩展名为.avi。

(2)MOV 格式

MOV 格式是美国 Apple 公司开发的一种视频格式,默认的播放器是 Apple 公司的 QuickTime Player。MOV 格式不仅能支持 MacOS,同样也能支持 Windows 系列计算机操作系统,有较高的压缩比率和较完美的视频清晰度。MOV 格式定义了存储数字媒体内容的标准方法,使用这种文件格式不仅可以存储单个的媒体内容,如视频帧或音频采样数据,而且还能保存对该媒体作品的完整描述。因为这种文件格式能用来描述几乎所有的媒体结构,所以它是不同系统的应用程序间交换数据的理想格式。这种数字视频格式的文件扩展名包括.qt、.mov 等。

(3)MPEG 格式

MPEG 的英文全称为 Moving Picture Expert Group,即运动图像专家组格式,家里常看的 VCD、SVCD、DVD 就是这种格式。目前 MPEG 格式主要有三个压缩标准,即 MPEG-1、MPEG-2 和MPEG-4。

MPEG-1:这种视频格式的文件扩展名包括.mpg、.mlv、.mpe、.mpeg 及 VCD 光盘中的.dat文件等。

MPEG-2:这种视频格式的文件扩展名包括.mpg、.mpe、.mpeg、.m2v 及 DVD 光盘上的.vob文件等。

MPEG-4:这种视频格式的文件扩展名包括.asf、.mov 和 DivX AVI 等。

(4)RM 格式

RealNetworks 公司所制定的音频视频压缩规范称为 Real Media。用户可以使用 RealPlayer、RealOnePlayer 播放器,对符合 RealMedia 技术规范的网络音频/视频资源进行实况转播;并且RealMedia 可以根据不同的网络传输速率制定出不同的压缩比率,从而实现在低速率的网络上进行影像数据实时传送和播放。

(5)WMV 格式

WMV(Windows Media Video)格式是 Microsoft 公司将其名下的 ASF(Advanced Stream

Format）格式升级延伸而来的一种流媒体格式。WMV 格式的主要优点包括：本地或网络回放、可扩充的媒体类型、可伸缩的媒体类型、多语言支持、环境独立性、丰富的流间关系以及扩展性等。WMV 格式的文件扩展名为.wmv。

（6）FLV 格式

FLV（Flash Video）格式是随着 Flash MX 的推出发展而来的流媒体视频格式。它的出现有效地解决了视频文件导入 Flash 后，使导出的 SWF 文件体积庞大，不能在网络上很好地使用等缺点。FLV 文件体积极小，1 分钟清晰的 FLV 视频大小在 1MB 左右，加上 CPU 占用率低，视频质量良好等特点使其在网络上极为盛行。目前网上多数视频网站使用的都是这种格式的视频。FLV 格式的文件扩展名为.flv。

（7）3GP 格式

3GP 是一种 3G 流媒体的视频编码格式，主要是为了配合 3G 网络的高传输速度而开发的一种媒体格式，具有很高的压缩比，特别适合手机上观看电影。3GP 格式的视频文件体积小，移动性强，适合在手机、PSP 等移动设备使用；缺点是在 PC 上兼容性差，支持软件少，且播放质量差，帧数低，较 AVI 等格式相差很多。3GP 格式的文件扩展名为.3gp。

（8）F4V 格式

F4V 是 Adobe 公司为了迎接高清时代而推出继 FLV 格式后的支持 H.264 的 F4V 流媒体格式。它和 FLV 主要的区别在于，FLV 格式采用的是 H.263 编码，而 F4V 则支持 H.264 编码的高清晰视频，码率最高可达 50Mbit/s。使用最新的 Adobe Media Encoder CS4 软件即可编码 F4V 格式的视频文件。

5.2.5 多媒体文件

存储多媒体信息的文件称为多媒体文件。多媒体文件具有以下特点。

（1）具有不同的格式

计算机中，多媒体信息均可用数据文件来存储。有些文件只有一种媒体类型，如 TXT、WAV等，也有些可包含多种媒体类型，如 AVI 可包含音频文件和视频文件。文件的格式不仅随所描述的媒体而有区别，也随着使用它的公司或软件而不同。图像和图形文件拥有的格式最多，仅在 Windows 环境中可能用到的格式就有 20 余种。

（2）占用空间巨大

多媒体的数据量非常大，例如，1 分钟 44.1kHz 采样频率、16 位量化精度的立体声（CD 音质）数据约为 10MB，一幅分辨率为 1 024 像素×768 像素的 BMP 图像的数据量约为 2.25MB，而且，对声音和图像的质量要求越高，所需的存储空间也越大。

（3）不同的多媒体文件应使用不同的工具来制作

各种多媒体文件都有其相应的制作工具，没有任何一种工具可以功能强大到制作和处理每一种多媒体文件。

5.3 多媒体关键技术

多媒体技术涉及计算机、通信、电视和现代音像处理等多种技术。如果说超大规模集成电路和多任务实时操作系统分别从硬件、软件两个方面对多媒体系统的制作提供了重要的支持，那么大容量存储器、数据压缩技术和超文本/超媒体等技术更是实现多媒体应用的关键和核心。不掌握大容量存储器和数据压缩技术，多媒体应用将无法实现；而离开了超文本/超媒体技术的支持，网络多媒体应用也很难顺利进行。

5.3.1 数据压缩和解压缩技术

数据量巨大的多媒体信息不但对存储设备的容量提出了很高的要求，更主要的是影响了数据的传输、处理和运行，对计算机的处理速度、传输速度、内存等提出了更加苛刻的要求。所以，对多媒体数据进行数据压缩，是实现实时有效地存储、传输和处理多媒体数据需首要解决的问题和根本方法。

1. 数据压缩技术基础

数字化的多媒体信息之所以能够压缩，一方面是因为原始的视频信号和音频信号数据存在很大冗余，如视频图像帧内邻近像素之间的空间相关性和帧与帧之间的时间相关性都很大；另一方面是由于人类对视觉和听觉所具有的不灵敏性，即人的视觉对于图像的边缘急剧变化不敏感及人的耳朵很难分辨出强音中的弱音。因此，我们可以在一定的范围内实现高压缩比，使压缩后的声音数据和图像数据经还原后仍能得到满意的质量。

图像数据的压缩和声音数据的压缩采用了许多相同的技术，如量化技术、预测技术等。图像数据和声音数据的压缩通常分为两类：一类是无损压缩，另一类是有损压缩。无损压缩是利用信息相关性进行的数据压缩，并不损失原信息的内容，是一种可逆压缩，即经过文件压缩后原有的信息可以完整保留的一种数据压缩方式，如 RLE 压缩，huffman 压缩、算术压缩和字典压缩。有损压缩是指经压缩后不能将原来的文件信息完全保留的压缩，是不可逆压缩，如静态图像的 JPEG 压缩和动态图像的 MPEG 压缩等。有损压缩丢失的是对用户来说并不重要的、不敏感的、可以忽略的数据。

2. 数据压缩系统

一个完整的数据压缩系统应具备对原始数据进行压缩编码，以实现对数据存储、传输和处理的需求，最后对压缩数据进行解码还原成原始数据的完整功能。一般的数据压缩系统结构如图 5-1 所示。

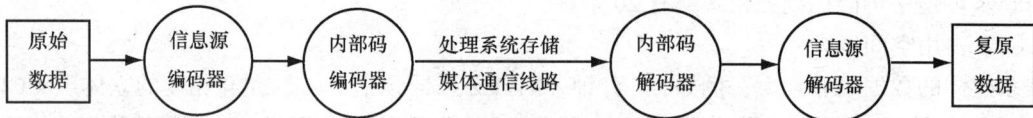

图 5-1　数据压缩系统的结构

3. 数据压缩标准

音频与视频作为多媒体数据中两种主要的媒体，同时也是数据量最为庞大的媒体，所以多媒体数据压缩主要是针对音频与视频设计的。由于音频与视频的数据结构区别较大，所以对它们进行数据压缩时采用了不同的压缩算法。另外，实际的多媒体信息一般都同时包含了音频与视频两种媒体，对此又设计了同时压缩音/视频数据的算法。从 20 世纪 80 年代初开始，一些国际标准化组织先后公布了音频、视频、音视频数据压缩的标准。

（1）音频压缩标准

由原 CCITT（国际电话电报咨询委员会）制定的音频压缩标准包括：G.711、G.721、G.722、G.728、G729 等。

① G.711：1972 年制定，采用脉冲编码调制（PCM）编码方法。

② G.721：1978 年制定，采用 ADPCM（自适应差分脉冲编码调制）编码方法，速率为 32kbit/s，广泛用于对中等质量的音频信号进行高效的编码压缩的领域，如电话语音、调幅广播、CD-I 音频等。

③ G.722：1988 年制定，采用子带编码方法。编码系统把输入的音频信号划分为高子带信号和低子带信号，分别进行 ADPCM 压缩，最后混合输出统一的音频压缩数据流，压缩后的速率为 64kbit/s。适用于视频会议、视听多媒体等领域。

④ G.728：1992 年制定，采用短延时代码激励的线性预测（LD-CELP）方法，速率为 16kbit/s，质量与 32kbit/s 的 G.721 标准相当。

⑤ G.729：1996～1998 年制定，采用共轭结构代码激励线性预测（CS-ACELP）声音编码方法。

（2）图像的压缩标准

图像的压缩标准非常多，这里主要介绍 JBIG 标准和 JPEG 标准。

① JBIG 标准

JBIG 标准是由国际标准化组织（International Standard Organization，ISO）制定的，其全称是 Joint Bi-level Image Group，目标是对二值图像（没有灰度变化的黑白图像，如传真图像）进行压缩。JBIG 的压缩比可达 10∶1，同时适用于多灰度或彩色图像的无失真压缩。

② JPEG 标准

JPEG 标准是联合图片专家组（Joint Photographic Experts Group）制定的，是用于连续色调（包括灰度和彩色）静止图像的压缩编码标准。JPEG 标准的压缩编码算法是"多灰度静止图像的数字压缩编码"。

（3）音频、视频压缩标准

多媒体信息尤其是影视信息往往同时包含音频和视频信息，所以同时对音频、视频数据进行压缩是多媒体技术的重要任务。主要的音频、视频数据压缩标准是动态图像专家组（Moving Picture Experts Group，MPEG）制定的 MPEG 标准。

MPEG 标准的全称是："用于数字存储媒体运动图像及其伴音速率为 1.5Mbit/s 的压缩编码"，被广泛用于运动影视信号的音频、视频数据压缩编码。MPEG 标准考虑到了与 JPEG 标准和 H.261 标准的兼容问题，并支持这两个标准。

① MPEG 标准的组成

MPEG 标准由 3 部分组成：MPEG 视频（MPEG-Video）——研究视频信号的数据压缩算法；MPEG 音频（MPEG-Audio）——研究音频信号的数据压缩算法；MPEG 系统（MPEG-System）——研究音/视频信号的同步和复用问题。

MPEG 标准视频压缩算法的基本方法是在单位时间内采集并保存第一帧信息，然后就只存储其余帧相对第一帧发生变化的部分。MPEG 标准的平均压缩比为 50∶1～200∶1，保质量时为 50∶1，可观察到质量下降时为 200∶1。

② MPEG 标准

MPEG-1：1993 年 8 月成为国际标准（ISO/IEC11172），其任务是在一种可接受的质量下，把视频及其伴音信号压缩到速率大约为 1.5Mbit/s 的单一 MPEG 位流。VCD 就采用 MPEG-1 压缩标准。

MPEG-2：1994 年 11 月成为国际标准（ISO/IEC13818），它由一组不同于 MPEG-1 的标准组成，但对 MPEG-1 兼容。最初的 MPEG 标准并没有考虑高清晰度电视（HDTV）的需要，但在 1993

年公布 MPEG-1 标准的时候，除了功能增强外，也包含了 HDTV 的需求。MPEG-2 被广泛用于多媒体通信、CD 存储、广播、高清晰度电视等的压缩编码。多媒体宽带网络、广播电视网络的压缩标准大都选用 MPEG-2 压缩标准，DVD 技术也选用 MPEG-2 压缩标准。

MPEG-3：原拟的目标是压缩到 40Mbit/s，因为 MPEG-2 已经将之覆盖了，所以后来这一标准被取消，并于 1992 年 7 月合并到高清晰度电视（HDTV）工作组。

MPEG-4：把无线移动通信、交互式计算机应用和音视频与不断增加的各种应用汇聚在一起，提供一种允许交互式高压缩和通用的可访问的新音视频压缩编码标准。

MPEG-7：也称为多媒体内容描述接口（Multimedia Content Description Interface），目的是制定一套描述符标准，用来描述各种类型的多媒体信息和它们之间的关系，以便更快、更有效地检索信息。主要的应用领域包括数字图书馆（Digital Library），如图像目录、音乐词典等；多媒体目录服务（Multimedia Directory Services）；广播媒体的选择等。MPEG-7 潜在应用领域还包括教育、娱乐、新闻、旅游、医疗、购物等。

MPEG-21：总体上来讲是一个支持通过异构网络和设备使用户透明而广泛地使用多媒体资源的标准，其目标是建立一个交互的多媒体框架。MPEG-21 的目标是要为多媒体信息的用户提供透明而有效的电子交易和使用环境。

5.3.2 超文本和超媒体技术

超文本（hypertext）和超媒体（hyperMedia）是一种按信息之间关系非线性地组织、管理和浏览信息的一种技术。与传统的线性文本结构有很大的不同，超文本以信息与信息之间的关系建立和表示现实世界中的各种知识、各种系统，是一种网状链接结构，更符合人们的联想思维习惯。

随着多媒体技术的发展，计算机中表达信息的媒体已不再限于文字和数字，超文本中也广泛采用图形、图像、音频、视频等媒体元素来表达思想，这时人们也称超文本为"超媒体"。

超媒体有一种有效的多媒体信息管理技术，它允许以事物的自然联系组织信息，实现多媒体信息之间的链接，从而构造出能真正表达客观世界的多媒体应用系统。超媒体的数据模型是一个复杂的网状结构，其基本的要素是节点、链和网络。节点是表达信息的一个基本单位，其大小可变，内容可以是文本、图像、音频、视频等，也可以是一段程序；链在形式上是从一个节点指向另一个节点的指针，本质上表示不同节点间存在着的联系；网络是由节点和各种链组成的有向图。

5.3.3 虚拟现实技术

虚拟现实技术（Virtual Reality），又称灵境技术。20 世纪 90 年代初逐渐为各界所关注，在商业领域得到了进一步的发展，是 21 世纪信息技术的代表。虚拟现实技术的特点在于利用计算机构成三维数字模型，产生一种开放、互动的环境，具有想象性的人工虚拟环境，使得用户在视觉上产生一种沉浸于虚拟环境的感觉。

虚拟现实是指用立体眼镜、传感手套等一系列传感辅助设施来实现的一种三维现实，人们通过这些设施以自然的方式（如头的转动、手的运动等）向计算机送入各种动作信息，并且通过视觉、听觉以及触觉设施使人们得到三维的视觉、听觉等感觉世界。随着人们不同的动作，这些感觉也随之改变。

例如，计算机虚拟的环境是一座楼房，内有各种设备、物品。操作者会如同身临其境一样，可以通过各种传感装置在屋内行走查看、开门关门、搬动物品；对房屋设计上的不满意之处，还可随意改动。

5.4 多媒体计算机系统

具有多媒体功能的计算机被称为多媒体计算机，其中最广泛、最基本的是多媒体个人计算机（Multimedia Personal Computer，MPC）。具备多媒体功能的计算机系统即是多媒体计算机系统。

5.4.1 多媒体计算机系统的结构

多媒体计算机系统是一个复杂的硬件、软件相结合的综合系统，它把音频/视频等媒体与计算机系统融合起来，并由计算机系统对各种媒体进行数字化处理。和计算机系统类似，多媒体计算机系统由多媒体硬件系统和多媒体软件系统两大部分组成。

一个多媒体计算机系统结构如图5-2所示。

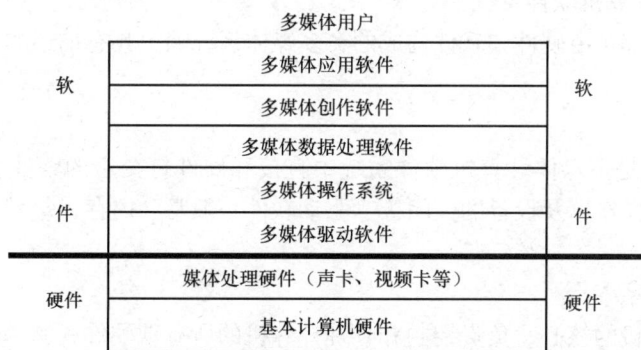

图 5-2 多媒体计算机系统结构示意图

1. 多媒体个人计算机硬件系统

多媒体个人计算机硬件系统是由计算机传统硬件设备、光盘存储器（CD-ROM）、音频输入/输出和处理设备、视频输入/输出和处理设备等选择性组合而成，其基本框图如图5-3所示。

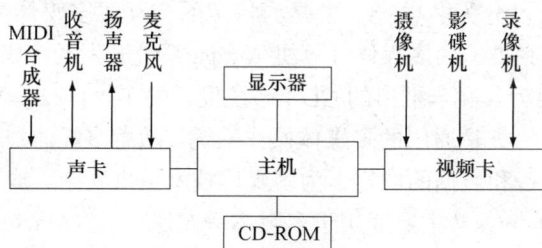

图 5-3 多媒体个人计算机硬件系统组成

在多媒体个人计算机硬件系统中计算机主机是基础性部件，是硬件系统中的核心。由于多媒体系统是多种设备、多种媒体信息的综合，因此计算机主机是决定多媒体性能的重要因素，这就要求其具有高速的CPU、大容量的内外存储器、高分辨率的显示设备、宽带传输总线等。

声卡是处理和播放多媒体声音的关键部件，它通过插入主板扩展槽中与主机相连。卡上的输入/输出接口可以与相应的输入/输出设备相连。常见的输入设备包括麦克风、收录机和电子乐器等，常见的输出设备包括扬声器和音响设备等。声卡由声源获取声音，并进行模拟/数字转换和压缩，而后存入计算机中进行处理。声卡还可以把经过计算机处理的数字化声音通过解压缩、数/模转换后，送到输出设备进行播放或录制。

视频卡是通过插入主板扩展槽中与主机相连。卡上的输入/输出接口可以与摄像机、影碟机、录像机和电视机等设备相连。视频卡采集来自输入设备的视频信号，并完成由模拟信号到数字量信号的转换、压缩，以数字化形式存入计算机中，数字视频可在计算机中进行播放。

光盘存储器由 CD-ROM 驱动器和光盘组成。光盘是一种大容量的存储设备，可存储任何多媒体信息。CD-ROM 驱动器用来读取光盘上的信息。

多媒体信息输入、输出还需要一些专门的设备，如使用扫描仪把图片转换成数字化信息输入到计算机、图文信息通过打印机输出、开发的多媒体应用系统需要使用刻录机将其制作成光盘进行传播等。

多媒体个人计算机系统在硬件方面，根据应用不同，构成配置可多可少，其基本硬件构成包括计算机传统硬件、CD-ROM 驱动器和声卡。

2. 多媒体个人计算机软件系统

任何计算机系统都是由硬件和软件构成的，多媒体系统除了具有前述的有关硬件外，还需要配备相应的软件。

（1）多媒体驱动软件

多媒体驱动软件是多媒体计算机软件系统中直接和硬件打交道的软件。它完成设备的初始化，完成各种设备的操作以及设备的关闭等。驱动软件一般常驻内存，每种多媒体硬件都需要一个相应的驱动软件。

（2）多媒体操作系统

操作系统是计算机的核心，负责控制和管理计算机的所有软硬件资源，对各种资源进行合理的调度和分配，改善资源的共享和利用情况，最大限度地发挥计算机的效能。它还控制计算机的硬件和软件之间的协调运行，改善工作环境，向用户提供友好的人机界面。

多媒体操作系统简言之就是具有多媒体功能的操作系统。多媒体操作系统必须具备对多媒体数据和多媒体设备的管理和控制功能，具有综合使用各种媒体的能力，能灵活地调度多种媒体数据并能进行相应的传输和处理，且使各种媒体硬件和谐地工作。

多媒体操作系统大致可分为两类：一类是为特定的交互式多媒体系统使用的多媒体操作系统，如 Commodore 公司为其推出的多媒体计算机 Amiga 系统开发的多媒体操作系统 Amiga DOS，Philips 公司和 SONY 公司为其联合推出的 CD-I 系统设计的多媒体操作系统 CD-RTOS（Real Time Operation System）等；另一类是通用的多媒体操作系统。随着多媒体技术的发展，通用操作系统逐步增加了管理多媒体设备和数据的内容，为多媒体技术提供支持，成为多媒体操作系统。目前流行的 Windows XP、Windows 7 主要适用于多媒体个人计算机，Macintosh 是广泛用于苹果机的多媒体操作系统。

（3）多媒体数据处理软件

多媒体数据处理软件是专业人员在多媒体操作系统之上开发的。在多媒体应用软件制作过程中，对多媒体信息进行编辑和处理是十分重要的，多媒体素材制作的好坏，直接影响到整个多媒体应用系统的质量。

常见的音频编辑软件有 Sound Edit、Audition 等，图形图像编辑软件有 Illustrator、CorelDraw、Photoshop 等，非线性视频编辑软件有 Premiere 等，动画编辑软件有 Flash、Animator Studio 和 3D

Studio MAX 等。

（4）多媒体创作软件

多媒体创作软件是帮助开发者制作多媒体应用软件的工具，如 Authorware、Director 等，能够对文本、声音、图像、视频等多种媒体信息进行控制和管理，并按要求连接成完整的多媒体应用软件。

（5）多媒体应用系统

多媒体应用系统又称多媒体应用软件。它是由各种应用领域的专家或开发人员利用多媒体开发工具软件或计算机语言，组织编排大量的多媒体数据而成为最终多媒体产品，是直接面向用户的。多媒体应用系统所涉及的应用领域主要有文化教育教学软件、信息系统、电子出版、音像影视特技、动画等。

5.4.2 多媒体个人计算机标准

计算机技术及产品的迅速发展，其关键是实现标准化和具有兼容性。多媒体技术和产品在其发展的过程中同样需要标准化，同样要重视产品的兼容性。

Microsoft、IBM、Philips、NEC 等主要计算机生产公司，于 1990 年成立了多媒体计算机市场协会（INC-Multimedia PC Marketing Council），分别于 1990 年和 1993 年制定出多媒体个人计算机（MPC）的标准 MPC 1、MPC 2。1995 年 6 月该协会更名为"多媒体 PC 工作组"（The Multimedia PC Working Group），同时公布了新的多媒体个人计算机标准 MPC 3。现在实际执行的是 MPC 4 标准。MPC 1～MPC 4 是 MPC 标准的 4 个级别，规定了当时的多媒体计算机的最低配置要求，具体如表 5-2 所示。

表 5-2   MPC 标准

	MPC 1	MPC 2	MPC 3	MPC 4
CPU	80386 SX/16	80486 SX/25	Pentium 75	Pentium 133
内存容量	2MB	4MB	8MB	16MB
硬盘容量	80MB	160MB	850MB	1.6GB
CD-ROM 速率	1x	2x	4x	10x
声卡	8 位	16 位	16 位	16 位
图像	256 色	65 535 色	16 位真彩	32 位真彩
分辨率	640×480	640×480	800×600	1280×1024
软驱	1.44MB	1.44MB	1.44MB	1.44MB
操作系统	Windows 3.x	Windows 3.x	Windows 95	Windows 95

目前，市场上的主流计算机配置都大大超过了 MPC 4 标准对硬件的要求，硬件的种类也大大增加，功能更加强大，某些硬件的功能已经由软件取代。

5.5 计算机网络中的多媒体技术

在 Internet 上运行的万维网是全球性分布式信息系统。由于它支持多媒体数据类型，而且使用超文本、超链接技术把全球范围内的多媒体信息链接在一起，所以实现了世界范围内的信息共享。随着多媒体网络技术的逐渐发展、相关工具软件的普及和多媒体信息的日益丰富，万维网已经吸引了越来越多的用户。由于万维网上的多媒体具有超链接特性，所以人们接受和使用这种新的全球性的媒体比任何一种通信媒体都迅速、方便、随意自主，因此万维网受到了人们的普遍欢迎。现在，万维网已经聚集了巨大的信息资源。人们的工作、学习和日常生活越来越离不开网络，可以说，网络和多媒体是 21 世纪人们生存的重要基础。

5.5.1　Internet 中的多媒体

Internet 上已经开发了很多应用，归纳起来大致可分成两类：一类是以文本为主的数据通信，包括文件传输、电子邮件、远程登录、网络新闻和 Web 等；另一类是以声音和电视图像为主的通信。通常把任何一种声音通信和图像通信的网络应用称为多媒体网络应用（Multimedia Networking Application）。网络上的多媒体通信应用和数据通信应用有比较大的差别。多媒体应用要求在客户端播放声音和图像时要流畅，声音和图像要同步，因此对网络的时延和带宽要求很高；而数据通信应用则把可靠性放在第一位，对网络的时延和带宽的要求不那么苛刻。

1. 多媒体网络应用

下面是 Internet 上现在已经存在并且是很重要的几类应用。

① 现场声音和电视广播或者预录制内容的广播。这种应用类似于普通的无线电广播和电视广播，不同的是在 Internet 上广播，用户可以接收世界上任何一个角落里发出的声音和电视广播。这种广播可使用单目标广播传输，也可使用更有效的多目标广播传输。

② 声音点播。在这一类应用中，客户请求传送经过压缩并存放在服务器上的声音文件，这些文件可以包含任何类型的声音内容。例如，教师的讲课、摇滚乐、交响乐、著名的无线电广播档案文件和历史档案记录。客户在任何时间和任何地方都可以从声音点播服务器中读取声音文件。使用 Internet 点播软件时，在用户启动播放器几秒钟之后就开始播放，一边播放一边从服务机上接收文件，而不是在整个文件下载之后开始播放。边接收文件边播放的特性叫作流放。许多这样的产品也为用户提供交互功能。例如，暂停/重新开始播放，跳转等功能。

③ 影视点播，也称交互电视。这种应用与声音点播应用完全类似。存放在服务器上的压缩的影视文件可以是教师的讲课、整部电影、预先录制的电视片、（文献）纪录片、历史事件档案片、卡通片和音乐电视片等。存储和播放影视文件比声音文件需要大得多的存储空间和传输带宽。

④ Internet 电话。这种应用使人们在 Internet 上进行通话，就像人们在传统的线路交换电话网络上相互通信一样，可以近距离通信，也可以长途通信，而费用却非常低。

⑤ 分组实时电视会议。这类多媒体应用产品与 Internet 电话类似，但可允许许多人参加。在会议期间，可为用户所想看到的人打开一个窗口。

2. 多媒体信息传输对网络性能的要求

（1）网络传输能力

网络传输能力是指网络传输二进制信息的速率，又称传输速率或比特率。在网络中，不同类型的应用服务需要网络提供满足需求的传输能力。数字视频的传输对网络传输能力的要求是最高的。

（2）传输延时

网络的传输延时定义为从信源发出一组数据到达信宿被接收之间的时间差，它包含信号在物理介质中的传播延时、数据在信源或信宿中的处理延时以及数据在网络中的转发延时，也称为用户端到用户端的延时。

（3）信号失真

如果网络传送数据时，传输延时变化不定，就可能引起信号失真，也称"延时抖动"。产生信号失真的因素主要包括：传输系统引起的抖动，噪声相互干扰，共享传输介质的局域网介质访问时间的变化；广域网中的流量控制节点拥塞而产生的排队延时变化等。一般来讲，人耳对声音抖动比较敏感，人眼对视频抖动并不很敏感。

（4）传输错误率

传输错误率即误码率，指从信源到信宿的传输过程中出错的信号数占传送的所有信号数的比例。

3. 流媒体技术

随着 Internet 的发展，流媒体越来越普及。流媒体是通过网络传输的音频、视频或多媒体文件。流媒体在播放前不需要下载整个文件，流媒体的数据流随时传送随时播放，只是在开始时有一些延迟。当流式媒体文件传输到客户方的计算机时，在播放之前该文件的部分内容已存入内存。流媒体简单来说就是应用流媒体技术在网络上传输的多媒体文件。

流放技术就是把连续的视频和声音等多媒体信息经过压缩处理后放置在特定的服务器上，让用户一边下载一边观看、收听，而不需要等整个压缩文件下载到自己机器后才可以观看的网络传输技术。该技术首先在用户端的计算机上创造一个缓冲区，播放前预先下载一段资料作为缓冲，当网络实际连线速度小于播放所耗用资料的速度时，播放程序就会取用这一小段缓冲区内的资料，避免播放的中断，也使得播放品质得以维持。目前在这个领域上，竞争的公司主要有 Microsoft 公司、Real Networks 公司、Apple 公司，而相应的产品是 Windows Media、Real Media、Quicktime。

网络环境中，利用流放技术传播多媒体文件有如下优点。

① 实时传输和实时播放。流放多媒体使得用户可以立即播放音频和视频信号，无须等待文件传输结束，这对获取存储在服务器上的流化音频、视频文件和现场回访音频和视频流都具有十分重要的意义。

② 节省存储空间。采用流媒体技术，可以节省客户端的大量存储空间，使用预先构造的流文件或用实时编码器对现场信息进行编码。

③ 信息数据量较小。现场流都比原始信息的数据量要小，并且用户不必将所有下载的数据都同时存储在本地存储器上，可以边下载边回放，从而节省了大量的磁盘空间。

5.5.2　多媒体网络应用类型

按照用户使用时交互的频繁程度来划分，多媒体网络应用可分成以下 3 种类型。

（1）现场交互应用

Internet 上的 IP 电话和远程会议是现场交互的应用例子。在现场交互时，参与交互的各方的声音或者动作都是随机发生的。多媒体信息数据包从一方传输到另一方的时延必须在几百毫秒以内才能为用户所接受，不然将会出现明显的声音断续和图像抖动的现象。

（2）交互应用

音乐/歌曲点播、电影/电视点播就是交互应用的例子。交互应用时，用户只是要求开始播放、暂停、步进、快进、快退、从头开始播放或者是跳转等，从用户按照自己的意愿单击鼠标开始到在客户机上开始播放之间的时延在 1～5s 就可以接受。对防止数据包时延抖动的要求不像 IP 电话和远程会议那样高。

（3）非实时交互应用

声音广播和电视广播是非实时交互应用的例子。在这些应用场合下，发送端连续发出声音和电视数据，而用户只是简单地调用播放器播放，如同普通的无线电广播或者电视广播。从源端发出声音或者电视信号到接受端播放之间的时延在 10s 或者更多一些都可以为用户所接受。对信号的抖动要求也比交互应用的要求低。

习　题　5

1. 选择题

（1）多媒体信息不包括（　　　）。

    A. 动画、影像　　　　B. 文字、图像　　　C. 声卡、光驱　　　D. 音频、视频

（2）通用的动态图像压缩标准是（　　　）。

    A. JPEG　　　　　　B. MP3　　　　　　C. MPEG　　　　　D. VCD

（3）计算机用（　　　）设备把波形声音的模拟信号转换成数字信号再存储。

    A. DAC　　　　　　B. ADC　　　　　　C. VCD　　　　　　D. DVD

（4）关于 MIDI 文件与 WAV 文件的叙述正确的是（　　　）。

    A. WAV 文件比 MIDI 文件占用的存储空间小

    B. 多个 WAV 文件可以同时播放，而多个 MIDI 文件不能同时播放

    C. MIDI 文件的扩展名为.MID

    D. MIDI 文件的优点是可以重现自然声音

（5）媒体是（　　　）。

    A. 表示信息和传播信息的载体　　　　B. 各种信息的编码

    C. 计算机输入与输出的信息　　　　　D. 计算机屏幕显示的信息

（6）在当今数码系统中主流采集卡的采样频率一般为（　　　）。

    A. 44.1 kHz　　　　B. 88.2 kHz　　　　C. 20 kHz　　　　D. 10 kHz

（7）JPEG 格式是一种（　　　）。

    A. 能以很高压缩比来保存图像而图像质量损失不多的有损压缩方式

    B. 不可选择压缩比例的有损压缩方式

    C. 有损压缩方式，支持 24 位真彩色以下的色彩

    D. 可缩放的动态图像压缩格式的有损压缩格式

（8）Windows 中的 WAV 文件，声音质量高，但（　　　）。

    A. 参数编码复杂　　B. 参数多　　　　　C. 数据量小　　　D. 数据量大

2. 问答题

（1）常用的汉字编码有哪些？

（2）多媒体数据压缩编码方法可分为哪两大类？

（3）要把一台普通的计算机变成多媒体计算机需要解决哪些关键技术？

（4）什么是 MIDI？

（5）多媒体技术促进了通信、娱乐和计算机的融合，主要体现在哪几个方面？

第 6 章　数据库与信息系统

现代社会已经进入了信息时代，人们的工作和生活都离不开各种信息。面对海量数据，如何进行有效管理成为摆在人们面前的一个难题。目前，对数据进行管理最好的方法是使用数据库，数据库已经成为存储和处理各种海量数据的最便捷的方法之一。本章首先对数据库系统做了整体概述，介绍数据库的基本概念，数据库的发展，数据模型的描述，以及常见的数据库管理系统，然后详细介绍 Access 2010 的开发应用，包括数据库创建，数据表创建及应用，查询、窗体和报表的创建及应用。

通过学习本章，主要掌握以下几方面内容：

（1）数据库、数据库管理系统、数据库系统的概念；

（2）数据模型；

（3）了解 SQL 语言；

（4）Access 2010 数据表、查询、窗体、报表等数据库对象的创建及应用。

6.1　数据库系统概述

数据库（Database）是按照数据结构来组织、存储和管理数据的仓库，它产生于距今 50 年前，随着信息技术和市场的发展，特别是 20 世纪 90 年代以后，数据管理不再仅仅是存储和管理数据，而转变成用户所需要的各种数据管理的方式。

数据库系统（Data Base System，DBS）通常由软件、数据库和数据管理员组成，其软件主要包括操作系统、各种宿主语言、实用程序以及数据库管理系统。数据库由数据库管理系统统一管理，数据的插入、修改和检索均要通过数据库管理系统进行。数据管理员负责创建、监控和维护整个数据库，使数据能被任何有权使用的人有效使用。

6.1.1　数据、数据库、数据库管理系统、数据库系统

1. 数据

说起数据，人们首先想到的是数字，其实数字只是数据的一种。数据的类型很多，在日常生活中数据无处不在：文字、声音、图形、图像、档案记录、仓储情况……这些都是数据。

为了认识世界，交流信息，人们需要描述事物，数据是描述事物的符号记录。在日常生活中人们直接用自然语言描述事物。在计算机中，为了存储和处理这些事物，就要抽出这些事物的某些特征组成一个记录来描述。例如，在学生档案中，如果对学生的学号、姓名、性别、出生日期、所在院系等感兴趣，就可以这样描述：

（201209001，刘伟，男，1989-6-18，英语系）

对于上面这条由数据构成的信息记录，了解其语义的人会得到如下信息：刘伟是个大学生，1989 年出生，在英语系读书；而不了解其语义的人则无法理解其含义。可见，数据的形式本身并不能全面表达其内容，需要经过语义解释，数据与其语义是不可分的。

软件中的数据是有一定结构的。首先，数据有类型（Type）与值（Value）之分，数据的类型，如整型、实型、字符型等，而数据的值给出了符合给定型的具体值，如数字 15，从类型上讲它是整型，从值上讲，具体就是 15。随着应用需求的扩大，数据的型有了进一步的扩大，它包括了将多种相关数据以一定结构方式组合构成特定的数据框架，这样的数据框架称为数据结构（Data Structure），数据库中在特定条件下称之为数据模式（Data Schema）。

计算机中的数据一般分两部分，其中一部分与程序仅有短时间的交互关系，随着程序的结束而消亡，称为临时性数据，这类数据一般存放于计算机内存中；而另一部分数据则对系统起着长期持久的作用，称为持久性数据。数据库系统中处理的就是这种持久性数据。

2. 数据库

数据库（Database）是按照数据结构来组织、存储和管理数据的仓库。只不过这个仓库是在计算机存储设备上，而且数据是按一定的格式存放的。也就是说，数据库是具有统一的结构形式并存放于统一的存储介质内的多种应用数据的集成，并可被各个应用程序所共享。

数据库存放数据是按数据所提供的数据模式存放的，它能构造复杂的数据结构以建立数据间内在联系与复杂的关系，从而构成数据的全局结构模式。

数据库具有"一少三性"的特点。

"一少"是指冗余数据少，即基本上没有或很少有重复的数据和无用的数据，也没有相互矛盾的数据，从而节约大量的存储空间。

"三性"是指：数据的共享性独立性和安全性。

① 数据的共享性：库中数据能为多个用户服务。

② 数据的独立性：全部数据以一定的数据结构单独地、永久地存储，与应用程序无关。

③ 数据的安全性：对数据有好的保护，防止不合法使用数据而引起的数据泄密和破坏，使每个用户只能按规定对数据进行访问和处理。

3. 数据库管理系统

数据库管理系统（DataBase Management System，DBMS）是一种操纵和管理数据库的大型软件，用于建立、使用和维护数据库。它对数据库进行统一的管理和控制，以保证数据库的安全性和完整性，用户通过 DBMS 访问数据库中的数据，数据库管理员也通过 DBMS 进行数据库的维护工作。它可使多个应用程序和用户用不同的方法在同时或不同时刻去建立，修改和询问数据库。

按功能划分，数据库管理系统大致可分为 6 个部分。

① 模式翻译：提供数据定义语言（DDL）。用它书写的数据库模式被翻译为内部表示。数据库的逻辑结构、完整性约束和物理储存结构保存在内部的数据字典中。数据库的各种数据操作（如查找、修改、插入和删除等）和数据库的维护管理都是以数据库模式为依据的。

② 应用程序的编译：把包含着访问数据库语句的应用程序，编译成在 DBMS 支持下可运行的目标程序。

③ 交互式查询：提供易使用的交互式查询语言，如 SQL。DBMS 负责执行查询命令，并将查询结果显示在屏幕上。

④ 数据的组织与存取：提供数据在外围储存设备上的物理组织与存取方法。

⑤ 事务运行管理：提供事务运行管理及运行日志，事务运行的安全性监控和数据完整性检

查，事务的并发控制及系统恢复等功能。

⑥ 数据库的维护：为数据库管理员提供软件支持，包括数据安全控制、完整性保障、数据库备份、数据库重组以及性能监控等维护工具。

基于关系模型的数据库管理系统已日臻完善，并已作为商品化软件广泛应用于各行各业。它在各户服务器结构的分布式多用户环境中的应用，使数据库系统的应用进一步扩展。随着新型数据模型及数据管理的实现技术的推进，DBMS 软件的性能还将更新和完善，应用领域也将进一步地拓宽。

4. 数据库系统

数据库系统的个体含义是指一个具体的数据库管理系统软件和用它建立起来的数据库。它的学科含义是指研究、开发、建立、维护和应用数据库系统所涉及的理论、方法、技术所构成的学科。

一般情况下，把数据库系统简称为数据库。数据库系统一般由 4 个部分组成：数据库、硬件、软件和数据库管理员（Data Base Administrator，DBA）。

6.1.2 数据管理技术的产生和发展

数据管理技术具体就是指人们对数据进行收集、组织、存储、加工、传播和利用的一系列活动的总和。随着着计算机软件、硬件技术的发展，数据处理量的规模日益扩大，数据处理的应用需求越来越广泛，数据管理技术的发展也不断变迁，经历了从人工管理、文件系统、数据库技术 3 个主要发展阶段。

1. 人工管理阶段

在计算机出现之前，人们运用常规的手段从事记录、存储和对数据加工，也就是利用纸张来记录和利用计算工具（算盘、计算尺）来进行计算，并主要使用人的大脑来管理和利用这些数据。

到了 20 世纪 50 年代中期，计算机主要用于科学计算。当时计算机的软硬件均不完善。硬件存储设备只有磁带、卡片和纸带，软件方面还没有操作系统，当时的计算机主要用于科学计算。这个阶段由于还没有软件系统对数据进行管理，程序员在程序中不仅要规定数据的逻辑结构，还要设计其物理结构，包括存储结构、存取方法、输入/输出方式等。当数据的物理组织或存储设备改变时，用户程序就必须重新编制。由于数据的组织面向应用，不同的计算程序之间不能共享数据，使得不同的应用之间存在大量的重复数据，很难维护应用程序之间数据的一致性。这一阶段管理数据的特点是：

① 数据不保存；
② 应用程序管理数据；
③ 数据不共享；
④ 数据不具有独立性。

2. 文件系统阶段

20 世纪 50 年代后期到 60 年代中期，随着计算机硬件和软件技术的发展，磁盘、磁鼓等直接存取设备开始普及，这一时期的数据处理系统是把计算机中的数据组织成相互独立的被命名的数据文件，并可按文件的名字来进行访问，对文件中的记录进行存取的数据管理技术。数据可以长期保存在计算机外存上，可以对数据进行反复处理，并支持文件的查询、修改、插入、删除等操作，这就是文件系统。文件系统实现了记录内的结构化，但从文件的整体来看却是无结构的。其数据面向特定的应用程序，因此数据共享性、独立性差，且冗余度大，管理和维护的代价也很大。

3. 数据库系统阶段

20 世纪 60 年代后期以来，计算机性能得到进一步提高，更重要的是出现了大容量磁盘，存储容量大大增加且价格下降。在此基础上，才有可能克服文件系统管理数据时的不足，而满足和解决实际应用中多个用户、多个应用程序共享数据的要求，从而使数据能为尽可能多的应用程序服务，这就出现了数据库这样的数据管理技术。

数据库的特点是数据不再只针对某一个特定的应用，而是面向全组织，具有整体的结构性，共享性高，冗余度减小，具有一定的程序与数据之间的独立性，并且对数据进行统一的控制。

6.1.3 数据库管理技术新进展

新型数据库系统带来了一个又一个数据库技术发展的新潮，但对于中、小数据库用户来说，由于很多高级的数据库系统的专业性要求太强，通用性受到一定的限制，在很大程度上推广使用范围也受到约束。而基于关系模型的关系数据库系统功能的扩展与改善，分布式数据库、面向对象数据库、数据仓库等数据库技术的出现，构成了新一代数据库系统的发展主流。

1. 分布式数据库系统

分布式数据库是数据库技术与网络技术相结合的产物。随着传统的数据库技术日趋成熟、计算机网络技术的飞速发展和应用范围的扩充，数据库应用已经普遍建立于计算机网络之上。这时集中式数据库系统表现出它的不足：

① 数据按实际需要已在网络上分布存储，再采用集中式处理，势必造成通信开销大；

② 应用程序集中在一台计算机上运行，一旦该计算机发生故障，则整个系统受到影响，可靠性不高；

③ 集中式处理引起系统的规模和配置都不够灵活，系统的可扩充性差。

在这种形势下，集中式数据库的"集中计算"概念向"分布计算"概念发展。

分布式数据库系统有两种：一种是物理上分布的，但逻辑上却是集中的；另一种在物理上和逻辑上都是分布的，也就是所谓联邦式分布数据库系统。

2. 面向对象数据库系统

将面向对象技术与数据库技术结合产生出面向对象的数据库系统。这是数据库应用发展的迫切需要，也是面向对象技术和数据库技术发展的必然结果。

面向对象的数据库系统必须支持面向对象的数据模型，具有面向对象的特性。一个面向对象的数据模型是用面向对象的观点来描述现实世界实体（对象）的逻辑组织、对象之间的限制和联系等的模型。

另外，将面向对象技术应用到数据库应用开发工具中，使数据库应用开发工具能够支持面向对象的开发方法并提供相应的开发手段，这对于提高应用开发效率、增强应用系统界面的友好性、系统的可伸缩性、可扩充性等具有重要的意义。

3. 数据仓库

随着客户机/服务器技术的成熟和并行数据库的发展，信息处理技术的发展趋势是从大量的事务型数据库中抽取数据，并将其清理、转换为新的存储格式，即为决策目标把数据聚合在一种特殊的格式中。随着此过程的发展和完善，这种支持决策的、特殊的数据存储即被称为数据仓库（Data Warehouse）。数据仓库领域的著名学者 W. H. Inmon 对数据仓库的定义是：数据仓库是支持管理决策过程的、面向主题的、集成的、稳定的、随时间变化的数据集合。

6.1.4 数据库系统的特点

数据库技术是在文件系统基础上发展产生的，两者都以数据文件的形式组织数据，但由于数据库系统在文件系统之上加入了数据库管理系统（DBMS）对数据进行管理，从而使得数据库系统具有以下特点。

1. 数据结构化。数据库系统实现了整体数据的结构化，这是数据库的最主要的特征之一。这里所说的"整体"结构化，是指在数据库中的数据不再仅针对某个应用，而是面向全组织；不仅数据内部是结构化的，而且整体是结构化的，数据之间有联系。

2. 数据的共享性高，冗余度低，易扩充。

3. 数据独立性高。数据独立性包括数据的物理独立性和逻辑独立性。

物理独立性是指数据在磁盘上的数据库中如何存储是由 DBMS 管理的，用户程序不需要了解，应用程序要处理的只是数据的逻辑结构，这样一来当数据的物理存储结构改变时，用户的程序不用改变。

逻辑独立性是指用户的应用程序与数据库的逻辑结构是相互独立的，也就是说，数据的逻辑结构改变了，用户程序也可以不改变。

数据与程序的独立，把数据的定义从程序中分离出去，加上存取数据的途径由 DBMS 负责提供，从而简化了应用程序的编制，大大减少了应用程序的维护和修改。

4. 统一管理和控制。数据库的共享是并发的（concurrency）共享，即多个用户可以同时存取数据库中的数据，甚至可以同时存取数据库中的同一个数据。数据的统一管理和控制包括：

① 数据的安全性保护（security）；

② 数据的完整性检查（integrity）；

③ 数据库的并发访问控制（concurrency）；

④ 数据库的故障恢复（recovery）。

6.1.5 数据库系统结构

考察数据库系统的结构可以有多种不同的层次或不同的角度。

从数据库管理系统的角度看，数据库系统通常采用三级模式结构，这是数据库管理系统内部的体系结构。

从数据库最终用户角度看，数据库系统的结构分为单用户结构、主从式结构、分布式结构、客户/服务器结构（包括二层、三层或多层结构）等。这是数据库系统外部的体系结构。

1. 数据库系统的三级模式结构

数据库系统的三级模式结构是指数据库系统是由外模式、模式和内模式三级构成。

（1）模式

模式（Schema）也称逻辑模式或概念模式，是数据库中全体数据的逻辑结构和特征的描述，是所有用户的公共数据视图。它是数据库系统模式结构的中间层，不涉及数据的物理存储细节和硬件环境，与具体的应用程序，与所使用的应用开发工具及高级程序设计语言无关。

实际上模式是数据库数据在逻辑级上的视图。一个数据库只有一个模式。数据库模式以某一种数据模型为基础，统一综合地考虑了所有用户的需求，并将这些需求有机地结合成一个逻辑整体。

（2）外模式

外模式（External Schema）也称子模式或用户模式，它是数据库用户（包括应用程序员和最终用户）看见和使用的局部数据的逻辑结构和特征的描述，是数据库用户的数据视图，是与某一应用有关的数据的逻辑表示。

外模式通常是模式的子集。一个数据库可以有多个外模式。由于它是各个用户的数据视图，如果不同的用户在应用需求、看待数据的方式、对数据保密的要求等方面存在差异，则它们的外模式描述就是不同的。即使对模式中同一数据，在外模式中的结构、类型、长度、保密级别等都可以不同。另一方面，同一外模式也可以为某一用户的多个应用系统所使用，但一个应用程序只能使用一个外模式。

外模式是保证数据库安全性的一个有力措施。每个用户只能看见和访问所对应的外模式中的数据，数据库中的其余数据对它们来说是不可见的。

（3）内模式

内模式（Internal Schema）也称存储模式，它是数据物理结构和存储结构的描述，是数据在数据库内部的表示方式。例如，记录的存储方式是顺序存储、按照 B 树结构存储还是按 hash 方法存储；索引按照什么方式组织；数据是否压缩存储，是否加密；数据的存储记录结构有何规定等。一个数据库只有一个内模式。

数据模式给出了数据库的数据框架结构，数据是数据库中的真正实体，但这些数据必须按框架所描述的结构组织，以概念模式为框架所组成的数据库叫概念数据库（Conceptual Database），以外模式为框架所组成的数据库叫用户数据库（User's Database），以内模式为框架所组成的数据库叫物理数据库（Physical Database）。这 3 种数据库中只有物理数据库是真实存在于计算机外存中，其他两种数据库并不真正存在于计算机中，而是通过两种映射由物理数据库映射而成。

模式的 3 个级别层次反映了模式的 3 个不同环境以及它们的不同要求，其中内模式处于最底层，它反映了数据在计算机物理结构中的实际存储形式；概念模型处于中层，它反映了设计者的数据全局逻辑要求；而外模式处于最外层，它反映了用户对数据的要求。

2. 数据库的二级映像功能

数据库系统的三级模式是对数据的 3 个抽象级别。它把数据的具体组织留给数据库管理系统（DBMS）管理，使用户能逻辑地、抽象地处理数据，而不必关心数据在计算机中的具体表示方式与存储方式。而为了能够在内部实现这 3 个抽象层次的联系和转换，数据库系统在这 3 级模式之间提供了两层映像：外模式/模式映像和模式/内模式映像。正是这两层映射保证了数据库系统中的数据能够具有较高的逻辑独立性和物理独立性。

（1）外模式/模式映像

模式描述的是数据的全局逻辑结构，外模式描述的是数据的局部逻辑结构。对应于同一个模式可以有任意多个外模式。对于每一个外模式，数据库系统都有一个外模式/模式映像，它定义了该外模式与模式之间的对应关系。

当模式改变时，由数据库管理员对各个外模式/模式映像作相应改变，也可以使外模式保持不变，因为应用程序是依据数据的外模式编写的，从而应用程序也不必修改，保证了数据与程序的逻辑独立性。

（2）模式/内模式映像

模式/内模式映像定义了数据全局逻辑结构与物理存储结构之间的对应关系。当数据库的存储结构改变时（如换了另一个磁盘来存储该数据库），由数据库管理员对模式/内模式映像作相应改变，可以使模式保持不变，从而保证了数据的物理独立性。

3. 数据库系统的组成

这里所讲的数据库系统的组成，是指在计算机系统的意义上来理解数据库系统，它一般由支持数据库的硬件环境、数据库软件支持环境（操作系统、数据库管理系统、应用开发工具软件、应用程序等）、数据库、开发、使用和管理数据库应用系统的人员组成。

（1）硬件环境

硬件环境是数据库系统的物理支撑，包括 CPU、内存、外存及输入/输出设备。由于数据库系统承担着数据管理的任务，它要在计算机操作系统的支持下工作，而且本身包含着数据库管理例行程序、应用程序等，因此要求有足够大的内存开销。同时，由于用户的数据库、系统软件和应用软件都要保存在外存储器上，所以对外存储器容量的要求也很高，还应具有较好的通道性能。

（2）软件环境

软件环境包括系统软件和应用软件两类。系统软件主要包括操作系统软件、数据库管理系统软件、开发应用系统的高级语言及其编译系统、应用系统开发的工具软件等。它们为开发应用系统提供了良好的环境，其中"数据库管理系统"是连接数据库和用户之间的纽带，是软件系统的核心。应用软件是指在数据库管理系统的基础上根据实际需要开发的应用程序。

（3）数据库

数据库是数据库系统的核心，是数据库系统的主体构成，是数据库系统的管理对象，是为用户提供数据的信息源。

（4）人员

数据库系统的人员是指管理、开发和使用数据库系统的全部人员，主要包括数据库管理员、系统分析员、应用程序员和用户。不同的人员涉及不同的数据抽象级别，数据库管理员负责全面地管理和控制数据库系统；系统分析员负责应用系统的需求分析和规范说明，确定系统的软硬件配置、系统的功能及数据库概念模型的设计；应用程序员负责设计应用系统的程序模块，根据数据库的外模式来编写应用程序；最终用户通过应用系统提供的用户接口界面使用数据库。

6.2　数据库设计

数据库设计（Database Design）是指对于一个给定的应用环境，构造最优的数据库模式，建立数据库及其应用系统，使之能够有效地存储数据，满足各种用户的应用需求（信息要求和处理要求）。在数据库领域内，常常把使用数据库的各类系统统称为数据库应用系统。

6.2.1　数据库设计概述

大型数据库的设计和应用系统开发是一项庞大的工程，是涉及多学科的综合性技术。数据库建设和一般的软件系统的设计、开发和运行维护有许多相同之处，也有其自身特点。

1. 数据库设计的特点

数据库的建设不仅涉及技术，更涉及管理，业界有"三分技术，七分管理，十二分基础数据"之说，由此可见管理在数据库设计过程中的作用，这是数据库设计的特点之一。

数据库设计应该与应用系统设计相结合，也就是说，整个设计过程要把数据库结构设计和对数据的处理设计紧密地结合起来，这是数据库设计的重要特点。

2. 数据库设计方法

在数据库设计中有两种方法：一种是以信息需求为主，兼顾处理需求，称为面向数据的方法（Data-Oriented Approach）；另一种方法是以处理需求为主，兼顾信息需求，称为面向过程的方法（Process-Oriented Approach）。

这两种方法目前都有使用，在早期由于应用系统中处理多于数据，因此以面向过程的方法使用较多，而近期由于大型系统中数据结构复杂、数据量庞大，而相应处理流程趋于简单，因此用面向数据的方法较多。由于数据在系统中稳定性高，数据已成为系统的核心，因此面向数据的设计方法已成为主流方法。

3. 数据库的设计步骤

数据库设计是综合运用计算机软、硬件技术，结合应用系统领域的知识和管理技术的系统工程。它不是凭借个人经验和技巧就能够设计完成的，而首先须遵守一定的规则实施设计而成。在现实世界中，信息结构十分复杂，应用领域千差万别，而设计者的思维也各不相同，所以数据库设计的方法和路径也多种多样。

通过分析、比较与综合各种常用的数据库规范设计方法，将数据库设计分为 6 个阶段。

（1）需求分析阶段

需求分析是数据库设计的第一阶段，也是数据库应用系统设计的起点。准确了解与分析用户需求（包括数据与处理），是整个设计过程的基础。这里所说的需求分析只针对数据库应用系统开发过程中数据库设计的需求分析。

（2）概念结构设计阶段

概念结构设计是数据库设计的关键，是对现实世界的第一层面的抽象与模拟，最终设计出描述现实世界的概念模型。概念模型是面向现实世界的，它的出发点是有效和自然地模拟现实世界，给出数据的概念化结构。长期以来被广泛使用的概念模型是 E-R 模型（Entity -Relationship Model，实体—联系模型）。该模型将现实世界的要求转化成实体、属性、联系等几个基本概念，以及它们之间的基本连接关系，并且用 E-R 图非常直观地表示出来。

（3）逻辑结构设计阶段

逻辑结构设计是将上一步所得到的概念模型转换为某个数据库管理系统所支持的数据模型，并对其进行优化。

（4）物理结构设计阶段

为逻辑数据模型选取一个最适合应用环境的物理结构（包括存储结构和存取方法）。

（5）数据库实施阶段

运用数据库管理系统提供的数据语言、工具及宿主语言，根据逻辑设计和物理设计的结果建立数据库，编制与调试应用程序，组织数据入库，并进行试运行。

（6）数据库运行与维护阶段

数据库应用系统经过试运行后即可投入正式运行。在数据库系统运行过程中必须不断地对其进行评价、调整与修改。

设计一个完善的数据库应用系统是不可能一蹴而就的，它往往是上述六个阶段的不断反复修改、完善的过程。

在数据库设计过程中，需求分析和概念设计可以在独立于任何数据库管理系统的情况下进行。逻辑设计和物理设计与选用的数据库管理系统密切相关。

需要指出的是，上述设计步骤既是数据库设计的过程，也包括了数据库应用系统的设计过程。

在设计过程中把数据库的设计和对数据库中数据处理的设计紧密结合起来，将这两个方面的需求分析、抽象、设计、实现在各个阶段同时进行，相互参照，相互补充，以完善两方面的设计。事实上，如果不了解应用环境对数据的处理要求，或没有考虑如何去实现这些处理要求，是不可能设计一个良好的数据库结构的。

4. 数据库设计过程中的各级模式

按照上述设计步骤，数据库结构设计的不同阶段形成了数据库的各级模式，如图 6-1 所示。

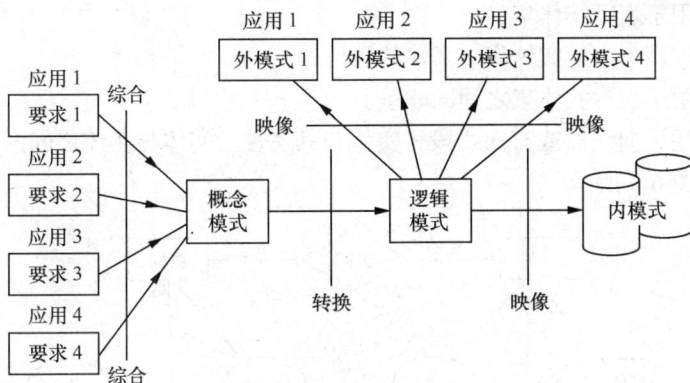

图 6-1　数据库各级模式

① 需求分析阶段：综合各个用户的应用需求，生成需求说明书。

② 概念设计阶段：形成独立于机器特点，独立于具体数据库管理系统产品的概念模式。

③ 逻辑设计阶段：首先将 E-R 图转换成具体的数据库管理系统所支持的数据模型，如关系模型，形成数据库逻辑模式；然后根据用户处理的要求和安全性的考虑，在基本表的基础上再建立必要的视图（View），形成数据的外模式。

④ 物理设计阶段：根据数据库管理系统的特点和处理的需要，进行物理存储安排，建立索引，形成数据库内模式。

6.2.2　概念模型与 E-R 方法

数据库概念设计的目的是分析数据间内在的语义关联，在此基础上建立一个数据的抽象模型——概念数据模型。概念数据模型是根据用户需求设计出来的，它不依赖于任何的数据库管理系统。

概念数据模型设计的描述最常用的工具是 E-R 图（实体—联系图）。

1. 概念模型

为了把现实世界中的具体事物抽象、组织为某一数据库管理系统支持的数据模型，人们常常首先将现实世界抽象为信息世界，然后将信息世界转换为机器世界。也就是说，首先把现实世界中的客观对象抽象为某一种信息结构，这种信息结构并不依赖于具体的计算机系统，不是某一个数据库管理系统支持的数据模型，而是概念级的模型，称为概念模型。

概念数据模型是面向用户、面向现实世界的数据模型，与具体的数据库管理系统无关。采用概念数据模型，数据库设计人员可以在设计的开始阶段，把主要精力用于了解和描述现实世界上，而把涉及具体的数据库管理系统的一些技术性的问题推迟到设计阶段去考虑。

2. 实体—联系方法

设计概念模型常用的方法是实体—联系方法，也就是说，描述概念模型的工具是实体—联系模型（E-R 模型）。因此，数据库概念结构的设计就是 E-R 模型的设计。

设计 E-R 模型的步骤如下。

① 设计局部 E-R 模型，用来描述用户视图。

② 综合各局部 E-R 模型，形成总的 E-R 模型，用来描述数据库全局视图，即用户视图的集成。

概念模型是对整个数据库组织的逻辑结构的抽象定义，E-R 模型是用 E-R 图来描述的，即通过 E-R 图来描述实体集、实体属性和实体集之间联系。

其中：

① "矩形"框用于表示实体集；

② "椭圆形"框用于表示实体集中实体的属性；

③ "菱形"框用于表示实体集之间的联系。

在 E-R 图中，用无向线段或有向线段将实体与其属性、实体与实体之间的联系以及联系与其属性连接起来，如图 6-2 所示。

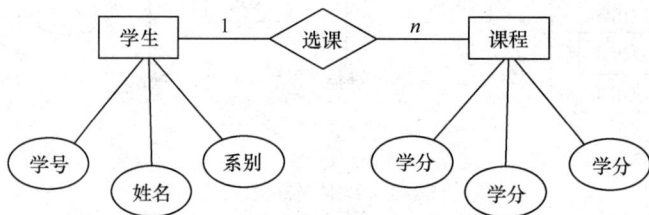

图 6-2　学生选课系统 E－R 模型

6.2.3　数据库设计步骤

前面已经讲到了数据库设计的特点和内容、数据库设计中概念模型的基本知识和一种常用的概念模型表示方法——E-R 图以及关系数据库设计理论。本节将按照数据库设计的 6 个阶段，即需求分析阶段、概念设计阶段、逻辑设计阶段、物理设计阶段、验证设计阶段和运行和维护阶段，以"教学管理"数据库应用系统为例，较为详细的介绍各个阶段的设计内容。

1. 需求分析

调查和分析用户的业务活动和数据的使用情况，弄清所用数据的种类、范围、数量以及它们在业务活动中交流的情况，确定用户对数据库系统的使用要求和各种约束条件等，形成用户需求规约。

（1）需求分析的任务和过程

需求分析的任务是调查应用领域，对应用领域中各种应用的信息需求和操作需求进行详细分析，形成需求分析说明书。

调查的重点是"数据"和"处理"，通过调查要从中获得每个用户对数据库的如下要求。

① 信息要求：指用户需要从数据库中获得信息的内容与性质。由信息要求可以导出数据要求，即在数据库中需存储哪些数据。

② 处理要求：指用户要完成什么处理功能，对处理的响应时间有何要求，采取何种处理方式等。

③ 安全性和完整性的要求：为了很好地完成调查的任务，设计人员必须不断地与用户交流，与用户达成共识，以便逐步确定用户的实际需求，然后分析和表达这些需求。需求分析是整个设计活动的基础，也是最困难、最花时间的一步。需求分析人员既要懂得数据库技术，又要对应用环境的业务比较熟悉。

（2）需求分析方法

分析和表达用户的需求，经常采用的方法有结构化分析方法和面向对象的方法。

结构化分析（Structured Analysis，SA）方法用自顶向下、逐层分解的方式分析系统。用数据流图（Data Flow Diagram，DFD）表达数据和处理过程的关系，用数据字典（Data Dictionary，DD）对系统中的数据进行详尽描述。

数据流图是描述数据处理过程的工具，是需求理解的逻辑模型的图形表示，它直接支持系统的功能建模。

数据字典是各类数据描述的集合，它通常包括 5 个部分，即数据项，是数据的最小单位；数据结构，是若干数据项有意义的集合；数据流，可以是数据项，也可以是数据结构，表示某一处理过程的输入或输出；数据存储，处理过程中存取的数据，常常是手工凭证、手工文档或计算机文件；处理过程等。

对数据库设计来讲，数据字典是进行详细的数据收集和分析所获得的主要结果。

数据字典是在需求分析阶段建立，在数据库设计过程中不断修改、充实、完善的。

在实际开展需求分析工作时有两点需要特别注意。

第一，在需求分析阶段一个重要而困难的任务是收集将来应用所涉及的数据。若设计人员仅仅按当前应用来设计数据库，新数据的加入不仅会影响数据库的概念结构，而且将影响逻辑结构和物理结构，因此设计人员应充分考虑到可能的扩充和改变，使设计易于改动。

第二，必须强调用户的参与，这是数据库应用系统设计的特点。数据库应用系统和用户有密切的联系，其设计和建立又可能对更多用户的工作环境产生重要影响。因而，设计人员应该和用户充分合作进行设计，并对设计工作的最后结果承担共同的责任。

（3）"教学管理"系统的需求分析

教学管理是学校各项管理工作的核心，实现教学管理的计算机化，可以简化繁烦的工作模式，提高教学管理的工作效率、工作质量和管理水平。

① 背景描述：某大学根据自身管理需要，提出开发"教学管理"系统的要求。教学管理人员的主要工作内容包括教师信息管理、学生信息管理、课程信息管理、教师授课管理以及学生选课成绩管理等几项。

② 系统分析：根据深入调查了解该学校教学管理运行情况。下面是初步归纳给出的教学管理系统有关功能要求和数据存储要求。

系统功能要求：

方便地录入和修改教师信息、课程信息、学生信息和院系信息；

根据教师授课情况，方便地录入和修改教师授课信息；

根据学生选课情况，方便地录入和修改学生成绩信息；

简单快捷地查找相关数据信息；

灵活快捷地统计相关数据信息。

数据存储要求：

系统管理：包括添加用户、修改密码、重新登录等信息；

班级管理：包括班级浏览，添加班级，班级查询等信息；

档案管理：包括档案添加，档案浏览，档案查询等信息；

课程管理：包括基本课程设置，班级课程设置等信息；

成绩管理：包括基本学费设置，学生缴费浏览，学生缴费添加，学生缴费查询等信息；

打印报表：将报表打印出来。

图 6-3 所示为学生信息管理系统功能模块。

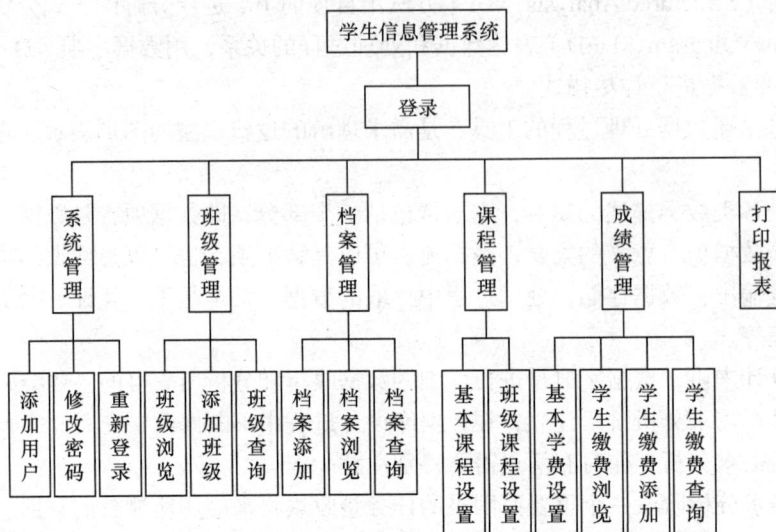

图 6-3　学生信息管理系统功能模块

2. 概念设计

对用户要求描述的现实世界（可能是一个工厂、一个商场或者一个学校等），通过对其中属性的分类、聚集和概括，建立抽象的概念数据模型。这个概念模型应反映现实世界各部门的信息结构、信息流动情况、信息间的互相制约关系以及各部门对信息存储、查询和加工的要求等。所建立的模型应避开数据库在计算机上的具体实现细节，用一种抽象的形式表示出来。以扩充的实体—联系模型（E-R 模型）方法为例，第一步先明确现实世界各部门所含的各种实体及其属性、实体间的联系以及对信息的制约条件等，从而给出各部门内所用信息的局部描述（在数据库中称为用户的局部视图）。第二步再将前面得到的多个用户的局部视图集成为一个全局视图，即用户要描述的现实世界的概念数据模型。

3. 逻辑设计

主要工作是将现实世界的概念数据模型设计成数据库的一种逻辑模式，即适应于某种特定数据库管理系统所支持的逻辑数据模式。与此同时，可能还需为各种数据处理应用领域产生相应的逻辑子模式。这一步设计的结果就是所谓"逻辑数据库"。

4. 物理设计

根据特定数据库管理系统所提供的多种存储结构和存取方法等依赖于具体计算机结构的各项物理设计措施，对具体的应用任务选定最合适的物理存储结构（包括文件类型、索引结构和数据的存放次序与位逻辑等）、存取方法、存取路径等。这一步设计的结果就是所谓"物理数据库"。

数据库的物理设计是设计数据库的存储结构和物理实现方法。数据库的物理设计主要目标是对数据库内部物理结构做调整并选择合理的存取路径，以提高数据库访问速度以及有效利用存储空间。数据库物理结构设计主要分为两个方面。

（1）确定数据库的物理结构

在进行设计数据库的物理结构时，要面向特定的数据库管理系统，要了解数据库管理系统的功能，熟悉存储设备的性能。

（2）对物理结构进行评价

在物理结构设计过程中，需要对时间效率、空间效率、维护代价和用户要求进行权衡，设计方案可能有多种，数据库设计人员就要对这些方案进行评价。若选择的设计方案能够满足逻辑数据模型要求，可进入数据库实施阶段；否则，需要重新设计或修改物理结构，有时甚至还需要对逻辑数据模型进行修正，直到设计出最佳的数据库物理结构。

5. 验证设计

在上述设计的基础上，收集数据并具体建立一个数据库，运行一些典型的应用任务来验证数据库设计的正确性和合理性。一般，一个大型数据库的设计过程往往需要经过多次循环反复。当设计的某步发现问题时，可能就需要返回到前面去进行修改。因此，在做上述数据库设计时就应考虑到今后修改设计的可能性和方便性。

6. 运行与维护设计

在数据库系统正式投入运行的过程中，必须不断地对其进行调整与修改。

至今，数据库设计的很多工作仍需要人工来做，除了关系型数据库已有一套较完整的数据范式理论可用来部分地指导数据库设计之外，尚缺乏一套完善的数据库设计理论、方法和工具，以实现数据库设计的自动化或交互式的半自动化设计。所以数据库设计今后的研究发展方向是研究数据库设计理论，寻求能够更有效地表达语义关系的数据模型，为各阶段的设计提供自动或半自动的设计工具和集成化的开发环境，使数据库的设计更加工程化、更加规范化和更加方便易行，使得在数据库的设计中充分体现软件工程的先进思想和方法。

6.3 常见的数据库管理系统

目前，流行的数据库管理系统有许多种，大致可分为文件、小型桌面数据库、大型商业数据库、开源数据库等。文件多以文本字符型方式出现，用来保存论文、公文、电子书等。小型桌面数据库主要是运行在 Windows 操作系统下的桌面数据库，如 Microsoft Access、Visual FoxPro 等，适合于初学者学习和管理小规模数据用。以 Oracle 为代表的大型关系数据库，更适合大型中央集中式数据管理场合，这些数据库可存放几十 GB 至上百 GB 的大量数据，并且支持多客户端访问。开源数据库即"开放源代码"的数据库，如 MySQL，其在 WWW 网站建设中应用较广。

6.3.1 Access 数据库

Access 是 Microsoft Office 办公软件的组件之一，是当前 Windows 环境下非常流行的桌面型数据库管理系统。使用 Microsoft Access 数据库无须编写任何代码，只需通过直观的可视化操作就可以完成大部分的数据库管理工作。Access 是一个面向对象的、采用事件驱动的关系型数据库管理系统。通过 ODBC（Open DataBase Connectivity，开放数据库互连）可以与其他数据库相连，实现数据交换和数据共享，也可以与 Word、Excel 等办公软件进行数据交换和数据共享，还可以采用对象链接与嵌入（OLE）技术在数据库中嵌入和链接音频、视频、图像等多媒体数据。

Access 数据库的特点如下。

① 利用窗体可以方便地进行数据库操作。

② 利用查询可以实现信息的检索、插入、删除和修改，可以以不同的方式查看、更改和分析数据。

③ 利用报表可以对查询结果和表中数据进行分组、排序、计算、生成图表和输出信息。

④ 利用宏可以将各种对象连接在一起，提高应用程序的工作效率。

⑤ 利用 Visual Basic for Application 语言，可以实现更加复杂的操作。

⑥ 系统可以自动导入其他格式的数据并建立 Access 数据库。

⑦ 具有名称自动纠正功能，可以纠正因为表的字段名变化而引起的错误。

⑧ 通过设置文本、备注和超级链接字段的压缩属性，可以弥补因为引入双字节字符集支持而对存储空间需求的增加。

⑨ 报表可以通过使用报表快照和快照查看相结合的方式，来查看、打印或以电子方式分发。

⑩ 可以直接打开数据访问页、数据库对象、图表、存储过程和 Access 项目视图。

⑪ 支持记录级锁定和页面级锁定。通过设置数据库选项，可以选择锁定级别。

⑫ 可以从 Microsoft Outlook 或 Microsoft Exchange Server 中导入或链接数据。

后续章节将详细介绍 Access 2010 的相关概念及应用。

6.3.2　Microsoft SQL Server

SQL（Structured Query Language）Server 是大型的关系数据库，适合中型企业使用。建立于 Windows NT 的可伸缩性和可管理性之上，提供功能强大的客户/服务器平台，高性能客户/服务器结构的数据库管理系统可以将 Visual Basic、Visual C++作为客户端开发工具，而将 SQL Server 作为存储数据的后台服务器软件。

SQL Server 有多种实用程序允许用户来访问它的服务，用户可以用这些实用程序对 SQL Server 进行本地管理或远程管理。随着 SQL Server 产品性能的不断扩大和改善，已经在数据库系统领域占有非常重要的地位。

SQL 的含义是结构化查询语言，是一种介于关系代数与关系演算之间的语言，其功能包括查询、操纵、定义和控制 4 个方面，是一个通用的功能极强的关系数据库标准语言。SQL 在关系型数据库中的地位犹如英语在世界上的地位，它是数据库系统的通用语言，利用它，用户可以用几乎同样的语句在不同的数据库系统上执行同样的操作。

目前，SQL 已经被确定为关系数据库系统的国际标准，被绝大多数商品化的关系数据库系统采用，受到用户的普遍接受。SQL 是 1974 年由 Boyce 和 Chamberlin 提出的，在 IBM 公司研制的关系数据库原型系统 System R 中实现了这种语言。由于它功能丰富、使用方式灵活、语言简洁易学等突出优点，在计算机业界和计算机用户中备受欢迎。1986 年 10 月，美国国家标准局（American National Standard Institute，ANSI）的数据库委员会批准了 SQL 作为关系数据库语言的美国标准。同年公布了标准 SQL 文本，这个标准也称为 SQL86。1987 年 6 月国际标准化组织（International Organization for Standardization, ISO）将其采纳为国际标准。之后 SQL 标准化工作不断地进行着，相继出现了 SQL89、SQL92 和 SQL3。SQL 成为国际标准后，它对数据库以外的领域也产生了很大影响，不少软件产品将 SQL 的数据查询功能与图形功能、软件工程工具、软件开发工具、人工智能程序结合起来。

SQL 是与数据库管理系统（DBMS）进行通信的一种语言和工具。将 DBMS 的组件联系在一起，可以为用户提供强大的功能，使用户可以方便地进行数据库的管理和数据的操作。通过 SQL 命令，程序员或数据库管理员（DBA）可以完成以下功能。

① 建立数据库的表格。

② 改变数据库系统环境设置。

③ 让用户自己定义所存储数据的结构，以及所存储数据各项之间的关系。

④ 让用户或应用程序可以向数据库中增加新的数据、删除旧的数据以及修改已有数据，有效地支持了数据库数据的更新。

⑤ 使用户或应用程序可以从数据库中按照自己的需要查询数据并组织使用它们，其中包括子查询、查询的嵌套、视图等复杂的检索。

能对用户和应用程序访问数据、添加数据等操作的权限进行限制，以防止未经授权的访问，有效地保护数据库的安全。

⑥ 使用户或应用程序可以修改数据库的结构。

⑦ 使用户可以定义约束规则，定义的规则将保存在数据库内部，可以防止因数据库更新过程中的意外或系统错误而导致的数据库崩溃。

SQL 简单易学、风格统一，利用几个简单的英语单词的组合就可以完成所有的功能。它几乎可以不加修改地嵌入到如 Visual Basic、Power Builder 这样的前端开发平台上，利用前端工具的计算能力和 SQL 的数据库操纵能力，可以快速建立数据库应用程序。

下面简要介绍 SQL 的常用语句。

① 创建基本表，即定义基本表的结构。基本表结构的定义可用 CREATE 语句实现，其一般格式如下：

```
CREATE TABLE <表名>
              (<列名 1><数据类型 1>[列级完整性约束条件 1]
              [,<列名 2><数据类型 2>[列级完整性约束条件 2]] …
              [,<表级完整性约束条件>]);
```

定义基本表结构，首先须指定表的名字，表名在一个数据库中应该是唯一的。表可以由一个或多个属性组成，属性的类型可以是基本类型，也可以是用户事先定义的域名。建表的同时可以指定与该表有关的完整性约束条件。

定义表的各个属性时需要指定其数据类型及长度。下面是 SQL 提供的一些主要数据类型。

INTEGER	长整数（也可写成 INT）
SMALLIN	短整数
REAL	取决于机器精度的浮点数
FLOAT（n）	浮点数，精度至少为 n 位数字
NUMERIC(p,d)	点数，由 p 位数字(不包括符号、小数点)组成,小数点后面有 d 位数字(也可写成 DECIMAL（P，d）或 DEC（P，d）)
CHAR（n）	n 的定长字符串
VARCHAR（n）	有最大长度为 n 的变长字符串
DATE	包含年、月、日，形式为 YYYY-MM-DD
TIME	含一日的时、分、秒，形式为 HH：MM：SS

② 创建索引，索引是数据库中关系的一种顺序（升序或降序）的表示，利用索引可以提高数据库的查询速度。创建索引使用 CREATE INDEX 语句，其一般格式如下：

```
CREATE [UNIQUE] [CLUSTER] INDEX <索引名> ON <表名>
      (<列名 1>[<次序 1>][,<列名 2>[<次序 2>]]…);
```

其中各部分含义如下。

索引名是给建立的索引指定的名字。因为在一个表上可以建立多个索引，所以要用索引名加以区分。

表名指定要创建索引的基本表的名字。

索引可以创建在该表的一列或多列上，各列名之间用逗号隔开，还可以用次序指定该列在索引中的排列次序。

次序的取值为：ASC（升序）和 DESC（降序），如省略默认为 ASC。

UNIQUE 表示此索引的每一个索引只对应唯一的数据记录。

CLUSTER 表示索引是聚簇索引。其含义是：索引项的顺序与表中记录的物理顺序一致。这里涉及数据的物理顺序的重新排列，所以建立时要花费一定的时间。用户可以在最常查询的列上建立聚簇索引。一个基本表上的聚簇索引最多只能建立一个。当更新聚簇索引用到的字段时，将会导致表中记录的物理顺序发生改变，代价很大。所以聚簇索引要建立在很少（最好不）变化的字段上。

③ 创建查询，数据库查询是数据库中最常用的操作，也是核心操作。SQL 提供了 SELECT 语句进行数据库的查询，该语句具有灵活的使用方式和丰富的功能。其一般格式如下：

```
SELECT [ALL|DISTINCT] <目标列表达式 1>[, <目标列表达式 2>]…
       FROM <表名或视图名 1>[, <表名或视图名 2>]…
       [WHERE <条件表达式>]
       [GROUP BY <列名 3>[HAVING <组条件表达式>]]
       [ORDER BY <列名 4>[ASC|DESC], …];
```

整个 SELECT 语句的含义是，根据 WHERE 子句的条件表达式，从 FROM 子句指定的基本表或视图中找出满足条件的元组，再按 SELECT 子句中的目标列表达式，选出元组中的属性值。如果有 GROUP 子句，则将结果按<列名 4>的值进行分组，该属性列的值相等的元组为一个组。如果 GROUP 子句带 HAVING 短语，则只有满足组条件表达式的组才予输出。如果有 ORDER 子句，则结果要按<列名 3>的值进行升序或降序排序。

④ 插入元组，基本格式如下：

```
INSERT INTO <表名>[(<属性列 1>[,<属性列 2>]…)]
       VALUES (<常量 1>[,<常量 2>]…);
```

其功能是将新元组插入指定表中。VALUES 后的元组值中列的顺序表必须同表的属性列一一对应。如表名后不跟属性列，表示在 VALUES 后的元组值中提供插入元组的每个分量的值，分量的顺序和关系模式中列名的顺序一致。如表名后有属性列，则表示在 VALUES 后的元组值中只提供插入元组对应于属性列中的分量的值，元组的输入顺序和属性列的顺序一致，没有包括进来的属性将采用默认值。基本表后如有属性列表，必须包括关系的所有非空的属性，自然应包括关键码属性。

⑤ 删除元组，基本格式如下：

```
DELETE FROM <表名> [WHERE <条件>];
```

其功能是从指定表中删除满足 WHERE 条件的所有元组。如果省略 WHERE 语句，则删除表中全部元组。

　　⑥ 修改元组，基本格式如下：

```
UPDATE <表名>
        SET <列名>=<表达式>[,<列名>=<表达式>]…
        [WHERE <条件>];
```

　　其功能是修改指定表中满足 WHERE 子句条件的元组，用 SET 子句的表达式的值替换相应属性列的值。如果 WHERE 子句省略，则修改表中所有元组。

6.3.3　Oracle 数据库

　　Oracle 是一种对象关系数据库管理系统（ORDBMS）。它提供了关系数据库系统和面向对象数据库系统这二者的功能。Oracle 是目前较流行的客户/服务器（Client/Server）体系结构的数据库之一，它在数据库领域一直处于领先地位。1984 年，首先将关系数据库转到了桌面计算机上。然后，Oracle 的版本 5 率先推出了分布式数据库、客户/服务器结构等崭新的概念。Oracle 是以高级结构化查询语言（SQL）为基础的大型关系数据库，通俗地说它是用方便逻辑管理的语言操纵大量有规律数据的集合，是目前较流行的客户/服务器体系结构的数据库之一，是目前世界上最流行的大型关系数据库管理系统，具有移植性好、使用方便、性能强大等特点，适合于各类大、中、小、微机和专用服务器环境。

　　Oracle 的主要特点如下。

　　① Oracle 8.X 以来引入了共享 SQL 和多线索服务器体系结构。这减少了 Oracle 的资源占用，并增强了 Oracle 的能力，使之在低档软硬件平台上用较少的资源就可以支持更多的用户，而在高档平台上可以支持成百上千个用户。

　　② 提供了基于角色（Role）分工的安全保密管理。在数据库管理功能、完整性检查、安全性、一致性方面都有良好的表现。

　　③ 支持大量多媒体数据，如二进制图形、声音、动画、多维数据结构等。

　　④ 提供了与第三代高级语言的接口软件 PRO*系列，能在 C、C++等主语言中嵌入 SQL 语句及过程化（PL/SQL）语句，对数据库中的数据进行操纵。加上它有许多优秀的前台开发工具如 Power Builder、SQL*FORMS、Visual Basic 等，可以快速开发生成基于客户端 PC 平台的应用程序，并具有良好的移植性。

　　⑤ 提供了新的分布式数据库能力。可通过网络较方便地读写远端数据库里的数据，并有对称复制的技术。

6.3.4　IBM DB2

　　DB2 是 IBM 公司的产品，起源于 System R 和 System R*。它支持从 PC 到 UNIX，从中小型机到大型机，从 IBM 到非 IBM（HP 及 SUN UNIX 系统等）各种操作平台。既可以在主机上以主/从方式独立运行，也可以在客户/服务器环境中运行。其中服务器平台可以是 OS/400、AIX、OS/2、HP-UNIX、SUN-Solaris 等操作系统，客户机平台可以是 OS/2 或 Windows、Dos、AIX、HP-UX、SUN Solaris 等操作系统。

　　DB2 数据库核心又称作 DB2 公共服务器，采用多进程多线索体系结构，可以运行于多种操作系统之上，并分别根据相应平台环境做了调整和优化，以便能够达到较好的性能。

DB2 核心数据库的特色有以下几点。

① 支持面向对象的编程：DB2 支持复杂的数据结构，如无结构文本对象，可以对无结构文本对象进行布尔匹配、最接近匹配和任意匹配等搜索。

② 可以建立用户数据类型和用户自定义函数。

③ 支持多媒体应用程序：DB2 支持大型二进制对象（Binary Large Objects，BLOB），允许在数据库中存取 BLOB 和文本大对象。其中，BLOB 可以用来存储多媒体对象。

④ 备份和恢复能力。

⑤ 支持存储过程和触发器，用户可以在建表时显示定义复杂的完整性规则。

⑥ 支持 SQL 查询。

⑦ 支持异构分布式数据库访问。

⑧ 支持数据复制。

6.3.5 Sybase

它是美国 Sybase 公司研制的一种关系型数据库系统，是一种典型的 UNIX 或 Windows NT 平台上客户机/服务器环境下的大型数据库系统。

一般关于网络工程方面都会用到，而且目前在其他方面应用也较广阔。

习 题 6

1. 选择题

（1）在关系模式中，对应关系的主键是指（   ）。

    A. 第一个属性或属性组   B. 能唯一确定元组的一组属性

    C. 不能为空值的一组属性   D. 属性数目最少的哪个候选键

（2）数据库系统中，数据的逻辑独立性是指（   ）。

    A. 应用程序独立与系统逻辑模式   B. 系统逻辑模式独立与数据存储模式

    C. 系统用户模式独立与数据存储模式   D. 应用程序独立于系统用户模式

（3）下面关于一个关系中任意两个元组值的叙述中，正确的是（   ）。

    A. 可以全同   B. 必须全同

    C. 不允许全同   D. 可以主键相同，其他属性不同

（4）在关系操作并、交和差中，要求参与操作的两个关系具有（   ）。

    A. 相同的属性个数   B. 相同的关系名

    C. 相同的模式   D. 相同的元组个数

（5）下列关于数据库系统（DBS）的叙述中，正确的是（   ）。

    A. DBS 能够避免一切数据冗余

    B. DBS 减少了数据冗余

    C. DBS 数据一致性是数据类型一致

    D. DBS 可以比文件系统管理更多的数据

（6）SQL 查询语句形式为"select A from R where F"，其中 A、R、F 分别对应于（   ）。

    A. 列名序列、基本表或视图、条件表达式

    B. 列名序列、存储文件、条件表达式

    C. 视图属性、基本表、条件表达式

    D. 列名或条件表达式、基本表、关系代数表达

2. 问答题

（1）解释数据库、数据库管理系统、数据库系统的概念。

（2）关系模型中关系、元组、属性、码的概念是什么？

（3）数据库管理技术发展经历了哪几个阶段？

（4）数据库设计分为哪几个阶段？

第二部分

计算机基础实验指导

第7章 Windows 7 操作系统

Windows 操作系统是当前应用范围最广、使用人数最多的个人计算机操作系统。Windows 7（以下简称 Win 7）操作系统是在之前的 Windows 版本基础上，改进而开发出来的新一代的图形操作系统，Win 7 为用户提供了易于使用和快速操作的应用环境。这个版本汇聚了微软多年来研发操作系统的经验和优势，其最突出的特点是用户体验、兼容性及性能都得到了极大的提高。与其他 Windows 版本相比，它对硬件有着更广泛的支持，能最大化地利用计算机自身硬件资源。根据用户的不同，Win 7 分为 6 个版本：入门版、家庭普通版、家庭高级版、专业版、企业版和旗舰版。

Win 7 是微软公司发布的面向家庭用户、企业台式机和工作站平台的最新操作系统，作为 Vista 的继任者，Win 7 有 20 个甚至更多的优点、优势，同时 Win 7 操作系统在设计方面更加模块化，更加基于功能。

1. Win 7 的设计重点

Win 7 的设计重点包括以下几点。

（1）针对笔记本电脑的特有设计。

（2）基于应用服务的设计。

（3）用户的个性化。

（4）视听娱乐的优化。

（5）用户易用性的新引擎。

围绕这几方面，Win 7 操作系统较以前的操作系统使用起来更加简单、更加安全、更低成本、更易连接。

2. Win 7 的新特性

Win 7 在功能和性能上比之前的版本有了大的改进，其新特性主要有以下几个方面。

（1）安装和设置

安装 Win 7 只需花费 30 多分钟的时间，并且在安装过程中减少了重启次数以及用户交互。与 Windows 旧版本的安装相比，时间短、设置简单。

（2）新的任务栏

Win 7 的任务栏不仅可以显示当前窗口中的应用程序，还可以显示其他已经打开的标签，包括开始菜单、Internet Explorer 8、Windows 资源管理器、Windows Media Player 等。

（3）任务缩略图

当用户将鼠标停留在任务栏的某个运行程序上时，将显示一个预览对话框，以便于用户了解最小化程序的当前运行状态。

（4）Win 7 桌面新特性

Win 7 将支持 Desktop Slideshow 幻灯片壁纸播放功能，在桌面单击鼠标右键选择"个性化"

选项，即可选择要设置的桌面壁纸、主题、自定义主题等操作。

（5）全新的 IE8 浏览器

Win 7 自带的 IE8 浏览器在 IE7 的基础上增添了网络互动功能、网页更新订阅功能、实用的崩溃恢复功能，改进的仿冒网页过滤器以及新的 InPrivate 浏览模式。

（6）无线网络使用

只要单击通知区域中的网络图标，用户就会得到附近可访问的无线网络列表，再选择相应的网络连接即可。

（7）操作中心

Win 7 将原来的"安全中心"用"操作中心"取代。除了原有安全中心的功能以外，还有系统维护信息、计算机问题诊断等实用信息；并且"操作中心"包含对十大 Windows 功能的提示。"操作中心"如图 7-1 所示。

（8）数据备份和系统修复

在 Win 7 系统中允许将数据备份存储到任何可访问的网络驱动器中。

（9）家庭网络

家庭网络是一个本地网络共享工具，当用户在某台计算机上创建家庭网络时，Win 7 会自动为该网络建立一个密码，当其他 Win 7 用户要加入家庭网络时只需提供正确的密码便可加入，访问或共享其内容。

（10）库

库是 Win 7 众多新特性的一项。库是包含了系统中的所有文件夹集合的一个文件管理库，它可将分散在不同位置的照片、视频或文件集中存储，方便用户查找或使用。一般有 4 种默认的库，即"文档""音乐""图片"和"视频"，如图 7-2 所示。

图 7-1　操作中心设置窗口

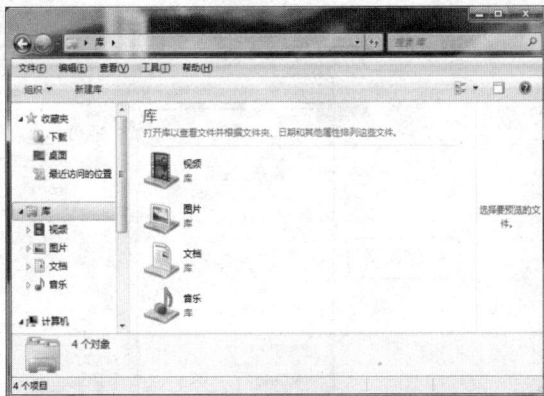

图 7-2　库窗口

（11）触摸功能

Win 7 提供了不需要第三方支持的触摸屏功能。与鼠标相比，触摸技术更快、更方便、更直观，用户只需要通过手指触摸来指示 Win 7 做什么。但是，实现或者体验 Win7 触摸屏的关键是，用户需要整合计算机硬件配置以及显示器等来支持该功能。

（12）PowerShell 2.0

PowerShell 是一种脚本语言，用户可通过编写脚本管理或设置系统中任何需要自动化完成的工作，在 Win 7 中，已捆绑 PowerShell 2.0 作为系统的一部分。

这些仅是 Win 7 的一部分新特性，Win 7 还有一些其他的方便用户使用的新特性，需要在后面的章节中慢慢认识。

7.1 实验一 Windows 7 的基本操作

1. 实验目的

了解 Windows 7 操作系统的操作窗口、对话框与"开始"菜单，学会定制 Windows 7 工作环境设置汉字输入法。

2. 实验内容

（1）了解操作系统的概念，掌握启动与退出 Windows 7 的方法，并熟悉 Windows 7 的桌面组成。

（2）掌握操作系统的窗口、对话框和"开始"菜单，掌握窗口的基本操作、熟悉对话框各组成部分的操作，同时掌握利用"开始"菜单启动程序的方法。

（3）掌握操作系统的工作环境进行个性化定制。

（4）掌握计算机中的输入法进行相关的管理和设置。

3. 实验相关知识

（1）Windows 7 窗口

在 Windows 7 中，几乎所有的操作都要在窗口中完成，在窗口中的相关操作一般是通过鼠标和键盘来进行的。例如，双击桌面上的"计算机"图标，将打开"计算机"窗口，如图 7-3 所示，这是一个典型的 Windows 7 窗口，各个组成部分的作用介绍如下。

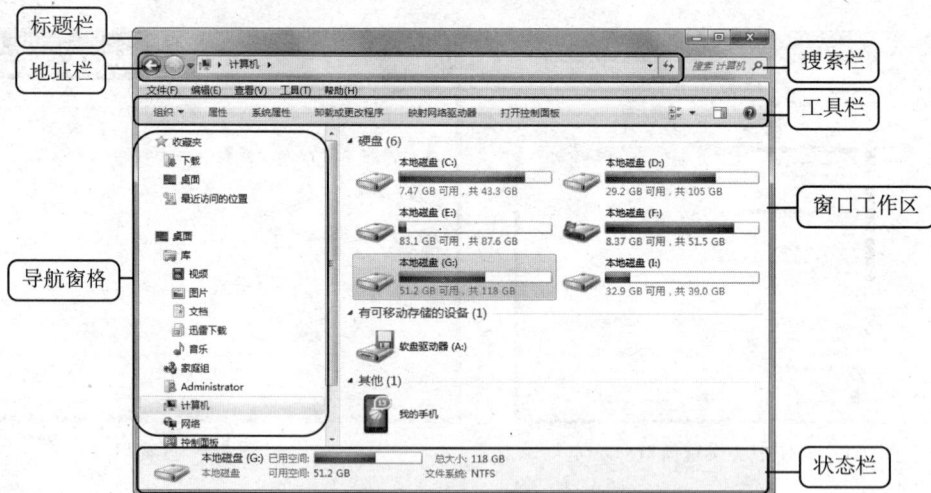

图 7-3 "计算机"窗口的组成

① 标题栏。位于窗口顶部，右侧有控制窗口大小和关闭窗口的按钮。

② 菜单栏。菜单栏主要用于存放各种操作命令，要执行菜单上的操作命令，只需单击对应的菜单栏，然后在弹出的菜单中选择某个命令即可执行。在 Windows 7 中，常用的菜单类型主要有子菜单、菜单和快捷菜单（如用鼠标右键单击弹出的菜单），如图 7-4 所示。

③ 地址栏。显示当前窗口文件在系统中的位置。其左侧包括"返回"按钮和"前进"按

钮，用于打开最近浏览过的窗口。

④ 搜索栏。用于快速搜索计算机中的文件。

⑤ 工具栏。该栏会根据窗口中显示或选择的对象同步进行变化，以便于用户进行快速操作。其中单击 组织▾ 按钮，可以在打开的下拉列表中选择各种文件管理操作，如复制和删除等。

⑥ 导航窗格。单击可快速切换或打开其他窗口。

⑦ 窗口工作区。用于显示当前窗口中存放的文件和文件夹内容。

⑧ 状态栏。用于显示计算机的配置信息或当前窗口中选择对象的信息。

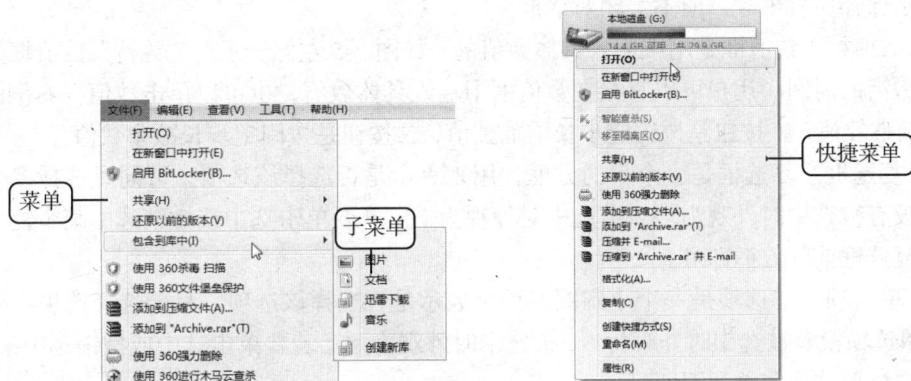

图 7-4 Windows 7 中的菜单

> **提示** 在菜单中有一些常见的符号标记，其中，字母标记表示该命令的快捷键；✓标记表示已将该命令选中并应用了效果，同时其他相关的命令也将同时存在和应用，●标记表示已将该命令选中并应用，同时其他相关的命令将不再起作用，…标记表示执行该命令后，将打开一个对话框，可以进行相关的参数设置。

（2）Windows 7 对话框

对话框实际上是一种特殊的窗口，执行某些命令后将打开一个用于对该命令或操作对象进行下一步设置的对话框，用户可通过选择选项或输入数据来进行设置。选择不同的命令，所打开的对话框也各不相同，但其中包含的参数类型是类似的。如图 7-5 所示为 Windows 7 对话框中各组成元素的名称。

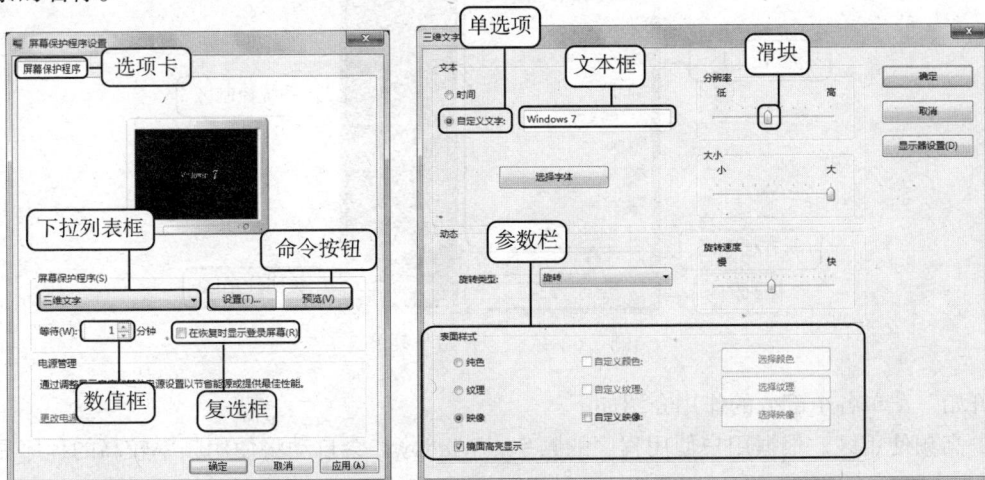

图 7-5 Windows 7 的对话框

① 选项卡。当对话框中有很多内容时，Windows 7 将对话框按类别分成几个选项卡，每个选项卡都有一个名称，并依次排列在一起，单击其中一个选项卡，将会显示其相应的内容。

② 下拉列表框。下拉列表框中包含多个选项，单击下拉列表框右侧的 按钮，将打开一个下拉列表，从中可以选择所需的选项。

③ 命令按钮。命令按钮用来执行某一操作，如 设置(T)... 、 预览(V) 和 应用(A) 等都是命令按钮。单击某一命令按钮将执行与其名称相应的操作，一般单击对话框中的 确定 按钮，表示关闭对话框，并保存所做的全部更改；单击 取消 按钮表示关闭对话框，但不保存任何更改；单击 应用(A) 按钮表示保存所有更改，但不关闭对话框。

④ 数值框。数值框是用来输入具体数值的。如图 7-5 左侧所示的"等待"数值框用于输入屏幕保护激活的时间。用户可以直接在数值框中输入具体数值，也可以单击数值框右侧的"调整"按钮 调整数值。 按钮是按固定步长增加数值， 按钮是按固定步长减小数值。

⑤ 复选框。复选框是一个小的方框，用来表示是否选择该选项，可同时选择多个选项。当复选框没有被选中时外观为 ，被选中时外观为 。若要单击选中或撤销选中某个复选框，只需单击该复选框前的方框即可。

⑥ 单选项。单选项是一个小圆圈，用来表示是否选择该选项，只能选择选项组中的一个选项。当单选项没有被选中时外观为 ，被选中时外观为 。若要单击选中或撤销选中某个单选项，只需单击该单选项前的圆圈即可。

⑦ 文本框。文本框在对话框中为一个空白方框，主要用于输入文字。

⑧ 滑块。有些选项是通过左右或上下拉动滑块来设置相应数值的。

⑨ 参数栏。参数栏主要是将当前选项卡中用于设置某一效果的参数放在一个区域，以方便使用。

（3）"开始"菜单

单击桌面任务栏左下角的"开始"按钮 ，即可打开"开始"菜单，计算机中几乎所有的应用都可在"开始"菜单中执行。"开始"菜单是操作计算机的重要门户，即使桌面上没有显示的文件或程序，通过"开始"菜单也能轻松找到相应的程序。"开始"菜单主要组成部分如图 7-6 所示。

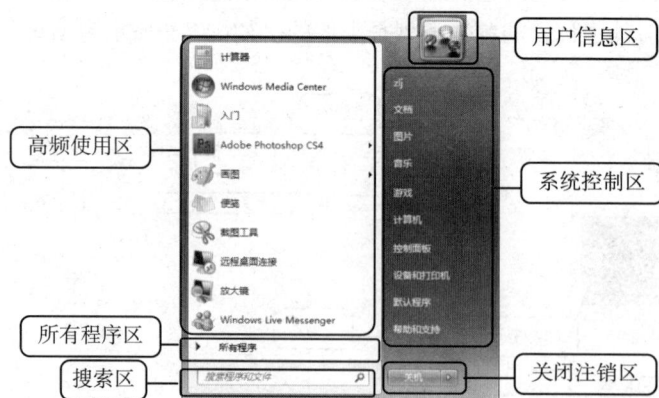

图 7-6 认识"开始"菜单

"开始"菜单各个部分的作用介绍如下。

① 高频使用区。根据用户使用程序的频率，Windows 会自动将使用频率较高的程序显示在该区域中，以便用户能快速地启动所需程序。

② 所有程序区。选择"所有程序"命令，高频使用区将显示计算机中已安装的所有程序的启动图标或程序文件夹，选择某个选项可启动相应的程序，此时"所有程序"命令也会变为"返回"命令。

③ 搜索区。在搜索区的文本框中输入关键字后，系统将搜索计算机中所有与关键字相关的文件和程序等信息，搜索结果将显示在上方的区域中，单击即可打开相应的内容。

④ 用户信息区。显示当前用户的图标和用户名，单击图标可以打开"用户账户"窗口，通过该窗口可更改用户账户信息，单击用户名将打开当前用户的用户文件夹。

⑤ 系统控制区。显示了"计算机""网络"和"控制面板"等系统选项，单击相应的选项可以快速打开或运行程序，便于用户管理计算机中的资源。

⑥ 关闭注销区。用于关闭、重启和注销计算机或进行用户切换、锁定计算机以及使计算机进入睡眠状态等操作，单击 关机 按钮时将直接关闭计算机，单击右侧的 ▶ 按钮，在打开的下拉列表中选择所需选项，即可执行对应操作。

（4）创建快捷方式的几种方法

前面介绍了利用"开始"菜单启动程序的方法，在 Windows 7 操作系统中还可以通过创建桌面快捷方式和将常用程序锁定到任务栏两种方法，来快速启动某个程序。

① 桌面快捷方式

桌面快捷方式是指图片左下角带有 ↗ 符号的桌面图标，单击这类图标可以快速访问或打开某个程序，因此创建桌面快捷方式，可以提高办公效率。用户可以根据需要在桌面上添加应用程序、文件或文件夹的快捷方式，其方法有以下 3 种。

a. 在"开始"菜单中找到程序启动项的位置，单击鼠标右键，在弹出的快捷菜单中选择"发送到"子菜单下的"桌面快捷方式"命令。

b. 在"计算机"窗口中找到文件或文件夹后，单击鼠标右键，在弹出的快捷菜单中选择"发送到"子菜单下的"桌面快捷方式"命令。

c. 在桌面空白区域或打开"计算机"窗口中的目标位置，单击鼠标右键，在弹出的快捷菜单中选择"新建"子菜单下的"快捷方式"命令，打开如图 7-7 所示的"创建快捷方式"对话框，单击 浏览(R)... 按钮，选择要创建快捷方式的程序文件，然后单击 下一步(N) 按钮，输入快捷方式的名称，单击 完成(F) 按钮，完成创建。

② 将常用程序锁定到任务栏

将常用程序锁定到任务栏的方法有以下两种。

a. 在桌面上或"开始"菜单中的程序启动快捷方式上单击鼠标右键，在弹出的快捷菜单中选择"锁定到任务栏"命令，或直接将该快捷方式拖动至任务栏左侧的程序区中。

b. 如果要将已打开的程序锁定到任务栏，可在任务栏的程序图标上单击鼠标右键，在弹出的快捷菜单中选择"将此程序锁定到任务栏"命令即可，如图 7-8 所示。

如果要将任务中不再使用的程序图标解锁（即取消显示），可在要解锁的程序图标上单击鼠标右键，在弹出的快捷菜单中选择"将此程序从任务栏解锁"命令。

> 提示　图 7-8 所示的快捷菜单又称为"跳转列表"，它是 Windows 7 的新增功能之一，即在该菜单上方列出了用户最近使用过的程序或文件，以方便用户快速打开。另外，在"开始"菜单中指向程序右侧的箭头，也可以弹出相对应的"跳转列表"。

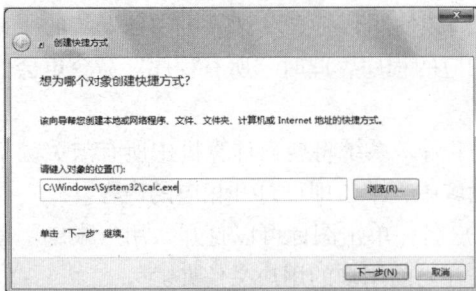

图 7-7　"创建快捷方式"对话框

图 7-8　将程序锁定到任务栏

（5）认识"个性化"设置窗口

在桌面上的空白区域单击鼠标右键，在弹出的快捷菜单中选择"个性化"命令，将打开如图 7-9 所示的"个性化"窗口，可以对 Windows 7 操作系统进行个性化设置。其主要功能及参数设置介绍如下。

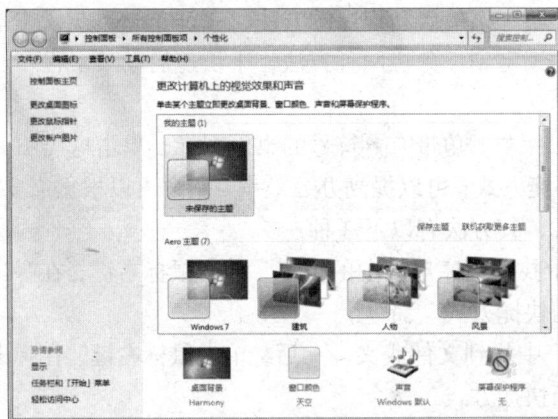

图 7-9　"个性化"窗口

① 更改桌面图标。在"个性化"窗口中单击"更改桌面图标"超链接，在打开的"桌面图标设置"对话框中的"桌面图标"栏中可以单击选中或撤销选中要在桌面上显示的系统图标，并可对图标的样式进行更改。

② 更改账户图片。在"个性化"窗口中单击"更改账户图片"超链接，在打开的"更改图片"窗口中可以选择新的账户图标样式，选择后将在启动时的欢迎界面和"开始"菜单的用户账户区域中进行显示。

③ 设置任务栏和"开始"菜单。在"个性化"窗口中单击"任务栏和「开始」菜单"超链接，在打开的"任务栏和「开始」菜单"对话框中分别单击各个选项卡进行设置。其中，在"任务栏"选项卡中可以设置锁定任务栏（即任务栏的位置不能移动）、自动隐藏任务栏（当鼠标指向任务栏区域时才会显示）、使用小图标以及任务栏的位置和是否启用 Aero Peek 预览桌面功能等；在"开始菜单"选项卡中主要可以设置"开始"菜单中电源按钮的操作用途等。

④ 应用 Aero 主题。Aero 主题决定着整个桌面的显示风格，Windows 7 中有多个主题供用户选择。其方法是：在"个性化"窗口的中间列表框中选择一种喜欢的主题，单击即可应用。应用主题后，其声音、背景、窗口颜色等都会随之改变。

⑤ 设置桌面背景。单击"个性化"窗口下方的"桌面背景"超链接，在打开的"桌面背景"

窗口中间的图片列表中可选择一张或多张图片，选择多张图片时需按住【Ctrl】键进行选择，如需设置计算机中的其他图片作为桌面背景，可以单击"图片位置（L）"下拉列表框后的 <u>浏览(B)...</u> 按钮来选择计算机中存放图片的文件夹。选择图片后，还可设置背景图片在桌面上的位置和更改图片时间间隔（选择多张背景图片时才需设置）。

⑥ 设置窗口颜色。在"个性化"窗口中单击"窗口颜色"超链接，将打开"窗口颜色和外观"窗口，单击某种颜色可快速更改窗口边框、"开始"菜单和任务栏的颜色，并且可设置是否启用透明效果和设置颜色浓度等。

⑦ 设置声音。在"个性化"窗口中单击"声音"超链接，打开"声音"对话框，在"声音方案"下拉列表框中选择一种 Windows 声音方案，或选择某个程序事件后对其单独设置其关联的声音。

⑧ 设置屏幕保护程序。在"个性化"窗口中单击"屏幕保护程序"超链接，打开"屏幕保护程序设置"对话框，在"屏幕保护程序"下拉列表框中选择一个程序选项，然后在"等待"数值框中输入屏幕保护等待的时间，若单击选中"在恢复时显示登录屏幕"复选框，则表示当需要从屏幕保护程序恢复正常显示时，将显示登录 Windows 屏幕，如果用户账户设置了密码，则需要输入正确的密码才能进入桌面。

（6）语言栏与输入法状态条

在 Windows 7 操作系统中，输入法统一是在语言栏 中进行管理，在语言栏中可以进行以下 4 种操作。

① 当鼠标指针移动到语言栏最左侧的 图标上时，其形状变成 形状时可以在桌面上任意移动语言栏。

② 单击语言栏中的"输入法"按钮，可以选择需切换的输入法，选择后该图标将变成选择的输入法的徽标。

③ 单击语言栏中的"帮助"按钮，则打开语言栏帮助信息。

④ 单击语言栏右下角的"选项"按钮，打开"选项"下拉列表，可以对语言栏进行设置。

在输入汉字必须先切换至汉字输入法，其方法是：单击语言栏中的"输入法"按钮，再选择所需的汉字输入法，或者按住【Ctrl】键不放再依次按【Shift】键在不同的输入法之间切换。切换至某一种汉字输入法后，将弹出其对应的汉字输入法状态条，如图 7-10 所示为微软拼音输入法的状态条，各图标的作用介绍如下。

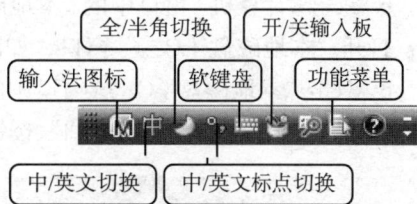

图 7-10　输入法状态条

① 输入法图标。用来显示当前输入法徽标，单击可以切换至其他输入法。

② 中英文切换图标。单击该图标，可以在中文输入法与英文输入间进行切换。当图标为 时表示中文输入状态，当图标为 时表示英文输入状态。按【Ctrl+Space】组合键也可在中文输入法和英文输入法之间快速切换。

③ 全/半角切换图标。单击该图标可以在全角 和半角 间切换，在全角状态下输入的字母、字符和数字均占一个汉字（两个字节）的位置，而在半角状态，输入的字母、字符和数字只占半个汉字（一个字节）的位置，如图 7-11 所示分别为全角和半角状态下输入的效果。

１２３ａｂｃ　　123abc

图 7-11　全/半角输入效果对比

④ 中英文标点切换图标。默认状态下的 图标用于输入

中文标点符号，单击该图标，变为 图标，此时可输入英文标点符号。

⑤ 软键盘图标。通过软键盘可以输入特殊符号、标点符号和数字序号等多种字符，其方法是：单击软键盘图标 ，在弹出的列表中选择一种符号的类型，此时将打开相应的软键盘，直接单击软键盘中相应的按钮或按键盘上对应的按键，都可以输入对应的特殊符号。需要注意的是，若要输入的特殊符号是上档字符时，只需按住【Shift】键不放，在键盘上的相应键位处按键即可输入该特殊符号。输入完成后要单击右上角的 按钮退出软键盘，否则会影响用户的正确输入。

⑥ 开/关输入板图标。单击 图标，将打开"输入板"对话框，单击左侧的 图标，可以通过部首笔画来检索汉字，单击左侧的 图标，可以通过手写方式来输入汉字，如图 7-12 所示。

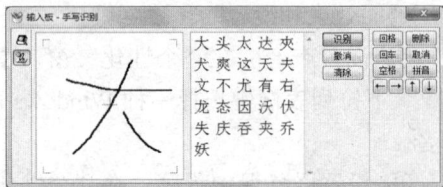

⑦ 功能菜单图标。不同的输入法自带有不同的输入选项设置功能，单击 图标，便可对该输入法的输入选项和功能进行相应设置。

图 7-12 "输入板-手写识别"对话框

4. 实验过程

（1）管理窗口

下面将举例讲解打开窗口及其中的对象、最小化/最大化窗口、移动窗口、缩放窗口、多窗口的重叠和关闭窗口的操作。

① 打开窗口及窗口中的对象

在 Windows 7 中，每当用户启动一个程序、打开一个文件或文件夹时都将打开一个窗口，而一个窗口中包括多个对象，打开某个对象又将打开相应的窗口，该窗口中可能又包括其他不同的对象。

【例 7-1】 打开"计算机"窗口中"本地磁盘（C:）"下的 Windows 目录。

a. 双击桌面上的"计算机"图标 ，或在"计算机"图标 上单击鼠标右键，在弹出的快捷菜单中选择"打开"命令，将打开"计算机"窗口。

b. 双击"计算机"窗口中的"本地磁盘（C:）"图标，或选择本地磁盘（C:）"图标后按【Enter】键，打开"本地磁盘（C:）"窗口，如图 7-13 所示。

c. 双击"本地磁盘（C:）"窗口中的"Windows 文件夹"图标，即可进入 Windows 目录查看。

d. 单击地址栏左侧的"返回"按钮 ，将返回上一级"本地磁盘（C:）"窗口。

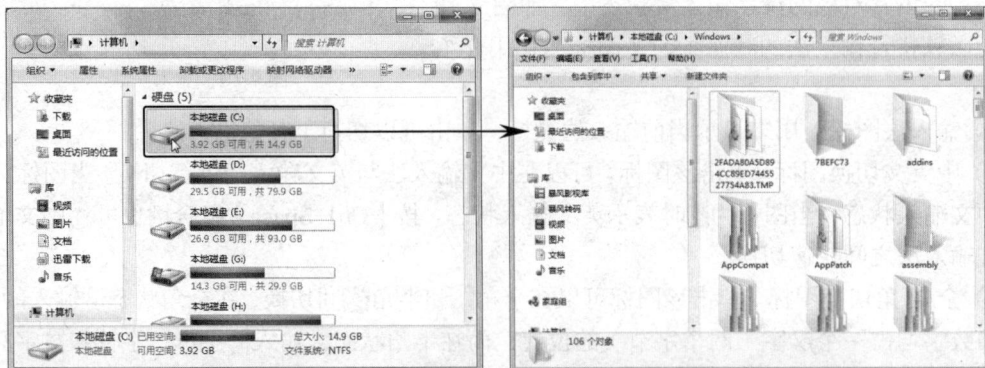

图 7-13 打开窗口及窗口中的对象

② 最大化或最小化窗口

最大化窗口可以将当前窗口放大到整个屏幕显示，这样可以显示更多的窗口内容，而最小化后的窗口将以标题按钮形式缩放到任务栏的程序按钮区。

【例 7-2】 打开"计算机"窗口中"本地磁盘（C：）"下的 Windows 目录，然后将窗口最大化，再最小化显示，最后还原窗口。

a. 打开"计算机"窗口，再依次双击打开"本地磁盘（C：）"下的 Windows 目录。

b. 单击窗口标题栏右侧的"最大化"按钮▣，此时窗口将铺满整个显示屏幕，同时"最大化"按钮▣将变成"还原"按钮▣，单击"还原"▣即可将最大化窗口还原成原始大小。

c. 单击窗口右上角的"最小化"按钮▭，此时该窗口将隐藏显示，并在任务栏的程序区域中显示一个▦图标，单击该图标，窗口将还原到屏幕显示状态。

> 双击窗口的标题栏也可最大化窗口，再次双击可从最大化窗口恢复到原始窗口大小。

③ 移动和调整窗口大小

打开窗口后，有些窗口会遮盖屏幕上的其他窗口内容，为了查看到被遮盖的部分，需要适当移动窗口的位置或调整窗口大小。

【例 7-3】 将桌面上的当前窗口移至桌面的左侧位置，呈半屏显示，再调整窗口的长宽大小。

a. 打开"计算机"窗口，再打开"本地磁盘（C：）"下的"Windows 目录"窗口。

b. 在窗口标题栏上按住鼠标不放，拖动窗口，当拖动到目标位置后释放鼠标即可移动窗口位置。其中将窗口向屏幕最上方拖动到顶部时，窗口会最大化显示；向屏幕最左侧拖动时，窗口会半屏显示在桌面左侧；向屏幕最右侧拖动时，窗口会半屏显示在桌面右侧。如图 7-14 所示为将窗口拖至桌面左侧变成半屏显示的效果。

图 7-14　将窗口移至桌面左侧变成半屏显示

c. 将鼠标指针移至窗口的外边框上，当鼠标指针变为↔或↕形状时，按住鼠标不放拖动到窗口变为需要的大小时释放鼠标即可调整窗口大小。

d. 将鼠标指针移至窗口的 4 个角上，当其变为⤢或⤡形状时，按住鼠标不放拖动到需要的大小时释放鼠标，可使窗口的长宽大小按比例缩放。

 最大化后的窗口不能进行窗口的位置移动和大小调整操作。

④ 排列窗口

在使用计算机的过程中常常需要打开多个窗口，如既要用 Word 编辑文档，又要打开 IE 浏览器查询资料等。当打开多个窗口后，为了使桌面更加整洁，可以将打开的窗口进行层叠、堆叠和并排等操作。

【例 7-4】 将打开的所有窗口进行层叠排列显示，然后撤销层叠排列。

a. 在任务栏空白处单击鼠标右键，弹出如图 7-15 所示的快捷菜单，选择"层叠窗口"命令，即可以层叠的方式排列窗口，层叠的效果如图 7-16 所示。

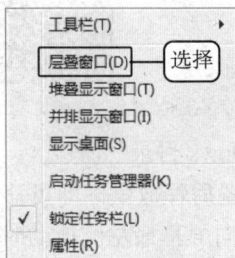

图 7-15 快捷菜单

图 7-16 层叠窗口

b. 层叠窗口后拖动某一个窗口的标题栏可以将该窗口拖至其他位置，并切换为当前窗口。

c. 在任务栏空白处单击鼠标右键，在弹出的快捷菜单中选择"撤销层叠"命令，恢复至原来的显示状态。

⑤ 切换窗口

无论打开多少个窗口，当前窗口只有一个，且所有的操作都是针对当前窗口进行的。此时，需要切换成当前窗口，切换窗口除了可以通过单击窗口进行切换外，在 Windows 7 中还提供了以下 3 种切换方法。

a. 通过任务栏中的按钮切换。将鼠标指针移至任务左侧按钮区中的某个任务图标上，此时将展开所有打开的该类型文件的缩略图，单击某个缩略图即可切换到该窗口，在切换时其他同时打开的窗口将自动变为透明效果，如图 7-17 所示。

b. 按【Alt+Tab】组合键切换。按【Alt+Tab】组合键后，屏幕上将出现任务切换栏，系统当前打开的窗口都以缩略图的形式在任务切换栏中排列出来，如图 7-18 所示，此时按住【Alt】键不放，再反复按【Tab】键，将显示一个蓝色方框，并在所有图标之间轮流切换，当方框移动到需要的窗口图标上后释放【Alt】键，即可切换到该窗口。

图 7-17 通过任务栏中的按钮切换

图 7-18 按【Alt+Tab】组合键切换

c. 按【Win+Tab】组合键切换。当按【Win+Tab】组合键后，此时按住【Win】键不放，再反复按【Tab】键可利用 Windows 7 特有的 3D 切换界面切换打开的窗口，如图 7-19 所示。

图 7-19 按【Win+Tab】组合键切换

⑥ 关闭窗口

对窗口的操作结束后要关闭窗口，关闭窗口有以下 5 种方法。

a. 单击窗口标题栏右上角的"关闭"按钮 ❎ 。

b. 在窗口的标题栏上单击鼠标右键，在弹出的快捷菜单中选择"关闭"命令。

c. 将鼠标指针指向某个任务缩略图后单击右上角的 ❎ 按钮。

d. 将鼠标指针移动到任务栏中需要关闭窗口的任务图标上，单击鼠标右键，在弹出的快捷菜单中选择"关闭窗口"命令或"关闭所有窗口"命令。

e. 按【Alt+F4】组合键。

（2）添加和更改桌面系统图标

安装好 Windows 7 后第一次进入操作系统界面时，桌面上只显示"回收站"图标 🗑 ，此时可以通过设置来添加和更改桌面系统图标。

【例 7-5】 在桌面上显示"控制面板"图标，显示并更改"计算机"图标。

① 在桌面上单击鼠标右键，在弹出的快捷菜单中选择"个性化"命令，打开"个性化"窗口。

　② 单击"更改桌面图标"超链接，在打开的"桌面图标设置"对话框中的"桌面图标"栏中单击选中要在桌面上显示的系统图标复选框，若撤销选中某图标则表示取消显示，这里单击选中"计算机"和"控制面板"复选框，并撤销选中"允许主题更改桌面图标"复选框，其作用是应用其他主题后，图标样式仍然不变，如图 7-20 所示。

　③ 在中间列表框中选择"计算机"图标，单击 更改图标(H)... 按钮，在打开的"更改图标"对话框中选择 图标样式，如图 7-21 所示。

　④ 依次单击 确定 按钮，应用设置。

图 7-20　选择要显示的桌面图标

图 7-21　更改桌面图标样式

> **提示**　在桌面空白区域单击鼠标右键，在弹出的快捷菜单中的"排序方式"子菜单中选择相应的命令，可以按照名称、大小、项目类型或修改日期 4 种方式自动排列桌面图标位置。

（3）创建桌面快捷方式

　创建的桌面快捷方式只是一个快速启动图标，所以它并没有改变文件原有的位置，因此若删除桌面快捷方式，不会删除原文件。

　【例 7-6】 为系统自带的计算器应用程序"calc.exe"创建桌面快捷方式。

　① 单击"开始"按钮 ，打开"开始"菜单，在"搜索程序和文件"框中输入"calc.exe"。

　② 在搜索结果中的"calc.exe"程序项上单击鼠标右键，在弹出的快捷菜单中选择【发送到】/【桌面快捷方式】命令，如图 7-22 所示。

　③ 在桌面上创建的 图标上单击鼠标右键，在弹出的快捷菜单中选择"重命名"命令，输入"My 计算器"，按【Enter】键，完成创建，效果如图 7-23 所示。

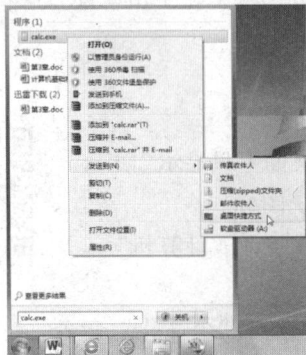

图 7-22　选择【桌面快捷方式】命令

图 7-23　完成创建

Windows 7 为用户提供了一些桌面小工具程序，显示在桌面上既美观又实用。

【例 7-7】 添加时钟和日历桌面小工具。

① 在桌面上单击鼠标右键，在弹出的快捷菜单中选择"小工具"命令，打开"小工具库"对话框。

② 在其列表框中选择需要在桌面显示的小工具程序，这里分别双击"日历"和"时钟"小工具，即可在桌面右上角显示出这两个小工具，如图 7-24 所示。

图 7-24　添加桌面小工具

③ 显示桌面小工具后，使用鼠标拖动小工具将其调整到所需的位置，将鼠标放到工具上面，其右边会出现一个控制框，通过单击控制框中相应的按钮可以设置或关闭小工具。

（4）应用主题并设置桌面背景

在 Windows 中可通过为桌面背景应用主题，让其更加美观。

【例 7-8】 应用系统自带的"建筑"Aero 主题，并对背景图片的参数进行相应设置。

① 在"个性化"窗口中的"Aero 主题"列表框中单击并应用"建筑"主题，此时背景和窗口颜色等都会发生相应的改变。

② 在"个性化"窗口下方单击"桌面背景"超链接，打开"桌面背景"窗口，此时列表框中的图片即为"建筑"系列，单击"图片位置"下方的▼按钮，在打开的下拉列表中选择"拉伸"选项。

③ 单击"更改图片时间间隔"下方的▼按钮，在打开的下拉列表中选择"1 小时"选项，如图 7-25 所示。若单击选中"无序播放"复选框，将按设置的间隔随机切换，这里保持默认设置，即按列表中图片的排序切换。

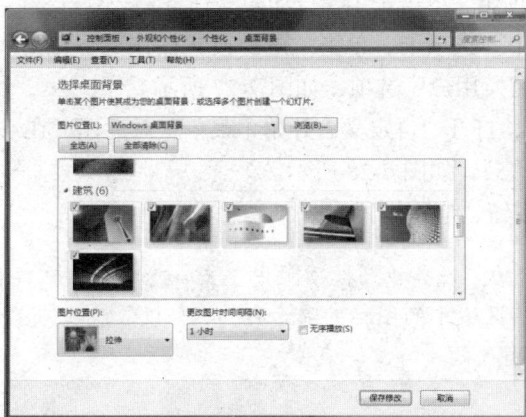

图 7-25　应用主题后设置桌面背景

④ 单击 保存修改 按钮，应用设置，并返回"个性化"窗口。

（5）设置屏幕保护程序

在一段时间不操作计算机时，通过屏幕保护程序可以使屏幕暂停显示或以动画显示，让屏幕上的图像或字符不会长时间停留在某个固定位置上，从而可以保护显示器屏幕。

【例7-9】 设置"彩带"样式的屏幕保护程序。

① 在"个性化"窗口中单击"屏幕保护程序"超链接，打开"屏幕保护程序设置"对话框。

② 在"屏幕保护程序"下拉列表框中选择保护程序的样式，这里选择"彩带"选项，在"等待"数值框中输入屏幕保护等待的时间，这里设置为"60 分钟"，单击选中"在恢复时显示登录屏幕"复选框，如图 7-26 所示。

③ 单击 确定 按钮，关闭对话框。

图 7-26　设置"彩带"屏幕保护程序

（6）自定义任务栏和"开始"菜单

【例7-10】 设置自动隐藏任务栏并定义"开始"菜单的功能。

① 在"个性化"窗口中单击"任务栏和「开始」菜单"超链接，或在任务栏的空白区域单击鼠标右键，在弹出的快捷菜单中选择"属性"命令，打开"任务栏和「开始」菜单属性"对话框。

② 单击"任务栏"选项卡，单击选中"自动隐藏任务栏"复选框。

③ 单击"「开始」菜单"选项卡，单击"电源按钮操作"下拉列表框右侧的下拉按钮，在打开的下拉列表中选择"切换用户"选项，如图 7-27 所示。

④ 单击 自定义(C)... 按钮，打开"自定义「开始」菜单"对话框，在"要显示的最近打开过的程序的数目"数值框中输入"5"，如图 7-28 所示。

⑤ 依次单击 确定 按钮，应用设置。

> 提示　在图 7-27 中的"任务栏"选项卡中单击 自定义(C)... 按钮，在打开的窗口中可以设置显示在任务栏通知区域中的图标的显示行为，如设置隐藏或显示，或者调整通知区域的视觉效果。

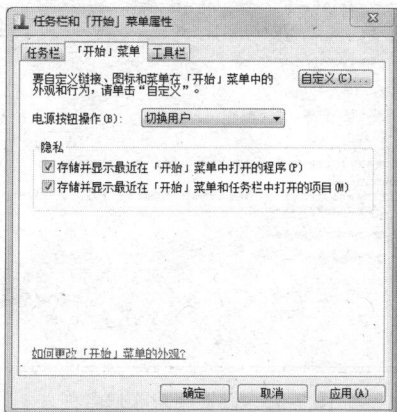

图 7-27　设置电源按钮操作功能

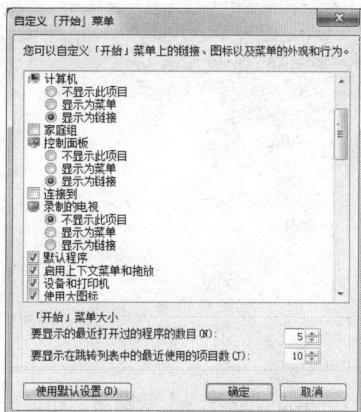

图 7-28　设置要显示的最近打开的程序的数目

（7）设置 Windows 7 用户账户

在 Windows 7 中可以多个用户使用同一台计算机，只需为每个用户建立一个独立的账户，每个用户可以用自己的账号登录 Windows 7，并且多个用户之间的 Windows 7 设置是相对独立的，且互不影响的。

【例 7-11】　设置账户的图像样式并创建一个新账户。

① 在"个性化"窗口中单击"更改账户图片"超链接，打开"更改图片"窗口，选择"小狗"图片样式，然后单击 更改图片 按钮，如图 7-29 所示。

② 在返回的"个性化"窗口中单击"控制面板主页"超链接，打开"控制面板"窗口，单击"添加或删除用户账户"超链接，如图 7-30 所示。

图 7-29　设置用户账户图片

图 7-30　"控制面板"窗口

③ 在打开的"管理账户"窗口中单击"创建一个新账户"超链接，如图 7-31 所示。

④ 在打开的窗口中输入账户名称"公用"，然后单击 创建帐户 按钮，如图 7-32 所示，完成账户的创建，同时完成本任务的所有设置操作。

提示　在图 7-31 中单击某一账户图标，在打开的"更改账户"窗口中单击相应的超链接，也可以更改账户的图片样式，或是更改账户名称、创建或修改密码等。

图 7-31 单击"创建一个新账户"超链接

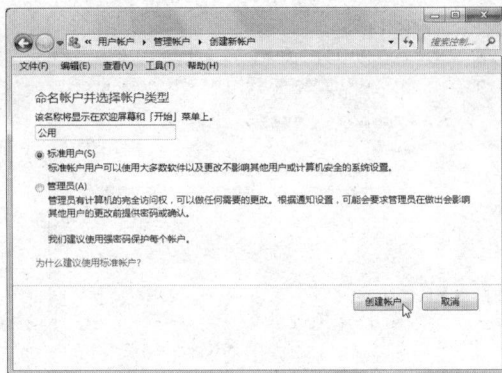

图 7-32 设置用户账户名称

（8）输入法的相关设置

Windows 7 操作系统中集成了多种汉字输入法，但不是所有的汉字输入法都显示在语言栏的输入法列表中，此时可以通过添加管理输入法将适合自己的输入法显示出来。

【例 7-12】 在 Windows 7 中，语言栏的输入法列表中添加"微软拼音-简捷 2010"，删除"微软拼音输入法 2003"。

① 在语言栏中的 ▦ 按钮上单击鼠标右键，在弹出的快捷菜单中选择"设置"命令，打开"文本服务和输入语言"对话框，如图 7-33 所示。

② 单击 添加(D)... 按钮，打开"添加输入语言"对话框，在"使用下面的复选框选择要添加的语言"列表框中单击"键盘"选项前的 ⊞ 按钮，在打开的子列表中单击选中"微软拼音-简捷 2010"复选框，撤销选中"微软拼音输入法 2003"复选框，如图 7-34 所示。

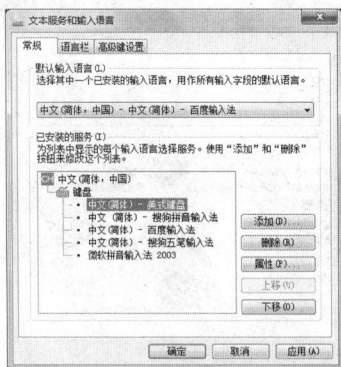

图 7-33 "文本服务和输入语言"对话框

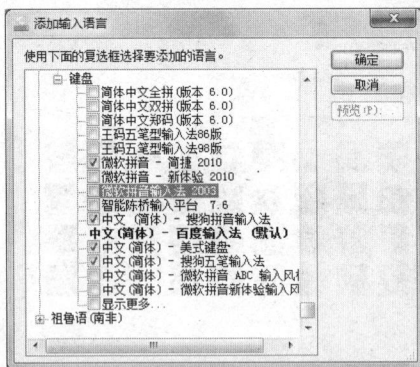

图 7-34 添加和删除输入法

③ 单击 确定 按钮，返回"文本服务和输入语言"对话框，在"已安装的服务"列表框中将显示已添加的输入法，单击 确定 按钮完成添加。

④ 单击语言栏中的 ▦ 按钮，查看添加和删除输入法后的效果。

> 通过上面的方法删除的输入法并不会真正从操作系统中删除，而是取消其在输入法列表中的显示，所以删除后还可通过添加的方式将其重新添加到输入法列表中使用。

为了便于快速切换至所需输入法，可以为输入法设置切换快捷键。

【**例 7-13**】 设置"中文（简体，中国）-微软拼音-简捷 2010"的
快捷键。

① 在语言栏中的 按钮上单击鼠标右键，在弹出的快捷菜单中选
择"设置"命令，打开"文本服务和输入语言"对话框。

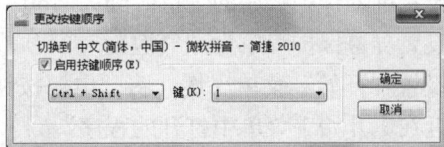

② 单击"高级键设置"选项卡，在列表框中选择要设置切换快捷
键的输入法选项，这里选择如图 7-35 所示的输入法选项，然后单击下方的 更改按键顺序(C)... 按钮。

③ 打开"更改按键顺序"对话框，单击选中"启用按键顺序"复选框，然后在下方的两个
列表框中选择所需的快捷键，这里设置【Ctrl+Shift+1】组合键，如图 7-36 所示。

④ 依次单击 确定 按钮，应用设置。

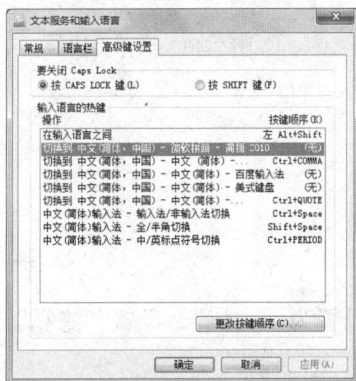

图 7-35　"文本服务和输入语言"对话框　　　　图 7-36　设置输入法切换快捷键

当添加好输入法后，即可进行汉字的输入，这里将以微软拼音输入法为例，对输入方法进行
介绍。

【**例 7-14**】 启动记事本程序，创建一个"备忘录"文档并使用微软拼音输入法输入前面要求
的内容。

① 在桌面上的空白区域单击鼠标右键，在弹出的快捷菜单
中选择【新建】/【文本文件】命令，此时将在桌面上新建一个
名为"新建文本文档.txt"的文件，且文件名呈可编辑状态。

② 单击语言栏中的"输入法"按钮 ，选择"微软拼音-
简捷 2010"输入法，然后输入编码"beiwanglu"，此时在汉字
状态条中将显示出所需的"备忘录"文本，如图 7-37 所示。

图 7-37　输入"备忘录"

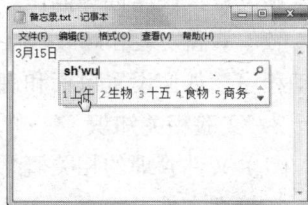

③ 单击状态条中的"备忘录"或直接按【Space】键输入文
本，再次按【Enter】键完成输入。

④ 双击桌面上新建的"备忘录"记事本文件，启动记事本
程序，在编辑区单击出现一个插入点，按数字键【3】输入数字
"3"，按【Ctrl+Shift+1】组合键切换至"微软拼音-简捷 2010"
输入法，输入编码"yue"，单击状态条中的"月"或按【Space】
键输入文本"月"。

图 7-38　输入词组"上午"

⑤ 继续输入数字"15"，再输入编码"ri"，按【Space】键输入"日"字，再输入简拼编码
"shwu"，单击或按【Space】键输入词组"上午"，如图 7-38 所示。

⑥ 连续按多次【Space】键，输入空字符串，接着继续使用微软拼音输入法输入后面的内容，

输入过程中按【Enter】键可分段换行。

⑦ 在"资料"文本右侧单击定位文本插入点,单击微软拼音输入法状态条上的▦图标,在打开的列表中选择"特殊符号"选项,在打开的软键盘中选择"▲"特殊符号,如图 7-39 所示。

⑧ 单击软键盘右上角的✕按钮关闭软键盘,在记事本程序中选择【文件】/【保存】命令,保存文档内容,如图 7-40 所示。关闭记事本程序,完成操作。

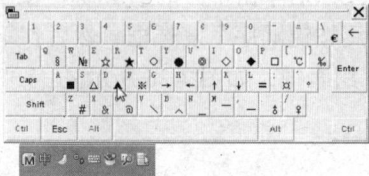

图 7-39　输入特殊符号

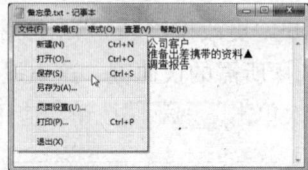

图 7-40　保存文档

5. 思考与练习

(1)设置桌面背景,图片位置为"填充"。

(2)设置使用 Aero Peek 预览桌面。

(3)设置屏幕保护程序的等待时间为"60"分钟。

(4)设置屏幕保护程序为"气泡"。

(5)设置"开始"菜单属性,将"电源按钮操作"设置为"关机",设置"隐私"为"存储并显示最近在「开始」菜单中打开的程序"。

(6)在桌面上建立 C 盘的快捷方式,快捷方式名为"C 盘"。

(7)将输入法切换为微软拼音输入法,并在打开的记事本中输入"今天是我的生日"。

7.2　实验二　Windows 7 中的资源管理

1. 实验目的

- 管理文件和文件夹资源;
- 管理程序和硬件资源。

2. 实验内容

(1)掌握 Windows 资源管理器的基本操作,对文件进行新建、重命名、移动、复制、删除、搜索和设置文件属性等操作。

(2)掌握安装和卸载软件的方法,了解如何打开和关闭 Windows 功能,掌握如何安装打印机驱动程序,如何设置鼠标和键盘,以及使用 Windows 自带的画图、计算器和写字板等附件程序。

3. 实验相关知识

(1)文件管理的相关概念

在管理文件过程中,会涉及以下几个相关概念。

① 硬盘分区与盘符。硬盘分区是指将硬盘划分为几个独立的区域,这样可以更加方便地存储和管理数据,格式化可使分区划分成可以用来存储数据的单位,一般是在安装系统时会对硬盘进行分区。盘符是 Windows 系统对于磁盘存储设备的标识符,一般使用 26 个英文字符加上一个冒号":"来标识,如"本地磁盘(C:)","C"就是该盘的盘符。

② 文件。文件是指保存在计算机中的各种信息和数据，计算机中的文件包括的类型很多，如文档、表格、图片、音乐和应用程序等。在默认情况下，文件在计算机中是以图标形式显示的，它由文件图标、文件名称和文件扩展名 3 部分组成，如 📄作息时间表.docx 代表为一个 Word 文件，其扩展名为.docx。

③ 文件夹。用于保存和管理计算机中的文件，其本身没有任何内容，却可放置多个文件和子文件夹，让用户能够快速地找到需要的文件。文件夹一般由文件夹图标和文件夹名称两部分组成。

④ 文件路径。在对文件进行操作时，除了要知道文件名外，还需要指出文件所在的盘符和文件夹，即文件在计算机中的位置，称为文件路径。文件路径包括相对路径和绝对路径两种。其中，相对路径是以 "."（表示当前文件夹）、".."（表示上级文件夹）或文件夹名称（表示当前文件夹中的子文件名）开头；绝对路径是指文件或目录在硬盘上存放的绝对位置，如 "D:\图片\标志.jpg" 绝对路径即表示 "标志.jpg 文件是在 D 盘的 "图片" 目录中。在 Windows 7 系统中单击地址栏的空白处，即可查看打开的文件夹的路径。

⑤ 资源管理器。资源管理器是指 "计算机" 窗口左侧的导航窗格，它将计算机资源分为收藏夹、库、家庭组、计算机和网络等类别，可以方便用户更好、更快地组织、管理及应用资源。打开资源管理器的方法为：双击桌面上的 "计算机" 图标🖥或单击任务栏上的 "Windows 资源管理器" 按钮📁。打开 "资源管理器" 对话框，单击导航窗格中各类别图标左侧的 ◢ 图标，便可依次按层级展开文件夹，选择某需要的文件夹后，其右侧将显示相应的文件内容，如图 7-41 所示。

图 7-41　资源管理器

> 为了便于查看和管理文件，用户可根据当前窗口中文件和文件夹的多少、文件的类型来更改当前窗口中文件和文件夹的视图方式。其方法是：在打开的文件夹窗口中单击工具栏右侧的 ▦ ▾ 按钮，在打开的下拉列表中，可选择大图标、中等图标、小图标和列表等视图显示方式。

（2）选择文件的几种方式

对文件或文件夹进行复制和移动等操作前，要先选择文件或文件夹，选择的方法主要有以下 5 种。

① 选择单个文件或文件夹。使用鼠标直接单击文件或文件夹图标即可将其选择，被选择的文件或文件夹的周围将呈蓝色透明状显示。

② 选择多个相邻的文件和文件夹。可在窗口空白处按住鼠标左键不放，并拖动鼠标框选需

要选择的多个对象，再释放鼠标即可。

③ 选择多个连续的文件和文件夹。用鼠标选择第一个选择对象，按住【Shift】键不放，再单击最后一个选择对象，可选择两个对象中间的所有对象。

④ 选择多个不连续的文件和文件夹。按住【Ctrl】键不放，再依次单击所要选择的文件或文件夹，可选择多个不连续的文件和文件夹。

⑤ 选择所有文件和文件夹。直接按【Ctrl+A】组合键，或选择【编辑】/【全选】命令，可以选择当前窗口中的所有文件或文件夹。

（3）认识控制面板

控制面板中包含了不同的设置工具，用户可以通过控制面板对 Windows 7 系统进行设置，包括管理安装程序和打印机等硬件资源。

在"计算机"窗口中的工具栏中单击 打开控制面板 按钮或选择【开始】/【控制面板】命令即可启动控制面板，其默认以"类别"方式显示，如图 7-42 所示。在"控制面板"窗口中单击不同的超链接即可以进入相应的子分类设置窗口或打开参数设置对话框。单击"查看方式"后面的 类别 ▼ 按钮，在打开的下拉列表中选择"大图标"选项，查看设置类别后的效果，如图 7-43 所示为"大图标"的视图显示方式。

图 7-42　"控制面板"窗口

图 7-43　"大图标"查看方式

（4）计算机软件的安装事项

要安装软件，首先应获取软件的安装程序，获取软件有以下几种途径。

① 从软件销售商处购买安装光盘。光盘是存储软件和文件最好的媒体之一，用户可以从软件销售商处购买所需的软件安装光盘。

② 从网上下载安装程序。目前，许多的共享软件和免费软件都将其安装程序放置在网络上，通过网络，用户可以将所需的软件程序下载下来进行使用。

③ 购买软件书时赠送。一些软件方面的杂志或书籍也常会以光盘的形式为读者提供一些小的软件程序，这些软件大都是免费的。

做好软件的安装准备工作后，即可开始安装软件。安装软件的一般方法及注意事项如下。

① 将安装光盘放入光驱，然后双击其中的"setup.exe"或"install.exe"文件（某些软件也可能是软件本身的名称），打开"安装向导"对话框，根据提示信息进行安装。某些安装光盘提供了智能化功能，只需将安装光盘放入光驱后，系统就会自动运行安装。

② 如果安装程序是从网上下载并存放在硬盘中，则可在资源管理器中找到该安装程序的存

放位置，双击其中的 "setup.exe" 或 "install.exe" 文件安装可执行文件，再根据提示进行操作。

③ 软件一般安装在除系统盘的其他磁盘分区中，最好是专门用一个磁盘分区来放置安装程序。杀毒软件和驱动程序等软件可安装在系统盘中。

④ 很多软件在安装时要注意取消其开机启动选项，否则它们会默认设置为开机启动软件，不但影响计算机启动的速度，还会占用系统资源。

⑤ 为确保安全，在网上下载的软件应事先进行查毒处理，然后再运行安装。

（5）计算机硬件的安装事项

硬件设备通常可分为即插即用型和非即插即用型两种。通常，将可以直接连接到计算机中使用的硬件设备称为即插即用型硬件，如 U 盘和移动硬盘等可移动存储设备，该类硬件不需要手动安装驱动程序，与计算机接口相连后系统可以自动识别，从而可以在系统中直接运行。

非即插即用硬件是指连接到计算机后，需要用户自行安装驱动程序的计算机硬件设备，如打印机、扫描仪和摄像头等。要安装这类硬件，还需要准备与之配套的驱动程序，一般会在购买硬件设备时由厂商提供安装程序。

4. 实验过程

（1）文件和文件夹基本操作

文件和文件夹的基本操作包括新建、移动、复制、删除和查找等，下面将结合前面的任务要求对操作方法进行讲解。

① 新建文件和文件夹

新建文件是指根据计算机中已安装的程序类别，新建一个相应类型的空白文件，新建后可以双击打开进行编辑文件内容。如果需要将一些文件分类整理在一个文件夹中以便日后管理，此时就需要新建文件夹。

【例 7-15】 新建 Excel 文档与文件夹。

a. 双击桌面上的 "计算机" 图标，打开 "计算机" 窗口，双击 G 磁盘图标，打开 G:\目录窗口。

b. 选择【文件】/【新建】/【文本文档】命令，或在窗口的空白处单击鼠标右键，在弹出的快捷菜单中选择【新建】/【文本文档】命令，如图 7-44 所示。

c. 系统将在文件夹中默认新建一个名为 "新建文本文档" 的文件，且文件名呈可编辑状态，切换到汉字输入法输入 "公司简介"，然后单击空白处或按【Enter】键，新建的文档效果如图 7-45 所示。

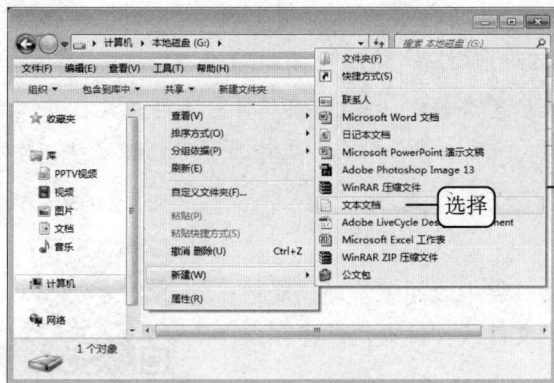

图 7-44 选择新建命令   图 7-45 命名文件

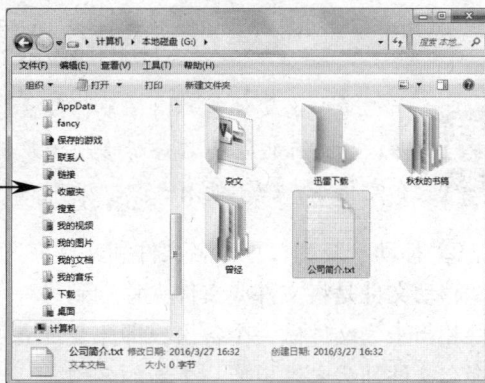

d. 选择【文件】/【新建】/【新建 Microsoft Excel 工作表】命令，或在窗口的空白处单击鼠

标右键，在弹出的快捷菜单中选择【新建】/【新建 Microsoft Excel 工作表】命令，此时将新建一个 Excel 文档，输入文件名 "公司员工名单"，按【Enter】键，效果如图 7-46 所示。

e. 选择【文件】/【新建】/【文件夹】命令，或在右侧文件显示区中的空白处单击鼠标右键，在弹出的快捷菜单中选择【新建】/【文件夹】命令，或直接单击工具栏中的 新建文件夹 按钮，双击文件夹名称使其呈可编辑状态，并在文本框中输入 "办公"，然后按【Enter】键，完成新文件夹的创建，如图 7-47 所示。

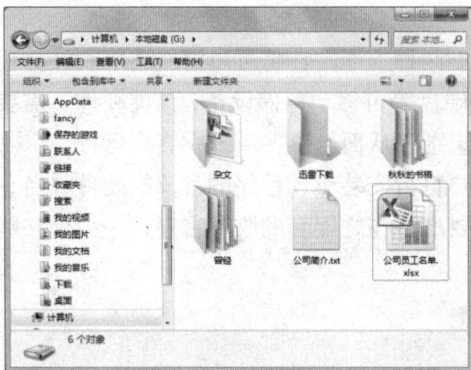

图 7-46 新建 Excel 工作表　　　　　　图 7-47 新建文件夹

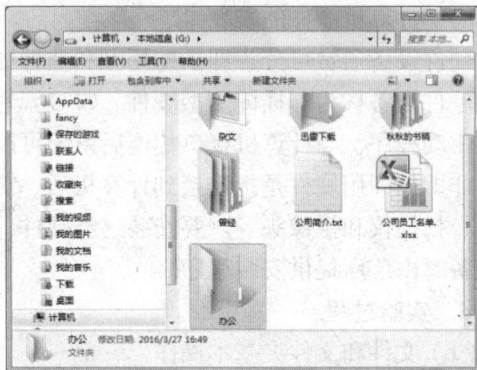

f. 双击新建的 "办公" 文件夹，在打开的目录窗口中单击工具栏中的 新建文件夹 按钮，输入子文件夹名称 "表格" 后按【Enter】键，然后再新建一个名为 "文档" 的子文件夹，如图 7-48 所示。

g. 单击地址栏左侧的 按钮，返回上一级窗口。

图 7-48 新建的子文件夹

> 重命名文件名称时不要修改文件的扩展名部分，一旦修改将导致无法正常打开该文件，此时可将扩展名重新修改为正确模式便可打开。此外，文件名可以包含字母、数字和空格等，但不能有 ?、*、/、\、<、>、: 等。

② 移动、复制、重命名文件和文件夹

移动文件是将文件或文件夹移动到另一个文件夹中以便于管理，复制文件相当于为文件做一个备份，即原文件夹下的文件或文件夹仍然存在，重命名文件即为文件更换一个新的名称。

【例 7-16】 移动 "公司员工名单.xlsx" 文件，复制 "公司简介.txt" 文件，并重命名复制的文件为 "招聘信息"。

a. 在导航窗格中单击展开"计算机"图标█，然后在右侧窗口中选择"本地磁盘（G:）"图标。

b. 在右侧窗口中单击选择"公司员工名单.xlsx"文件，在其上单击鼠标右键，在弹出的快捷菜单中选择"剪切"命令，或选择【编辑】/【剪切】命令（可直接按【Ctrl+X】组合键），如图 7-49 所示，将选择的文件剪切到剪贴板中，此时文件呈灰色透明显示效果。

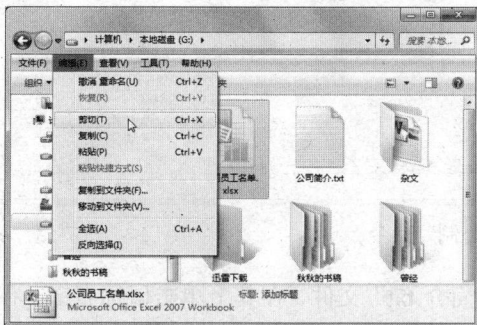

图 7-49 选择"剪切"命令

c. 在导航窗格中单击展开"办公"文件夹，再选择下面"表格"子文件夹选项，在右侧打开的"表格"窗口中单击鼠标右键，在弹出的快捷菜单中选择"粘贴"命令，或选择【编辑】/【粘贴】命令（可直接按【Ctrl+V】组合键），如图 7-50 所示，即可将剪切到剪贴板中的"公司员工名单.xlsx"文件粘贴到"表格"窗口中，完成文件夹的移动，效果如图 7-51 所示。

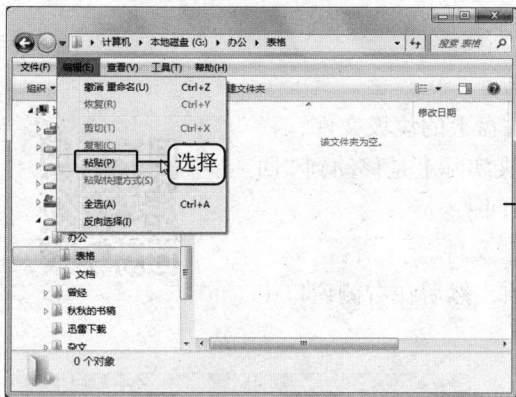

图 7-50 执行"粘贴"命令   图 7-51 移动文件后的效果

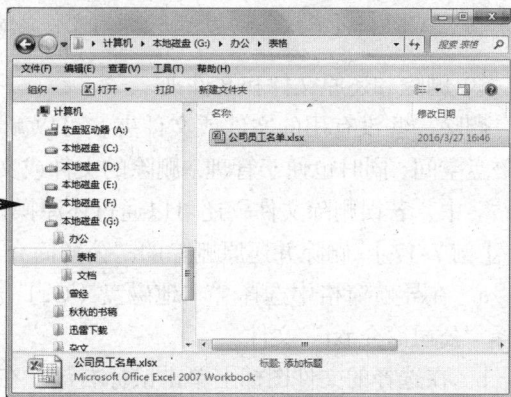

d. 单击地址栏左侧的●按钮，返回上一级窗口，即可看到窗口中已没有"公司员工名单.xlsx"文件了。

e. 单击选择"公司简介.txt"文件，在其上单击鼠标右键，在弹出的快捷菜单中选择"复制"命令，或选择【编辑】/【复制】命令（可直接按【Ctrl+C】组合键），如图 7-52 所示，将选择的文件复制到剪贴板中，此时窗口中的文件不会发生任何变化。

f. 在导航窗格中选择"文档"文件夹选项，在右侧打开的"文档"窗口中单击鼠标右键，在弹出的快捷菜单中选择"粘贴"命令，或选择【编辑】/【粘贴】命令（可直接按【Ctrl+V】组合键），即可将剪切到剪贴板中的"公司简介.txt"文件粘贴到该窗口中，完成文件夹的复制，效果如图 7-53 所示。

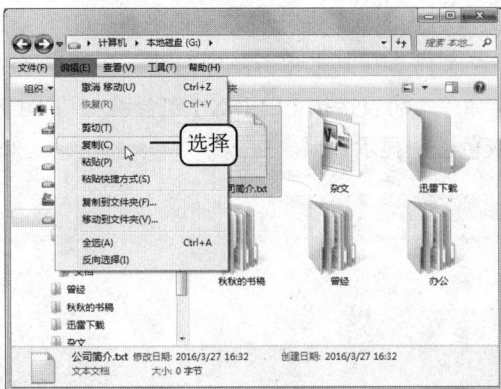

图 7-52 选择"复制"命令

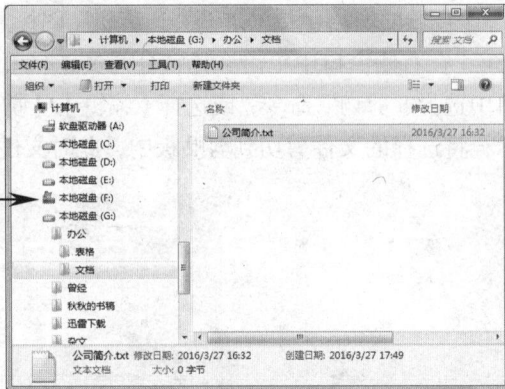

图 7-53 复制文件后的效果

g. 选择复制后的"公司简介.txt"文件，在其上单击鼠标右键，在弹出的快捷菜单中选择"重命名"命令，此时要重命名的文件名称部分呈可编辑状态，在其中输入新的名称"招聘信息"后按【Enter】键即可。

h. 在导航窗格中选择"本地磁盘（G:）"选项，即可看到该磁盘根目录下的"公司简介.txt"文件仍然存在。

> 将选择的文件或文件夹用鼠标直接拖动到同一磁盘分区下的其他文件夹中或拖动到左侧导航空格中的某个文件夹选项上，可以移动文件或文件夹，在拖动过程中按住【Ctrl】键不放，则可实现复制文件或文件夹的操作。

③ 删除和还原文件和文件夹

删除一些没有用的文件或文件夹，可以减少磁盘上的垃圾文件，释放磁盘空间，同时也便于管理。删除的文件或文件夹实际上是移动到"回收站"中，若误删除文件，还可以通过还原操作找回来。

【例 7-17】 删除并还原删除的"公司简介.txt"文件。

a. 在导航窗格中选择"本地磁盘（G:）"选项，然后在右侧窗口中选择"公司简介.txt"文件。

b. 在选择的文件图标上单击鼠标右键，在弹出的快捷菜单中选择"删除"命令，或按【Delete】键，此时系统会打开如图 7-54 所示的提示对话框，提示用户是否确定要把该文件放入回收站。

c. 单击 是(Y) 按钮，即可删除选择的"公司简介.txt"文件。

图 7-54 "删除文件夹"对话框

d. 单击任务栏最右侧的"显示桌面"区域，切换至桌面，双击"回收站"图标，在打开的窗口中将查看到最近删除的文件和文件夹等对象，在要还原的"公司简介.txt"文件上单击鼠标右键，在弹出的快捷菜单中选择"还原"命令，如图 7-55 所示，即可将其还原到被删除前的位置。

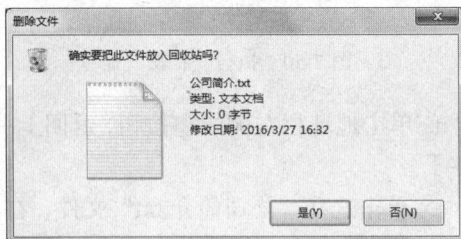

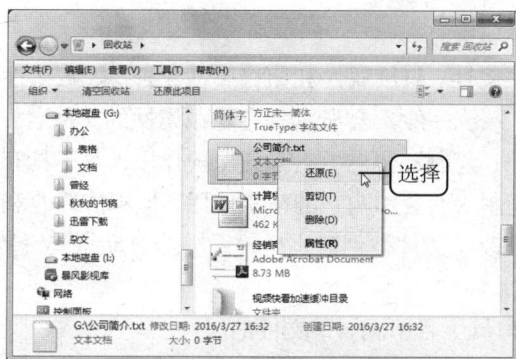

图 7-55　还原被删除的文件

选择文件后，按【Shift+Delete】组合键将不通过回收站，直接将文件从计算机中删除。此外，删除回收站中的文件仍然会占用磁盘空间，在"回收站"窗口中单击工具栏中的 清空回收站 按钮才能彻底删除。

④ 搜索文件或文件夹

如果用户不知道文件或文件夹在磁盘中的位置，可以使用 Windows 7 的搜索功能来查找。搜索时如果不记得文件的名称，可以使用模糊搜索功能，其方法是：用通配符 "＊" 来代替任意数量的任意字符，使用 "？" 来代表某一位置上的任一个字母或数字，如 "＊.mp3" 表示搜索当前位置下所有类型为 MP3 格式的文件，而 "pin?.mp3" 则表示搜索当前位置下前 3 个字母为 "pin"、第 4 位是任意字符的 MP3 格式的文件。

【例 7-18】 搜索 E 盘中的 JPG 图片。

a. 用户只需在资源管理器中打开需要搜索的位置，如需在所有磁盘中查找，则打开 "计算机" 窗口，如需在某个磁盘分区或文件夹中查找，则打开具体的磁盘分区或文件夹窗口，这里打开 E 磁盘窗口。

b. 在窗口地址栏后面的搜索框中输入要搜索的文件信息，如这里输入 "＊.jpg"，Windows 会自动在搜索范围内搜索所有符合文件信息的对象，并在文件显示区中显示搜索结果，如图 7-56 所示。

c. 根据需要，可以在 "添加搜索筛选器" 中选择 "修改日期" 或 "大小" 选项来设置搜索条件，以缩小搜索范围。

图 7-56　搜索 E 盘中的 JPG 格式文件

（2）设置文件和文件夹属性

文件属性主要包括隐藏属性、只读属性和归档属性 3 种。隐藏属性是指在查看磁盘文件的名称时，系统一般不会显示具有隐藏属性的文件名，具有隐藏属性的文件不能被删除、复制和更名，以起到保护作用；对于具有只读属性的文件，可以查看和复制，不会影响它的正常使用，但不能修改和删除文件，以避免意外删除和修改；文件被创建之后，系统会自动将其设置成归档属性，即可以随时进行查看、编辑和保存。

【例 7-19】 更改"公司员工名单.xlsx"文件的属性。

① 打开"计算机"窗口，再打开"G:\办公\表格"目录，在"公司员工名单.xlsx"文件上单击鼠标右键，在弹出的快捷菜单中选择"属性"命令，打开文件"属性"对话框。

② 在"常规"选项卡下的"属性"栏中单击选中"只读"复选框，如图 7-57 所示。

③ 单击 应用(A) 按钮，再单击 确定 按钮，完成文件属性设置。如果是修改文件夹的属性，应用设置后还将打开如图 7-58 所示的"确认属性更改"对话框，根据需要选择应用方式后单击 确定 按钮，即可设置相应的文件夹属性。

图 7-57　文件属性设置对话框　　　　图 7-58　选择文件夹属性应用方式

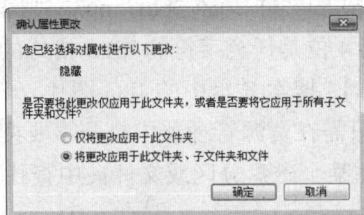

（3）使用库

库是 Windows 7 操作系统中的一个新概念，其功能类似于文件夹，但它只是提供管理文件的索引，即用户可以通过库来直接访问，而不需要通过保存文件的位置去查找，所以文件并没有真正地被存放在库中。Windows 7 系统中自带了视频、图片、音乐和文档 4 个库，以便于将这类常用文件资源添加到库中，根据需要也可以新建库文件夹。

【例 7-20】 新建"办公"库，将"表格"文件夹添加到库中。

① 打开"计算机"窗口，在导航窗格中单击"库"图标，打开库文件夹，此时在右侧窗口中将显示所有库，双击各个库文件夹便可打开进行查看。

② 单击工具栏中的 新建库 按钮或选择【文件】/【新建】/【库】命令，输入库的名称"办公"，然后按【Enter】键，即可新建一个库，如图 7-59 所示。

③ 在导航窗格中选择"G:\办公"文件夹，选中要添加到库中的"表格"文件夹，然后选择【文件】/【包含到库中】/【办公】命令，即可将选择的文件夹中的文件添加到前面新建的"办公"库文件夹中，以后就可以通过"办公"库来查看文件了，效果如图 7-60 所示。用同样的方法还可将计算机中其他位置下的相关文件分别添加到库中。

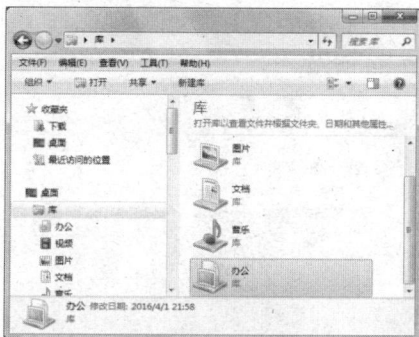

图 7-59　新建库

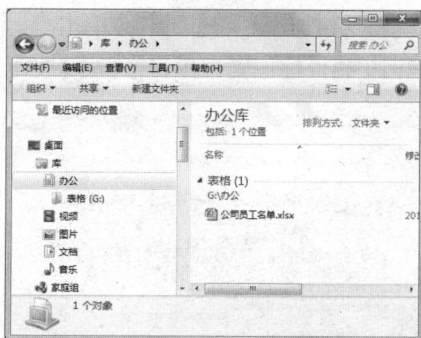

图 7-60　将文件添加到库

> **提示**　当不再需要使用库中的文件时，可以将其删除，其删除方法是：在要删除的库文件夹上单击鼠标右键，在弹出的快捷菜单中选择"从库中删除位置"命令即可。

（4）安装和卸载应用程序

获取或准备好软件的安装程序后便可以开始安装软件，安装后的软件将会显示在"开始"菜单中的"所有程序"列表中，部分软件还会自动在桌面上创建快捷启动图标。

【例 7-21】　安装 Office 2010，并卸载计算机中不需要的软件。

① 将安装光盘放入光驱中，当光盘成功被读取后进入到光盘中，找到并双击"setup.exe"文件，如图 7-61 所示。

② 打开"输入您的产品密匙"对话框，在光盘包装盒中找到由 25 位字符组成的产品密匙（产品密匙也称安装序列号，免费或试用软件不需要输入），并将密匙输入到文本框中，单击 继续(C) 按钮，如图 7-62 所示。

③ 打开"许可条款"对话框，对其中条款内容进行认真阅读，单击选中"我接受此协议的条款"复选框，单击 继续(C) 按钮，如图 7-63 所示。

④ 打开"选择所需的安装"对话框，单击 自定义(U) 按钮，如图 7-64 所示。若单击 立即安装(I) 按钮，可按默认设置快速安装软件。

图 7-61　双击安装文件

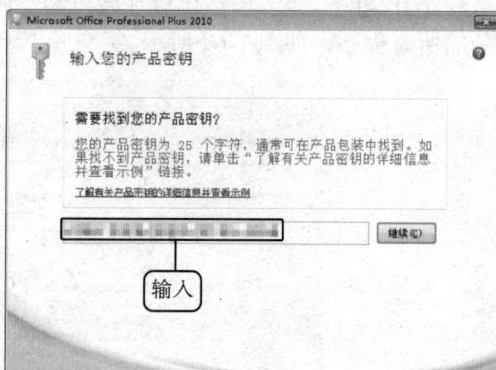

图 7-62　输入产品密匙

⑤ 在打开的安装向导对话框中单击"安装选项"选项卡，单击任意组件名称前的 按钮，在打开的下拉列表中便可以选择是否要安装此组件，如图 7-65 所示。

⑥ 单击"文件位置"选项卡，单击 [浏览(B)...] 按钮，在打开的"浏览文件夹"对话框中选择安装 Office 2010 的目标位置，单击 [确定] 按钮，如图 7-66 所示。

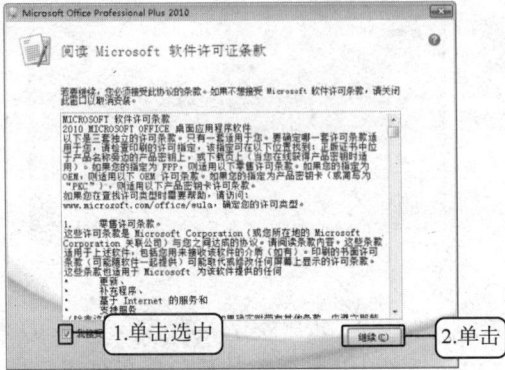

图 7-63　"许可条款"对话框

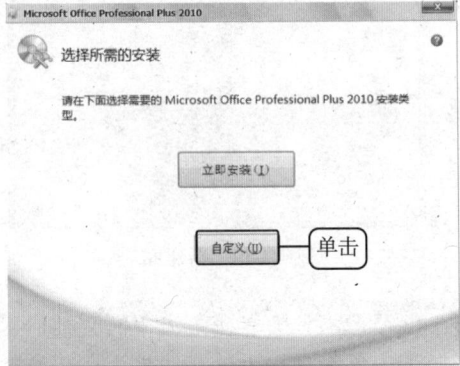

图 7-64　选择安装模式

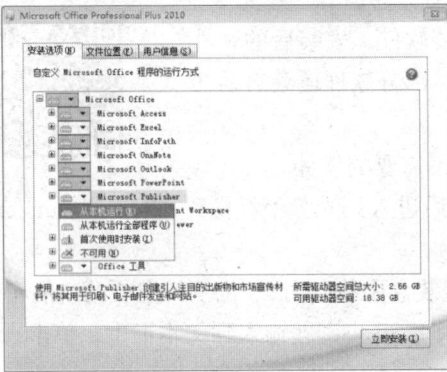

图 7-65　选择安装组件

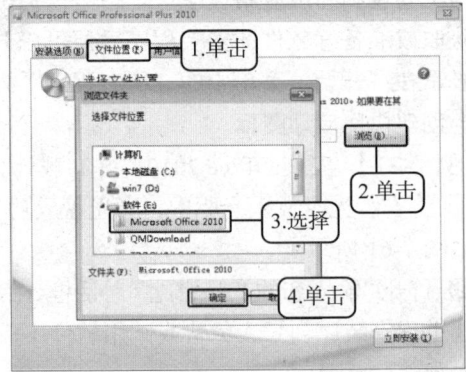

图 7-66　选择安装路径

⑦ 返回对话框，单击"用户信息"选项卡，在文本框中输入用户名和公司名称等信息，最后单击 [立即安装(I)] 按钮进入"安装进度"界面中，静待数分钟后便会提示已安装完成。

⑧ 打开"控制面板"窗口，在分类视图下单击"程序"超链接，在打开的"程序"窗口中单击"程序和功能"超链接，在打开窗口的"卸载或更改程序"列表框中即可查看当前计算机中已安装的所有程序，如图 7-67 所示。

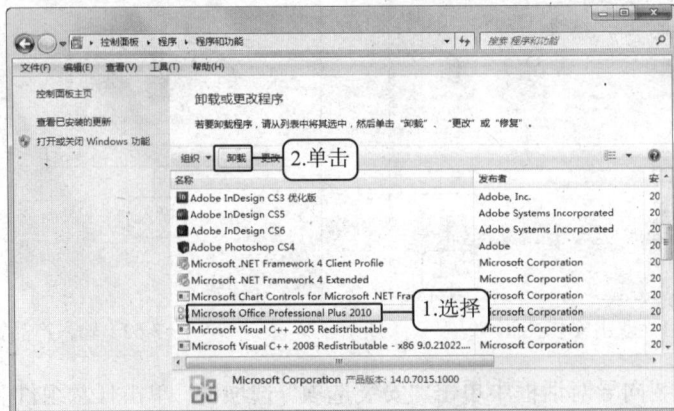

图 7-67　"程序和功能"窗口

⑨ 在列表中选择要卸载的程序选项，然后单击工具栏中的 卸载 按钮，将打开确认是否卸载程序的提示对话框，单击 是(Y) 按钮即可确认并开始卸载程序。

> 通过"开始"菜单可以卸载软件自身提供了卸载功能的软件，其方法是：选择【开始】/【所有程序】命令，在"所有程序"列表中展开程序文件夹，然后选择"卸载"等相关命令（若没有类似命令则通过控制面板进行卸载），再根据提示进行操作便可完成软件的卸载，有些软件在卸载后还会要求重启计算机以彻底删除该软件的安装文件。

（5）打开和关闭 Windows 功能

Windows 7 操作系统自带了一些组件程序及功能，包括 IE 浏览器、媒体功能、游戏和打印服务等，用户可根据需要通过打开和关闭操作来决定是否启用这些功能。

【例 7-22】 关闭 Windows 7 的"纸牌"游戏功能。

① 选择【开始】/【控制面板】命令，打开"控制面板"窗口，在分类视图下单击"程序"超链接，在打开的"程序"窗口中单击"打开或关闭 Windows 功能"超链接。

② 系统检测 Windows 功能后，打开如图 7-68 所示的"Windows 功能"窗口，在该窗口的列表框中显示了所有的 Windows 功能选项，如选项前的复选框显示为▣，表示该功能中的某些子功能被打开；如选项前的复选框显示为☑，则表示该功能中的所有子功能都被打开。

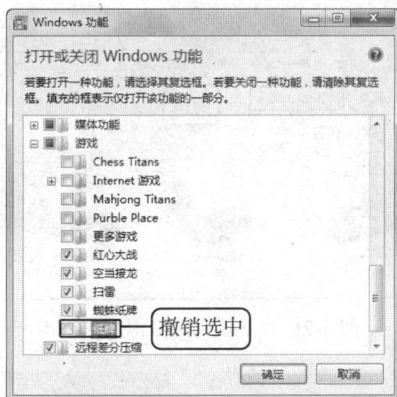

③ 单击某个功能选项前的⊞标记，即可展开列表显示出该功能中的所有子功能选项，这里展开"游戏"功能选项，撤销选中"纸牌"复选框，则可关闭该系统功能，如图 7-69 所示。

④ 单击 确定 按钮，系统将打开提示对话框显示该项功能的配置进度，完成后系统将自动关闭该对话框和"Windows 功能"窗口。

图 7-68 "Windows 功能"窗口　　图 7-69 关闭"纸牌"游戏功能

（6）安装打印机硬件驱动程序

在安装打印机前应先将设备与计算机主机相连接，然后还需安装打印机的驱动程序。当安装其他外部计算机设备时也可参考与打印机类似的方法来进行安装。

【例 7-23】 连接打印机，然后安装打印机的驱动程序。

① 不同的打印机有不同类型的端口，常见的有 USB、LPT 和 COM 端口，可参见打印机的使用说明书，将数据线的一端插入到机箱后面相应的插口中，再将另一端与打印机接口相连，如

图 7-70 所示，然后接通打印机的电源。

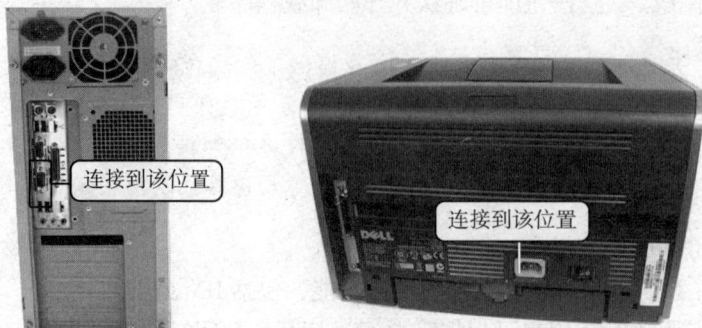

图 7-70　连接打印机

② 选择【开始】/【控制面板】命令，打开"控制面板"窗口，单击"硬件和声音"下的"查看设备和打印机"超链接，打开"设备和打印机"窗口，在其中单击 添加打印机 按钮，如图 7-71 所示。

③ 在打开的"添加打印机"对话框中选择"添加本地打印机"选项，如图 7-72 所示。

④ 在打开的"选择打印机端口"对话框中单击选中"使用现有的端口"单选项，在其后面的下拉列表框中选择打印机连接的端口（一般使用默认端口设置），然后单击 下一步(N) 按钮，如图 7-73 所示。

⑤ 在打开的"安装打印机驱动程序"对话框的"厂商"列表框中选择打印机的生产厂商，在"打印机"列表框中选择安装打印机的型号，单击 下一步(N) 按钮，如图 7-74 所示。

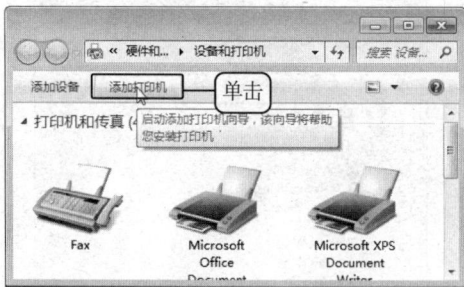

图 7-71　"设备和打印机"窗口

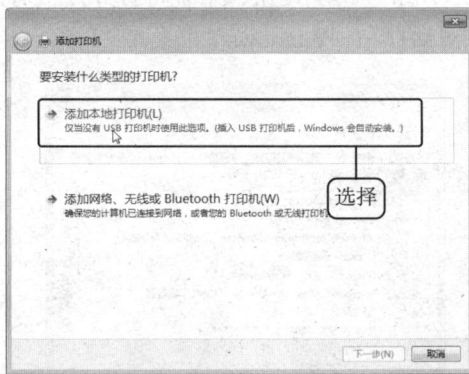

图 7-72　添加本地打印机

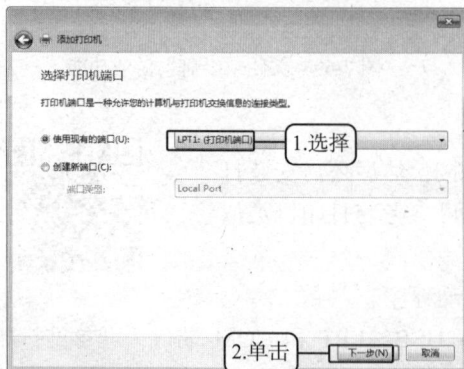

图 7-73　选择打印机端口

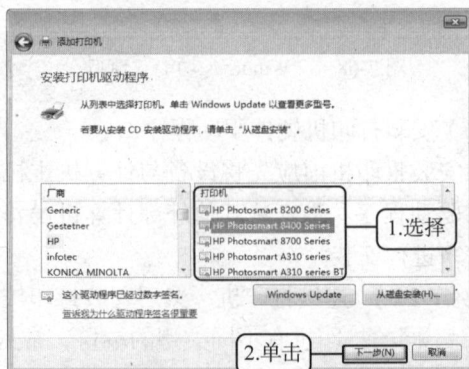

图 7-74　选择打印机型号

⑥ 打开"键入打印机名称"对话框，在"打印机名称"文本框中输入名称，这里使用默认名称，单击 下一步(N) 按钮，如图 7-75 所示。

⑦ 系统开始安装驱动程序，安装完成后打开"打印机共享"对话框，如果不需要共享打印机则单击选中"不共享这台打印机"单选项，单击 下一步(N) 按钮，如图 7-76 所示。

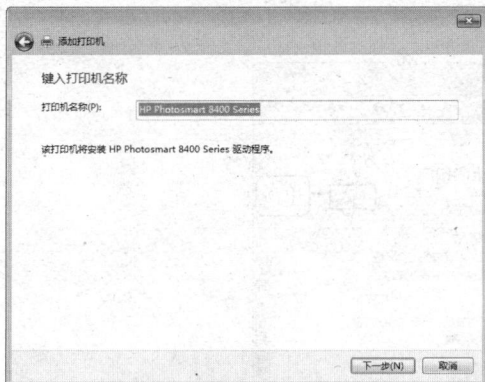

图 7-75　输入打印机名称　　　　　　　图 7-76　共享设置

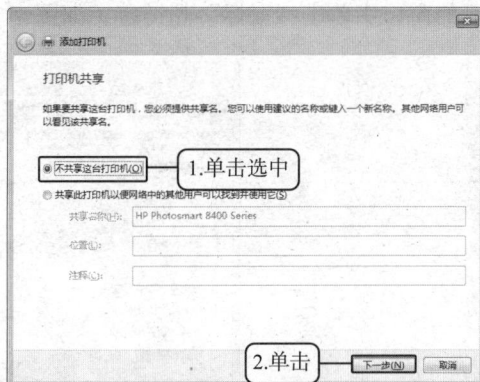

⑧ 在打开的对话框中单击选中"设置为默认打印机"复选框可设置其为默认的打印机，单击 完成(F) 按钮完成打印机的添加，如图 7-77 所示。

⑨ 打印机安装完成后，在"控制面板"窗口中单击"查看设备和打印机"超链接，在打开的窗口中双击安装的打印机图标，即可根据打开的窗口查看打印机状态，包括查看当前打印内容、设置打印属性和调整打印选项等，如图 7-78 所示。

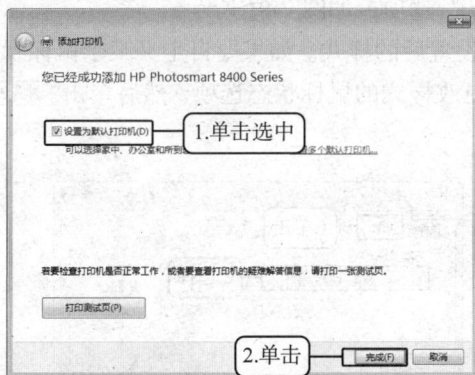

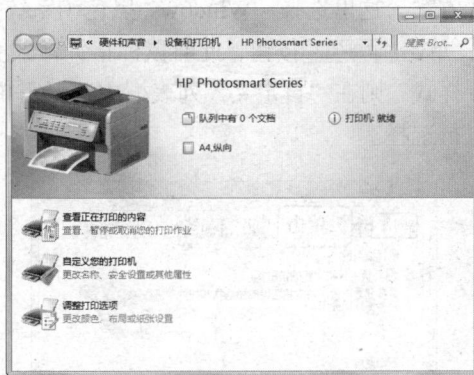

图 7-77　完成添加　　　　　　　图 7-78　查看安装的打印机

提示　如果要安装网络打印机，可在图 7-72 所示的对话框中选择"添加网络、无线或 Bluetooth 打印机"选项，系统将自动搜索与本机联网的所有打印机设备，选择打印机型号后将自动安装驱动程序。

（7）设置鼠标和键盘

鼠标和键盘是计算机中重要的输入设备，用户可以根据需要对其参数进行设置。

① 设置鼠标

设置鼠标主要包括调整双击鼠标的速度、更换鼠标指针样式以及设置

鼠标指针选项等。

【例 7-24】 设置鼠标指针样式方案为 "Windows 黑色（系统方案）"，调节鼠标的双击速度和移动速度，并设置移动鼠标指针时会产生 "移动轨迹" 效果。

a. 选择【开始】/【控制面板】命令，打开 "控制面板" 窗口，单击 "硬件和声音" 超链接，在打开的窗口中单击 "鼠标" 超链接，如图 7-79 所示。

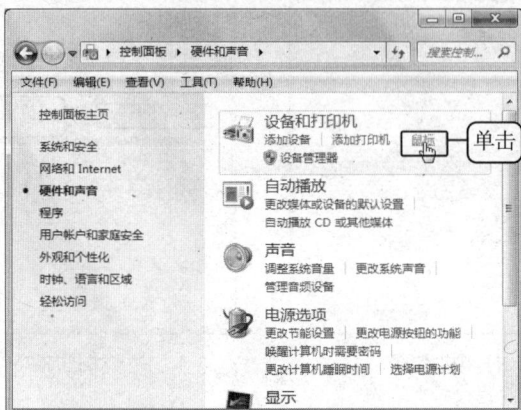

图 7-79　单击 "鼠标" 超链接

b. 在打开的 "鼠标 属性" 对话框中单击 "鼠标键" 选项卡，在 "双击速度" 栏中拖动 "速度" 滑动条中的滑动块可以调节双击速度，如图 7-80 所示。

c. 单击 "指针" 选项卡，然后单击 "方案" 栏中的下拉按钮▼，在打开的下拉列表中选择鼠标样式方案，这里选择 "Windows 黑色（系统方案）" 选项，如图 7-81 所示。

d. 单击 应用(A) 按钮，此时鼠标指针样式变为设置后的样式。如果要自定义某个鼠标状态下的指针样式，则在 "自定义" 列表框中选择需单独更改样式的鼠标状态选项，然后单击 浏览(B)... 按钮进行选择。

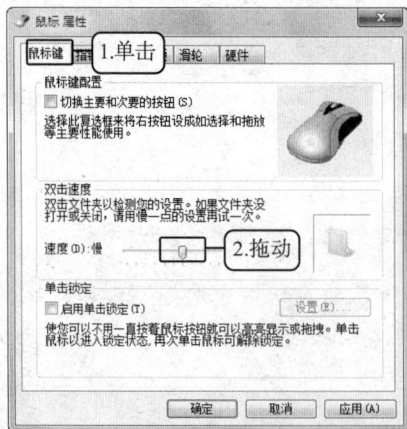

图 7-80　设置鼠标双击速度

图 7-81　选择鼠标指针样式

e. 单击 "指针选项" 选项卡，在 "移动" 栏中拖动滑动块可以调整鼠标指针的移动速度，单击选中 "显示指针轨迹" 复选框，移动鼠标指针时会产生 "移动轨迹" 效果，如图 7-82 所示。

f. 单击 确定 按钮，完成对鼠标的设置。

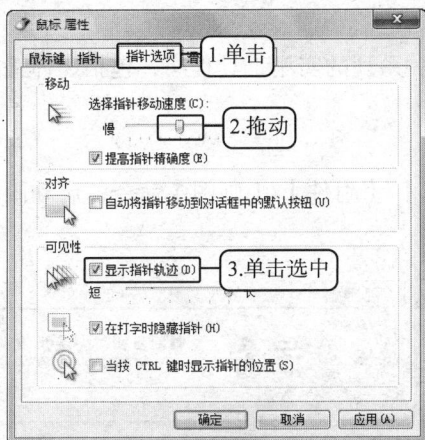

图 7-82　设置指针选项

> 习惯用左手进行操作的用户，可以在"鼠标属性"对话框的"鼠标键"选项卡中单击选中"切换主要和次要的按钮"复选框，在其中设置交换鼠标左右键的功能，从而方便用户使用左手进行操作。

② 设置键盘

在 Windows 7 中，设置键盘主要是调整键盘的响应速度以及光标的闪烁速度。

【例 7-25】 通过设置缩短键盘重复输入一个字符的延迟时间，使重复输入字符的速度最快，并适当调整光标的闪烁速度。

a. 选择【开始】/【控制面板】命令，打开"控制面板"窗口，在窗口右上角的"查看方式"下拉列表框中选择"小图标"选项，如图 7-83 所示，切换至"小图标"视图模式。

b. 单击"键盘"超链接，打开如图 7-84 所示的"键盘 属性"对话框，单击"速度"选项卡，向右拖动"字符重复"栏中的"重复延迟"滑块，缩短键盘重复输入一个字符的延迟时间，如向左拖动，则增加延迟时间；向右拖动"重复速度"滑块，改变重复输入字符的速度。

c. 在"光标闪烁速度"栏中拖动滑块改变在文本编辑软件（如记事本）中插入点在编辑位置的闪烁速度，如向左拖动滑块设置为中等速度。

d. 单击 确定 按钮，完成设置。

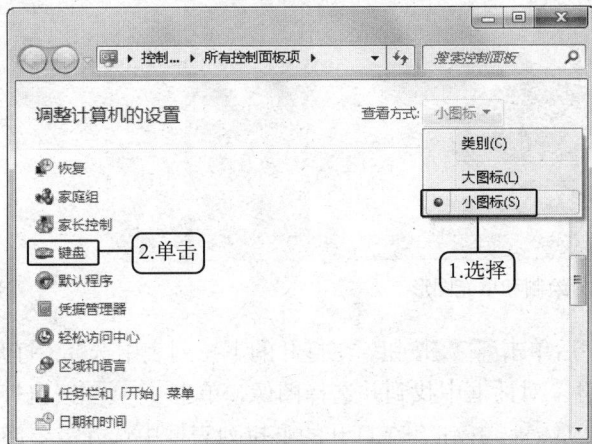

图 7-83　设置控制面板显示视图

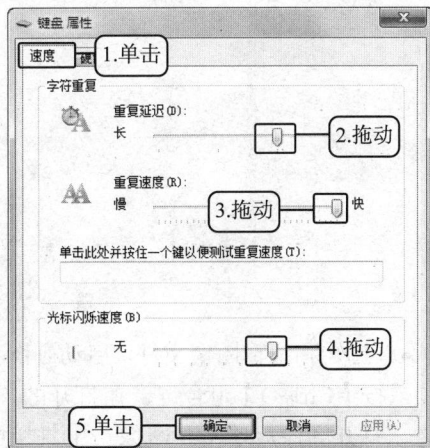

图 7-84　设置键盘属性

（8）使用附件程序

Windows 7 系统中提供了一系列的实用工具程序，包括媒体播放器、计算器和画图程序等。下面简单介绍它们的使用方法。

① 使用画图程序

选择【开始】/【所有程序】/【附件】/【画图】命令，启动画图程序，画图程序的操作界面如图 7-85 所示。

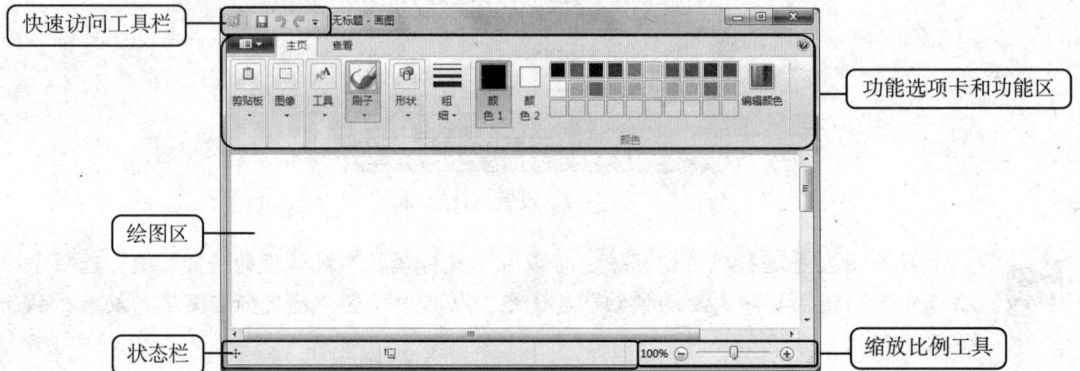

图 7-85　"画图"程序操作界面

画图程序中所有绘制工具及编辑命令都集成在"功能选项卡和功能区"的"主页"选项卡中，因此，画图所需的大部分操作都可以在功能区中完成。利用画图程序可以绘制各种简单形状的图形，也可以打开计算机中已有的图像文件进行编辑，其方法分别如下。

● 绘制图形。单击"形状"工具栏中的各个按钮，然后在"颜色"工具栏中单击选择一种颜色，移动鼠标指针到绘图区，按住鼠标左键不放并拖动鼠标，便可以绘制出相应形状的图形，绘制图形后单击"工具"工具栏中的"用颜色填充"按钮，然后在"颜色"工具栏中选择一种颜色，单击绘制的图形，即可填充图形，如图 7-86 所示。

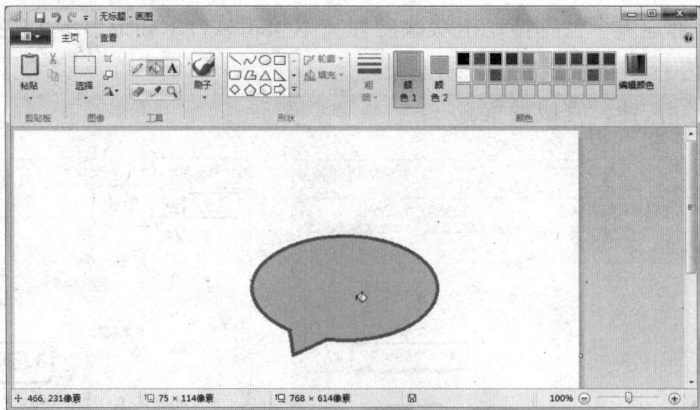

图 7-86　绘制和填充图形

● 打开和编辑图像文件。启动画图程序后单击 按钮，在打开的下拉列表中选择"打开"选项或按【Ctrl+O】组合键，在打开的"打开"对话框中找到并选择图像，单击 打开(O) 按钮打开图像。打开图像后单击"图像"工具栏中的 旋转 按钮，在打开的下拉列表框中选择需要旋转的方向和角度，可以旋转图形，如图 7-87 所示；单击"图像"工具栏中的 选择 按钮，在打开的下拉列表框中选择"矩形选择"选项,在图像中按住鼠标左键不放并拖动鼠标即可选择局部图像区域,选择图像后按住鼠标左键不放进行拖动可以移动图像的位置,若单击"图像"工具栏中的 <img> 裁剪 按钮,将自动裁剪掉多余的部分,留下被框选部分图像。

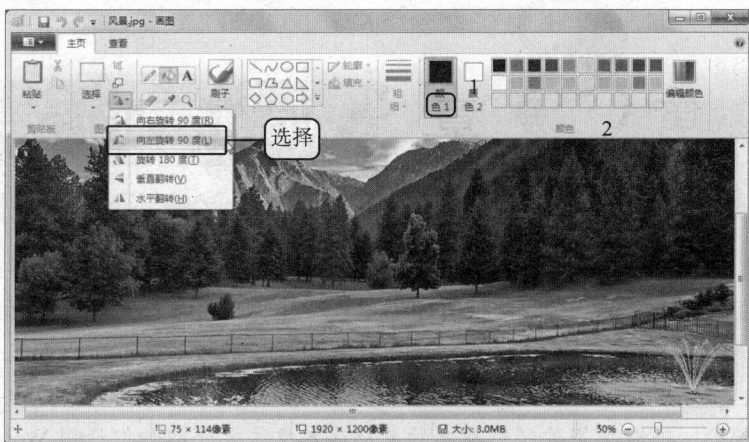

图 7-87　打开并旋转图像

② 使用计算器

当需要计算大量数据,而周围又没有合适的计算工具时,可以使用 Windows 7 自带的"计算器"程序。它除了有适合大多数人使用的标准计算模式以外,还有适合特殊情况的科学型、程序员和统计信息等模式。

选择【开始】/【所有程序】/【附件】/【计算器】命令,默认将启动标准型计算器,如图 7-88 所示。计算器的使用与现实中计算器的使用方法基本相同,只需使用鼠标单击操作界面中相应的按钮即可计算。标准型模式不能完成的计算任务可以选择"查看"菜单下其他类型的计算器命令,主要包括科学型、程序员和统计信息等几种,实现较复杂的数值计算。

图 7-88　标准型
计算器

5. 思考与练习

(1)管理文件和文件夹,具体要求如下。

① 在计算机 D 盘下新建 FENG、WARM 和 SEED 3 个文件夹,再在 FENG 文件夹下新建 WANG 子文件夹,在该子文件夹中新建一个 JIM.txt 文件。

② 将 WANG 子文件夹下的 JIM.txt 文件复制到 WARM 文件夹中。

③ 将 WARM 文件夹中的文件 JIM.txt 文件设置为隐藏和只读属性。

④ 将 WARM 文件夹下"JIM.txt"文件删除。

(2)利用计算器计算"(355+544-45)/2"的结果。

(3)利用画图程序绘制一个粉红色的心形图形,最后以"心形"为名保存到桌面。

(4)从网上下载搜狗拼音输入法的安装程序,然后安装到计算机中,最后卸载。

第8章　Word 2010 文字处理

　　Word 是微软公司的 Office 系列办公组件之一，是目前世界上最流行的文字编辑软件，使用它我们可以编排出精美的文档。Word 2010 中带有众多顶尖的文档格式设置工具，可帮助用户更有效地组织和编写文档，Word 2010 还包括功能强大的编辑和修订工具，以便用户与他人轻松地开展协作。此外，应用 Word 2010，用户还可以将文档存储在网络中，进而可以通过各种网页浏览器对文档进行编辑，随时把握住稍纵即逝的灵感。本章主要介绍如何使用 Word 2010 来创建和编辑文档，以及如何通过在文档中插入表格、图像等对象美化文档，增强文档的表现力。

8.1　实验三　Word 2010 的基本操作

1. 实验目的
（1）熟悉 Word 的基本操作界面；
（2）掌握 Word 的文档编辑功能；
（3）掌握 Word 的常用排版方法。

2. 实验内容
（1）自定义 Word 2010 的工作界面。
（2）用复制和粘贴、查找和替换的方法编辑文档内容。
（3）设置字体格式：字体、字形、字号、颜色、下划线等效果。
（4）设置段落格式：对齐方式、首行缩进、行距和段距等。
（5）插入图片、剪贴画、艺术字等对象，设置封面。
（6）按要求完成两篇文档的编辑排版工作。

3. 实验相关知识
（1）熟悉 Word 2010 工作界面
启动 Word 2010 后将进入其操作界面，如图 8-1 所示，下面主要对 Word 2010 操作界面中主要组成部分进行介绍。
① 标题栏
标题栏位于 Word 2010 操作界面的最顶端，用于显示程序名称和文档名称和右侧的 "窗口控制" 按钮组（包含 "最小化" 按钮▬、"最大化" 按钮▢和 "关闭" 按钮▬▬），可最大化、最小化和关闭窗口。
② 快速访问工具栏
快速访问工具栏中显示了一些常用的工具按钮，默认按钮有 "保存" 按钮▪、"撤销" 按钮↻、

"恢复"按钮 ⟲。用户还可自定义按钮，只需单击该工具栏右侧的"下拉"按钮 ▾，在打开的下拉列表中选择相应选项即可。

③ "文件"菜单

该菜单中的内容与 Office 其他版本中的"文件"菜单类似，主要用于执行与该组件相关文档的新建、打开、保存等基本命令，菜单最下方的"选项"命令可打开"选项"对话框，在其中可对 Word 组件进行常规、显示、校对等多项设置。

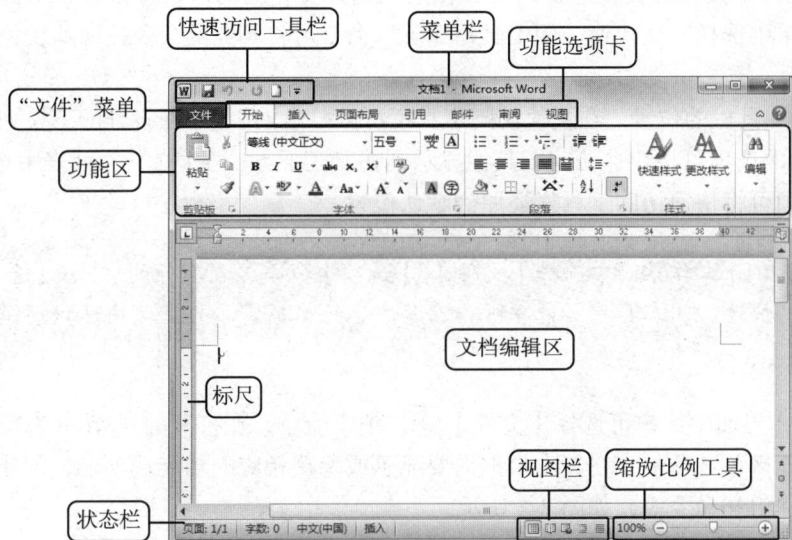

图 8-1　Word 2010 工作界面

④ 功能选项卡

Word 2010 默认包含了 7 个功能选项卡，单击任一选项卡可打开对应的功能区，单击其他选项卡可分别切换到相应的选项卡，每个选项卡中分别包含了相应的功能组集合。

⑤ 标尺

标尺主要用于对文档内容进行定位，位于文档编辑区上侧称为水平标尺，左侧称为垂直标尺，通过水平标尺中的缩进按钮 ⬒ 还可快速调节段落的缩进和文档的边距。

⑥ 文档编辑区

文档编辑区指输入与编辑文本的区域，对文本进行的各种操作结果都显示在该区域中。新建一篇空白文档后，在文档编辑区的左上角将显示一个闪烁的光标，称为插入点，该光标所在位置便是文本的起始输入位置。

⑦ 状态栏

状态栏位于操作界面的最底端，主要用于显示当前文档的工作状态。包括当前页数、字数、输入状态等，右侧依次显示视图切换按钮和显示比例调节滑块。

> **提示**　单击"视图"选项卡，在"显示比例"组中单击"显示比例"按钮 🔍，可打开"显示比例"对话框调整显示比例；单击"100%"按钮 🔳，可使文档的显示比例缩放到 100%。

（2）自定义 Word 2010 工作界面

由于 Word 工作界面大部分是默认的，用户可根据使用习惯和操作需要，定义一个适合自己的工作界面，其中包括自定义快速访问工具栏、自定义功能区和视图模式等。

① 自定义快速访问工具栏

为了操作方便，用户可以在快速访问工具栏中添加常用的命令按钮或删除不需要的命令按钮，也可以改变快速访问工具栏的位置或自定义快速访问工具栏。

a．添加常用命令按钮。在快速访问工具栏右侧单击 ·按钮，在打开的下拉列表中选择常用的选项，如选择"打开"选项，可将该命令按钮添加到快速访问工具栏中。

b．删除不需要的命令按钮。在快速访问工具栏上的选择要删除的命令按钮，并单击鼠标右键，在弹出的快捷菜单中选择"从快速访问工具栏删除"命令可将相应的命令按钮从快速访问工具栏中删除。

c．改变快速访问工具栏的位置。在快速访问工具栏右侧单击 ·按钮，在打开的下拉列表中选择"在功能区下方显示"选项可将快速访问工具栏显示到功能区下方；再次在下拉列表中选择"在功能区上方显示"选项可将快速访问工具栏还原到默认位置。

> **提示** 在 Word 2010 工作界面中选择【文件】/【选项】命令，在打开的"Word 选项"对话框中单击"快速访问工具栏"选项卡，在其中也可根据需要自定义快速访问工具栏。

② 自定义功能区

在 Word 2010 工作界面中用户可选择【文件】/【选项】命令，在打开的"Word 选项"对话框中单击"自定义功能区"选项卡，在其中根据需要显示或隐藏相应的功能选项卡、创建新的选项卡、在选项卡中创建组和命令等，如图 8-2 所示。

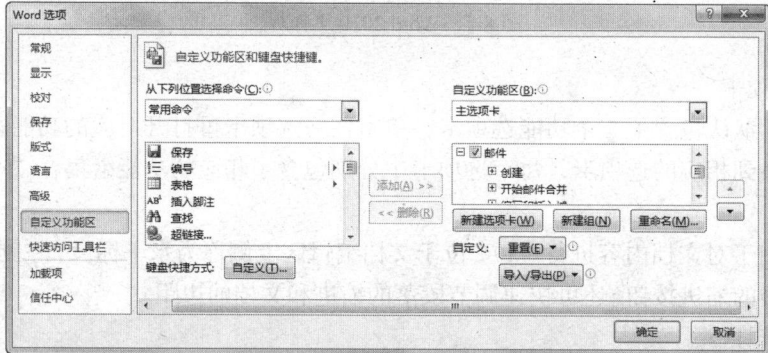

图 8-2 自定义功能区

a．显示或隐藏主选项卡。在"Word 选项"对话框的"自定义功能区"选项卡的"自定义功能区"列表框中单击选中或撤销选中相应的主选项卡对应的复选框，即可在功能区中显示或隐藏对应的主选项卡。

b．创建新的选项卡。在"自定义功能区"选项卡中单击 新建选项卡(W) 按钮，在"主选项卡"列表框中可创建"新建选项卡（自定义）"复选框，然后选择创建的复选框，再单击 重命名(M)... 按钮，在打开的"重命名"对话框的"显示名称"文本框中输入名称，单击 确定 按钮，将为新建的选项卡重命名。

c．在功能区中创建组。选择新建的选项卡，在"自定义功能区"选项卡中单击 新建组(N) 按钮，在选项卡下创建组，然后单击选择创建的组，再单击 重命名(M)... 按钮，在打开的"重命名"对话框的"符号"列表框中选择一个图标，并在"显示名称"文本框中输入名称，单击 确定 按钮，为新建的组重命名。

d.　在组中添加命令。选择新建的组，在"自定义功能区"选项卡的"从下列位置选择命令"列表框中选择需要的命令选项，然后单击 添加(A) >> 按钮即可将命令添加到组中。

e.　删除自定义的功能区。在"自定义功能区"选项卡的"自定义功能区"列表框中单击选中相应的主选项卡的复选框，然后单击 << 删除(R) 按钮即可将自定义的选项卡或组删除。若要一次性删除所有自定义的功能区，可单击 重置(E) ▼ 按钮，在打开的下拉列表中选择"重置所有自定义项"选项，在打开的提示对话框中单击 是(Y) 按钮，将所有自定义项删除，恢复 Word 2010 默认的功能区效果。

> **提示**　双击某个功能选项卡，或单击功能选项卡右端的"功能区最小化"按钮 △，可将功能区最小化显示，再次双击某个功能选项卡，或单击功能选项卡右侧的"功能区最小化"按钮 △ 可将其显示为默认状态。

③ 显示或隐藏文档中的元素

Word 的文本编辑区中包含多个元素，如标尺、网格线、导航窗格、滚动条等，编辑文本时可根据操作需要隐藏一些不需要的元素或将隐藏的元素显示出来。其显示或隐藏文档的方法有两种。

a.　在【视图】/【显示】组中单击选中或撤销选中标尺、网格线和导航窗格元素对应的复选框即可在文档中显示或隐藏相应的元素，如图 8-3 所示。

b.　在"Word 选项"对话框中单击"高级"选项卡，向下拖曳对话框右侧的滚动条，在"显示"栏中单击选中或撤销选中"显示水平滚动条""显示垂直滚动条"或"在页面视图中显示垂直标尺"元素对应的复选框，也可在文档中显示或隐藏相应的元素，如图 8-4 所示。

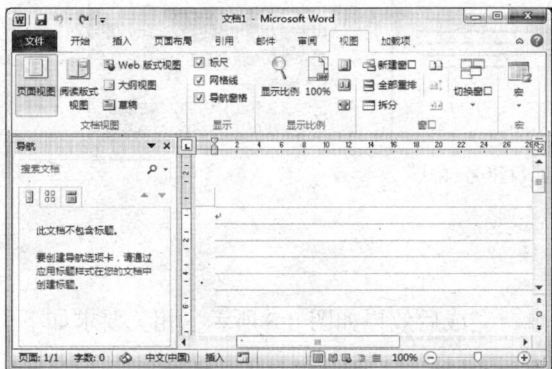

图 8-3　在"视图"选项卡中设置显示或隐藏

图 8-4　在"Word 选项"对话框中设置显示或隐藏

（3）认识字符格式

字符和段落格式主要通过"字体"和"段落"组，以及"字体"和"段落"对话框进行设置。选择相应的字符或段落文本，然后在"字体"或"段落"组中单击相应按钮，便可快速设置常用字符或段落格式，如图 8-5 所示。

图 8-5　"字体"和"段落"组

其中，"字体"组和"段落"组右下角都有一个"对话框启动器"按钮 ▣，单击该按钮将打开对应的对话框，在其中可进行更为详细的设置。

（4）自定义编号起始值与项目符号样式

在使用自定义段落编号过程中，有时需要重新定义编号的起始值，此时，可先选择应用了编号的段落，在其上单击鼠标右键，在打开的快捷菜单中选择"设置编号"命令，即可在打开的对话框中输入新编号列表的起始值或选择继续编号，如图8-6所示。

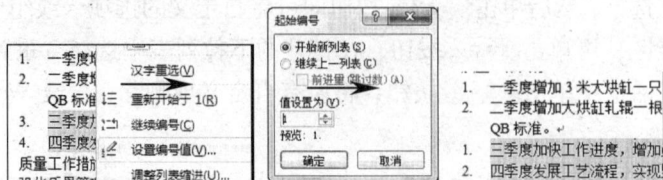

图8-6　设置编号起始值

Word中默认提供了一些项目符号样式，若要使用其他符号或计算机中的图片文件作为项目符号，可在【开始】/【段落】组中单击"项目符号"按钮∷右侧的▾按钮，在打开的下拉列表中选择"定义新项目符号"选项，然后在打开的对话框中单击 符号(S)… 按钮，打开"符号"对话框，选择需要的符号进行设置即可；在"定义新项目符号"对话框中单击 图片(P)… 按钮，再在打开的对话框中选择计算机中的图片文件，单击 导入(I)… 按钮，则可选择计算机中的图片文件作为项目符号，如图8-7所示。

图8-7　设置项目符号样式

4. 实验过程

任务一　编辑招聘启事

利用Word 2010的相关功能设计制作招聘启事，完成后效果如图8-8所示，相关要求如下。

（1）选择【文件】/【打开】命令打开素材文档。

（2）设置标题格式为"华文琥珀、二号、加宽"，正文字号为"四号"。

（3）二级标题格式为"四号、加粗、红色"，并为"数字业务"设置着重号。

（4）设置标题居中对齐，最后三行文本右对齐，正文需要首行缩进两个字符。

（5）设置标题段前和段后间距为"1行"，设置二级标题的行间距为"多倍行距、3"。

（6）为二级标题统一设置项目符号"◇"。

（7）为"岗位职责："与"职位要求："之间的文本内容添加"1.2.3……"样式的编号。

（8）为邮寄地址和电子邮件地址设置字符边框。

（9）为标题文本应用"深红"底纹。

（10）为"岗位职责："与"职位要求："文本之间的段落应用"方框"边框样式，边框样式为双线样式，并设置底纹应用"白色，背景1；深色15%"颜色。

（11）设置完成后使用相同的方法为其他段落设置边框与底纹样式。
（12）打开"加密文档"对话框，为文档加密，其密码为"123456"。

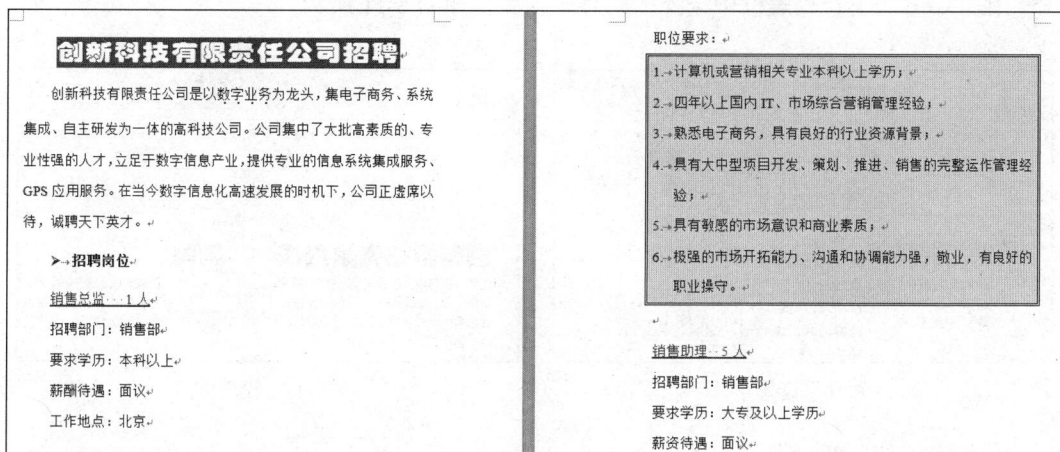

图 8-8　"招聘启事"文档效果

（1）打开文档

要查看或编辑保存在计算机中的文档，必须先打开该文档。下面打开"招聘启事"文档，其具体操作如下。

① 选择【文件】/【打开】命令，或按【Ctrl+O】组合键。

② 在打开的"打开"对话框的"地址栏"列表框中选择文件路径，在窗口工作区中选择"招聘启事"文档，单击 打开(O) 按钮打开该文档，如图 8-9 所示。

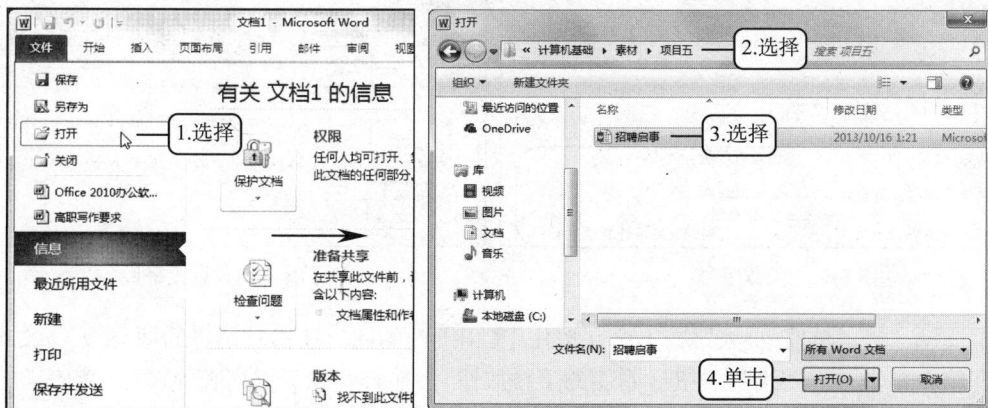

图 8-9　打开文档

（2）设置字体格式

在 Word 文档中，文本内容包括汉字、字母、数字和符号等。设置字体格式则包括更改文字的字体、字号和颜色等，通过这些设置可以使文字更加突出，文档更加美观。

① 使用浮动工具栏设置

在 Word 中选择文本时，将出现一个半透明的工具栏，即浮动工具栏，在浮动工具栏中可快速设置字体、字号、字形、对齐方式、文本颜色和缩进级别等格式，其具体操作如下。

a. 打开"招聘启事.docx"文档，选择标题文本，将鼠标指针移动到浮动工具栏上，在"字体"下拉列表框中选择"华文琥珀"选项，如图 8-10 所示。

b. 在"字号"下拉列表框中选择"二号"选项，如图 8-11 所示。

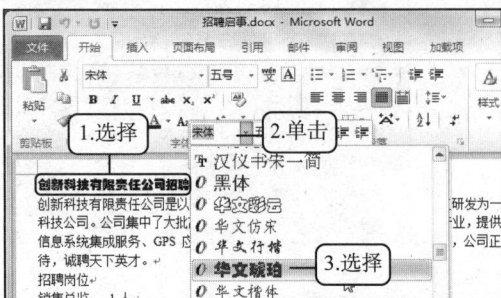

图 8-10　设置字体

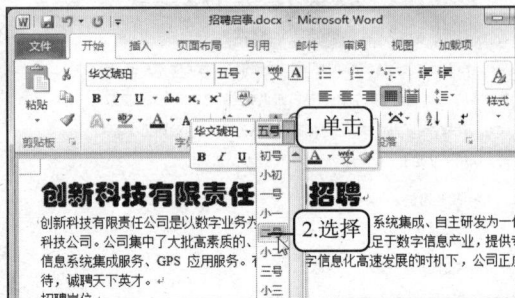

图 8-11　设置字号

② 使用"字体"组设置

"字体"组的使用方法与浮动工具栏相似，都是选择文本后在其中单击相应的按钮，或在相应的下拉列表框中选择所需的选项进行字体设置，其具体操作如下。

a. 选择除标题文本外的文本内容，在【开始】/【字体】组的"字号"下拉列表框中选择"四号"选项，如图 8-12 所示。

b. 选择"招聘岗位"文本，在按住【Ctrl】键的同时选择"应聘方式"文本，在【开始】/【字体】组中单击"加粗"按钮 **B**，如图 8-13 所示。

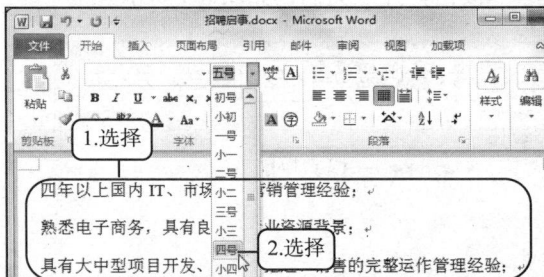

图 8-12　设置字号

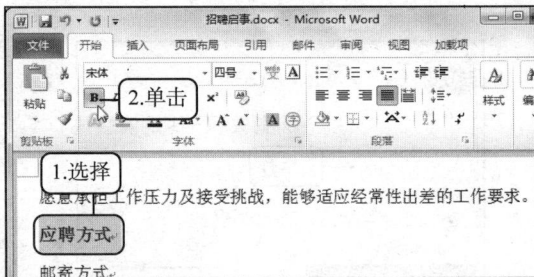

图 8-13　设置字形

c. 选择"销售总监 1 人"文本，在按住【Ctrl】键的同时选择"销售助理 5 人"文本，在"字体"组中单击"下划线"按钮 U 右侧的下拉按钮，在打开的下拉列表中选择"粗线"选项，如图 8-14 所示。

> 在"字体"组中单击"删除线"按钮 abe 可为选择的文字添加删除线效果；单击"下标"按钮 x₂ 或"上标"按钮 x² 可将选择的文字设置为下标或上标；单击"增大字体"按钮 A˙ 或"缩小字体"按钮 A˙ 可将选择的文字字号增大或缩小。

d. 在"字体"组中单击"字体颜色"按钮 A 右侧的下拉按钮，在打开的下拉列表中选择"深红"选项，如图 8-15 所示。

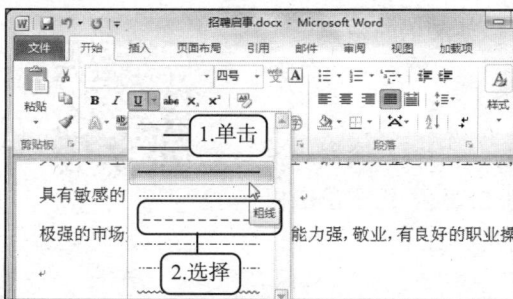

图 8-14　设置下划线 图 8-15　设置字体颜色

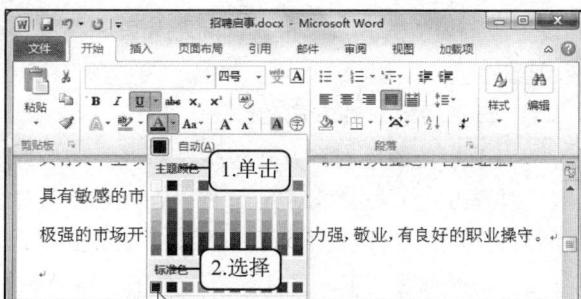

③ 使用"字体"对话框设置

在"字体"组的右下角有一个小图标，即"对话框启动器"图标，单击该图标可打开"字体"对话框，在其中提供了与该组相关的更多选项，如设置间距和添加着重号的操作等更多特殊的格式设置，其具体操作如下。

a. 选择标题文本，在"字体"组右下角单击"对话框启动器"图标。

b. 在打开的"字体"对话框中单击"高级"选项卡，在"缩放"下拉列表框中输入数据"120%"，在"间距"下拉列表框中选择"加宽"选项，其后的"磅值"数值框将自动显示"1磅"，如图 8-16 所示，完成后单击 确定 按钮。

图 8-16　设置字符间距

c. 选择"数字业务"文本，在"字体"组右下角单击"对话框启动器"图标，在打开的"字体"对话框中单击"字体"选项卡，在"着重号"下拉列表框中选择"."选项，完成后单击 确定 按钮，如图 8-17 所示。

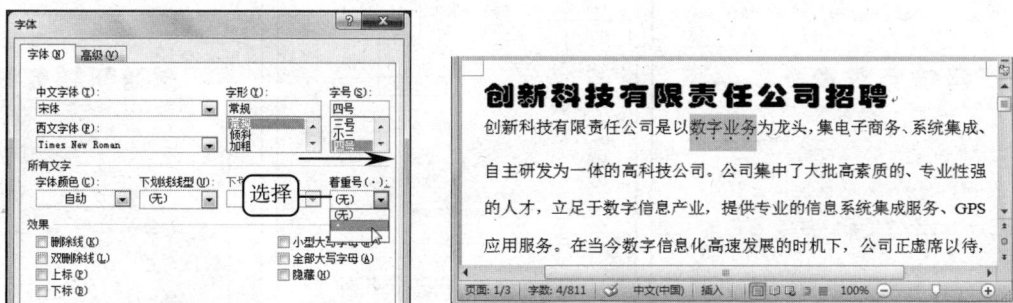

图 8-17　设置着重号

（3）设置段落格式

段落是文字、图形、其他对象的集合。回车符"↵"是段落的结束标记。通过设置段落格式，如设置段落对齐方式、缩进、行间距和段间距等，可以使文档的结构更清晰、层次更分明。

① 设置段落对齐方式

Word 中的段落对齐方式包括左对齐、居中对齐、右对齐、两端对齐（默认对齐方式）和分散对齐 5 种，在浮动工具栏和"段落"组中单击相应的对齐按钮，可设置不同的段落对齐方式，其具体操作如下。

a. 选择标题文本，在"段落"组中单击"居中"按钮 ≡，如图 8-18 所示。

b. 选择最后三行文本，在"段落"组中单击"右对齐"按钮 ≡，如图 8-19 所示。

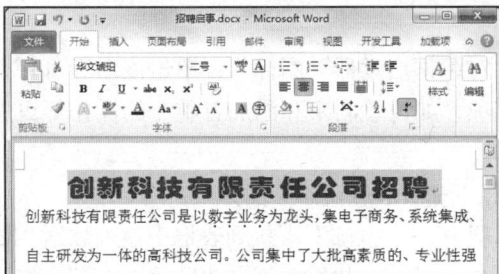

图 8-18　设置居中对齐

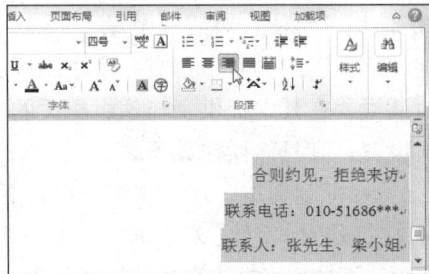

图 8-19　设置右对齐

② 设置段落缩进

段落缩进是指段落左右两边文字与页边距之间的距离，包括左缩进、右缩进、首行缩进和悬挂缩进。为了更精确和详细地设置各种缩进量的值，可通过"段落"对话框进行设置，其具体操作如下。

a. 选择除标题和最后三行的文本内容，在"段落"组右下角单击"对话框启动器"图标 。

b. 在打开的"段落"对话框中单击"缩进和间距"选项卡，在"特殊格式"下拉列表框中选择"首行缩进"选项，其后的"磅值"数值框中自动显示数值为"2 字符"，完成后单击 确定 按钮，返回文档中，设置首行缩进后的效果如图 8-20 所示。

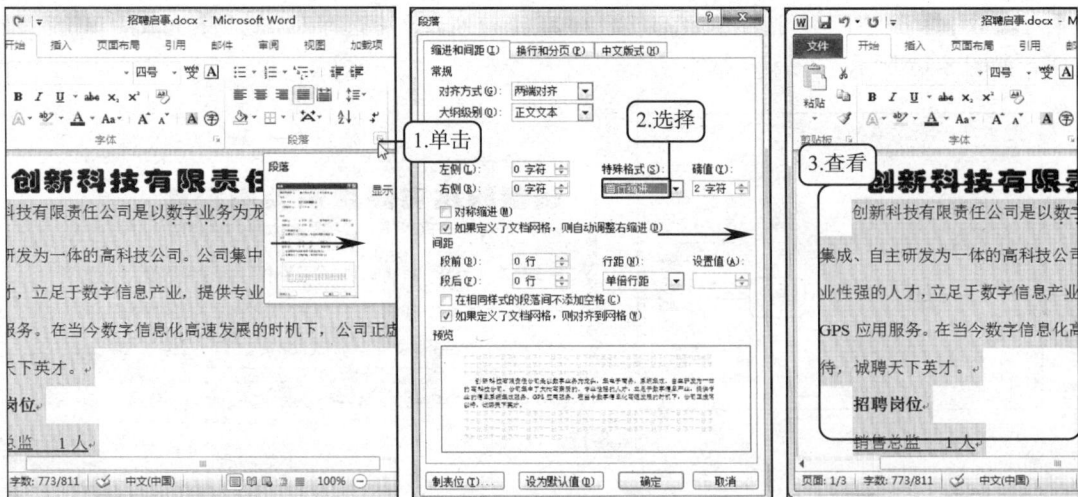

图 8-20　在"段落"对话框设置首行缩进

③ 设置行间距和段间距

行间距是指段落中一行文字底部到下一行文字底部的间距，而段间距是指相邻两段之间的距离，包括段前和段后的距离。Word 默认的行间距是单倍行距，根据实际需要用户可在"段落"对话框中设置 1.5 倍行距或 2 倍行距等，其具体操作如下。

a. 选择标题文本，在"段落"组右下角单击"对话框启动器"图标，打开"段落"对话框，单击"缩进和间距"选项卡，在"间距"栏的"段前"和"段后"数值框中分别输入"1 行"，完成后单击 确定 按钮，如图 8-21 所示。

b. 选择"招聘岗位"文本，在按住【Ctrl】键的同时选择"应聘方式"文本，在"段落"组右下角单击"对话框启动器"图标，打开"段落"对话框，单击"缩进和间距"选项卡，在"行距"下拉列表框中选择"多倍行距"选项，其后的"设置值"数值框中自动显示数值为"3"，完成后单击 确定 按钮，如图 8-22 所示。

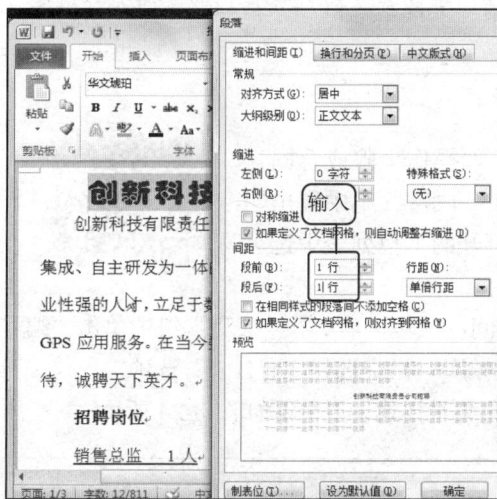

图 8-21　设置段间距　　　　　图 8-22　设置行间距

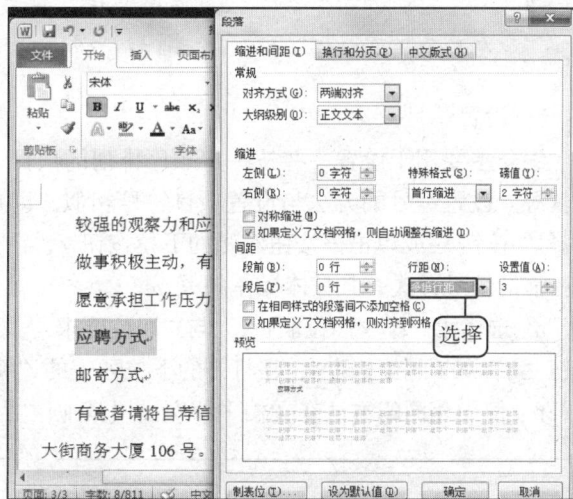

c. 返回文档中，可看到设置行间距和段间距后的效果。

在"段落"对话框的"缩进和间距"选项卡中可对段落的对齐方式、左右边距缩进量和段落间距进行设置；单击"换行和分页"选项卡，可对分页、行号和断字等进行设置；单击"中文版式"选项卡，可对中文文稿的特殊版式进行设置，如按中文习惯控制首尾字符、允许标点溢出边界等。

（4）设置项目符号和编号

使用项目符号与编号功能，可为属于并列关系的段落添加●、★和◆等项目符号，也可添加"1. 2. 3."或"A. B. C."等编号，还可组成多级列表，使文档层次分明、条理清晰。

① 设置项目符号

在"段落"组中单击"项目符号"按钮，可添加默认样式的项目符号；若单击"项目符号"按钮右侧的下拉按钮，在打开的下拉列表的"项目符号库"栏中可选择更多的项目符号样式，其具体操作如下。

a. 选择"招聘岗位"文本，按住【Ctrl】键的同时选择"招聘岗位"文本。

b. 在"段落"组中单击"项目符号"按钮≔右侧的下拉按钮，在打开的下拉列表的"项目符号库"栏中选择"◇"选项，返回文档，设置项目符号后的效果如图 8-23 所示。

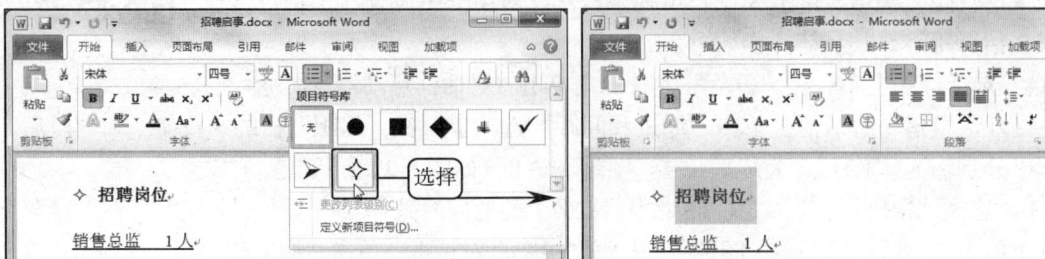

图 8-23　设置项目符号

添加项目符号后，"项目符号库"栏下的"更改列表级别"选项将呈可编辑状态，在其子菜单中可调整当前项目符号的级别。

② 设置编号

编号主要用于设置一些按一定顺序排列的项目，如操作步骤或合同条款等。设置编号的方法与设置项目符号相似，即在"段落"组中单击"编号"按钮≔或单击该按钮右侧的下拉按钮，在打开的下拉列表中选择所需的编号样式，其具体操作如下。

a. 选择第一个"岗位职责："与"职位要求："之间的文本内容，在"段落"组中单击"编号"按钮≔右侧的下拉按钮，在打开的下拉列表的"编号库"栏中选择"1.2.3."选项。

b. 使用相同的方法在文档中依次设置其他位置的编号样式，其效果如图 8-24 所示。

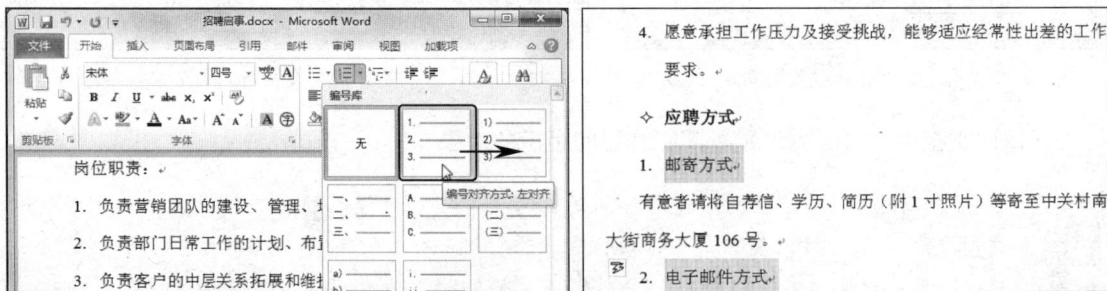

图 8-24　设置编号

多级列表在展示同级文档内容时，还可显示下一级文档内容。它常用于长文档中。设置多级列表的方法为选择要应用多级列表的文本，在"段落"组中单击"多级列表"按钮，在打开的下拉菜单的"列表库"栏中选择多级列表样式。

（5）设置边框与底纹

在 Word 文档中不仅可以为字符设置默认的边框和底纹，还可以为段落设置漂亮的边框与底纹。

① 为字符设置边框与底纹

在"字体"组中单击"字符边框"按钮▲或"字符底纹"按钮▲，可为字符设置相应的边框与底纹效果，其具体操作如下。

a. 同时选择邮寄地址和电子邮件地址，然后在"字体"组中单击"字符边框"按钮▲设置字符边框，如图 8-25 所示。

b. 继续在"字体"组中单击"字符底纹"按钮▲设置字符底纹，如图 8-26 所示。

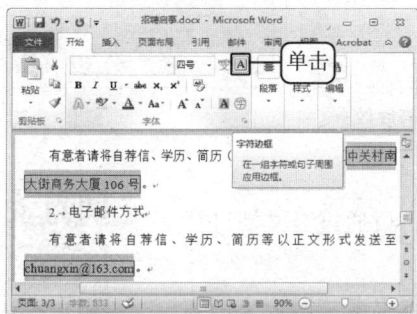

图 8-25　为字符设置边框

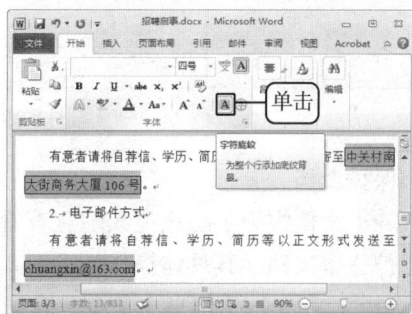

图 8-26　为字符设置底纹

② 为段落设置边框与底纹

在"段落"组中单击"底纹"按钮右侧的下拉按钮，在打开的下拉列表中可设置不同颜色的底纹样式；单击"下框线"按钮右侧的下拉按钮，在打开的下拉列表中可设置不同类型的框线，若选择"边框与底纹"选项，可在打开的"边框与底纹"对话框中详细设置边框与底纹样式，其具体操作如下。

a. 选择标题行，在"段落"组中单击"底纹"按钮右侧的下拉按钮，在打开的下拉列表中选择"深红"选项，如图 8-27 所示。

b. 选择第一个"岗位职责："与"职位要求："文本之间的段落，在"段落"组中单击"下框线"按钮右侧的下拉按钮，在打开的下拉列表中选择"边框和底纹"选项，如图 8-28 所示。

c. 在打开的"边框和底纹"对话框中单击"边框"选项卡，在"设置"栏中选择"方框"选项，在"样式"列表框中选择"▭"选项。

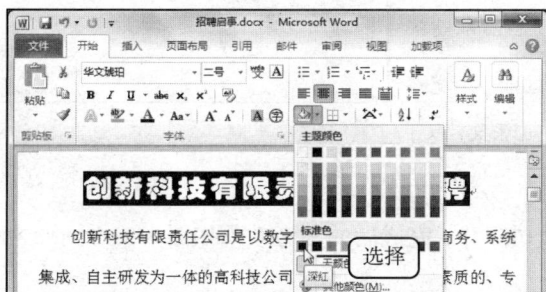

图 8-27　在"段落"组中设置底纹

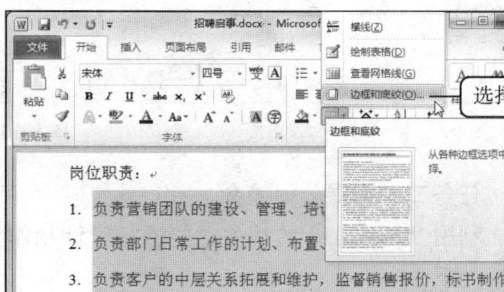

图 8-28　选择"边框与底纹"选项

d. 单击"底纹"选项卡，在"填充"下拉列表框中选择"白色，背景 1，深色 15%"选项，单击 确定 按钮，在文档中设置边框与底纹后的效果如图 8-29 所示，完成后用相同的方法为其他段落设置边框与底纹样式。

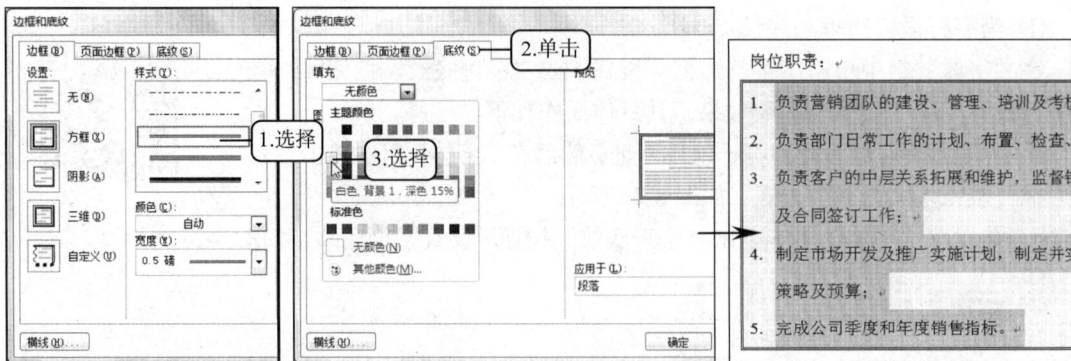

图 8-29　设置边框与底纹

（6）保护文档

在 Word 文档中为了防止他人随意查看文档信息，可通过对文档进行加密来保护整个文档，其具体操作如下。

① 选择【文件】/【信息】命令，在窗口中间位置单击"保护文档"按钮，在打开的下拉列表中选择"用密码进行加密"选项。

② 在打开的"加密文档"对话框的文本框中输入密码"123456"，然后单击确定按钮，在打开的"确认密码"对话框的文本框中再次输入密码"123456"，然后单击确定按钮，完成后的效果如图 8-30 所示。

③ 单击任意选项卡返回工作界面，在快速访问工具栏中单击"保存"按钮保存设置。关闭该文档，再次打开该文档时将打开"密码"对话框，在文本框中输入密码，然后单击确定按钮即可打开。

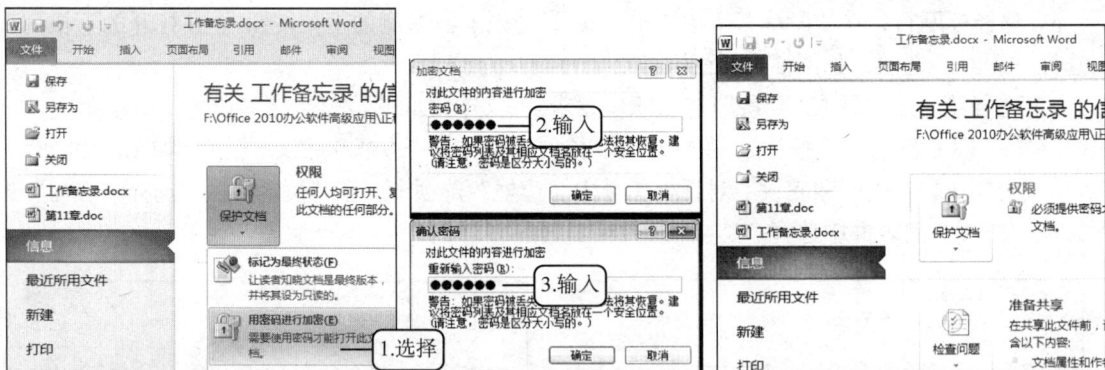

图 8-30　加密文档

任务二　编辑公司简介

利用 Word 2010 的相关功能进行设计制作公司简介，完成后的参考效果如图 8-31 所示，相关要求如下。

（1）打开"公司简介.docx"文档，在文档右上角插入"瓷砖型提要栏"文本框，然后在其中输入文本，并将文本格式设置为"宋体、小三、白色"。

（2）将插入点定位到标题左侧，插入提供的公司标志素材图片，设置图片的显示方式为"四周型环绕"，然后将其移动到"公司简介"左侧，最后为其应用"影印"艺术效果。

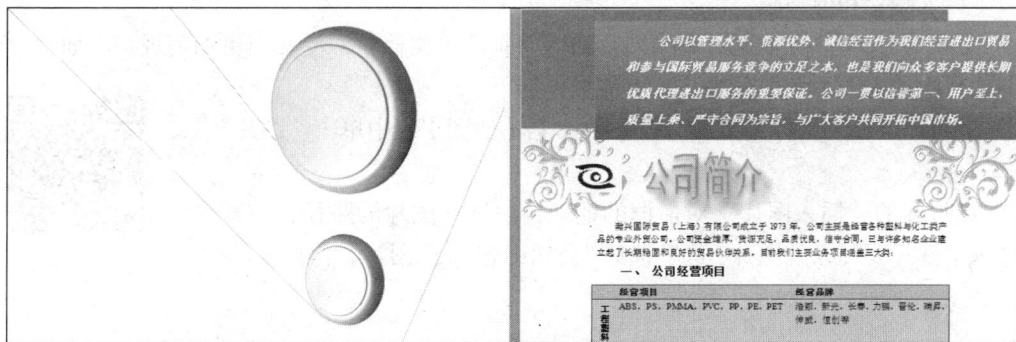

图 8-31   "公司简介"最终效果

（3）在标题两侧插入"花边"剪贴画，并将其位置设置为"衬于文字下方"，删除标题文本"公司简介"，然后插入艺术字，输入"公司简介"。

（4）设置形状效果为"预设 4"，文字效果为"停止"。

（5）在"二、公司组织结构"下第 2 行插入一个组织结构图，并在对应的位置输入文本。

（6）更改组织结构图的布局类型为"标准"，然后更改颜色为"橘黄"和"蓝色"，并将形状的"宽度"设置为"2.5 厘米"。

（7）插入一个"现代型"封面，然后在"键入文档标题"处输入"公司简介"文本，在"键入文档副标题"处输入"瀚兴国际贸易（上海）有限公司"文本，删除多余的部分。

（1）插入并编辑文本框

利用文本框可以排版出特殊的文档版式，在文本框中可以输入文本，也可插入图片。在文档中插入的文本框可以是 Word 自带样式的文本框，也可以是手动绘制的横排或竖排文本框，其具体操作如下。

① 打开"公司简介.docx"文档，在【插入】/【文本】组中单击"文本框"按钮，在打开的下拉列表中选择"边线型引述"，如图 8-32 所示。

② 在文本框中直接输入需要的文本内容，如图 8-33 所示。

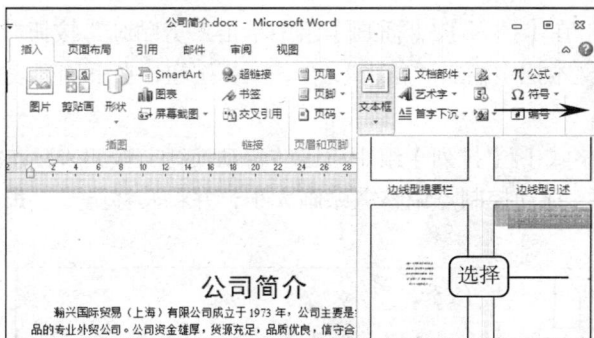

图 8-32   选择插入的文本框类型

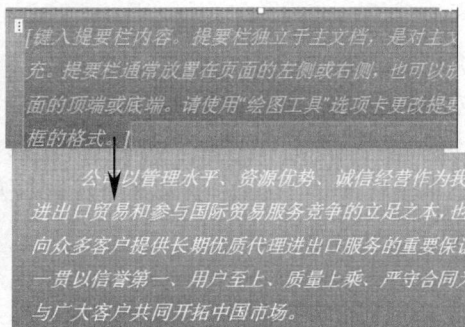

图 8-33   输入文本

③ 全选文本框中的文本内容，在【开始】/【字体】组中将文本格式设置为"宋体、小三、白色"。

（2）插入图片和剪贴画

在 Word 中，用户可根据需要将图片和剪贴画插入文档中，使文档更加美观。下面在"公司简介"文档中插入图片和剪贴画，其具体操作如下。

① 将插入点定位到标题左侧，在【插入】/【插图】组中单击"图片"按钮 。

② 在打开的"插入图片"对话框的地址栏中选择图片的路径，在窗口工作区中选择要插入的图片，这里选择"公司标志.jpg"图片，单击 插入(S) 按钮，如图 8-34 所示。

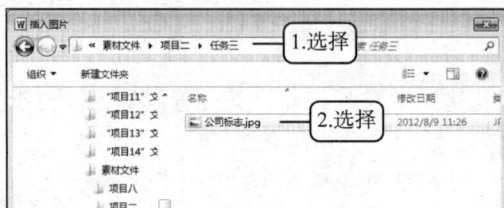

图 8-34　插入图片

③ 在图片上单击鼠标右键，在弹出的快捷菜单中选择【自动换行】/【四周型环绕】命令。拖动图片四周的控制点调整图片大小，在图片上按住鼠标左键不放向左侧拖动至适当位置释放鼠标，如图 8-35 所示。

④ 选择插入的图片，在【图片工具-格式】/【调整】组中单击 艺术效果 按钮，在打开的下拉列表中选择"影印"选项，效果如图 8-36 所示。

图 8-35　移动图片

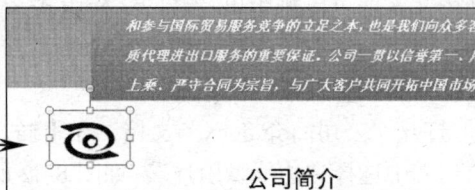

图 8-36　查看调整图片效果

⑤ 将插入点定位到"公司简介"左侧，在【插入】/【插画】组中单击"剪贴画"按钮 ，打开"剪贴画"任务窗格，在"搜索文字"文本框中输入"花边"，单击 搜索 按钮，在下侧列表框中双击如图 8-37 所示的剪贴画。

⑥ 选择插入的剪贴画，在【图片工具-格式】/【排列】组中单击"自动换行"按钮 ，在打开的下拉列表中选择"衬于文字下方"选项。拖动控制点调整剪贴画大小，并将其移至左上角，效果如图 8-38 所示。

图 8-37　插入剪贴画

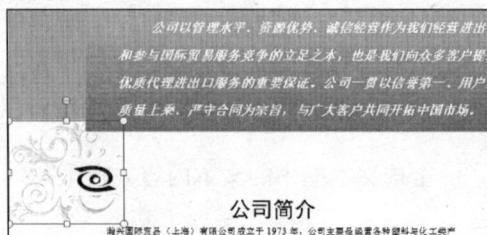

图 8-38　移动剪贴画

⑦ 按【Ctrl+C】组合键复制剪贴画，按【Ctrl+V】组合键粘贴，将复制的剪贴画移动至文档右侧与左侧平行的位置。

（3）插入艺术字

在文档中插入艺术字，可呈现出不同的效果，达到增强文字观赏性的目的。下面在"公司简介"文档中插入艺术字美化标题样式，其具体操作如下。

① 删除标题文本"公司简介"，在【插入】/【文本】组中单击 艺术字 按钮，在打开的下拉列表框中选择如图 8-39 所示选项。

② 此时将在插入点处自动添加一个带有默认文本样式的艺术字文本框，在其中输入"公司简介"文本，选择艺术字文本框，当鼠标指针变为 形状时，按住鼠标左键不放，往左上方拖拽改变艺术字位置，如图 8-40 所示。

③ 在【绘制工具-格式】/【形状样式】组中单击"形状效果"按钮 形状效果，在打开的下拉列表中选择【绘制工具-预设】/【预设 4】选项，如图 8-41 所示。

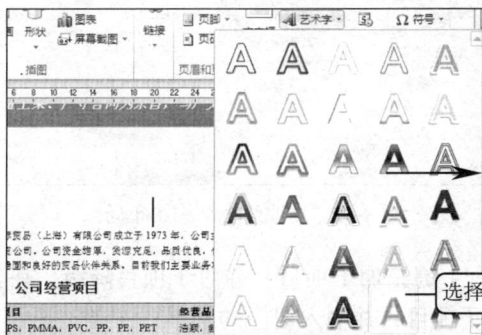

图 8-39　选择选项

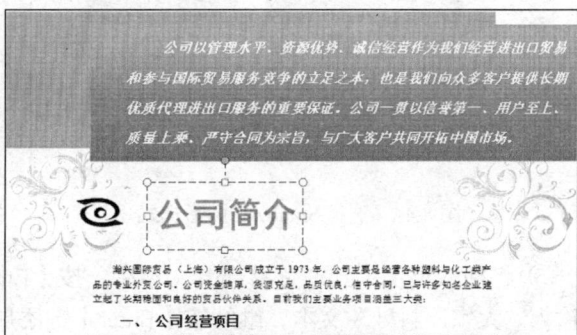

图 8-40　移动艺术字

④ 在【绘制工具-格式】/【艺术字样式】组中单击"文本效果"按钮 文本效果，在打开的下拉列表中选择【转换】/【停止】选项，如图 8-42 所示。返回文档查看设置后效果，如图 8-43 所示。

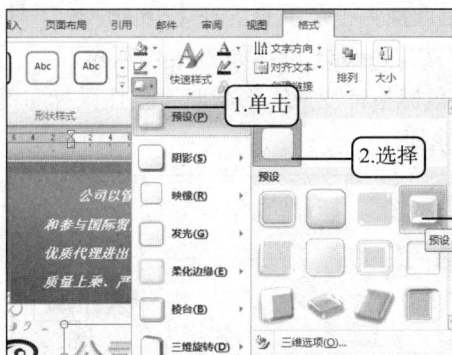

图 8-41　添加形状效果

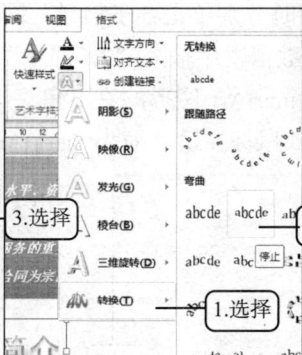

图 8-42　更改艺术字效果

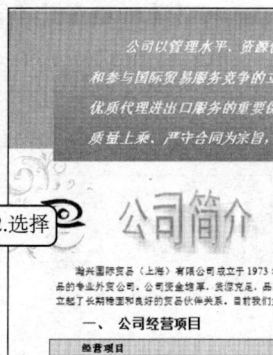

图 8-43　查看艺术字效果

（4）插入 SmartArt 图形

SmartArt 图形用于在文档中展示流程图、结构图或关系图等图示内容，具有结构清晰、样式漂亮等特点。下面在"公司简介"文档中插入 SmartArt 图形，其具体操作如下。

① 将插入点定位到"二、公司组织结构"下第 2 行末尾处，按【Enter】键换行，在【插入】/【插图】组中单击 ⬛SmartArt 按钮。在打开的"选择 SmartArt 图形"对话框中单击"层次结构"选项卡，在右侧选择"组织结构图"样式，单击 ⬛⬛确定⬛⬛ 按钮，如图 8-44 所示。

② 插入 SmartArt 图形后，单击 SmartArt 图形外框左侧的 按钮，打开"在此处键入文字"窗格，在项目符号后输入文本，将插入点定位到第 4 行项目符号中，然后在【SmartArt 工具-设计】/【创建图形】组中单击"降级"按钮⬛➡降级。

③ 在降级后的项目符号后输入"贸易部"文本，然后按【Enter】键添加子项目，并输入对应的文本，添加两个子项目后按【Delete】键删除多余的文本项目。

④ 将插入点定位到"总经理"文本后，在【SmartArt 工具-设计】/【创建图形】组中单击"布局"按钮⬛布局▾，在打开的列表中选择"标准"选项，如图 8-45 所示。

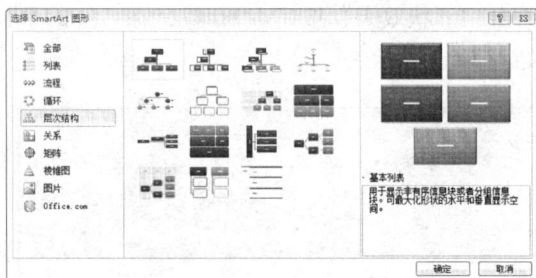

图 8-44　选择 SmartArt 图形样式　　　　　图 8-45　更改组织结构图布局

⑤ 将插入点定位到"贸易部"文本后，按【Enter】键添加子项目，并对子项目降级，在其中输入"大宗原料处"文本，继续按【Enter】键添加子项目，并输入对应的文本。

⑥ 使用相同方法在"战略发展部"和"综合管理部"文本后添加子项目，并将插入点定位到"贸易部"文本后，在【SmartArt 工具】/【创建图形】组中单击"布局"按钮⬛布局▾，在打开的下拉列表中选择"两者"选项。

⑦ 在"在此处键入文字"窗格右上角单击⬛✕按钮关闭该窗格，在【SmartArt 工具-设计】/【SmartArt 样式】组中单击"更改颜色"按钮⬛，在打开的列表中选择如图 8-46 所示选项。

⑧ 按住【Shift】键的同时分别单击各子项目，同时选择多个子项目。在【SmartArt 工具-格式】/【大小】组的"宽度"数值框中输入"2.5 厘米"，按【Enter】键，如图 8-47 所示。

⑨ 将鼠标指针移动到 SmartArt 图形的右下角，当鼠标指针变成⬛形状时，按住鼠标左键向左上角拖动到合适的位置释放鼠标左键，缩小 SmartArt 图形。

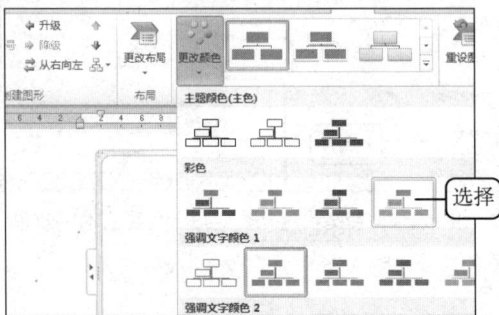

图 8-46　更改 SmartArt 图形颜色　　　　　图 8-47　调整分支项目框大小

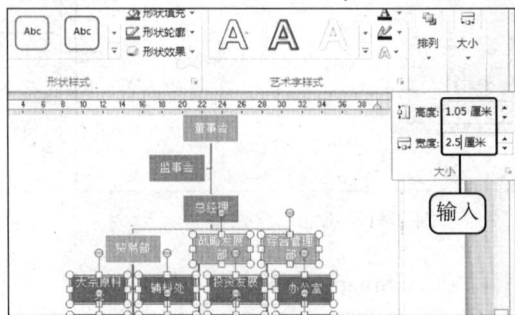

（5）添加封面

公司简介通常会设置封面，在 Word 中设置封面的具体操作如下。

① 在【插入】/【页】组中单击 按钮，在打开的下拉列表框中选择"现代型"选项，如图 8-48 所示。

② 在"输入文档标题"文本处单击，输入"公司简介"文本，在"键入文档副标题"处输入"瀚兴国际贸易（上海）有限公司"文本，如图 8-49 所示。

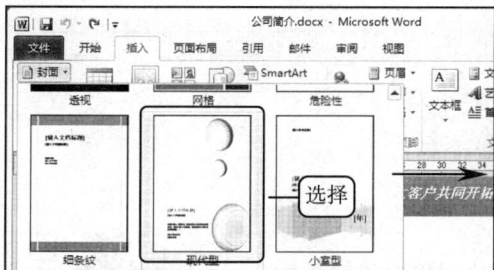

图 8-48　选择封面样式

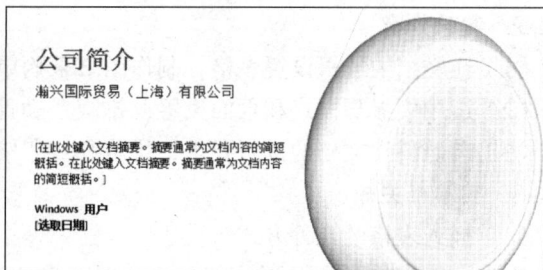

图 8-49　输入标题和副标题

③ 选择"摘要"文本框，单击鼠标右键，在弹出的快捷菜单中选择"删除行"命令，使用相同方法删除"作者"和"日期"文本框。

5. 思考与练习

（1）启动 Word 2010，按照下列要求对文档进行操作。

① 新建空白文档，将其以"产品宣传单.docx"为名进行保存，然后插入"背景图片.jpg"图片。

② 插入"填充-红色，强调文字颜色 2，粗糙棱台"效果的艺术字，然后转换艺术字的文字效果为"朝鲜鼓"，并调整艺术字的位置与大小。

③ 插入文本框并输入文本，在其中设置文本的项目符号，然后设置形状填充为"无填充颜色"，形状轮廓为"无轮廓"，设置文本的艺术字样式并调整文本框位置。

④ 插入"随机至结果流程"效果的 SmartArt 图形，设置图形的排列位置为"浮于文字上方"，在 SmartArt 中输入相应的文本，更改 SmartArt 样式的颜色和样式，并调整图形位置与大小。

（2）打开"产品说明书.docx"文档，按照下列要求对文档进行操作。

① 在标题行下插入文本，然后将文档中的相应位置的"饮水机"文本替换为"防爆饮水机"，再修改正文内容中的公司名称和电话号码。

② 设置标题文本的字体格式为"黑体，二号"，段落对齐为"居中"，正文内容的字号为"四号"，段落缩进方式为"首行缩进"，再设置最后 3 行的段落对齐方式为"右对齐"。

③ 为相应的文本内容设置编号"1. 2. 3."和"1）2）3）"，在"安装说明"文本后设置编号时，可先设置编号"1. 2."，然后用格式刷复制编号"3. 4."。

④ 选择"公司详细的地址和电话"文本，在"字体"组中单击"以不同颜色突出显示文本"按钮 右侧的下拉按钮 ，在打开的下拉列表中可选择"黑色"选项为字符设置底纹。

8.2　实验四　Word 2010 的综合操作

1.　实验目的

（1）掌握 Word 表格的使用方法。

（2）掌握规范的页面排版方法。

（3）综合运用多元素 Word 排版功能。

2.　实验内容

（1）在文档中编辑设置表格，制作图书采购单。

（2）运用模板与样式和页面设置，排版考勤管理规范。

（3）参照科技文档的排版要求，排版和打印毕业论文。

3.　实验相关知识

（1）插入表格的几种方式

在 Word 2010 中插入的表格类型主要有自动表格、指定行列表格和手动绘制表格 3 种，下面进行具体介绍。

① 插入自动表格

插入自动表格的具体操作如下。

a.　将插入点定位到需插入表格的位置，在【插入】/【表格】组中单击"表格"按钮⊞。

b.　在打开的下拉列表中按住鼠标左键不放并拖动，直到达到需要的表格行列数，如图 8-50 所示。

c.　释放鼠标即可在插入点位置插入表格。

② 插入指定行列表格

插入指定行列表格的具体操作如下。

a.　在【插入】/【表格】组中单击"表格"按钮⊞，在打开的下拉列表中选择"插入表格"选项，打开"插入表格"对话框。

b.　在该对话框中可以自定义表格的行列数和列宽，如图 8-51 所示，然后单击 确定 按钮即可创建表格。

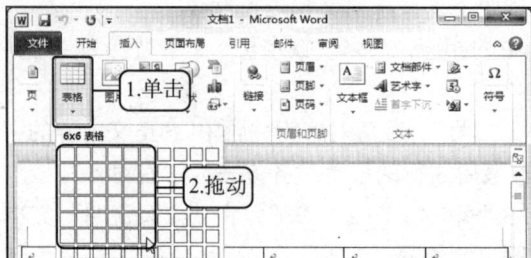

图 8-50　插入自动表格

图 8-51　插入指定行列表格

③ 绘制表格

通过自动插入只能插入比较规则的表格，对于一些较复杂的表格，可以手动绘制，其具体操作如下。

a. 在【插入】/【表格】组中单击"表格"按钮▦，在打开的下拉列表中选择"绘制表格"选项。

b. 此时鼠标指针变成✐形状，在需要插入表格处按住鼠标左键不放进行拖动，此时，出现一个虚线框显示的表格，拖动鼠标调整虚线框到适当大小后释放鼠标，绘制出表格的边框。

c. 按住鼠标左键不放从一条线的起点拖动至终点，释放鼠标左键，即可在表格中画出横线、竖线和斜线，从而将绘制的边框分成若干单元格，并形成各种样式的表格。

> 提示　若文档中已插入了表格，在【设计】/【绘图边框】组中单击"绘制表格"按钮▦，在表格中拖动鼠标绘制横线或竖线，可添加表格的行列数，若绘制斜线，可用于制作斜线表头。

（2）选择表格

在文档中可对插入的表格进行调整，调整表格前需先选择表格，在 Word 中选择表格有以下 3 种情况。

① 选择整行表格

选择整行表格主要有以下两种方法。

a. 将鼠标指针移动至表格左侧，当鼠标指针呈⇗形状时，单击可以选择整行。如果按住鼠标左键不放向上或向下拖动，则可以选择多行。

b. 在需要选择的行列中单击任意单元格，在【表格工具】/【布局】/【表】组中单击"选择"按钮 ⬚ 选择▾，在打开的下拉列表中选择"选择行"选项即可选择该行。

② 选择整列表格

选择整列表格主要有以下两种方法。

a. 将鼠标指针移动到表格顶端，当鼠标指针呈↓形状时，单击可选择整列。如果按住鼠标左键不放向左或向右拖动，则可选择多列。

b. 在需要选择的行列中单击任意单元格，在【表格工具】/【布局】/【表】组中单击"选择"按钮 ⬚ 选择▾，在打开的下拉列表中选择"选择列"选项即可选择该列。

③ 选择整个表格

选择整个表格主要有以下 3 种方法。

a. 将鼠标指针移动到表格边框线上，然后单击表格左上角的"全部选中"按钮⊕即可选择整个表格。

b. 通过在表格内部拖动鼠标选择整个表格。

c. 在表格内单击任意单元格，在【表格工具】/【布局】/【表】组中单击"选择"按钮 ⬚ 选择▾，在打开的下拉列表中选择"选择表格"选项即可选择整个表格。

（3）模板与样式

模板和样式是 Word 中常用的排版工具，下面分别介绍模板与样式的相关知识。

① 模板

Word 2010 的模板是一种固定样式的框架，包含了相应的文字和样式，下面分别介绍新建模板、使用已有的模板和管理模板的方法。

a. 新建模板。选择【文件】/【新建】命令，在中间的"可用模板"中选择"我的模板"选项，打开"新建"对话框，在"新建"栏单击选中"模板"单选项，如图 8-52 所示，单击 确定按钮即可新建一个名称为"模板1"的空白文档窗口，保存文档后其格式为.dotx。

b. 套用模板。选择【文件】/【选项】命令，打开"Word选项"对话框，选择左侧的"加载项"选项，在右侧的"管理"下拉列表中选择"模板"选项，单击 转到(G)... 按钮，打开"模板加载项"对话框，如图8-53所示，在其中单击 选用(A) 按钮，在打开的对话框中选择需要的模板，然后返回对话框，单击选中"自动更新文档样式"复选框，单击 确定 按钮即可在已存在的文档中套用模板。

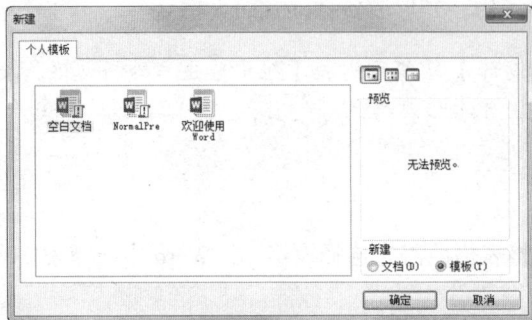

图 8-52　新建模板　　　　　　图 8-53　套用模板

② 样式

在编排一篇长文档或是一本书时，需要对许多的文字和段落进行相同的排版工作，如果只是利用字体格式编排和段落格式编排功能，费时且烦琐，更重要的是很难使文档格式保持一致。使用样式能减少许多重复的操作，在短时间内排出高质量的文档。

样式是指一组已经命名的字符和段落格式。它设定了文档中标题、题注以及正文等各个文本元素的格式。用户可以将一种样式应用于某个段落，或段落中选定的字符上，所选定的段落或字符便具有这种样式定义的格式。对文档应用样式主要有以下作用。

a. 使文档的格式更便于统一。

b. 可构筑大纲，使文档更有条理，编辑和修改更简单。

c. 方便生成目录。

（4）页面版式

设置文档页面版式包括设置页面大小、页边距和页面背景，以及添加水印、封面等，这些设置将应用于文档的所有页面。

① 设置页面大小、页面方向和页边距

默认的 Word 页面大小为 A4（21厘米×29.7厘米），页面方向为纵向，页边距为普通，在【页面布局】/【页面设置】组中单击相应的按钮便可进行修改，具体操作如下。

a. 单击"纸张大小"按钮□右侧的·按钮，在打开的下拉列表框中选择一种页面大小选项，或选择"其他页面大小"选项，在打开的"页面设置"对话框中输入文档宽度和高度大小值。

b. 单击"页面方向"按钮□右侧的·按钮，在打开的下拉列表中选择"横向"选项，可以将页面设置为横向。

c. 单击"页边距"按钮□下方的·按钮，在打开的下拉列表框中选择一种页边距选项，或选择"自定义页边距"选项，在打开的"页面设置"对话框中输入上、下、左、右页边距值。

② 设置页面背景

在 Word 中，页面背景可以是纯色背景、渐变色背景和图片背景。设置页面背景的方法是：

在【页面布局】/【页面背景】组中单击"页面颜色"按钮 ，在打开的下拉列表中选择一种页面背景颜色，如图 8-54 所示。若选择"填充效果"选项，在打开的对话框中单击"渐变"等选项卡，便可设置渐变色背景和图片背景等。

③ 添加封面

在制作某些办公文档时，可通过添加封面表现文档的主题，封面内容一般包含标题、副标题、文档摘要、编写时间、作者和公司名称等。添加封面的方法是：在【插入】/【页】组中单击"封面"按钮 ，在打开的下拉列表中选择一种封面样式，如图 8-55 所示，为文档添加该类型的封面，然后输入相应的封面内容即可。

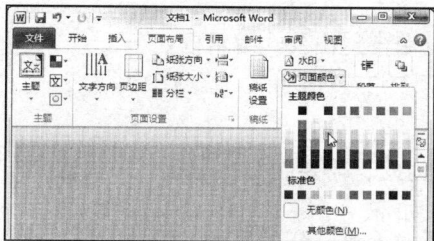

图 8-54　设置页面背景

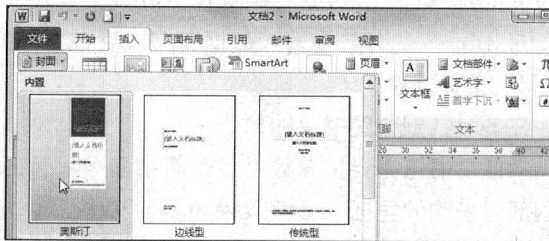

图 8-55　设置封面

④ 添加水印

制作办公文档时，为表明公司文档的所有权和出处，可为文档添加水印背景，如添加"机密"水印等。添加水印的方法是"在【页面布局】/【页面背景】组中单击"水印"按钮 ，在打开的下拉列表中选择一种水印效果即可。

⑤ 设置主题

Word 2010 提供了各种主题，通过应用这些文档主题可快速更改文档的整体效果，统一文档的整体风格。设置主题的方法是：在【页面布局】/【主题】组中单击"主题"按钮 ，在打开的下拉列表中选择一种主题样式，文档的颜色和字体等效果将发生变化。

（5）创建交叉引用

交叉引用可以将文档中的图片、表格与正文相关的说明文字创建对应的关系，从而为作者提供自动更新功能，具体操作如下。

① 将插入点定位到需要使用交叉引用的位置，在【引用】/【题注】组中单击"交叉引用"按钮 ，打开"交叉引用"对话框，如图 8-56 所示。

② 在"引用类型"下拉列表框中选择需要引用的类型，然后在"引用哪一个书签"列表框中选择需要的引用选项，这里没有创建书签，故没有选项。单击 插入(I) 按钮即可创建交叉引用。在选择插入的文本范围时，插入的交叉引用的内容将显示为灰色底纹，若修改被引用的内容，返回引用时按【F9】键即可更新。

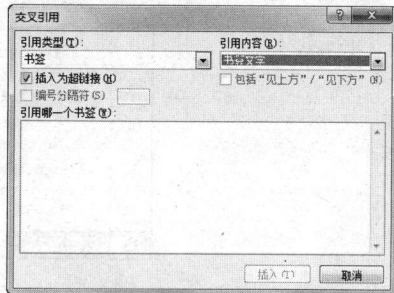

（6）插入并编辑公式

当需要使用一些复杂的数学公式时，可使用 Word 中提供的公式编辑器快速、方便地编写数学公式，如根式公式或积分公式等，其具体操作如下。

图 8-56　创建交叉引用

① 在【插入】/【符号】组中单击"公式"按钮π下方的下拉按钮▼，在打开的下拉列表中选择"插入新公式"选项。

② 在文档中将出现一个公式编辑框，在【设计】/【结构】组中单击"括号"按钮{0}|，在打开的下拉列表的"事例和堆栈"栏中选择"事例（两条件）"选项。

③ 单击括号上方的条件框，将插入点定位到其中，并输入数据，然后在"符号"组中单击"大于"按钮|>。

④ 单击括号下方的条件框，选择该条件框，然后在"结构"组中单击"分数"按钮 ，在打开的下拉列表的"分数"栏中选择"分数（竖式）"选项。

⑤ 在插入的分数中输入数据，完成后在文档的任意处单击退出公式编辑框。

4. 实验过程

任务一　制作图书采购单

学校图书馆需要扩充藏书量，新增多个科目的新书。为此，需要制作一份图书采购清单作为采购部门采购的凭据。参考效果如图 8-57 所示，相关要求如下。

- 输入标题文本"图书采购单"，设置字体格式为"黑体、加粗、小一、居中对齐"。
- 创建一个 7 列 13 行的表格，将鼠标指针移动到表格右下角的控制点上，拖动鼠标调整表格高度。
- 合并第 13 行的第 2、3 列单元格，拖动鼠标调整表格第 2 列的列宽。
- 平均分配第 2 列到第 7 列的宽度，在表格第 1 行下方插入一行单元格。
- 拆分倒数两行最后两个单元格为两列，并平均分布各列单元格列宽。
- 在表格对应的位置输入如图 8-57 所示的文本，然后设置字体格式为"黑体、五号、加粗"，对齐方式为"居中对齐"。

图书采购单

序号	书名	类别	原价（元）	折扣率%	折后价（元）	入库日期
1	父与子全集	少儿	35		21	2015 年 12 月 31 日
2	古代汉语词典	工具	119.9		95.9	2015 年 12 月 31 日
3	世界很大，幸好有你	传记	39		29	2015 年 12 月 31 日
4	Photoshop CS5 图像处理	计算机	48		39	2015 年 12 月 31 日
5	疯狂英语90 句	外语	19.8		17.8	2015 年 12 月 31 日
6	窗边的小豆豆	少儿	25		28.8	2015 年 12 月 31 日
7	只属于我的视界：手机摄影自白书	摄影	58		34.8	2015 年 12 月 31 日
8	黑白花意：笔尖下的 87 朵花之绘	绘画	29.8		20.5	2015 年 12 月 31 日
9	小王子	少儿	20		10	2015 年 12 月 31 日
10	配色设计原理	设计	59		41	2015 年 12 月 31 日
11	基本乐理	音乐	38		31.9	2015 年 12 月 31 日
13	总和		￥491.50		￥369.70	

图 8-57　"图书采购图"文档效果

- 选择整个表格，设置表格宽度为"根据内容自动调整表格"，对齐方式为"水平居中"。
- 设置表格外边框样式为"双画线"，底纹为"白色、背景 1、深色 25%"。

- 最后使用 "=SUM(ABOVE)" 计算总和。

（1）绘制图书采购单表格框架

在使用 Word 制作表格时，最好事先在纸上绘制出表格的大致草图，规划行列数，然后再在 Word 中创建编辑，以便于快速创建表格，其具体操作如下。

① 打开 Word 2010，在文档的开始位置输入标题文本"图书采购单"，然后按【Enter】键。

② 在【插入】/【表格】组中单击"表格"按钮，在打开的下拉列表中选择"插入表格"选项，打开"插入表格"对话框。

③ 在该对话框中分别将"列数"和"行数"设置为"7"和"13"，如图 8-58 所示。

④ 单击 确定 按钮即可创建表格，选择标题文本，在【开始】/【字体】组中设置字体格式为"黑体、加粗"，字号为"小一"，并设置居中对齐，效果如图 8-59 所示。

图 8-58　插入表格

图 8-59　设置标题字体格式

⑤ 将鼠标指针移动到表格右下角的控制点上，向下拖动鼠标调整表格的高度，如图 8-60 所示。

⑥ 选择第 12 行第 2、3 列单元格，单击鼠标右键，在弹出的快捷菜单中选择"合并单元格"命令。

⑦ 选择表格第 13 行第 2、3 列单元格，在【表格工具-布局】/【合并】组中单击"合并单元格"按钮，然后使用相同的方法合并其他单元格，完成后效果如图 8-61 所示。

⑧ 将鼠标指针移至第 2 列表格左侧边框上，当鼠标指针变为 形状后，按住鼠标左键向左拖动鼠标手动调整列宽。

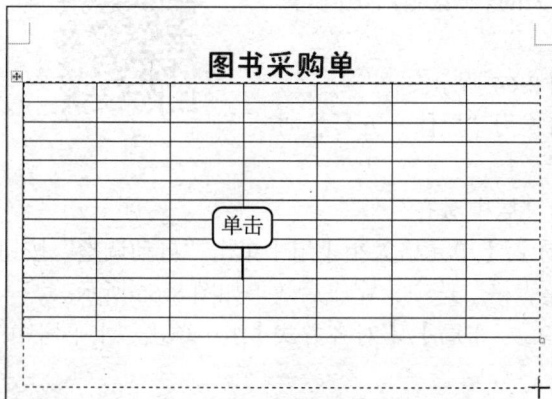

图 8-60　调整表格高度

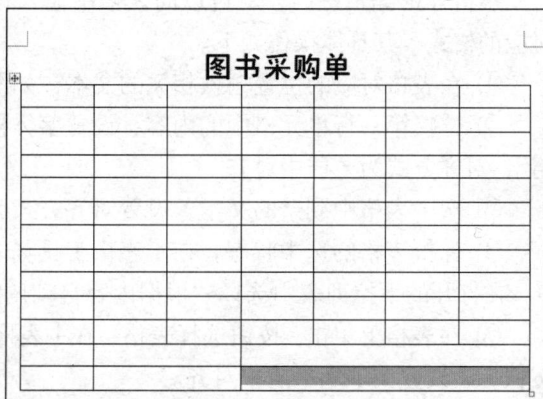

图 8-61　合并单元格

⑨ 选择表格第 2 列至第 7 列单元格，在【表格工具-布局】/【单元格大小】组中单击"分布列"按钮，平均分配各列的宽度。

（2）编辑图书采购单表格

在制作表格中，通常需要在指定位置插入一些行列单元格，或将多余的表格合并或拆分等，以满足实际需要，其具体操作如下。

① 将鼠标指针移动到表格第 1 行左侧，当鼠标指针变为形状时，单击选择该行单元格，在【表格工具-布局】/【行和列】组中的"在下方插入"按钮，在表格第 1 行下方插入一行单元格。

② 选择表格倒数两行最后两个单元格，单击【表格工具-布局】/【合并】组中的"拆分单元格"按钮。

③ 打开"拆分单元格"对话框，在其中设置列数为"2"，如图 8-62 所示，单击　确定　按钮即可。

④ 选择表格倒数两行除第 1 列外的所有单元格，在【表格工具-布局】/【单元格大小】组中单击"分布列"按钮，平均分配各列的宽度，效果如图 8-63 所示。

⑤ 选择第 12 行单元格，单击鼠标右键，在弹出的快捷菜单中选择【删除】/【删除行】命令。

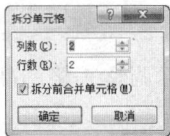

图 8-62　拆分单元格　　　　　　　图 8-63　平均分布列

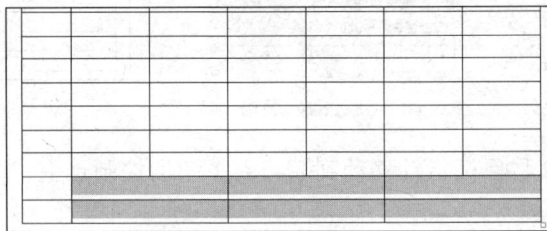

> 在选择整行或整列单元格后，单击鼠标右键，在弹出的快捷菜单中选择相应的命令，如选择"在左侧插入列"命令，也可在选择列的左侧插入一列空白单元格。

（3）输入与编辑表格内容

表格外形编辑好后，就可以向表格中输入相关的表格内容，并设置对应的格式，其具体操作如下。

① 在表格对应的位置输入相关的文本，如图 8-64 所示。

② 选择第一行单元格中的内容，设置字体格式为"黑体、五号、加粗"，对齐方式为"居中对齐"。

③ 选中表格中剩余的文本，设置对齐方式为"居中对齐"。

④ 保持表格的选中状态，在【表格工具-布局】/【单元格大小】组中单击"自动调整"按钮，在打开的下拉列表中选择"根据内容自动调整表格"选项，完成后效果如图 8-65 所示。

⑤ 在表格上单击按钮选择表格，在【表格工具-布局】/【对齐方式】组中单击"水平居中"按钮，设置文本水平居中对齐。

⑥ 将"总和"单元格右侧的两列单元格分别拆分为 4 列单元格，如图 8-57 所示。

图书采购单

序号	书名	类别	原价（元）	折扣率%	折后价（元）	入库日期
1	父与子全集	少儿	35		21	2015 年 12 月 31 日
2	古代汉语词典	工具	119.9		95.9	2015 年 12 月 31 日
3	世界很大，幸好有你	传记	39		29	2015 年 12 月 31 日
4	Photoshop CS5 图像处理	计算机	48		39	2015 年 12 月 31 日
5	疯狂英语90句	外语	19.8		17.8	2015 年 12 月 31 日
6	窗边的小豆豆	少儿	25		28.8	2015 年 12 月 31 日
7	只属于我的视界：手机摄影自白书	摄影	58		34.8	2015 年 12 月 31 日
8	黑白花意：笔尖下的87朵花之绘	绘画	29.8		20.5	2015 年 12 月 31 日
9	小王子	少儿	20		10	2015 年 12 月 31 日
10	配色设计原理	设计	59		41	2015 年 12 月 31 日

图 8-64　输入文本

图书采购单

序号	书名	类别	原价（元）	折扣率%	折后价（元）	入库日期
1	父与子全集	少儿	35		21	2015 年 12 月 31 日
2	古代汉语词典	工具	119.9		95.9	2015 年 12 月 31 日
3	世界很大，幸好有你	传记	39		29	2015 年 12 月 31 日
4	Photoshop CS5 图像处理	计算机	48		39	2015 年 12 月 31 日
5	疯狂英语90句	外语	19.8		17.8	2015 年 12 月 31 日
6	窗边的小豆豆	少儿	25		28.8	2015 年 12 月 31 日
7	只属于我的视界：手机摄影自白书	摄影	58		34.8	2015 年 12 月 31 日
8	黑白花意：笔尖下的87朵花之绘	绘画	29.8		20.5	2015 年 12 月 31 日
9	小王子	少儿	20		10	2015 年 12 月 31 日
10	配色设计原理	设计	59		41	2015 年 12 月 31 日
11	基本乐理	音乐	38		31.9	2015 年 12 月 31 日

图 8-65　调整表格列宽

（4）设置与美化表格

完成表格内容的编辑后，还可以对表格的边框和填充颜色进行设置，以美化表格，其具体操作如下。

① 在表格中单击鼠标右键，在弹出的快捷菜单中选择"边框和底纹"命令。

② 打开"边框和底纹"对话框，在"设置"栏中选择"虚框"选项，在"样式"列表框中选择"双画线"选项，如图 8-66 所示。

③ 单击 确定 按钮，完成表格外框线设置，效果如图 8-67 所示。

④ 选择"总和"文本所在的单元格，设置字体格式为"黑体、加粗"，然后按住【Ctrl】键依次选择表格表头所在的单元格。

⑤ 在【开始】/【段落】组中单击"边框和底纹"按钮，在打开的下拉列表中选择"边框和底纹"选项，打开"边框和底纹"对话框。

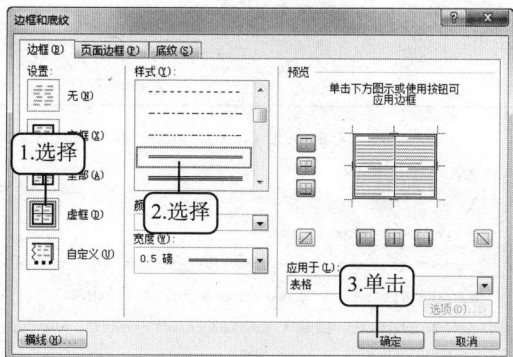

图 8-66　设置外边框

图书采购单

序号	书名	类别	原价（元）	折扣率%	折后价（元）	入库日期
1	父与子全集	少儿	35		21	2015 年 12 月 31 日
2	古代汉语词典	工具	119.9		95.9	2015 年 12 月 31 日
3	世界很大，幸好有你	传记	39		29	2015 年 12 月 31 日
4	Photoshop CS5 图像处理	计算机	48		39	2015 年 12 月 31 日
5	疯狂英语90句	外语	19.8		17.8	2015 年 12 月 31 日
6	窗边的小豆豆	少儿	25		28.8	2015 年 12 月 31 日
7	只属于我的视界：手机摄影自白书	摄影	58		34.8	2015 年 12 月 31 日

图 8-67　设置外边框后的效果

⑥ 单击"底纹"选项卡，在"填充"下拉列表中选择"白色、背景 1、深色 25%"选项，如图 8-68 所示。

⑦ 单击 确定 按钮，完成单元格底纹设置，效果如图 8-69 所示。

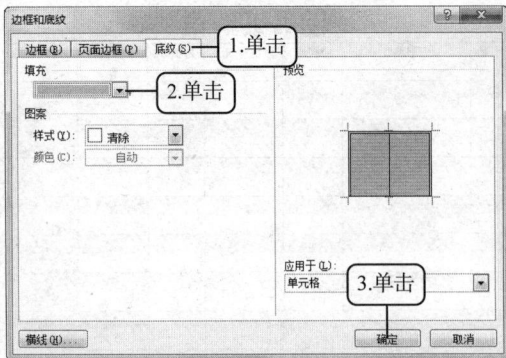

图 8-68　设置底纹

图 8-69　添加底纹后的效果

（5）计算表格中的数据

在表格中可能会涉及数据计算，使用 Word 制作的表格也可以实现简单的计算，其具体操作如下。

① 将插入点定位到"总和"右侧的单元格中，在【布局】/【数据】组中单击"公式"按钮 f_x。

② 打开"公式"对话框，在"公式"文本框中输入"=SUM(ABOVE)"，在"编号格式"下拉列表中选择"¥#,##0.00;(¥#,##0.00)"选项，如图 8-70 所示。

③ 单击　确定　按钮，使用相同的方法计算折后价的总值，完成后效果如图 8-71 所示。

图 8-70　设置公式与编号格式

图 8-71　使用公式计算后的结果

任务二　排版考勤管理规范

利用 Word 2010 的相关功能设计制作排版考勤管理规范，完成后参考效果如图 8-72 所示，相关要求如下。

图 8-72　"考勤管理规范"排版后的效果

- 打开文档，自定义纸张大小，"宽度"和"高度"分别为"20"和"28"。
- 设置页边距"上""下"分别为"3 厘米"，"左""右"分别为"2.5 厘米"。
- 为标题应用内置的"标题"样式，新建"小项目"样式，设置格式为"汉仪长艺体简、五号、1.5 倍行距"，底纹为"白色，背景 1，深色 50%"。
- 修改"小项目"样式，设置字体格式为"小三、'茶色，背景 2，深色 50%'"，设置底纹为"白色，背景 1，深色 15%"。

（1）设置页面大小

日常应用中可根据文档内容自定义页面大小，其具体操作如下。

① 打开"考勤管理规范.docx"文档，在【页面布局】/【页面设置】组中单击"对话框启动器"图标，打开"页面设置"对话框。

② 单击"纸张"选项卡，在"纸张大小"下拉列表框中选择"自定义大小"选项，打开"页面设置"对话框，分别在"宽度"和"高度"数值框中输入"20"和"28"，如图 8-73 所示。

③ 单击 确定 按钮，返回文档编辑区，即可查看设置页面大小后的文档效果，如图 8-74 所示。

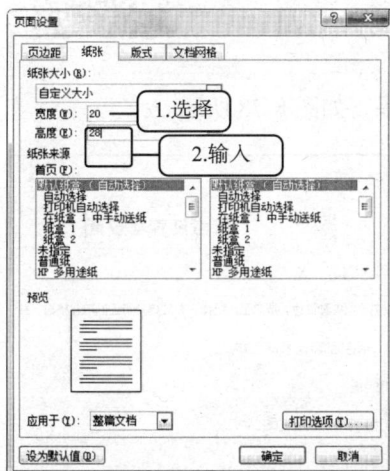

图 8-73 设置页面大小

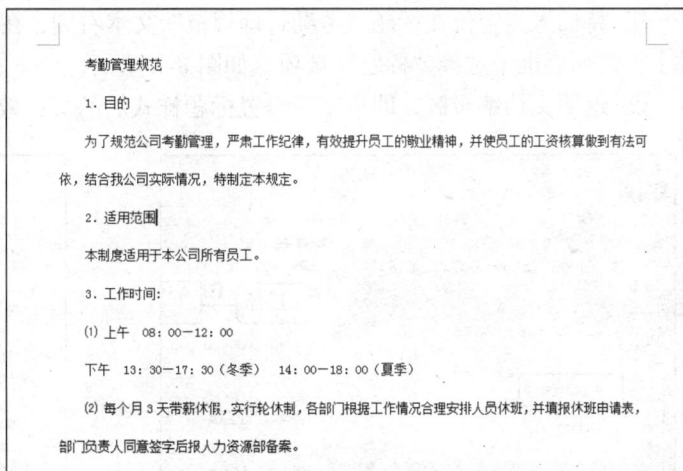

图 8-74 查看效果

（2）设置页边距

如果文档是给上级或者客户看的，那么，Word 默认的页边距就可以了。若为了节省纸张，可以适当缩小页边距，其具体操作如下。

① 在【页面布局】/【页面设置】组中单击"对话框启动器"图标，打开"页面设置"对话框。

② 单击"页边距"选项卡，在"页边距"栏中的"上""下"数字框中分别输入"1 厘米"，在"左""右"数字框中分别输入"1.5 厘米"，如图 8-75 所示。

③ 单击 确定 按钮，返回文档编辑区，即可查看设置页边距后文档页面版式，如图 8-76 所示。

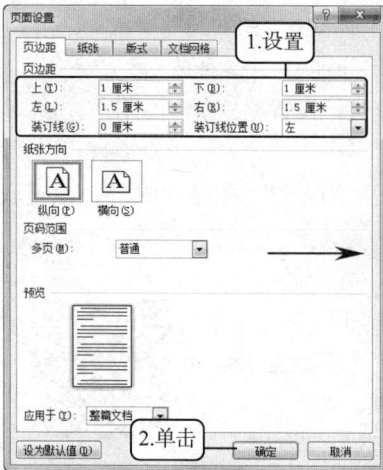

图 8-75　设置页边距

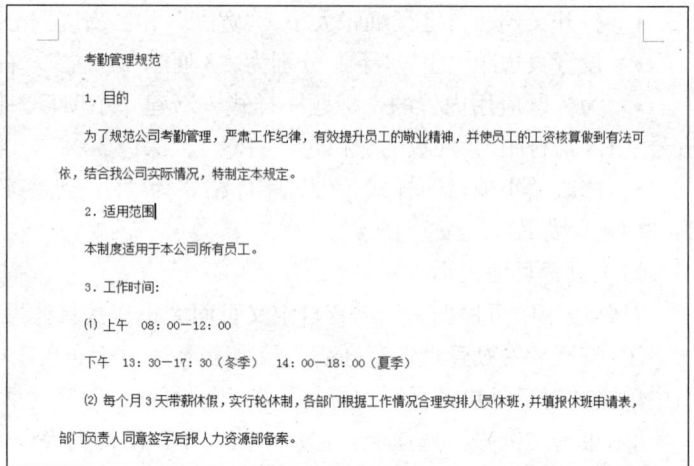

图 8-76　查看设置页边距后的效果

（3）套用内置样式

内置样式是指 Word 2010 自带的样式，下面为"考勤管理规范.docx"文档套用内置样式，其具体操作如下。

① 将插入点定位在标题"考勤管理规范"文本右侧，在【开始】/【样式】组的列表框中选择"标题"选项，如图 8-77 所示。

② 返回文档编辑区，即可查看设置标题样式后的文档效果，如图 8-78 所示。

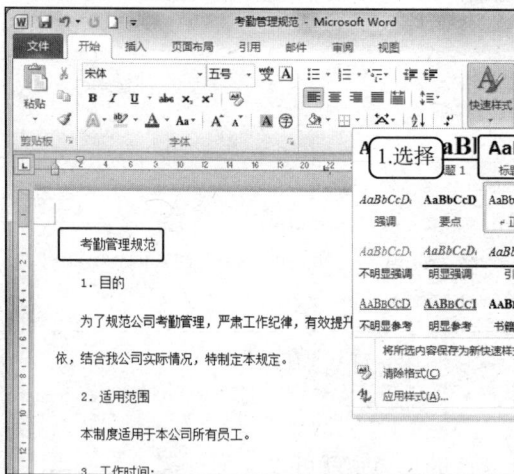

图 8-77　套用内置样式

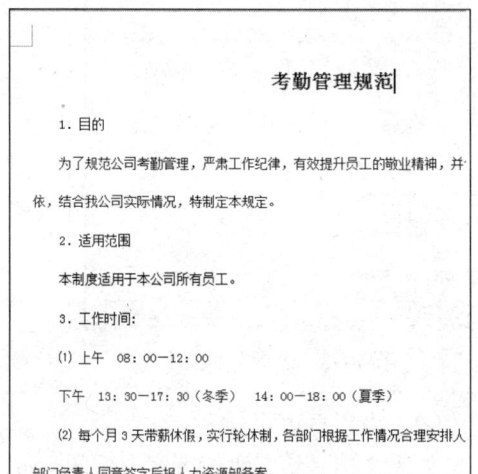

图 8-78　查看效果

（4）创建样式

Word 2010 中内置样式是有限的，当用户需要使用的样式在 Word 中并没有内置样式时，可创建样式，其具体操作如下。

① 将插入点定位在第一段"1. 目的"文本右侧，在【开始】/【样式】组中单击"对话框启动器"图标，如图 8-79 所示。

② 打开"样式"任务窗格，单击"新建样式"按钮，如图 8-80 所示。

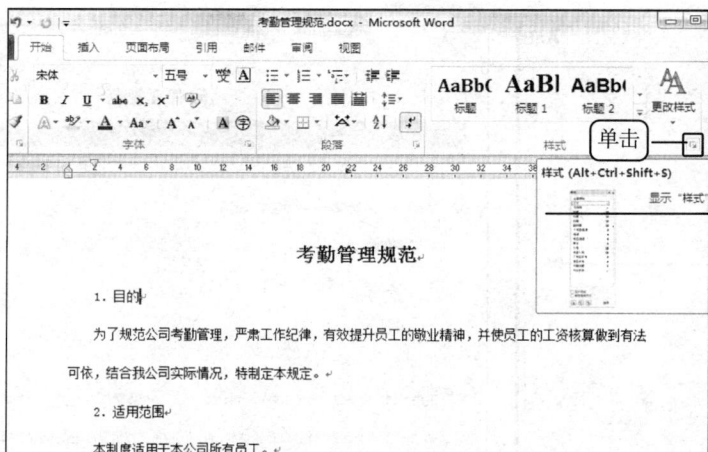

图 8-79　打开"样式"任务窗格

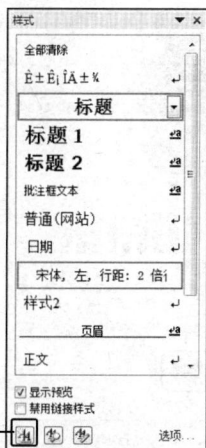

图 8-80　单击"新建样式"按钮

③ 在打开的对话框的"名称"文本框中输入"小项目"，在格式栏中将格式设置为"汉仪长艺体简、五号"，单击 格式(0)▼ 按钮，在打开的下拉列表中选择"段落"选项，如图 8-81 所示。

④ 打开"段落"对话框，在间距栏的"行距"下拉列表中选择"1.5 倍行距"选项，单击 确定 按钮，如图 8-82 所示。

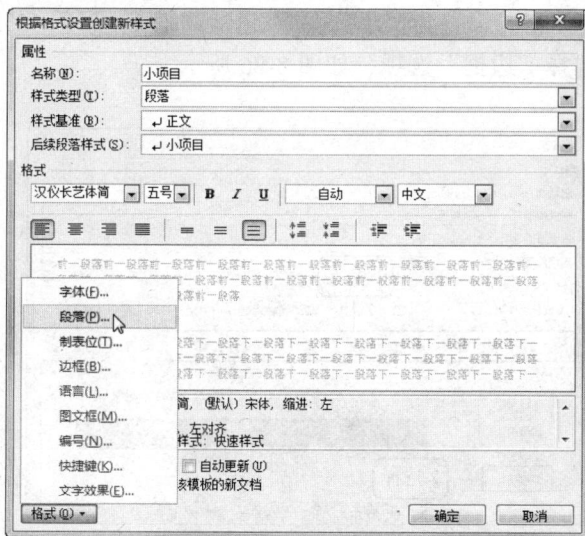

图 8-81　设置格式

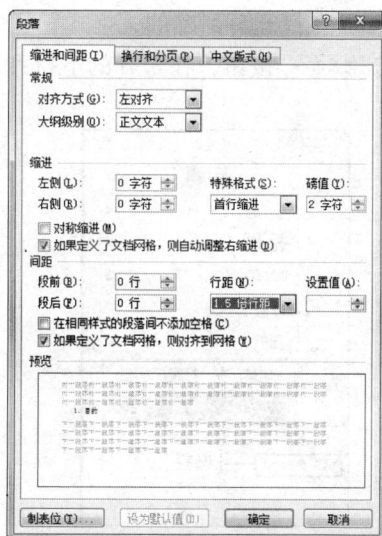

图 8-82　设置"段落"格式

⑤ 返回到"根据格式设置创建新样式"对话框，再次单击 格式(0)▼ 按钮，在打开的下拉列表中选择"边框"选项。

⑥ 打开"边框和底纹"对话框，单击"底纹"选项卡，在"填充"栏的下拉列表中选择"白色，背景 1，深色 50%"选项，依次单击 确定 按钮，如图 8-83 所示。

⑦ 返回文档编辑区，即可查看创建样式后的文档效果，如图 8-84 所示。

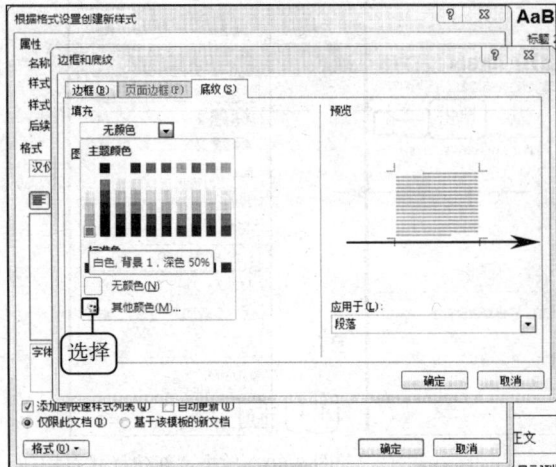

图 8-83　设置边框和底纹

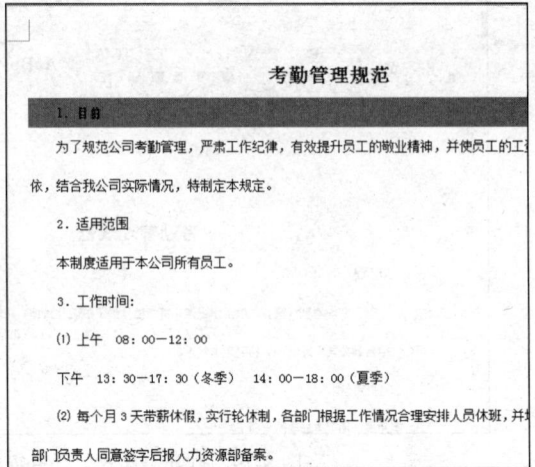

图 8-84　查看创建的样式效果

（5）修改样式

创建新样式时，如果用户对创建后的样式有不满意的地方，可通过"修改"样式功能对其进行修改，其具体操作如下。

① 在"样式"任务窗格中选择创建的"小项目"样式，单击右侧的按钮，在打开的下拉列表中选择"修改"选项，如图 8-85 所示。

② 在打开对话框的"格式"栏中将字体格式设置为"小三、'茶色，背景 2，深色 50%'"，单击 格式(O)▼ 按钮，在打开的下拉列表中选择"边框"选项，如图 8-86 所示。

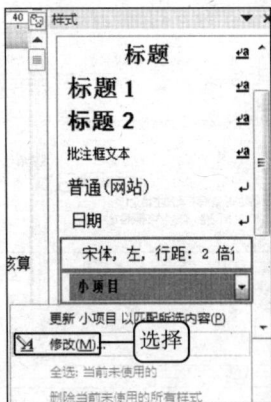

图 8-85　选择"修改"选项

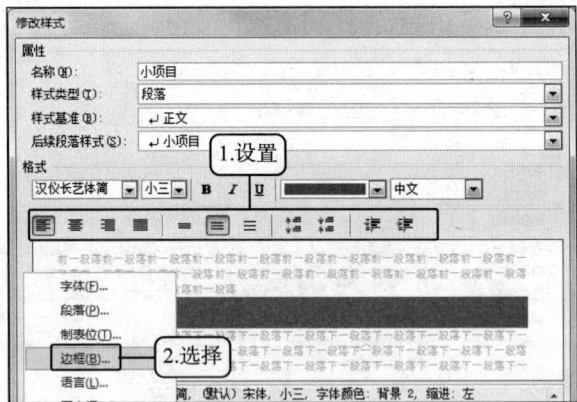

图 8-86　修改字体和颜色

③ 打开"边框和底纹"对话框，单击"底纹"选项卡，在"填充"下拉列表中选择"白色，背景 1，深色 15%"选项，单击 确定 按钮，如图 8-87 所示，即可修改底纹样式。

④ 将插入点定位到其他同级别文本上，在"样式"窗格中选择"小项目"样式应用样式，效果如图 8-88 所示。

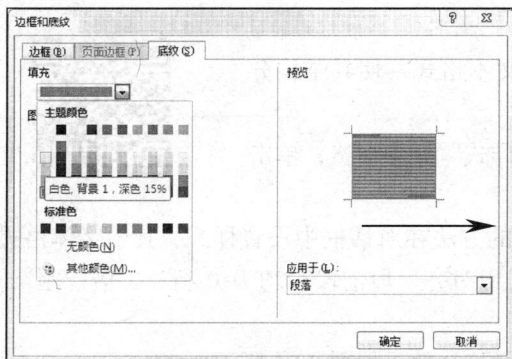

图 8-87　修改底纹样式

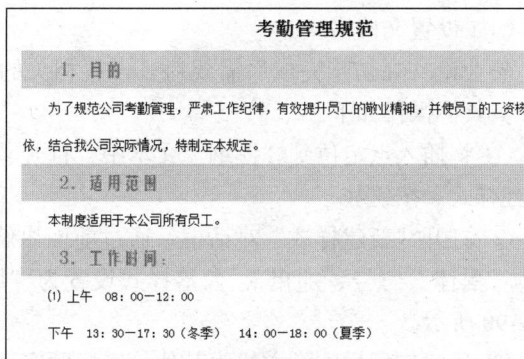

图 8-88　查看修改样式后的效果

任务三　排版和打印毕业论文

使用 Word 2010 对毕业论文的格式进行排版，完成后参考效果如图 8-89 所示，相关要求如下。

（1）新建样式，设置正文字体，中文为"宋体"、西文为"Times New Roman"，字号为"五号"，统一首行缩进 2 个字符。

（2）设置一级标题字体格式为"黑体、三号、加粗"，段落格式为"居中对齐、段前段后均为 0 行、2 倍行距"。

（3）设置二级标题字体格式为"微软雅黑、四号、加粗"，段落格式为"左对齐、1.5 倍行距"。

（4）设置"关键词："文本字体为"微软雅黑、四号、加粗"，"关键词"后面的文字格式与正文相同。

（5）使用大纲视图查看文档结构，然后分别在每个部分的前面插入分页符。

（6）添加"反差型（奇数页）"样式的页眉，格式分别是中文为"宋体"，西文为"Times New Roman"，字号为"五号"，行距为"单倍行距"，对齐方式为"居中对齐"。

（7）添加"边线型"页脚，格式分别是中文为"宋体"，西文为"Times New Roman"，字号为"五号"，段落样式为"单倍行距，居中对齐"，页脚显示当前页码。

（8）选择"毕业论文"文本，设置格式为"方正大标宋简体、小初、居中对齐"，选择"降低企业成本途径分析"文本，设置格式为"黑体、小二、加粗、居中对齐"。

（9）分别选择"姓名""学号""专业"文本，设置格式为"黑体、小四"，然后利用【Space】键使其居中对齐。同样利用【Space】键使论文标题上下居中对齐。

（10）提取目录。设置"制表符前导符"为第一个选项，"格式"为"正式"，撤销选中"使用超链接而不使用页码"复选框。

（11）选择【文件】/【打印】命令，预览并打印文档。

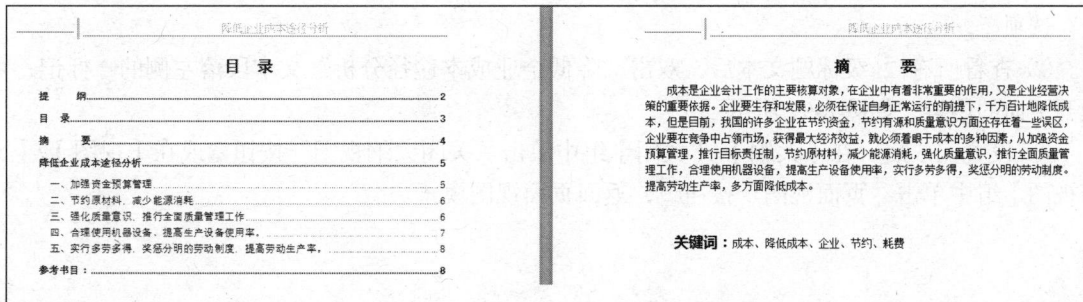

图 8-89　"毕业论文"文档效果

（1）设置文档格式

毕业论文在初步完成后需要对其设置相关的文本格式，使其结构分明。其具体操作如下。

① 将插入点定位到"提纲"文本中，打开"样式"任务窗格，单击"新建样式"按钮。

② 打开"新建样式"对话框，通过前面讲解的方法在对话框中设置样式，其中字体格式设置为"黑体、三号、加粗"，段落样式设置为"居中对齐、段前段后均为 0 行，2 倍行距"，如图 8-90 所示。

③ 通过应用样式的方法为其他一级标题应用样式，效果如图 8-91 所示。

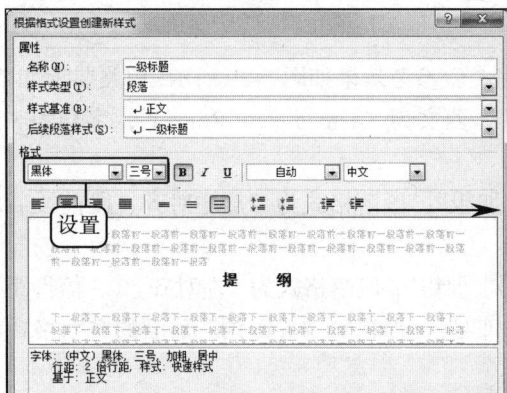

图 8-90　创建样式

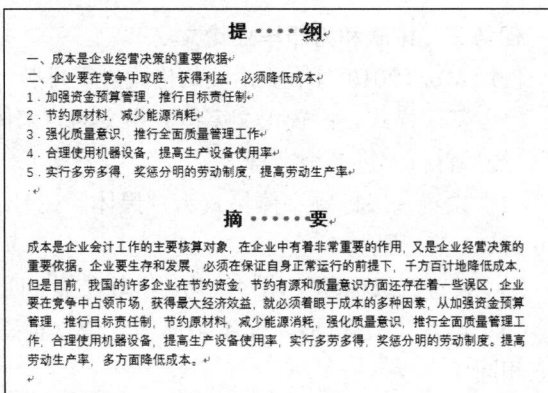

图 8-91　应用样式

④ 使用相同的方法设置二级标题格式，其中，设置字体格式为"微软雅黑、四号、加粗"，设置段落格式为"左对齐、1.5 倍行距"，大纲级别为"1 级"。

⑤ 设置正文格式，中文为"宋体"，西文为"Times New Roman"，字号为"五号"，统一首行缩进 2 个字符，设置正文行距为"1.5 倍行间距"，大纲级别为"2 级"。完成后为文档应用相关的样式即可。

（2）使用大纲视图

大纲视图适用于长文档中文本级别较多的情况，以便于查看和调整文档结构，其具体操作如下。

① 在【视图】/【文档视图】组中单击 大纲视图按钮，将视图模式切换到大纲视图，在【大纲】/【大纲工具】组中的"显示级别"下拉列表中选择"2 级"选项。

② 查看所有 2 级标题文本后，双击"降低企业成本途径分析"文本段落左侧的 ⊕ 标记，可展开下面的内容，如图 8-92 所示。

③ 设置完成后，在【大纲】/【关闭】组中单击"关闭大纲视图"按钮 或在【视图】/【文档视图】组中单击"页面视图"按钮，返回页面视图模式。

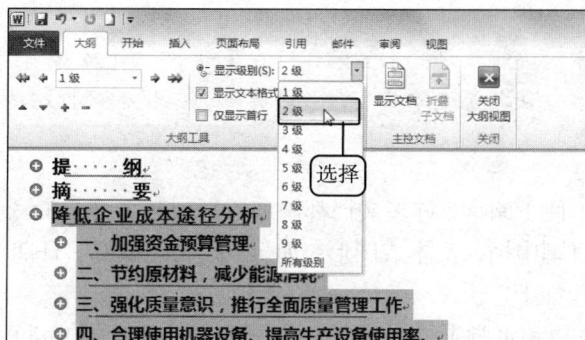

图 8-92　使用大纲视图

（3）插入分页符

分隔符主要用于标识文字分隔的位置，其具体操作如下。

① 将插入点定位到文本"提纲"之前，在【页面布局】/【页面设置】组中单击"分隔符"按钮，在打开的下拉列表中的"分页符"栏中选择"分页符"选项。

② 在插入点所在位置插入分页符，此时，"序言"的内容将从下一页开始，如图 8-93 所示。

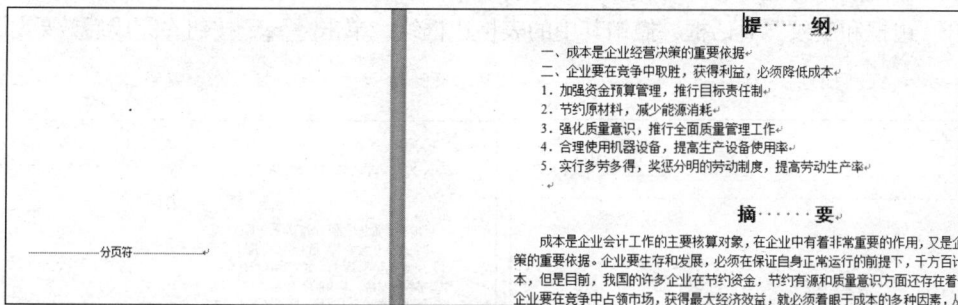

图 8-93　插入分页符后效果

③ 将插入点定位到文本"摘要"之前，在【页面布局】/【页面设置】组中单击"分隔符"按钮，在打开的下拉列表中的"分节符"栏中选择"下一页"选项。

④ 此时，在"提纲"的结尾部分插入分页符，"摘要"的内容将从下一页开始，如图 8-94 所示。

⑤ 使用相同的方法为"降低企业成本途径分析"设置分页符。

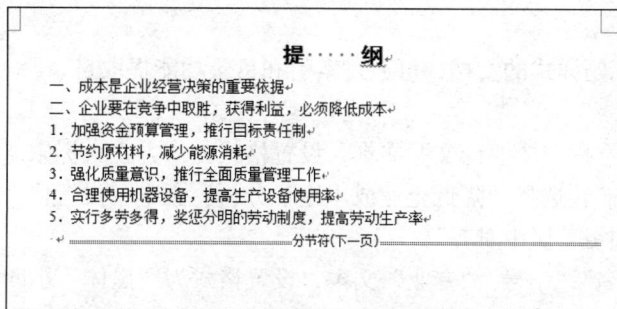

图 8-94　插入分页符后的效果

如果文档中的编辑标记并未显示，可在【开始】/【段落】组中单击"显示/隐藏编辑标记"按钮，使其呈选中状态，此时隐藏的编辑标记将显示出来。

（4）设置页眉页脚

为了使页面更美观，便于阅读，许多文档都添加了页眉和页脚。在编辑文档时，可在页眉和页脚中插入文本或图形，如页码、公司徽标、日期和作者名等，其具体操作如下。

① 在【插入】/【页眉和页脚】组中单击页眉按钮，在打开的下拉列表中选择"反差型（奇数页）"选项，然后在其中输入"降低企业成本途径分析"文本，并设置格式为"宋体、五号"，单击选中"首页不同"复选框，如图 8-95 所示。

② 插入点自动插入到页眉区，且自动输入公司名称和文档标题。然后在【页眉页脚工具-设计】/【关闭】组中单击页脚按钮，在打开的下拉列表中选择"边线型"选项。

③ 插入点插入到页脚区，且自动插入居中页码，然后在【页眉页脚工具-设计】/【】组中单击"关闭页眉和页脚"按钮退出页眉和页脚视图。

④ 返回文档中可看到设置页眉和页脚后的效果，此时发现页眉中多了一条横线，双击进入页眉页脚视图，拖动鼠标选择段落标记，单击鼠标右键，在弹出的快捷菜单中选择"边框和底纹"命令，打开"边框和底纹"对话框，撤销其中的表格边框线，单击确定按钮，完成后效果如图 8-96 所示。

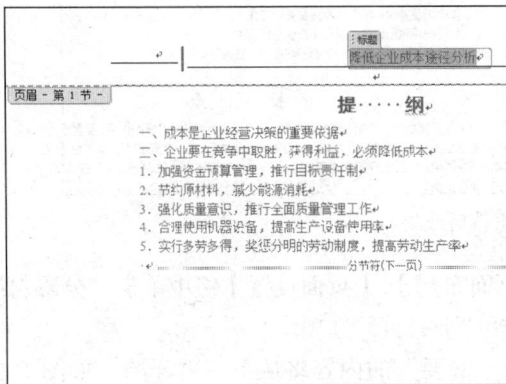

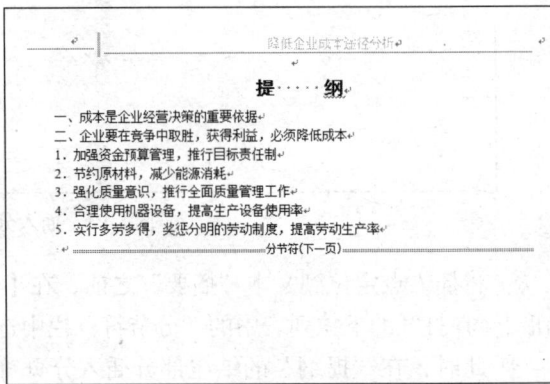

图 8-95　设置页眉　　　　　　　　　　图 8-96　删除页眉多余横线

⑤ 使用相同的方法将首页中的横线去除，完成页眉页脚设置。

（5）创建目录

对于设置了多级标题样式的文档，可通过索引和目录功能提取目录，具体操作如下。

① 在文档开始处选择"毕业论文"文本，设置格式为"方正大标宋简体、小初、居中对齐"，选择"降低企业成本途径分析"文本，设置格式为"黑体、小二、加粗、居中对齐"。

② 分别选中"姓名""学号""专业"文本，设置格式为"黑体、小四"然后利用【Space】键使其居中对齐。同样利用【Space】键使论文标题上下居中对齐，参考效果如图 8-97 所示。

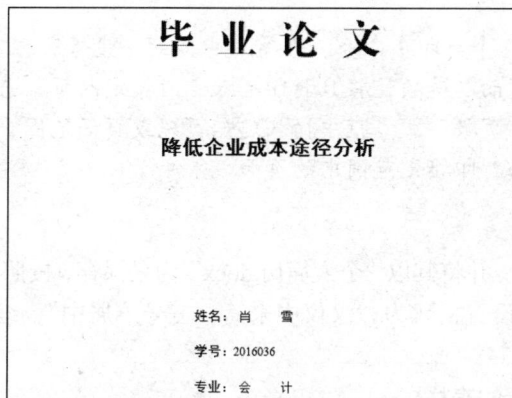

图 8-97　设置封面格式

③ 选择摘要中的"关键词："文本，设置字符格式为"微软雅黑、四号、加粗"。

④ 在"提纲"页的末尾定位插入点，在【插入】/【页】组中单击 分页 按钮，插入分页符并创建新的空白页，按【Enter】键换行，在新页面第一行输入"目　录"，并应用一级标题格式。

⑤ 将插入点定位于第二行左侧，在【引用】/【目录】组中单击"目录"按钮 ，在打开的下拉列表中选择"插入目录"选项，打开"目录"对话框，单击"目录"选项卡，在"制表符前导符"下拉列表中选择第一个选项，在"格式"下拉列表框中选择"正式"选项，在"显示级别"数值框中输入"2"，撤销选中"使用超链接而不使用页码"复选框，单击 确定 按钮，如图 8-98 所示。

⑥ 返回文档编辑区即可查看插入的目录，效果如图 8-99 所示。

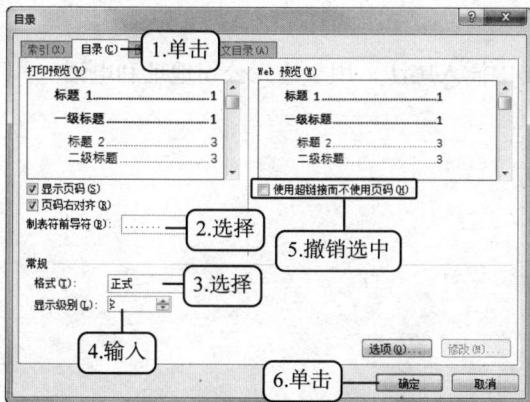

图 8-98　"目录"对话框

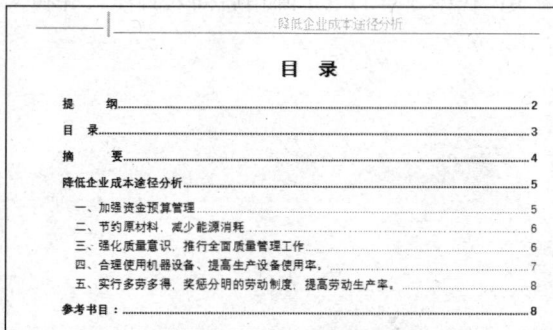

图 8-99　插入目录效果

（6）预览并打印文档

在文档中对文本内容编辑完成后可将其打印出来，即把制作的文档内容输出到纸张上。但是为了使输入的文档内容效果更真实，及时发现文档中隐藏的错误排版样式，可在打印文档之前预览打印效果，具体操作如下。

① 选择【文件】/【打印】命令，在窗口右侧预览打印效果。

② 对预览效果满意后，在"打印"栏的"份数"数值框中设置打印份数，这里设置为"2"，然后单击"打印"按钮 开始打印即可。

> 选择【文件】/【打印】命令，在窗口中间的"设置"栏下的第一个下拉列表框中选择"打印当前页面"选项，将只打印插入点所指定的页；若选择"打印自定义范围"选项，并在其下"页数"文本框中输入起始页码或页面范围，并以","或"-"分隔号将其隔开，则可只打印指定范围内的页面。

5. 思考与练习

（1）新建一个空白文档，并将其以"个人简历.docx"为名保存，按照下列要求对文档进行操作。

① 输入标题文本，并设置格式为"汉仪中宋简、三号、居中"，缩进为"段前0.5行、段后1行"。

② 插入一个7列14行的表格。

③ 合并第1行的第6列和第7列单元格、第2~5行的第7列单元格。

④ 擦除第8行的第2列与第3列之间的中线表格框线。

⑤ 将第9行和第10行单元格分别拆分为2列1行。

⑥ 在表格中输入相关的文字，调整表格大小，使其显示的文字美观。

（2）打开"员工手册.docx"文档，按照下列要求对文档进行以下操作。

① 为文档插入"运动型"封面，在键入文档标题、公司名称、选取日期模块中输入相应的文本。

② 为整个文档应用"新闻纸"主题。

③ 在文档中为每一章的章标题、"声明"文本、"附件:"文本应用样式"标题1"样式。

④ 使用大纲视图显示两级大纲内容，然后退出大纲视图。

⑤ 为文档中的图片插入题注，在文档中的《招聘员工申请表》和《职位说明书》文本后面输入"请参阅"，然后创建一个交叉引用。

⑥ 在第3章的电子邮箱后插入脚注，并在文档中插入尾注，用于输入公司地址和电话。

第9章 Excel 2010 电子表格

Excel 是 Microsoft Office 办公套装软件中一个非常重要的组件，是集快速制表，将数据图表化，对数据进行各种运算、分析、管理，制作复杂的统计表等功能于一身的优秀电子表格处理软件，目前已广泛应用于商业、科学、工程、财务、经济等各个领域。本章主要介绍 Excel 2010 的基本操作、数据编辑、格式设置、数据计算、分析管理、打印输出及其他功能。

9.1 实验五 Excel 2010 基本操作

1. 实验目的

了解 Excel 2010 的界面布置，掌握工作簿文件的基本操作、数据的基本操作、行列单元格的基本操作和工作表的基本操作。

2. 实验内容

（1）了解工作簿、工作表、单元格的基本概念。

（2）掌握工作表中数据的编辑与填入方法。

（3）掌握单元格及其中数据格式的方法

（4）掌握工作表的复制、移动、重命名、删除等操作

3. 实验相关知识

（1）熟悉 Excel 2010 工作界面

Excel 2010 工作界面与 Word 2010 的工作界面基本相似，由快速访问工具栏、标题栏、文件选项卡、功能选项卡、功能区、编辑栏和工作表编辑区等部分组成，如图 9-1 所示。下面介绍编辑栏和工作表编辑区的作用。

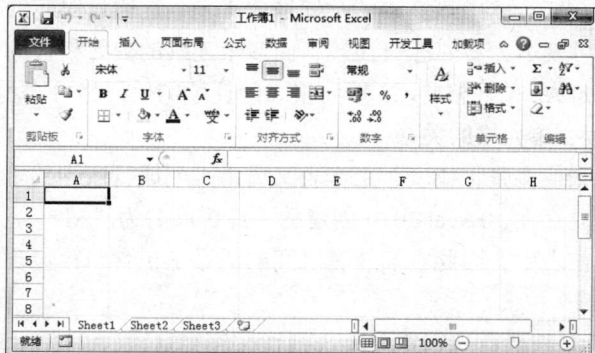

图 9-1　Excel 2010 工作界面

① 编辑栏

编辑栏用来显示和编辑当前活动单元格中的数据或公式。默认情况下，编辑栏中包括名称框、"插入函数"按钮 *fx* 和编辑框，但在单元格中输入数据或插入公式与函数时，编辑栏中的"取消"按钮 ✖ 和"输入"按钮 ✔ 也将显示出来。

a. 名称框。用来显示当前单元格的地址或函数名称，如在名称框中输入"A3"后，按【Enter】键表示选择 A3 单元格。

b. "取消"按钮 ✖。单击该按钮表示取消输入的内容。

c. "输入"按钮 ✔。单击该按钮表示确定并完成输入的内容。

d. "插入函数"按钮 *fx*。单击该按钮，将快速打开"插入函数"对话框，在其中可选择相应的函数插入到表格中。

e. 编辑框。显示在单元格中输入或编辑的内容，并在其中直接输入和编辑。

② 工作表编辑区

工作表编辑区是 Excel 编辑数据的主要场所，它包括行号与列标、单元格和工作表标签等。

a. 行号与列标。行号用"1，2，3……"等阿拉伯数字标识，列标用"A，B，C……"等大写英文字母标识。一般情况下，单元格地址表示为"列标+行号"，如位于 A 列 1 行的单元格可表示为 A1 单元格。

b. 工作表标签。用来显示工作表的名称，如"Sheet1""Sheet2""Sheet3"等。在工作表标签左侧单击 ⫷ 或 ⫸ 按钮，当前工作表标签将返回到最左侧或最右侧的工作表标签，单击 ◀ 或 ▶ 按钮将向前或向后切换一个工作表标签。若在工作表标签滚动显示按钮上单击鼠标右键，在弹出的快捷菜单中选择任意一个工作表也可切换工作表。

（2）认识工作簿、工作表、单元格

在 Excel 中，工作簿、工作表、单元格是构成 Excel 的框架，同时它们之间存在着包含与被包含的关系。了解其概念和相互之间的关系，有助于在 Excel 中执行相应的操作。

① 工作簿、工作表和单元格的概念

下面首先了解工作簿、工作表和单元格的概念。

a. 工作簿。即 Excel 文件，用来存储和处理数据的主要文档，也称为电子表格。默认情况下，新建的工作簿以"工作簿 1"命名，若继续新建工作簿将以"工作簿 2""工作簿 3"……命名，且工作簿名称将显示在标题栏的文档名处。

b. 工作表。用来显示和分析数据的工作场所，它存储在工作簿中。默认情况下，一张工作簿中只包含 3 个工作表，分别以"Sheet1""Sheet2""Sheet3"进行命名。

c. 单元格。单元格是 Excel 中最基本的存储数据单元，它通过对应的行号和列标进行命名和引用。单个单元格地址可表示为"列标+行号"，而多个连续的单元格称为单元格区域，其地址表示为"单元格:单元格"，如 A2 单元格与 C5 单元格之间连续的单元格可表示为 A2:C5 单元格区域。

② 工作簿、工作表、单元格的关系

工作簿中包含了一张或多张工作表，工作表又是由排列成行或列的单元格组成。在计算机中工作簿以文件的形式独立存在，Excel 2010 创建的文件扩展名为".xlsx"，而工作表依附在工作簿中，单元格则依附在工作表中，因此它们 3 者之间的关系是包含与被包含的关系。

（3）切换工作簿视图

在 Excel 中也可根据需要在视图栏中单击视图按钮组 ▦▭▥ 中的相应按钮，或在【视图】/【工作簿视图】组中单击相应的按钮切换视图。下面分别介绍每个工作簿视图的作用。

① 普通视图。普通视图是 Excel 中的默认视图，用于正常显示工作表，在其中可以执行数据输入、数据计算和图表制作等操作。

② 页面布局视图。在页面布局视图中，每一页都会同时显示页边距、页眉和页脚，用户可以在此视图模式下编辑数据、添加页眉和页脚，并可以通过拖动上边或左边标尺中的浅蓝色控制条设置页面边距。

③ 分页预览视图。分页预览视图可以显示蓝色的分页符，用户可以用鼠标拖动分页符以改变显示的页数和每页的显示比例。

④ 全屏显示视图。要在屏幕上尽可能多地显示文档内容，可以切换为全屏显示视图，单击【视图】/【工作簿视图】组中的"全屏显示"按钮▦，即可切换到全屏显示视图，在该模式下，Excel 将不显示功能区和状态栏等部分。

（4）选择单元格

要在表格中输入数据，首先应选择输入数据的单元格。在工作表中选择单元格的方法有以下 6 种。

① 选择单个单元格。单击单元格，或在名称框中输入单元格的行号和列标后按【Enter】键即可选择所需的单元格。

② 选择所有单元格。单击行号和列标左上角交叉处的"全选"按钮▦，或按【Ctrl+A】组合键即可选择工作表中所有单元格。

③ 选择相邻的多个单元格。选择起始单元格后，按住鼠标左键不放拖拽鼠标到目标单元格，或按住【Shift】键的同时选择目标单元格即可选择相邻的多个单元格。

④ 选择不相邻的多个单元格。按住【Ctrl】键的同时依次单击需要选择的单元格即可选择不相邻的多个单元格。

⑤ 选择整行。将鼠标移动到需选择行的行号上，当鼠标光标变成 ➡ 形状时，单击即可选择该行。

⑥ 选择整列。将鼠标移动到需选择列的列标上，当鼠标光标变成 ⬇ 形状时，单击即可选择该列。

（5）合并与拆分单元格

当默认的单元格样式不能满足实际需要时，可通过合并与拆分单元格的方法来设置表格。

① 合并单元格

在编辑表格的过程中，为了使表格结构看起来更美观、层次更清晰，有时需要对某些单元格区域进行合并操作。选择需要合并的多个单元格，然后在【开始】/【对齐方式】组中单击"合并后居中"按钮▦。单击▦合并后居中按钮右侧的下拉按钮▾，在打开的下拉列表中可以选择"跨越合并""合并单元格""取消单元格合并"等选项。

② 拆分单元格

拆分单元格的方法与合并单元格的方法完全相反，在拆分时选择合并的单元格，然后单击 ▦合并后居中▾ 按钮，或打开"设置单元格格式"对话框，在"对齐方式"选项卡下撤销选中"合并单元格"复选框即可。

（6）插入与删除单元格

在表格中可插入和删除单个单元格，也可插入或删除一行或一列单元格。

① 插入单元格

插入单元格的具体操作如下。

a. 选择单元格，在【开始】/【单元格】组中单击"插入"按钮▦右侧的下拉按钮▾，在打开

的下拉列表中选择"插入单元格"选项。

b. 打开"插入"对话框，单击选中对应单选项后，单击 确定 按钮即可。

c. 单击"插入"按钮 右侧的下拉按钮 ，在打开的下拉列表中选择"插入工作表行"或"插入工作表列"选项，即可插入整行或整列单元格。

② 删除单元格

删除单元格的具体操作如下。

a. 选择要删除的单元格，单击【开始】/【单元格】组中的"删除"按钮 右侧的下拉按钮 ，在打开的下拉列表中选择"删除单元格"选项。

b. 打开"删除"对话框，单击选中对应单选项后，单击 确定 按钮即可删除所选单元格。

c. 单击"删除"按钮 右侧的下拉按钮 ，在打开的下拉列表中选择"删除工作表行"或"删除工作表列"选项，即可删除整行或整列单元格。

（7）查找与替换数据

在 Excel 表格中手动查找与替换某个数据将会非常麻烦，且容易出错，此时可利用查找与替换功能快速定位到满足查找条件的单元格，并将单元格中的数据替换为需要的数据。

① 查找数据

利用 Excel 提供的查找功能查找数据的具体操作如下。

a. 在【开始】/【编辑】组中单击"查找和选择"按钮 ，在打开的下拉列表中选择"查找"选项，打开"查找和替换"对话框，单击"查找"选项卡。

b. 在"查找内容"下拉列表框中输入要查找的数据，单击 查找下一个(F) 按钮，便能快速查找到匹配条件的单元格。

c. 单击 查找全部(I) 按钮，可以在"查找和替换"对话框下方列表中显示所有包含需要查找数据的单元格位置。单击 关闭 按钮关闭"查找和替换"对话框。

② 替换数据

替换数据的具体操作如下。

a. 在【开始】/【编辑】组中单击"查找和选择"按钮 ，在打开的下拉列表中选择"替换"选项，打开"查找和替换"对话框，单击"替换"选项卡。

b. 在"查找内容"下拉列表框中输入要查找的数据，在"替换为"下拉列表框中输入需替换的内容。

c. 单击 查找下一个(F) 按钮，查找符合条件的数据，然后单击 替换(R) 按钮进行替换，或单击 全部替换(A) 按钮，将所有符合条件的数据一次性全部替换。

（8）套用表格格式

如果用户希望工作表更美观，但又不想浪费太多的时间设置工作表格式时，可利用套用工作表格式功能直接调用系统中已设置好的表格格式，这样不仅可提高工作效率，还可保证表格格式的质量，其具体操作如下。

① 选择需要套用表格格式的单元格区域，在【开始】/【样式】组中单击"套用表格格式"按钮 ，在打开的下拉列表中选择一种表格格式选项。

② 由于已选择了套用范围的单元格区域，这里只需在打开的"套用表格式"对话框中单击

__确定__ 按钮即可，如图 9-2 所示。

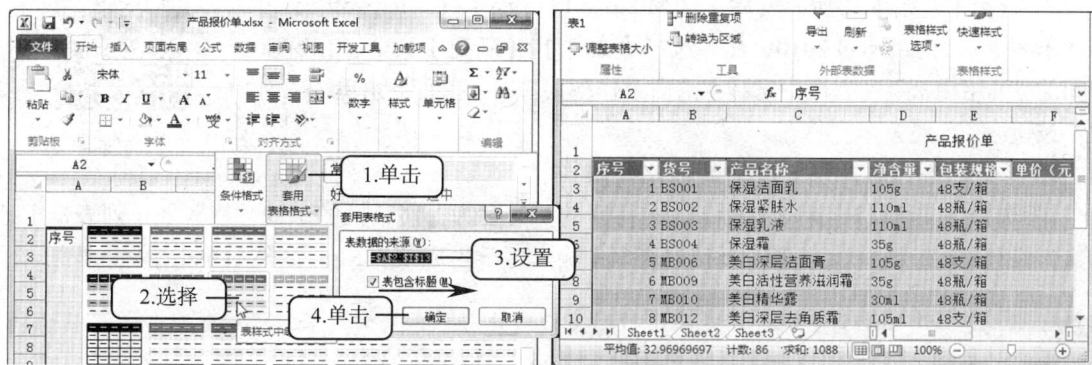

图 9-2　套用表格格式

③ 套用表格格式后，将激活表格工具"设计"选项卡，在其中可重新设置表格格式和表格格式选项。另外，在"工具"组中单击 转换为区域 按钮可将套用的表格格式转换为区域，即转换为普通的单元格区域。

4. 实验过程

任务一　制作学生成绩表

制作一份本班同学的成绩表，并以"学生成绩表"为名进行保存，利用 Excel 进行表格设置，以便于班主任查看数据，参考效果如图 9-3 所示，相关操作如下。

（1）新建一个空白工作簿，并将其以"学生成绩表"为名进行保存。

（2）在 A1 中输入"计算机应用 4 班学生成绩表"文本，然后在 A2:H2 单元格中输入相关科目。

（3）在 A3 单元格中输入 1，然后使用鼠标拖动进行序列填充。

（4）使用相同的方法输入学号列的数据，然后依次输入姓名，以及各科的成绩。

（5）合并 A1:H1 单元格区域，设置单元格格式为"方正兰亭粗黑简体、18 号"。

（6）选择 A2:H2 单元格区域，设置单元格格式为"方正中等线简体、12、居中对齐"，设置底纹为"茶色、背景 2、深色 25%"。

（7）选择 D3:G13 单元格区域，为其设置条件格式，其格式为"加粗倾斜、红色"。

（8）自动调整 F 列的列宽，手动设置第 2～13 行行高为"15"。

（9）为工作表设置一个背景，背景图片为提供的"背景.jpg"素材。

序号	学号	姓名	英语	高数	计算机基础	大学语文	上机实训
					计算机应用4班学生成绩表		
1	20150901401	张琴	90	80	74	89	优
2	20150901402	赵赤	55	65	87	75	优
3	20150901403	童熊	65	75	63	78	良
4	20150901404	王费	87	86	74	72	及格
5	20150901405	李艳	68	90	91	98	优
6	20150901406	熊思思	69	66	72	61	良
7	20150901407	李莉	89	75	83	68	优
8	20150901408	何梦	72	68	63	65	不及格
9	20150901409	于梦溪	78	61	81	81	优
10	20150901410	张潇	64	42	65	60	良
11	20150901411	程桥	59	55	78	82	及格

图 9-3　"学生成绩表"工作簿最终效果

（1）新建并保存工作簿

启动 Excel 后，系统将自动新建名为"工作簿 1"的空白工作簿。为了满足需要用户还可新建更多的空白工作簿，其具体操作如下。

① 选择【开始】/【所有程序】/【Microsoft Office】/【Microsoft Excel 2010】命令，启动 Excel 2010，然后选择【文件】/【新建】命令，在窗口中间的"可用模板"列表框中选择"空白工作簿"选项，在右下角单击"创建"按钮。

② 系统将新建名为"工作簿 2"的空白工作簿。

③ 选择【文件】/【保存】命令，在打开的"另存为"对话框的"地址栏"下拉列表框中选择文件保存路径，在"文件名"下拉列表框中输入"学生成绩表.xlsx"，然后单击 保存(S) 按钮。

> **提示** 按【Ctrl+N】组合键可快速新建空白工作簿，在桌面或文件夹的空白位置处单击鼠标右键，在弹出的快捷菜单中选择【新建】/【Microsoft Excel 工作表】命令也可新建空白工作簿。

（2）输入工作表数据

输入数据是制作表格的基础，Excel 支持各种类型数据的输入，如文本和数字等，其具体操作如下。

① 选择 A1 单元格，在其中输入"计算机应用 4 班学生成绩表"文本，然后按【Enter】键切换到 A2 单元格，在其中输入"序号"文本。

② 按【Tab】键或【→】键切换到 B2 单元格，在其中输入"学号"文本，再使用相同的方法依次在后面单元格输入"姓名""英语""高数""计算机基础""大学语文""上机实训"等文本。

③ 选择 A3 单元格，在其中输入"1"，将鼠标指针移动到单元格右下角，当其变为十形状时，按住【Ctrl】键拖动鼠标至 A13 单元格，此时 A4:A13 单元格区域将自动生成序号。

④ 拖动鼠标选择 B3:B13 单元格区域，在【开始】/【数字】组中的"数字格式"下拉列表中选择"文本"选项，然后在 B3 单元格中输入学号"20150901401"，然后使用控制柄在 B4:B13 单元格区域自动填充，完成后效果如图 9-4 所示。

图 9-4　自动填充数据

（3）设置数据有效性

为单元格设置数据有效性后可保证输入的数据在指定的范围内，从而减少出错率，其具体操作如下。

① 在 C3:C13 单元格区域中输入学生名字，然后选择 D3:G13 单元格区域。

② 在【数据】/【数据工具】组中单击"数据有效性"按钮，打开"数据有效性"对话框，在"允许"下拉列表中选择"整数"选项，在"数据"下拉列表中选择"介于"选项，在"最大

值"和"最小值"文本框中分别输入 0 和 100，如图 9-5 所示。

③ 单击"输入信息"选项卡，在"标题"文本框中输入"注意"文本，在"输入信息"文本框中输入"请输入 0-100 之间的整数"文本。

④ 单击"出错警告"选项卡，在"标题"文本框中输入"出错"文本，在"错误信息"文本框中输入"输入的数据不在正确范围内，请重新输入"文本，完成后单击 确定 按钮。

⑤ 在单元格中依次输入相关课程的学生成绩，选择 H3:H13 单元格区域，打开"数据有效性"对话框，在"设置"选项卡的"允许"下拉列表中选择"序列"选项，在来源文本框中输入"优,良,及格,不及格"文本。

⑥ 选择 H3:H13 单元格区域任意单元格，然后单击单元格右侧的下拉按钮▼，在打开的下拉列表中选择需要的选项即可，如图 9-6 所示。

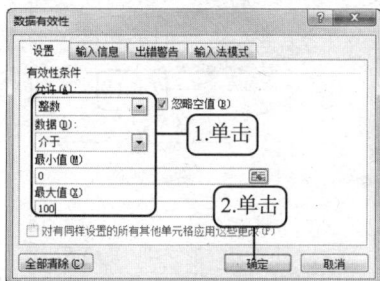

图 9-5　设置数据有效性

图 9-6　输入数据

（4）设置单元格格式

输入数据后通常还需要对单元格设置相关的格式，美化表格，其具体操作如下。

① 选择 A1:H1 单元格区域，在【开始】/【对齐方式】组中单击"合并后居中"按钮 或单击该按钮右侧的下拉按钮▼，在打开的下拉列表中选择"合并后居中"选项。

② 返回工作表中可看到所选的单元格区域合并为一个单元格，且其中的数据自动居中显示。

③ 保持选择状态，在【开始】/【字体】组的"字体"下拉列表框中选择"方正兰亭粗黑简体"选项，在"字号"下拉列表框中选择"18"选项。选择 A2:H2 单元格区域，设置其字体为"方正中等线简体"，字号为"12"，在【开始】/【对齐方式】组中单击"居中对齐"按钮 。

④ 在【开始】/【字体】组中单击"填充颜色"按钮 右侧的下拉按钮▼，在打开的下拉列表中选择"茶色、背景 2、深色 25%"选项，选择剩余的数据，将其设置为"居中对齐"，完成后效果如图 9-7 所示。

图 9-7　设置单元格格式

（5）设置条件格式

通过设置条件格式，用户可以将不满足或满足条件的数据单独显示出来，其具体操作如下。

① 选择 D3:G13 单元格区域，在【开始】/【样式】组中单击"条件格式"按钮 ，在打开

的下拉列表中选择"新建规则"选项，打开"新建格式规则"对话框。

② 在"选择规则类型"列表框中选择"只为包含以下内容的单元格设置格式"选项，在"编辑规则说明"栏中的条件格式下拉列表选择"小于"选项，并在右侧的数据框中输入"60"，如图9-8所示。

③ 单击 格式(F)... 按钮，打开"设置单元格格式"对话框，在"字体"选项卡中设置字型为"加粗倾斜"，将颜色设置为标准色中的"红色"，如图9-9所示。

④ 依次单击 确定 按钮返回工作界面，使用相同的方法为H3:H13单元格其他设置条件格式。

图9-8 新建格式规则

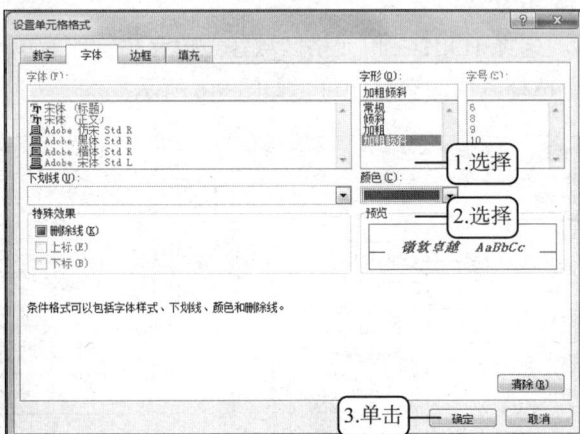

图9-9 设置条件格式

（6）调整行高与列宽

默认状态下，单元格的行高和列宽是固定不变的，但是当单元格中的数据太多不能完全显示其内容时，则需要调整单元格的行高或列宽使其符合单元格大小，其具体操作如下。

① 选择F列，在【开始】/【单元格】组中单击"格式"按钮，在打开的下拉列表中选择"自动调整列宽"选项，返回工作表中可看到F列变宽且其中的数据完整显示出来，如图9-10所示。

② 将鼠标指针移到第1行行号间的间隔线上时，当鼠标指针变为╪形状，按住鼠标左键不放向下拖动，此时鼠标指针右侧将显示具体的数据，待拖动至适合的距离后释放鼠标。

③ 选择第2～13行，在【开始】/【单元格】组中单击"格式"按钮，在打开的下拉列表中选择"行高"选项，在打开的"行高"对话框的数值框中默认显示为"13.5"，这里输入数字"15"，单击 确定 按钮，此时，在工作表中可看到第2～13行变高了，如图9-11所示。

图9-10 自动调整列宽

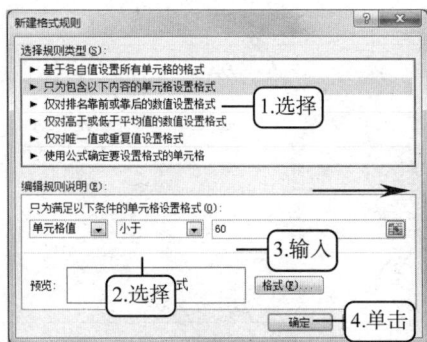

图9-11 设置行高后的效果

（7）设置工作表背景

默认情况下，Excel 工作表中的数据呈白底黑字显示。为使工作表更美观，除了为其填充颜色外，还可插入喜欢的图片作为背景，其具体操作如下。

① 在【页面布局】/【页面设置】组中单击 背景 按钮，打开"工作表背景"对话框，在地址栏的下拉列表框中选择背景图片的保存路径，在工作区选择"背景.jpg"图片，单击 确定 按钮。

② 返回工作表中可看到将图片设置为工作表背景后的效果，如图 9-12 所示。

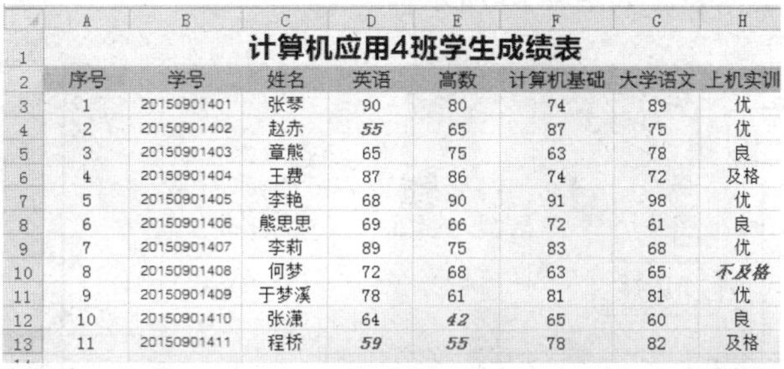

图 9-12　设置背景后的效果

任务二　编辑产品价格表

利用 Excel 2010 的功能的功能做产品价格表，完成后的参考效果如图 9-13 所示，相关操作如下。

（1）打开素材工作簿，并先插入一个工作表，然后再删除"Sheet2""Sheet3""Sheet4"工作表。

（2）复制两次"Sheet1"工作表，并分别将所有工作表重命名"BS 系列""MB 系列"和"RF 系列"。

（3）通过双击工作表标签的方法将工作表重命名。

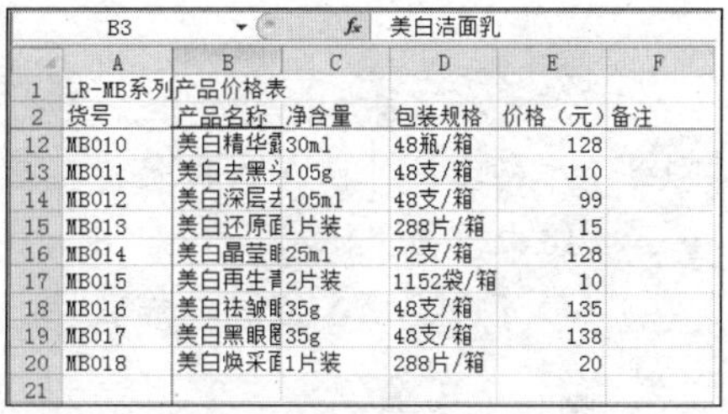

图 9-13　"产品价格表"工作簿最终效果

（4）将"BS 系列"工作表以 C4 单元格为中心拆分为 4 个窗格，将"MB 系列"工作表 B3 单元格作为冻结中心冻结表格。

（5）分别将 3 个工作表依次设置为"红色、黄色、深蓝"。

（6）将工作表垂直居中打印 5 份，选择"RF 系列"的 E3:E20 单元格区域，为其设置保护，最后为工作表和工作簿分别设置密码，其密码为"123"。

（1）打开工作簿

要查看或编辑保存在计算机中的工作簿，首先要打开该工作簿，其具体操作如下。

① 在 Excel 2010 工作界面中选择【文件】/【打开】命令。

② 打开"打开"对话框，在"地址栏"下拉列表框中选择文件路径，在工作区选择"产品价格表.xlsx"工作簿，完成后单击 打开(O) 按钮即可打开所需的工作簿。

> 按【Ctrl+O】组合键，也可打开"打开"对话框，在其中选择文件路径和所需的文件；另外，在计算机中双击需打开的 Excel 文件也可打开所需的工作簿。

（2）插入与删除工作表

在 Excel 中当工作表的数量不够使用时，可通过插入工作表来增加工作表的数量，若插入了多余的工作表，则可将其删除，以节省系统资源。

① 插入工作表

默认情况下，Excel 工作簿中提供了 3 张工作表，但用户可以根据需要插入更多工作表。下面在"产品价格表.xlsx"工作簿中通过"插入"对话框插入空白工作表，其具体操作如下。

a. 在"Sheet1"工作表标签上单击鼠标右键，在弹出的快捷菜单中选择"插入"命令。

b. 在打开的"插入"对话框的"常用"选项卡的列表框中选择"工作表"选项，然后单击 确定 按钮即可插入新的空白工作表，如图 9-14 所示。

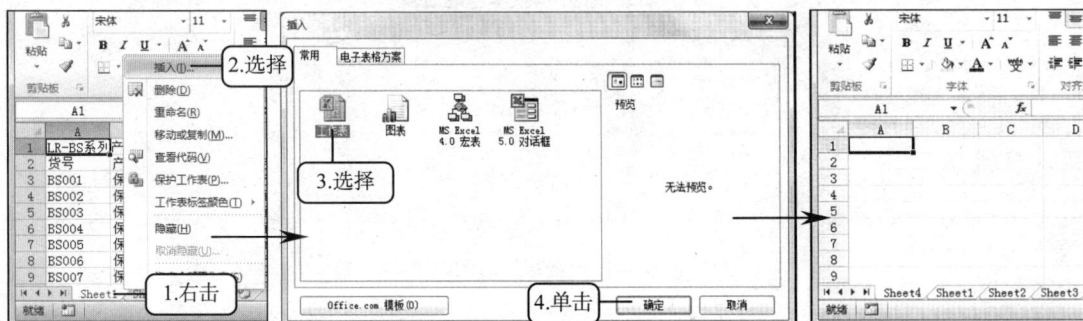

图 9-14　插入工作表

> **提示**　在"插入"对话框中单击"电子表格方案"选项卡，在其中可以插入基于模板的工作表。另外，在工作表标签后单击"插入工作表"按钮，或在【开始】/【单元格】组中单击"插入"按钮下方的按钮，在打开的下拉列表中选择"插入工作表"选项，都可快速插入空白工作表。

② 删除工作表

当工作簿中存在多余的工作表或不需要的工作表时，可以将其删除。下面将删除"产品价格表.xlsx"工作簿中的"Sheet2""Sheet3"和"Sheet4"工作表，其具体操作如下。

a. 按住【Ctrl】键不放，同时选择"Sheet2""Sheet3"和"Sheet4"工作表，在其上单击鼠标右键，在弹出的快捷菜单中选择"删除"命令。

b. 返回工作簿中可看到"Sheet2""Sheet3""Sheet4"工作表已被删除，如图 9-15 所示。

图 9-15　删除工作表

> **提示**　若要删除有数据的工作表，将打开询问是否永久删除这些数据的提示对话框，单击 删除 按钮将删除工作表和工作表中的数据，单击 取消 按钮将取消删除工作表的操作。

（3）移动与复制工作表

在 Excel 中工作表的位置并不是固定不变的，为了避免重复制作相同的工作表，用户可根据需要移动或复制工作表，即在原表格的基础上改变表格位置或快速添加多个相同的表格。下面将在"产品价格表.xlsx"工作簿中移动并复制工作表，其具体操作如下。

① 在"Sheet1"工作表上单击鼠标右键，在弹出的快捷菜单中选择"移动或复制"命令。

② 在打开的"移动或复制工作表"对话框的"下列选定工作表之前"列表框中选择移动工作表的位置，这里选择"移至最后"选项，然后单击选中"建立副本"复选框复制工作表，完成后单击 确定 按钮即可移动并复制"Sheet1"工作表，如图 9-16 所示。

图 9-16　设置移动位置和复制工作表

> **提示**　将鼠标指针移动到需移动或复制的工作表标签上，按住【Ctrl】键不放，同时按住鼠标左键，当鼠标指针变成 或 形状时，将其拖动到目标工作表之后释放鼠标，此时工作表标签上有一个 符号将随鼠标指针移动，释放鼠标后在目标工作表中可看到移动或复制的工作表。

③ 用相同方法在"Sheet1 (2)"工作表后继续移动并复制工作表，如图 9-17 所示。

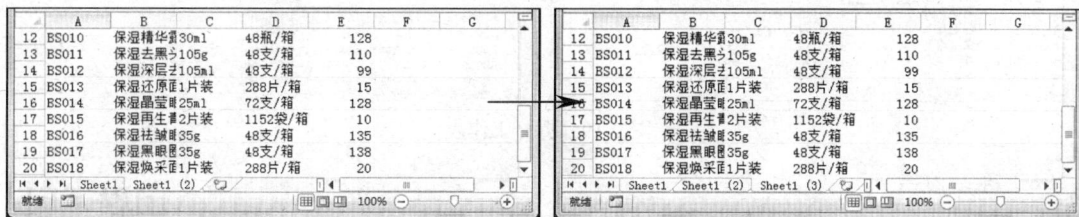

图 9-17　移动并复制工作表

（4）重命名工作表

工作表的名称默认为"Sheet1""Sheet2"……，为了便于查询，可重命名工作表名称。下面在"产品价格表.xlsx"工作簿中重命名工作表，其具体操作如下。

① 双击"Sheet1"工作表标签，或在"Sheet1"工作表标签上单击鼠

标右键，在弹出的快捷菜单中选择"重命名"命令，此时选择的工作表标签呈可编辑状态，且该工作表的名称自动呈黑底白字显示。

② 直接输入文本"BS 系列"，然后按【Enter】键或在工作表的任意位置单击取消编辑状态。

③ 使用相同的方法将 Sheet1（2）和 Sheet1（3）工作表标签重命名为"MB 系列"和"RF系列"，完成后再在相应的工作表中双击单元格修改其中的数据，如图 9-18 所示。

图 9-18　重命名工作表

（5）拆分工作表

在 Excel 中可以使用拆分工作表的方法将工作表拆分为多个窗格，每个窗格中都可进行单独的操作，这样有利于在数据量比较大的工作表中查看数据的前后对照关系。要拆分工作表，首先应选择作为拆分中心的单元格，然后执行拆分命令即可。下面在"产品价格表.xlsx"工作簿的"BS 系列"工作表中以 C4 单元格为中心拆分工作表，其具体操作如下。

① 在"BS 系列"工作表中选择 C4 单元格，然后在【视图】/【窗口】组中单击 拆分按钮。

② 此时工作表将以 C4 单元格为中心拆分为 4 个窗格，在任意一个窗口中选择单元格，然后滚动鼠标滚轴即可显示出工作表中的其他数据，如图 9-19 所示。

图 9-19　拆分工作表

（6）冻结窗格

在数据量比较大的工作表中为了方便查看表头与数据的对应关系，可通过冻结工作表窗格随意查看工作表的其他部分而不移动表头所在的行或列。下面在"产品价格表.xlsx"工作簿的"MB 系列"工作表中以 B3 单元格为冻结中心冻结窗格，其具体操作如下。

① 选择"MB 系列"工作表，在其中选择 B3 单元格作为冻结中心，然后在【视图】/【窗口】组中单击 冻结窗格 按钮，在打开的下拉列表中选择"冻结拆分窗格"选项。

② 返回工作表中，保持 B3 单元格上方和左侧的行和列位置不变，然后拖动水平滚动条或垂

直滚动条，即可查看工作表其他部分的行或列，如图 9-20 所示。

图 9-20　冻结窗格

（7）设置工作表标签颜色

默认状态下，工作表标签的颜色呈白底黑字显示，为了让工作表标签更美观醒目，可设置工作表标签的颜色。下面在"产品价格表.xlsx"工作簿中分别设置工作表标签颜色，其具体操作如下。

① 在工作簿的工作表标签滚动显示按钮上单击◀按钮，显示出"BS 系列"工作表，然后在其上单击鼠标右键，在弹出的快捷菜单中选择【工作表标签颜色】/【红色，强调文字颜色 2】命令。

② 返回工作表中单击其他工作表标签，可查看设置的工作表标签颜色，然后使用相同的方法分别为"MB 系列"和"RF 系列"工作表设置工作表标签颜色为"黄色"和"深蓝"，如图 9-21 所示。

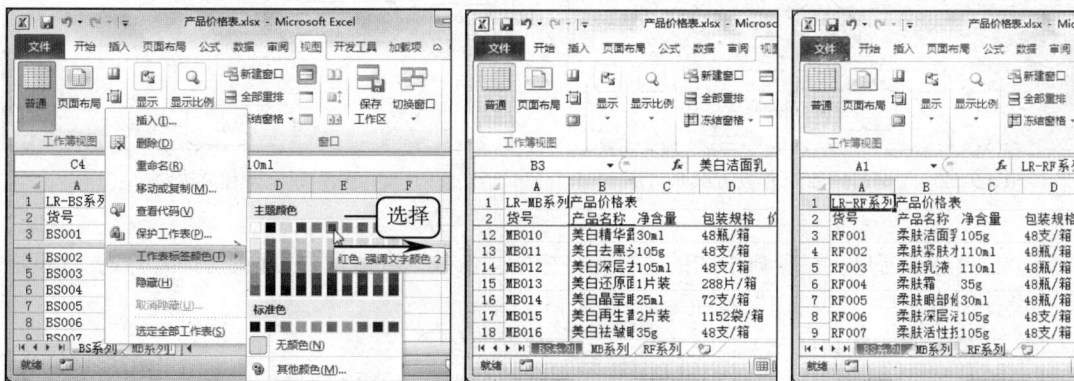

图 9-21　设置工作表标签颜色

（8）预览并打印表格数据

在打印表格之前需先预览打印效果，当对表格内容的设置满意后，开始打印。在 Excel 中根据打印内容的不同，可分为两种情况：一是打印整个工作表；二是打印区域数据。

① 设置打印参数

选择需打印的工作表，预览其打印效果后，若对表格内容和页面设置不满意，可重新进行设置，如设置纸张方向和纸张页边距等，直至设置满意后再打印。下面在"产品价格表.xlsx"工作

簿中预览并打印工作表，其具体操作如下。

a. 选择【文件】/【打印】命令，在窗口右侧预览工作表的打印效果，在窗口中间列表框的"设置"栏的"纵向"下拉列表框中选择"横向"选项，再在窗口中间列表框的下方单击 页面设置 按钮，如图 9-22 所示。

b. 在打开的"页面设置"对话框中单击"页边距"选项卡，在"居中方式"栏中单击选中"水平"和"垂直"复选框，然后单击 确定 按钮，如图 9-23 所示。

> **提示** 在"页面设置"对话框中单击"工作表"选项卡，在其中可设置打印区域或打印标题等内容，然后单击 确定 按钮，返回工作簿的打印窗口单击"打印"按钮 🖶 可只打印设置的区域数据。

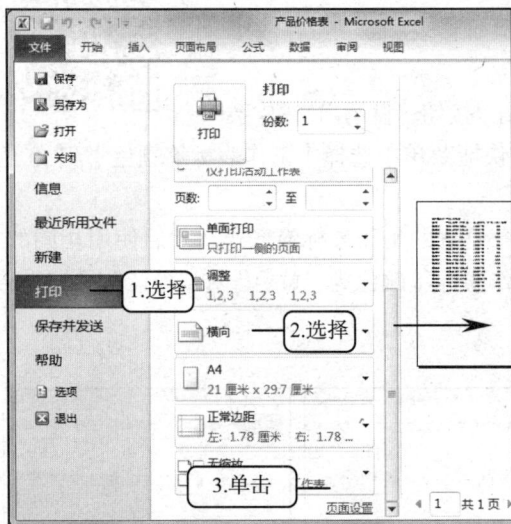

图 9-22 预览打印效果并设置纸张方向

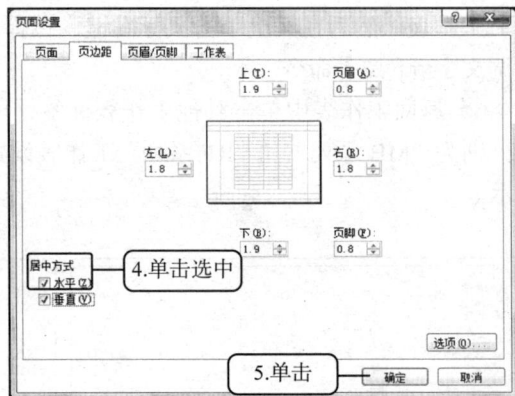

图 9-23 设置页边距

c. 返回打印窗口，在窗口中间的"打印"栏的"份数"数值框中可设置打印份数，这里输入"5"，设置完成后单击"打印"按钮 🖶 打印表格。

② 设置打印区域数据

当只需打印表格中的部分数据时，可通过设置工作表的打印区域打印表格数据。下面在"产品价格表.xlsx"工作簿中通过设置打印区域打印表格数据，其具体操作如下。

a. 选择需打印的单元格区域，在【页面布局】/【页面设置】组中单击 🖶 打印区域 按钮，在打开的下拉列表中选择"设置打印区域"选项，所选区域四周将出现虚线框，表示该区域将被打印。

b. 选择【文件】/【打印】命令，单击"打印"按钮 🖶 即可，如图 9-24 所示。

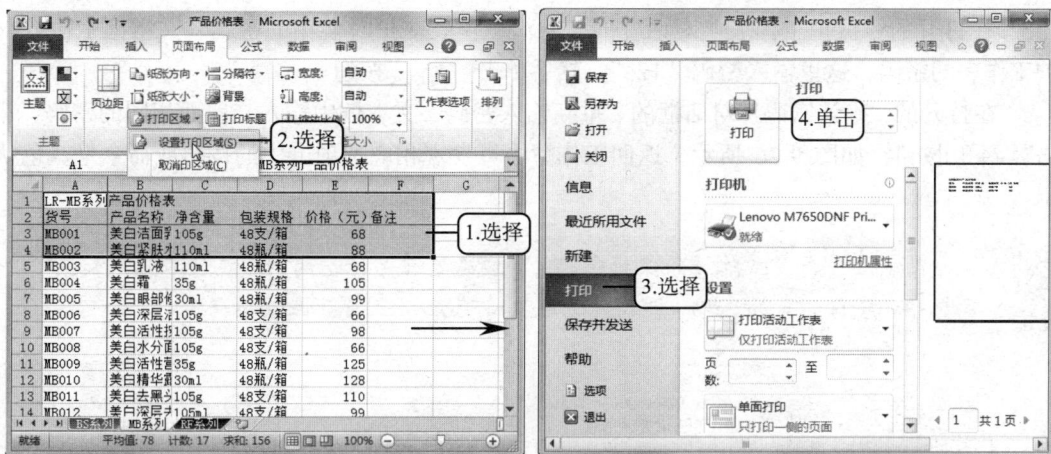

图 9-24　设置打印区域数据

（9）保护表格数据

在 Excel 表格中可能会存放一些重要的数据，因此，利用 Excel 提供的保护单元格、保护工作表和保护工作簿等功能对表格数据进行保护，从而有效地避免他人查看或恶意更改表格数据。

① 保护单元格

为防止他人更改单元格中的数据，可锁定一些重要的单元格，或隐藏单元格中包含的计算公式。设置锁定单元格或隐藏公式后，还需设置保护工作表功能。下面在"产品价格表.xlsx"工作簿中为价格的单元格设置保护功能，其具体操作如下。

a. 选择"RF 系列"工作表，选择 E3:E20 单元格区域，在其上单击鼠标右键，在弹出的快捷菜单中选择"设置单元格格式"命令。

b. 在打开的"设置单元格格式"对话框中单击"保护"选项卡，单击选中"锁定"和"隐藏"复选框，然后单击 [确定] 按钮完成单元格的保护设置，如图 9-25 所示。

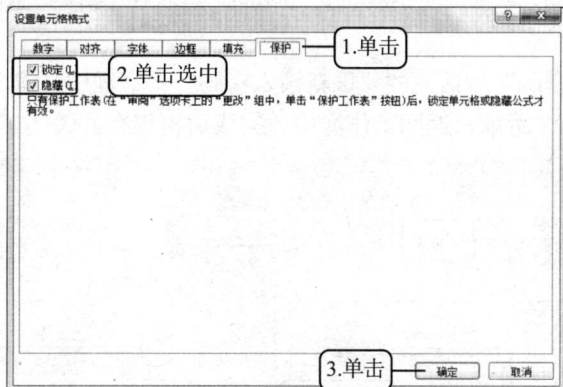

图 9-25　保护单元格

② 保护工作表

设置保护工作表功能后，其他用户只能查看表格数据，不能修改工作表中的数据，这样可避免他人恶意更改表格数据。下面在"产品价格表.xlsx"工作簿中设置工作表的保护功能，其具体操作如下。

a. 在【审阅】/【更改】组中单击 保护工作表 按钮。

b. 在打开的"保护工作表"对话框的"取消工作表保护时使用的密码"文本框中输入取消保护工作表的密码，这里输入密码"123"，然后单击 确定 按钮。

c. 在打开的"确认密码"对话框的"重新输入密码"文本框中输入与前面相同的密码，然后单击 确定 按钮，如图 9-26 所示，返回工作簿中可发现相应选项卡中的按钮或命令呈灰色状态显示。

> 设置工作表或工作簿的保护密码时，应设置容易记忆的密码，且不能过长，可以设置数字和字母组合的密码，这样不易丢失或忘记，且安全性较高。

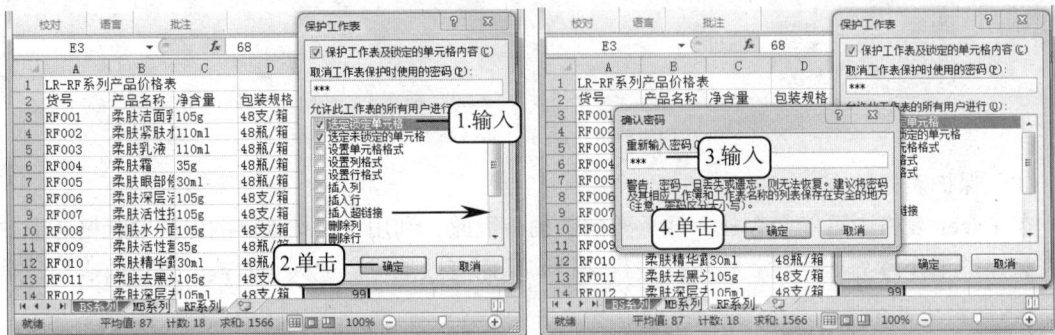

图 9-26　保护工作表

③ 保护工作簿

如不希望工作簿中的重要数据被他人使用或查看，可使用工作簿的保护功能保证工作簿的结构和窗口不被他人修改。下面在"产品价格表.xlsx"工作簿中设置工作簿的保护功能，其具体操作如下。

a. 在【审阅】/【更改】组中单击 保护工作簿 按钮。

b. 在打开的"保护结构和窗口"对话框中单击选中"窗口"复选框表示在每次打开工作簿时工作簿窗口大小和位置都相同，然后在"密码"文本框中输入密码"123"，单击 确定 按钮。

c. 在打开的"确认密码"对话框的"重新输入密码"文本框中，输入与前面相同的密码，单击 确定 按钮，如图 9-27 所示，返回工作簿中，完成后再保存并关闭工作簿。

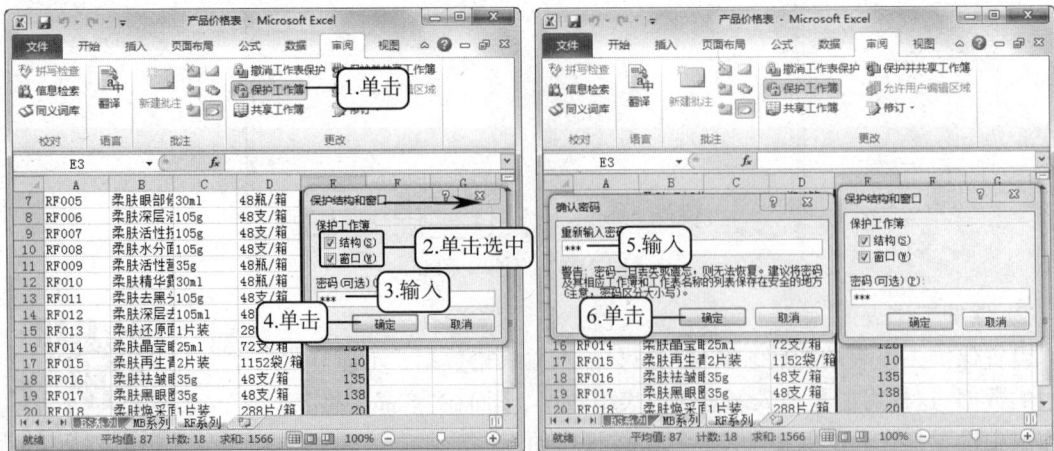

图 9-27　保护工作簿

要撤销工作表或工作簿的保护功能，可在【审阅】/【更改】组中单击 [撤消工作表保护] 按钮，或单击 [保护工作簿] 按钮，在打开的对话框中输入撤销工作表或工作簿的保护密码，完成后单击 [确定] 按钮即可。

5. 思考与练习

（1）新建一个空白工作簿，并将其以"预约客户登记表"为名保存，按照下列要求对表格进行操作。

① 依次在单元格中输入相关的文本、数字、日期与时间、特殊符号等数据。

② 使用鼠标左键拖动控制柄填充数据，然后使用鼠标右键拖动控制柄填充数据，最后通过"序列"对话框填充数据。

③ 数据录入完成后保存工作簿并退出 Excel 2010。

（2）新建一个空白工作簿，按照下列要求对表格进行以下操作。

① 将新建的空白工作簿以"员工信息表.xlsx"为名进行保存，然后在其中选择相应的单元格输入数据，并填充序列数据。

② 删除"Sheet2"和"Sheet3"工作表，然后将"Sheet1"工作表重命名为"员工信息表"。

③ 以 C3 单元格为冻结中心冻结窗格并查看数据，完成后保存并退出 Excel。

（3）打开"往来客户一览表.xlsx"工作簿，按照下列要求对工作簿进行以下操作。

① 合并 A1:L1 单元格区域，然后选择 A～L 列，自动调整列宽。

② 选择 A3:A12 单元格区域，在"设置单元格格式"对话框的"数字"选项卡中自定义序号的格式为"000"。

③ 选择 I3:I12 单元格区域，在"设置单元格格式"对话框的"数字"选项卡中设置数字格式为"文本"，完成后在相应的单元格中输入 11 位以上的数字。

④ 剪切 A10:I10 单元格区域中的数据，将其插入到第 7 行下方。

⑤ 将 B6 单元格中的"明铭"数据修改为"德瑞"，再查找数据"有限公司"，并替换为"有限责任公司"。

⑥ 选择 A1 单元格，设置字体格式为"方正大黑简体、20、深蓝"，选择 A2:L2 单元格区域，设置字体格式为"方正黑体简体、12"。

⑦ 选择 A2:L12 单元格区域，设置对齐方式为"居中"，边框为"所有框线"，完成后重新调整单元格行高与列宽。

⑧ 选择 A2:L12 单元格区域，套用表格格式"表样式中等深浅 16"，完成后保存工作簿。

9.2　实验六　数据的分析与管理

1. 实验目的

进一步掌握操作工作表和数据的基本方法，并学会利用 Excel 对数据进行计算和分析。

2. 实验内容

（1）掌握数据的计算，包括公式与函数的使用。

（2）掌握数据的筛选和排序。

（3）基本掌握通过分类汇总管理数据的方法。

（4）掌握为数据创建图表及透视图。

3. 实验相关知识

（1）公式运算符和语法

在 Excel 中使用公式前，首先需要对公式中的运算符和公式的语法有大致的了解，下面分别对其进行简单介绍。

即公式中的运算符号，用于对公式中的元素进行特定计算。运算符主要用于连接数字并产生相应的计算结果。运算符有算术运算符（如加、减、乘、除）、比较运算符（如逻辑值 FALSE 与 TRUE）、文本运算符（如&）、引用运算符（如冒号与空格）和括号运算符（如()）5 种，当一个公式中包含了这 5 种运算符时，应遵循从高到低的优先级进行计算，如负号（-）、百分比（%）、求幂（^）、乘和除（*和/）、加和减（+和-）、文本连接符（&）、比较运算符（=，<,>,<=,>=,<>）；若公式中还包含括号运算符，一定要注意每个左括号必须配一个右括号。

（2）单元格引用和单元格引用分类

在使用公式计算数据前要了解单元格引用和单元格引用分类的基础知识。

① 单元格引用

在 Excel 中是通过单元格的地址来引用单元格的，单元格地址指单元格的行号与列标组合。如 "=193800+123140+146520+152300"，数据 "193800" 位于 B3 单元格，其他数据依次位于 C3、D3 和 E3 单元格中，通过单元格引用，可以将公式输入为 "=B3+C3+D3+E3"，同样可以获得相同的计算结果。

② 单元格引用分类

在计算数据表中的数据时，通常会通过复制或移动公式来实现快速计算，因此会涉及不同的单元格引用方式。Excel 中包括相对引用、绝对引用和混合引用 3 种引用方法，不同的引用方式得到的计算结果也不相同。

a. 相对引用。相对引用是指输入公式时直接通过单元格地址来引用单元格。相对引用单元格后，如果复制或剪切公式到其他单元格，那么公式中引用的单元格地址会根据复制或剪切的位置而发生相应改变。

b. 绝对引用。绝对引用是指无论引用单元格的公式位置如何改变，所引用的单元格均不会发生变化。绝对引用的形式是在单元格的行列号前加上符号 "$"。

c. 混合引用。混合引用包含了相对引用和绝对引用。混合引用有两种形式，一种是行绝对、列相对，如 "B$2" 表示行不发生变化，但是列会随着新的位置发生变化；另一种是行相对、列绝对，如 "$B2" 表示列保持不变，但是行会随着新的位置而发生变化。

（3）使用公式计算数据

Excel 中的公式是对工作表中的数据进行计算的等式，它以 "=（等号）" 开始，其后是公式的表达式。

① 输入公式

在 Excel 中输入公式的方法与输入文本的方法类似，只需将公式输入到相应的单元格中，即可计算出数据结果。输入公式指的是只包含运算符、常量数值、单元格引用和单元格区域引用的简单公式，其输入方法为：选择要输入公式的单元格，在单元格或编辑栏中输入 "="，接着输入公式内容，完成后按【Enter】键或单击编辑栏上的 "输入" 按钮✓即可。

在单元格中输入公式后，按【Enter】键可在计算出公式结果的同时选择同列的下一个单元格；按【Tab】键可在计算出公式结果的同时选择同行的下一个单元格；按【Ctrl+Enter】组合键则在计算出公式结果后，当前单元格仍保持选择状态。

② 编辑公式

编辑公式与编辑数据的方法相同。选择含有公式的单元格，将插入点定位在编辑栏或单元格中需要修改的位置，按【Backspace】键删除多余或错误的内容，再输入正确的内容。完成后按【Enter】键即可完成公式编辑，Excel 自动对新公式进行计算。

③ 复制公式

在 Excel 中复制公式是进行快速计算数据的最佳方法，因为在复制公式的过程中，Excel 会自动改变引用单元格的地址，可避免手动输入公式的麻烦，提高工作效率。通常使用"常用"工具栏或菜单进行复制粘贴；也可使用拖动控制柄快速填充的方法进行复制；还可选择添加了公式的单元格按【Ctrl+C】组合键进行复制，然后再将插入点定位到要复制到的单元格，按【Ctrl+V】组合键进行粘贴就可完成公式的复制。

（4）Excel 中的常用函数

Excel 2010 中提供了多种函数，每个函数的功能、语法结构及其参数的含义各不相同，除本书中提到的 SUM 函数和 AVERAGE 函数外，常用的还有 IF 函数、MAX/MIN 函数、COUNT 函数、SIN 函数和 PMT 函数等。

① SUM 函数。SUM 函数的功能是对选择的单元格或单元格区域进行求和计算，其语法结构为：SUM（number1,number2,…），number1,number2,…表示若干个需求和的参数。填写参数时，可以写单元格地址（如 E6,E7,E8），也可使用单元格区域（如 E6:E8），甚至混合输入（如 E6,E7:E8）。

② AVERAGE 函数。AVERAGE 函数的功能是求平均值，计算方法是：将选择的单元格或单元格区域中的数据先相加再除以单元格个数，其语法结构为：AVERAGE（number1,number2,...），其中 number1,number2,…表示需要计算的若干个参数的平均值。

③ IF 函数。IF 函数是一种常用的条件函数，它能执行真假值判断，并根据逻辑计算的真假值返回不同结果，其语法结构为：IF（logical_test,value_if_true,value_if_false），其中，logical_test 表示计算结果为 true 或 false 的任意值或表达式；value_if_true 表示 logical_test 为 true 时要返回的值，可以是任意数据；value_if_false 表示 logical_test 为 false 时要返回的值，也可以是任意数据。

④ COUNT 函数。COUNT 函数的功能是返回包含数字及包含参数列表中的数字的单元格的个数，通常利用它来计算单元格区域或数字数组中数字字段的输入项个数，其语法结构为：COUNT（value1,value2,…），value1, value2, ...为包含或引用各种类型数据的参数（1 到 30 个），但只有数字类型的数据才被计算。

⑤ MAX/MIN 函数。MAX 函数的功能是返回所选单元格区域中所有数值的最大值，MIN 函数则用来返回所选单元格区域中所有数值的最小值。其语法结构为：MAX/MIN（number1, number2,…），其中 number1,number2,…表示要筛选的若干个数值或引用。

⑥ SIN 函数。SIN 函数的功能是返回给定角度的正弦值，其语法结构为：SIN(number)，number 为需要求正弦的角度，以弧度表示。

⑦ PMT 函数：PMT 函数的功能是基于固定利率及等额分期付款方式，返回贷款的每期付款额，其语法结构为：SUM（rate,nper,pv,fv,type），rate 为贷款利率；nper 为该项贷款的付款总数；pv 为现值，或一系列未来付款的当前值的累积和，也称为本金；fv 为未来值，或在最后一次付款后希望得到的现金余额，如果省略 fv，则假设其值为零，也就是一笔贷款的未来值为零；type 为数字 0 或 1，用以指定各期的付款时间是在期初还是期末。

⑧ SUMIF 函数。SUMIF 函数的功能是根据指定条件对若干单元格求和，其语法结构为：SUMIF（range,criteria,sum_range），其中，range 为用于条件判断的单元格区域；criteria 为确定哪些单元格将被作为相加求和的条件，其形式可以为数字、表达式或文本；sum_range 为需要求和的实际单元格。

（5）数据排序

数据排序是统计工作中的一项重要内容，Excel 中可将数据按照指定的顺序规律进行排序。一般情况下，数据排序分为以下 3 种情况。

① 单列数据排序。单列数据排序是指在工作表中以一列单元格中的数据为依据，对工作表中的所有数据进行排序。

② 多列数据排序。在多列数据排序时，需要某个数据进行排列，该数据则称为"关键字"。以关键字进行排序，其他列中的单元格数据将随之发生变化。对多列数据进行排序时，首先需要选择多列数据对应的单元格区域，且先选择关键字所在的单元格，排序时就会自动以该关键字进行排序，未选择的单元格区域将不参与排序。

③ 自定义排序。使用自定义排序可以通过设置多个关键字对数据进行排序，并可以通过其他关键字对相同排序的数据进行排序。

（6）数据筛选

数据筛选功能是对数据进行分析时常用的操作之一。数据筛选分为以下 3 种情况。

① 自动筛选。自动筛选数据即根据用户设定的筛选条件，自动将表格中符合条件的数据显示出来，而表格中的其他数据将隐藏。

② 自定义筛选。自定义筛选是在自动筛选的基础上进行操作的，即在自动筛选后的需自定义的字段名称右侧单击下拉按钮，在打开的下拉列表中选择相应的选项确定筛选条件，然后在打开的"自定义筛选方式"对话框中进行相应的设置。

③ 高级筛选。若需要根据自己设置的筛选条件对数据进行筛选，则需要使用高级筛选功能。高级筛选功能可以筛选出同时满足两个或两个以上约束条件的记录。

（7）图表

图表是 Excel 重要的数据分析工具，在 Excel 中提供了多种图表类型，包括柱形图、条形图、折线图和饼图等，根据不同的情况选用不同类型的图表。下面介绍 5 个常用图表的类型及其适用情况。

① 柱形图。常用于进行几个项目之间数据的对比。

② 条形图。与柱形图的用法相似，但数据位于 y 轴，值位于 x 轴，位置与柱形图相反。

③ 折线图。多用于显示等时间间隔数据的变化趋势，它强调的是数据的时间性和变动率。

④ 饼图。用于显示一个数据系列中各项的大小与各项总和的比例。

⑤ 面积图。用于显示每个数值的变化量，强调数据随时间变化的幅度，还能直观地体现整体和部分的关系。

使用图表的注意事项：

在制作图表中的过程中，要牢记制作出的图表除了必要因素外，还需让人一目了然，在制作前应该注意以下 6 点。

① 在制作图表前如需先制作表格，应根据前期收集的数据制作出相应的电子表格，并对表格进行一定的美化。

② 根据表格中某些数据项或所有数据项创建相应形式的图表。选择电子表格中的数据时，

可根据图表的需要视情况而定。

③ 检查创建的图表中的数据有无遗漏，及时对数据进行添加或删除。然后对图表形状样式和布局等内容进行相应的设置，完成图表的创建与修改。

④ 不同的图表类型能够进行的操作可能不同，如二维图表和三维图表就具有不同的格式设置。

⑤ 图表中的数据较多时，应该尽量将所有数据都显示出来，所以一些非重点的部分，如图表标题、坐标轴标题和数据表格等都可以省略。

⑥ 办公文档讲究简单明了，对于图表的格式和布局等，最好使用 Excel 自带的格式，除非有特定的要求，否则没有必要设置复杂的格式影响图表的阅读。

4. 实验过程

任务一　制作产品销售测评表

利用 Excel 制作上半年产品销售测评表，参考效果如图 9-28 所示，相关操作如下。

① 使用求和函数 SUM 计算各门店月营业额。

② 使用平均值函数 AVERAGE 计算月平均营业额。

③ 使用最大值函数 MAX 和最小值函数 MIN 计算各门店的月最高和最低营业额。

④ 使用排名函数 RANK 计算各个员工的排名情况。

⑤ 使用 IF 嵌套函数计算各个门店的月营业总额是否达到评定优秀门店。

⑥ 使用 INDEX 函数查询"产品销售测评表"中"B 店二月营业额"和"D 店五月营业额"。

图 9-28　"产品销售测评表"工作簿效果

（1）使用求和函数 SUM

求和函数主要用于计算某一单元格区域中所有数字之和，其具体操作如下。

① 打开"产品销售测评表.xlsx"工作簿，选择 H4 单元格，在【公式】/【函数库】组中单击 Σ 自动求和·按钮。

② 此时，便在 H4 单元格中插入求和函数"SUM"，同时 Excel 将自动识别函数参数"B4:G4"，如图 9-29 所示。

③ 单击编辑区中的"输入"按钮✓，完成求和的计算，将鼠标指针移动到 H4 单元格右下角，当其变为➕形状时，按住鼠标左键不放向下拖拽，至 H15 单元格释放鼠标左键，系统将自动填充

各店月营业总额，如图 9-30 所示。

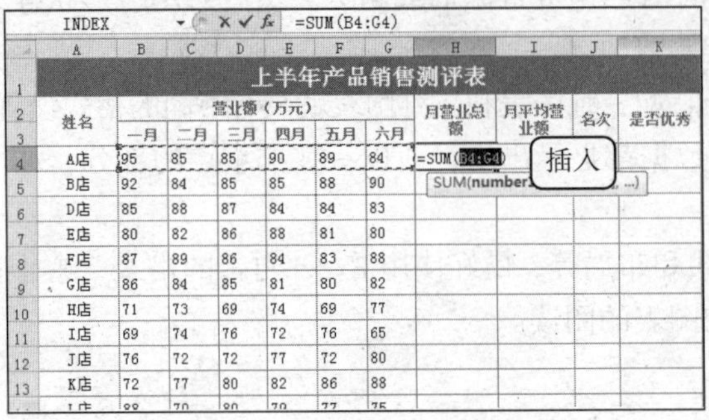

图 9-29　插入求和函数

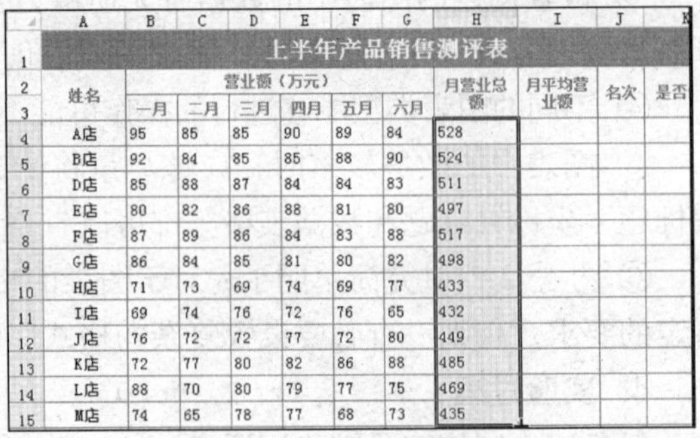

图 9-30　自动填充营业额

（2）使用平均值函数 AVERAGE

AVERAGE 函数用来计算某一单元格区域中的数据平均值，即先将单元格区域中的数据相加再除以单元格个数，其具体操作如下。

① 选择 I4 单元格，在【公式】/【函数库】组中单击 Σ 自动求和 按钮右侧的下拉按钮 ，在打开的下拉列表中选择"平均值"选项。

② 此时，系统将自动在 I4 单元格中插入平均值函数"AVERGE"，同时 Excel 将自动识别函数参数"B4:H4"，再将自动识别的函数参数手动更改为"B4:G4"，如图 9-31 所示。

③ 单击编辑区中的"输入"按钮 ，应用函数的计算结果。

④ 将鼠标指针移动到 I4 单元格右下角，当其变为 形状时，按住鼠标左键不放向下拖拽，至 I15 单元格释放鼠标左键，系统将自动填充各店月平均营业额，如图 9-32 所示。

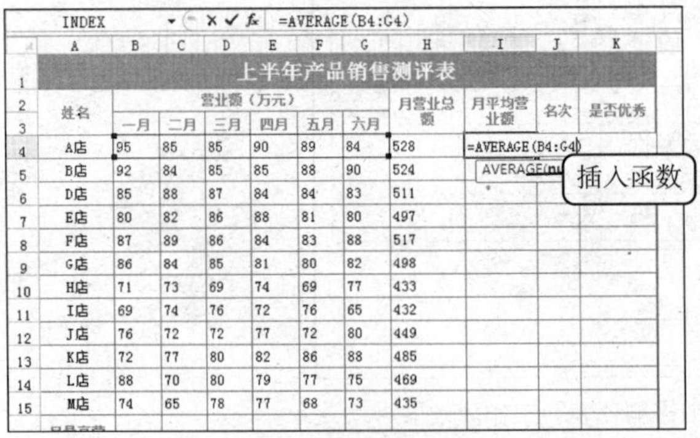

图 9-31　更改函数参数

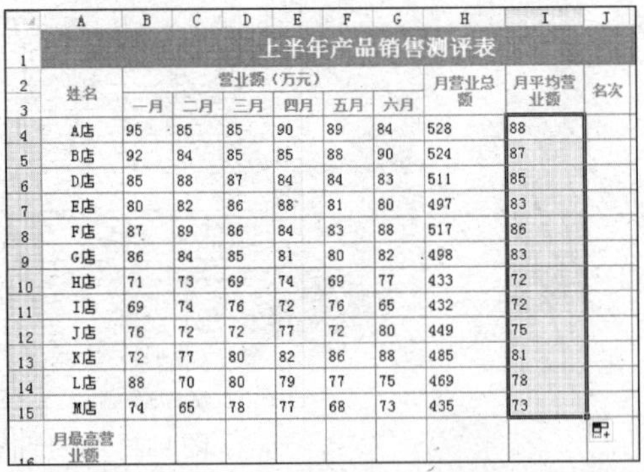

图 9-32　自动填充月平均营业额

（3）使用最大值函数 MAX 和最小值函数 MIN

MAX 函数和 MIN 函数用于返回一组数据中的最大值或最小值，其具体操作如下。

① 选择 B16 单元格，在【公式】/【函数库】组中单击 Σ 自动求和 按钮右侧的下拉按钮 ，在打开的下拉列表中选择"最大值"选项，如图 9-33 所示。

② 此时，系统降自动在 B16 单元格中插入最大值函数"MAX"，同时 Excel 将自动识别函数参数"B4:B15"，如图 9-34 所示。

③ 单击编辑区中的"输入"按钮 ✓，确认函数的应用计算结果，将鼠标指针移动到 B16 单元格右下角，当其变为十形状时，按住鼠标左键不放向右拖曳。直至 I16 单元格，释放鼠标，将自动计算出各门店月最高营业额、月最高营业总额和月最高平均营业额。

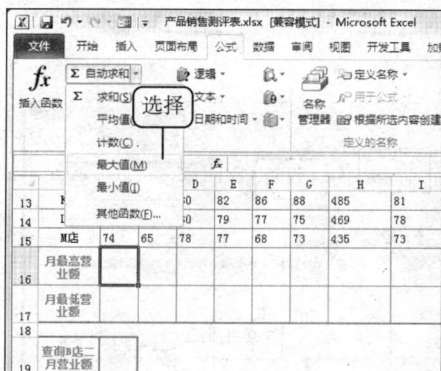

图 9-33　选择"最大值"选项

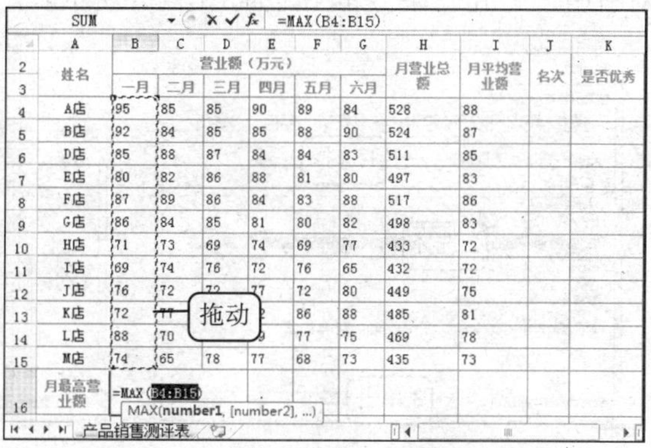

图 9-34　插入最大值函数

④ 选择 B17 单元格，在【公式】/【函数库】组中单击 **Σ 自动求和** 按钮右侧的下拉按钮 ▾，在打开的下拉列表中选择"最小值"选项。

⑤ 此时，系统自动在 B16 单元格中插入最小值函数"MIN"，同时 Excel 将自动识别函数参数"B4:B16"，并手动将其更改为"B4:B15"。

⑥ 单击编辑区中的"输入"按钮 ✓，应用函数的计算结果，如图 9-35 所示。

⑦ 将鼠标指针移动到 B16 单元格右下角，当其变为十形状时，按住鼠标左键不放向右拖曳，至 I16 单元格，释放鼠标左键，将自动计算出各门店月最低营业额和月最低营业总额、月最低平均营业额，如图 9-36 所示。

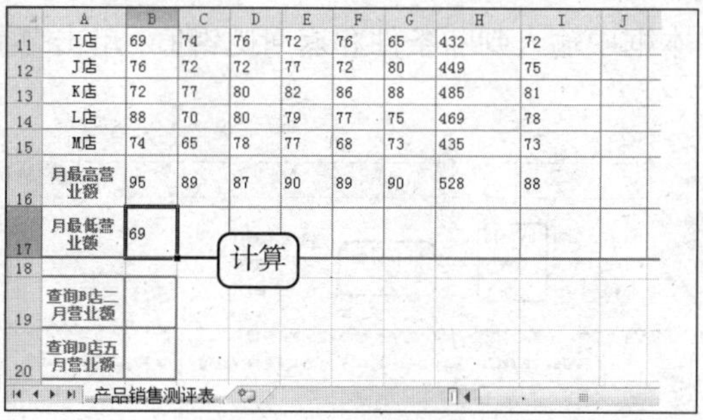

图 9-35　插入最小值

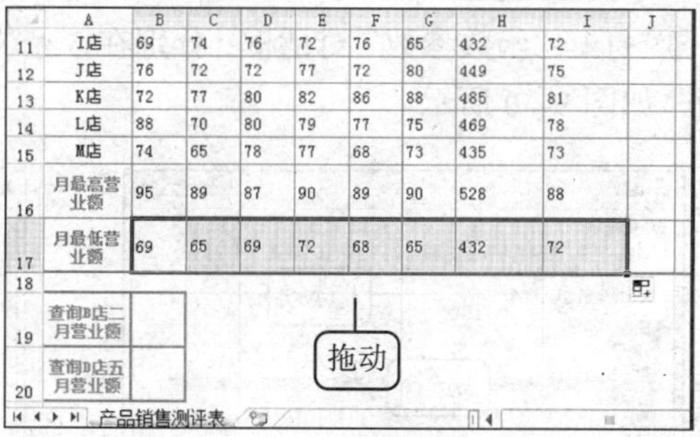

图 9-36　自动填充月最低营业额

（4）使用排名函数 RANK

RANK 函数用来返回某个数字在数字列表中的排位，其具体操作如下。

① 选择 J4 单元格，在【公式】/【函数库】组中单击"插入函数"按钮 *fx* 或按【Shift+F3】组合键，打开"插入函数"对话框。

② 在"或选择类别"下拉列表框中选择"常用函数"选项，在"选择函数"列表框中选择"RANK"选项，单击 确定 按钮，如图 9-37 所示。

③ 打开"函数参数"对话框，在"Number"文本框中输入"H4"，单击"Ref"文本框右侧"收缩"按钮 ⊡。

④ 此时该对话框呈收缩状态，拖拽鼠标选择要计算的单元格区域 H4:H15，单击右侧"拓展"按钮 🔲。

⑤ 返回到"函数参数"对话框，利用【F4】键将"Ref"文本框中的单元格的引用地址转换为绝对引用，单击 确定 按钮，如图 9-38 所示。

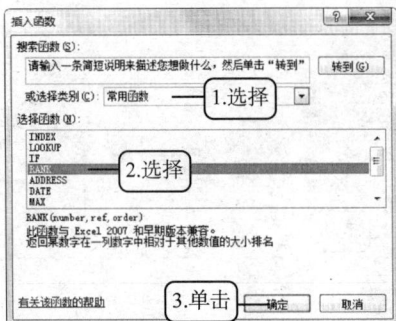

图 9-37　选择需要插入的函数

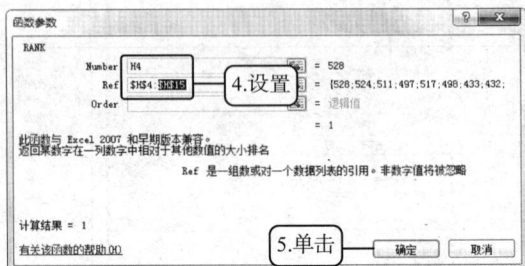

图 9-38　设置函数参数

⑥ 返回到操作界面，即可查看排名情况，将鼠标指针移动到 J4 单元格右下角。当其变为 + 形状时，按住鼠标左键不放向下拖拽，直至 J15 单元格，释放鼠标左键，即可显示出每个门店的名次。

（5）使用 IF 嵌套函数

嵌套函数 IF 用于判断数据表中的某个数据是否满足指定条件，如果满足则返回特定值，不满足则返回其他值，其具体操作如下。

① 选择 K4 单元格，单击编辑栏中的"插入函数"按钮 fx 或按【Shift+F3】组合键，打开"插入函数"对话框。

② 在"或选择类别"下拉列表框中选择"逻辑"选项，在"选择函数"列表框中选择"IF"选项，单击 确定 按钮，如图 9-39 所示。

③ 打开"函数参数"对话框，分别在 3 个文本框中输入判断条件和返回逻辑值，单击 确定 按钮，如图 9-40 所示。

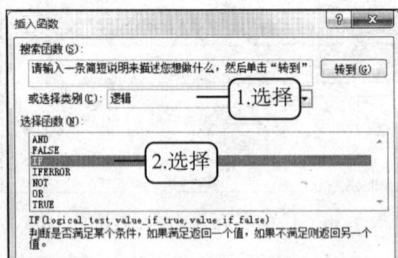

图 9-39　选择需要插入的函数

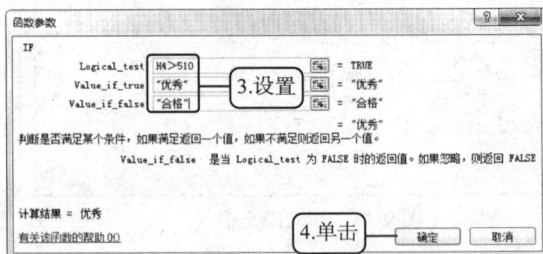

图 9-40　设置判断条件和返回逻辑值

④ 返回到操作界面，由于 H4 单元格中的值大于"510"，因此在 K4 单元格中显示"优秀"，将鼠标指针移动到 K4 单元格右下角，当其变为 + 形状时，按住鼠标左键不放向下拖拽，至 K15 单元格释放鼠标，分析其他门店是否满足优秀门店条件，若低于"510"则返回"合格"。

（6）使用 INDEX 函数

INDEX 函数是返回表或区域中的值或对值的引用，其具体操作如下。

① 选择 B19 单元格，在编辑栏中输入"=INDEX("，编辑栏下方将自动提示 INDEX 函数的

参数输入规则，拖拽鼠标选择 A4:G15 单元格区域，编辑栏中将自动录入"A4:G15"。

② 继续在编辑栏中输入参数",2,3)"，单击编辑栏中的"输入"按钮✓，如图 9-41 所示，确认函数的计算结果。

③ 选择 B20 单元格，编辑栏中输入"=INDEX("，拖拽鼠标选择 A4:G15 单元格区域，编辑栏中将自动录入"A4:G15"，如图 9-42 所示。

④ 继续在编辑栏中输入参数",3,6)"，按【Ctrl+Enter】组合键确认函数的应用并计算结果。

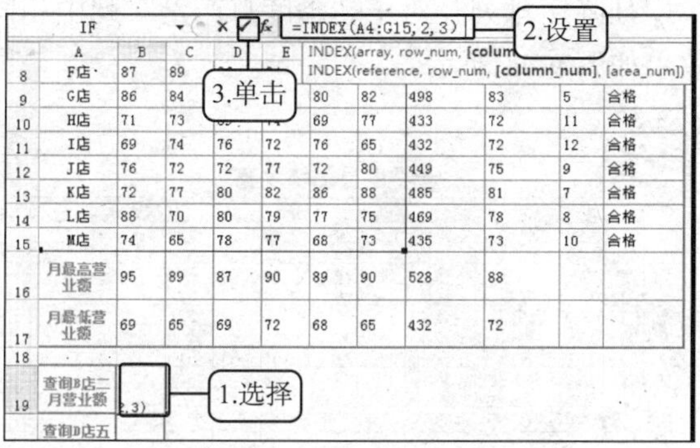

图 9-41　确认函数的应用 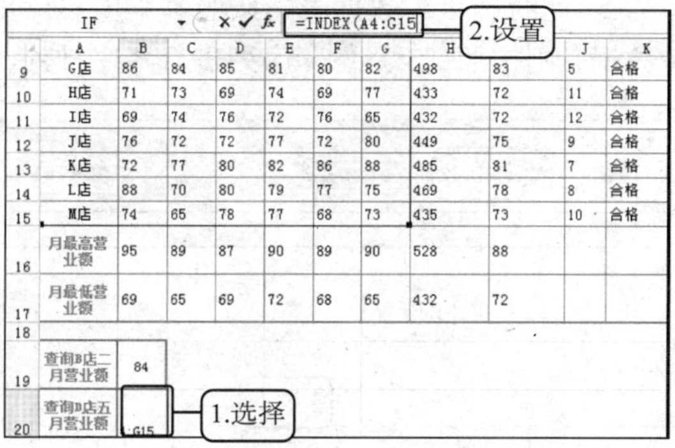　　　　　　　　图 9-42　选择参数

任务二　统计分析员工绩效表

公司要对下属工厂的员工进行绩效考评，员工绩效表（见图 9-43）的相关要求如下。

① 打开已经创建并编辑完成的员工绩效表，对其中的数据分别进行快速排序、组合排序和自定义排序。

② 对表中的数据按照不同的条件进行自动筛选、自定义筛选和高级筛选，并在表格中使用条件格式。

③ 按照不同的设置字段，对表格中的数据创建分类汇总、嵌套分类汇总，然后查看分类汇总的数据。

④ 首先创建数据透视表，然后再创建数据透视图。

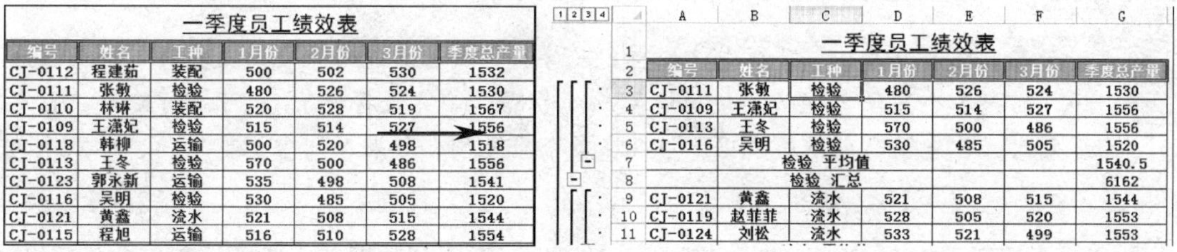

图 9-43　"员工绩效表"工作簿最终效果

（1）排序员工绩效表数据

使用 Excel 中的数据排序功能对数据进行排序，有助于快速直观地显示并理解、组织和查找所需的数据，其具体操作如下。

① 打开"员工绩效表.xlsx"工作簿，选择 G 列任意单元格，在【数据】/【排序和筛选】组中单击"升序"按钮↓，此时即可将选择的数据表按照"季度总产量"由低到高进行排序。

② 选择 A2:G14 单元格区域，在"排序和筛选"组中单击"排序"按钮。

③ 打开"排序"对话框，在"主要关键字"下拉列表框中选择"季度总产量"选项，在"排序依据"下拉列表框中选择"数值"选项，在"次序"下拉列表框中选择"降序"选项，如图 9-44 所示，单击 确定 按钮。

④ 打开"排序"对话框，单击 添加条件(A) 按钮，在"次要关键字"下拉列表框中选择"3 月份"选项，在"排序依据"下拉列表框中选择"数值"选项，在"次序"下拉列表框中选择"降序"选项，单击 确定 按钮。

⑤ 此时即可对数据表先按照"季度总产量"序列降序排列，对于"季度总产量"列中相同的数据，则按照"3 月份"序列进行降序排列，效果如图 9-45 所示。

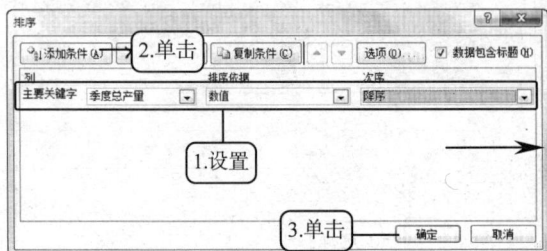

图 9-44　设置主要排序条件

图 9-45　查看排序结果

> 数据表中的数据较多，很可能出现相同的情况，此时可以单击 添加条件(A) 按钮，添加更多排序条件，这样就能避免相同数据排序的情况。另外，在 Excel 2010 中，除了可以对数字进行排序外，还可以对字母或日期进行排序。对于字母为而言，升序是从 A 到 Z 排列；对于日期来说，降序是日期按最早的日期到最晚的日期进行排序，升序则相反。

⑥ 选择【文件】/【选项】命令，打开"Excel 选项"对话框，在左侧的列表中单击"高级"选项卡，在右侧列表框的"常规"栏中单击 编辑自定义列表(O)... 按钮。

⑦ 打开"自定义序列"对话框，在"输入序列"列表框中输入序列字段"流水,装配,检验,运输"，单击 添加(A) 按钮，将自定义字段添加到左侧的"自定义序列"列表框中。

> 在 Excel 2010 中，必须先建立自定义字段，然后才能进行自定义排序。输入自定义序列时，各个字段之间必须使用逗号或分号隔开（英文符号），也可换行输入。自定义序列时，首先须确定排序依据，即存在多个重复项，如果序列中无重复项，则排序的意义不大。

⑧ 单击 确定 按钮，关闭"Excel 选项"对话框，返回到数据表，选择任意一个单元格，在"排序和筛选"组中单击"排序"按钮 ，打开"排序"对话框。

⑨ 在"主要关键字"下拉列表框中选择"工种"选项，在"次序"下拉列表框中选择"自定义序列"选项，打开"自定义序列"对话框，在"自定义序列"列表框中选择前面创建的序列，单击 确定 按钮。

⑩ 返回到"排序"对话框，在"次序"下拉列表中即显示设置的自定义序列，单击 确定 按钮，如图 9-46 所示。

⑪ 此时即可将数据表按照"工种"序列中的自定义序列进行排序，效果如图 9-47 所示。

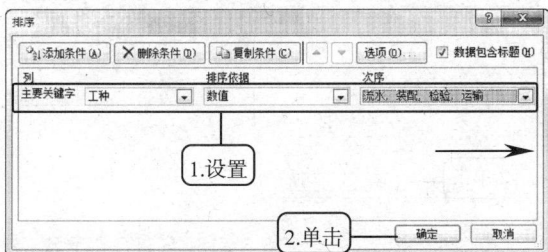

图 9-46　设置自定义序列　　　　　　图 9-47　查看自定义序列排序的效果

> 对数据进行排序时，如果打开提示对话框，显示"此操作要求合并单元格都具有相同大小"，则表示当前数据表中包含合并的单元格，由于 Excel 中无法识别合并单元格数据的方法并正确排序，因此，需要用户手动选择规则的排序区域，再进行排序。

（2）筛选员工绩效表数据

Excel 筛选数据功能可根据需要显示满足某一个或某几个条件的数据，而隐藏其他的数据。

① 自动筛选

自动筛选可以快速在数据表中显示指定字段的记录并隐藏其他记录。下面在"员工绩效表.xlsx"工作簿中筛选出工种为"装配"的员工绩效数据，其具体操作如下。

a. 打开表格，选择工作表中的任意单元格，在【数据】/【排序和筛选】组中单击"筛选"按钮 ，进入筛选状态，列标题单元格右侧显示出"筛选"按钮 。

b. 在 C2 单元格中单击"筛选"下拉按钮 ，在打开的下拉列表框中撤销选中"检验""流水"和"运输"复选框，仅单击选中"装配"复选框，单击 确定 按钮。

c. 此时将在数据表中显示工种为"装配"的员工数据，而将其他员工数据全部隐藏。

> 通过选择字段可以同时筛选多个字段的数据。单击"筛选"按钮 后，将打开设置筛选条件的下拉列表框，只需在其中单击选中对应的复选框即可。在 Excel 2010 中还能通过颜色、数字和文本进行筛选，但是这类筛选方式都需要提前对表格中的数据进行设置。

② 自定义筛选

自定义筛选多用于筛选数值数据，通过设定筛选条件可以将满足指定条件的数据筛选出来，而将其他数据隐藏。下面在"员工绩效表.xlsx"工作簿中筛选出季度总产量大于"1540"的相关信息，其具体操作如下。

a. 打开"员工绩效表.xlsx"工作簿，单击"筛选"按钮 进入筛选状态，在"季度总产量"单元格中单击 按钮，在打开的下拉列表框中选择"数字筛选"选项，在打开的子列表中选择"大于"选项。

b. 打开"自定义自动筛选方式"对话框，在"季度总产量"栏的"大于"右侧的下拉列表框中输入"1540"，单击 确定 按钮，如图 9-48 所示。

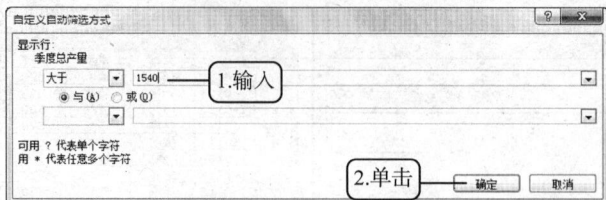

图 9-48　自定义筛选

> 筛选并查看数据后，在"排序和筛选"组中单击 清除 按钮，可清除筛选结果，但仍保持筛选状态；单击"筛选"按钮，可直接退出筛选状态，返回到筛选前的数据表。

③ 高级筛选

通过高级筛选功能，可以自定义筛选条件，在不影响当前数据表的情况下显示出筛选结果。而对于较复杂的筛选，可以使用高级筛选来进行。下面在"员工绩效表.xlsx"工作簿中筛选出 1 月份产量大于"510"，季度总产量大于"1556"的数据，其具体操作如下。

a. 打开"员工绩效表.xlsx"工作簿，在 C16 单元格中输入筛选序列"1月份"，在 C17 单元格中输入条件">510"，在 D16 单元格中输入筛选序列"季度总产量"，在 D17单元格中输入条件">1556"，在表格中选择任意的单元格，在【数据】/【排序和筛选】组中单击 高级按钮。

b. 打开"高级筛选"对话框，单击选中"将筛选结果复制到其他位置"单选项，将"列表区域"自动设置为"$A$2:$G$14"，在"条件区域"文本框中输入"$C$16:$D$17"，在"复制到"文本框中输入"$A$18:$G$25"，单击 确定 按钮。

c. 此时即可在原数据表下方的 A18:G19 单元格区域中单独显示出筛选结果。

④ 使用条件格式

条件格式用于将数据表中满足指定条件的数据以特定的格式显示出来，从而便于直观查看与区分数据。下面在"员工绩效表.xlsx"工作簿中将月产量大于"500"的数据以浅红色填充显示，其具体操作如下。

a. 选择 D3:G14 单元格区域，在【开始】/【样式】组中单击"条件格式"按钮，在打开的下拉列表中选择【突出显示单元格规则】/【大于】选项。

b. 打开"大于"对话框，在数值框中输入"500"，在"设置为"下拉列表框中选择"浅红色填充"选项，单击 确定 按钮，如图 9-49 所示。

c. 此时即可在原数据表下方的 A18:G19 单元格区域中单独显示出筛选结果，此时即可将D3:G14 单元格区域中所有数据大于"500"的单元格以浅红色填充显示，如图 9-50 所示。

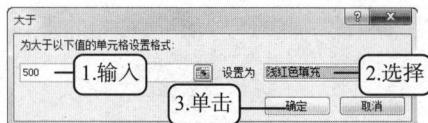

图 9-49　设定格式

图 9-50　应用条件格式

（3）对数据进行分类汇总

运用 Excel 的分类汇总功能可对表格中同一类数据进行统计运算,使工作表中的数据变得更加清晰直观,其具体操作如下。

① 打开表格,选择 C 列的任意一个单元格,在【数据】/【排序和筛选】组中单击"升序"按钮↑↓,对数据进行排序。

② 单击"分级显示"按钮,在【数据】/【分级显示】组中单击"分类汇总"按钮,打开"分类汇总"对话框,在"分类字段"下拉列表框中选择"工种"选项,在"汇总方式"下拉列表框中选择"求和"选项,在"选定汇总项"列表框中单击选中"季度总产量"复选框,单击 确定 按钮,如图 9-51 所示。

③ 此时即可对数据表进行分类汇总,同时直接在表格中显示汇总结果。

④ 在 C 列中选择任意单元格,使用相同的方法打开"分类汇总"对话框,在"汇总方式"下拉列表框中选择"平均值"选项,在"选定汇总项"列表框中单击选中"季度总产量"复选框,撤销选中"替换当前分类汇总"复选框,单击 确定 按钮。

⑤ 在前面的汇总数据表的基础上继续添加分类汇总,即可同时查看到不同工种每季度的平均产量,效果如图 9-52 所示。

> 分类汇总实际上就是分类加汇总,其操作过程首先是通过排序功能对数据进行分类排序,然后再按照分类进行汇总。如果没有进行排序,汇总的结果就没有意义。所以,在分类汇总之前,必须先将数据表进行排序,再进行汇总操作,且排序的条件最好是需要分类汇总的相关字段,这样汇总的结果将更加准确。

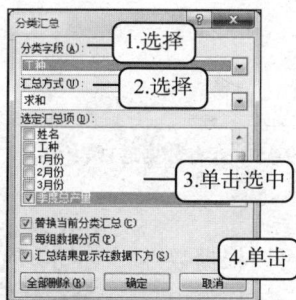

图 9-51 设置分类汇总   图 9-52 查看嵌套分类汇总结果

> 并不是所有数据表都能够分类汇总,必须保证数据表中具有可以分类的序列,才能进行分类汇总。另外,打开已经进行了分类汇总的工作表,在表中选择任意单元格,然后在"分级显示"组中单击"分类汇总"按钮,打开"分类汇总"对话框,直接单击 全部删除 按钮即可删除创建的分类汇总。

（4）创建并编辑数据透视表

数据透视表是一种交互式的数据报表,可以快速汇总大量的数据,同时对汇总结果进行各种筛选以查看源数据的不同统计结果。下面为"员工绩效表.xlsx"工作簿为例创建数据透视表,其具体操作如下。

① 打开"员工绩效表.xlsx"工作簿,选择 A2:G14 单元格区域,在【插入】/【表格】组中

单击"数据透视表"按钮，打开"创建数据透视表"对话框。

② 由于已经选定了数据区域，因此只需设置放置数据透视表的位置，这里单击选中"新工作表"单选项，单击 确定 按钮，如图 9-53 所示。

③ 此时将新建一张工作表，并在其中显示空白数据透视表，右侧显示出"数据透视表字段列表"窗格。

④ 在"数据透视表字段列表"窗格中将"工种"字段拖动到"报表筛选"下拉列表框中，数据表中将自动添加筛选字段。然后用同样的方法将"姓名"和"编号"字段拖动到"报表筛选"下拉列表框中。

⑤ 使用同样的方法按顺序将"1 月份～季度总产量"字段拖到"数值"下拉列表框中，如图 9-54 所示。

⑥ 在创建好的数据透视表中单击"工种"字段后的按钮，在打开的下拉列表框中选择"流水"选项，如图 9-55 所示，单击 确定 按钮，即可在表格中显示该工种下所有员工的汇总数据。

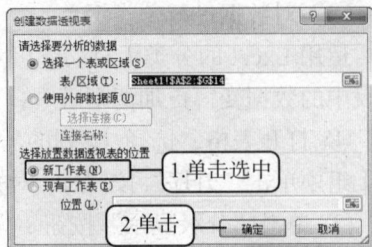

图 9-53 设置创建选项

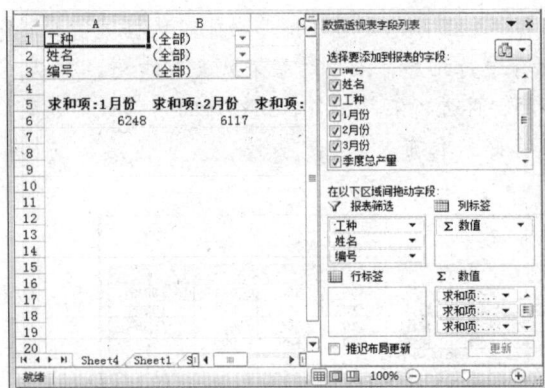

图 9-54 添加字段

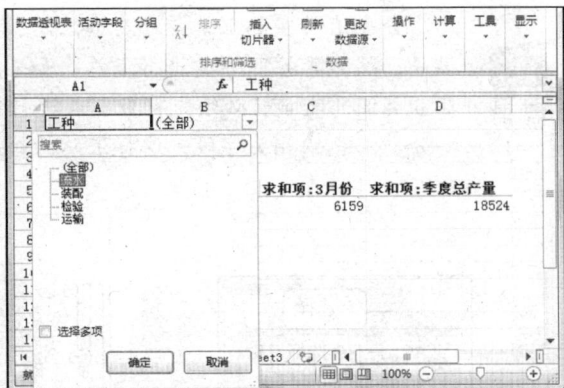

图 9-55 查看数据透视表

（5）创建数据透视图

通过数据透视表分析数据后，为了直观查看数据情况，还可以根据数据透视表进一步制作数据透视图。下面根据"员工绩效表.xlsx"工作簿中数据透视表的数据创建数据透视图，其具体操作如下。

① 在"员工绩效表.xlsx"工作簿中制作数据透视表后，在【数据透视表工具-选项】/【工具】组中单击"数据透视图"按钮，打开"插入图表"对话框。

② 在左侧的列表中单击"柱形图"选项卡，在右侧列表框的"柱形图"栏中选择"三维簇状柱形图"选项，单击 确定 按钮，即可在数据透视表的工作表中添加数据透视图，如图 9-56 所示。

数据透视图和数据透视表是相互联系的，即改变数据透视表，则数据透视图将发生相应的变化；反之若改变数据透视图，则数据透视表也发生相应变化。另外，数据透视表中拖动字段主要有 4 个区域，其作用介绍如下：报表筛选，作用类似于自动筛选，是所在数据透视表的条件区域，在该区域内的所有字段都将作为筛选数据区域内容的条

件；行标签和列标签两个区域用于将数据横向或纵向显示，与分类汇总选项的分类字段作用相同；数值区域的内容主要是数据。

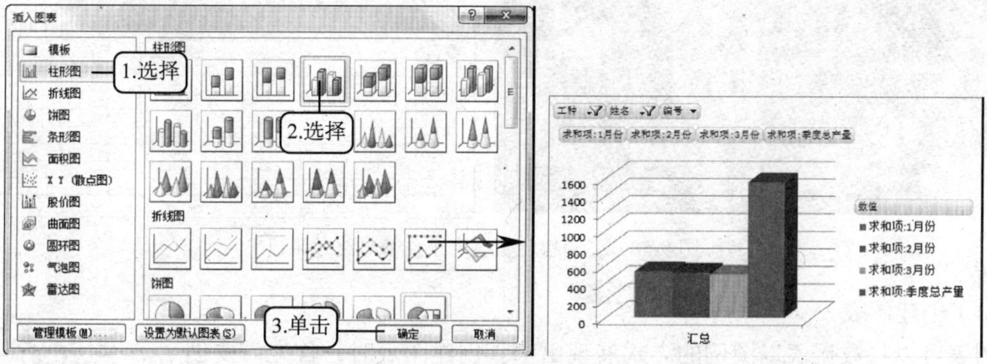

图 9-56　创建数据透视图

③ 在创建好的数据透视图中单击 姓名 ▼ 按钮，在打开的下拉列表框中单击选中"全部"复选框，单击 确定 按钮，即可在数据透视图中看到所有流水工种员工的数据求和项，如图 9-57 所示。

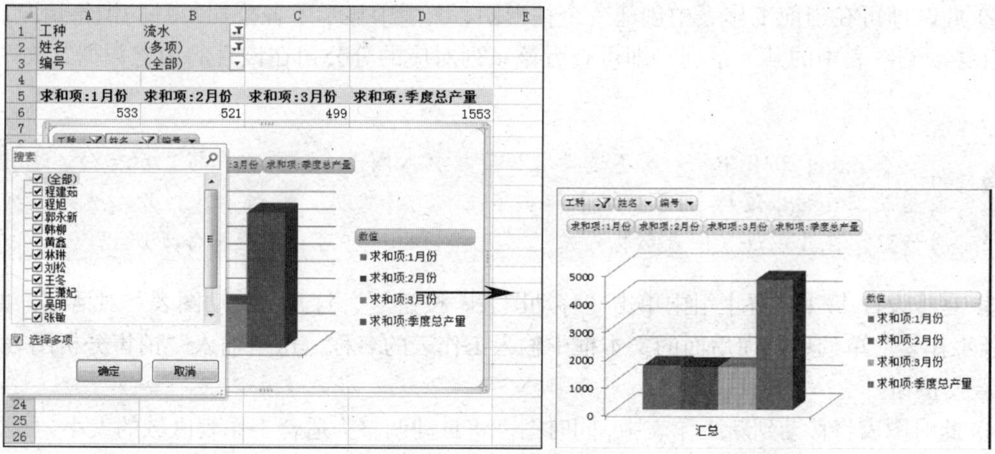

图 9-57　创建数据透视图

任务三　制作销售分析表

制作一份数据差异和走势明显，以及能够辅助预测发展趋势的电子表格，制作完成后的销售分析图表效果如图 9-58 所示。相关操作如下。

① 打开已经创建并编辑好的素材表格，根据表格中的数据创建图表，并将其移动到新的工作表中。

② 对图表进行相应编辑，包括修改图表数据、更改图表类型、设置图表样式、调整图表布局、设置图表格式、调整图表对象的显示与分布和使用趋势线等。

③ 为表格中的数据插入迷你图，并对其进行设置和美化。

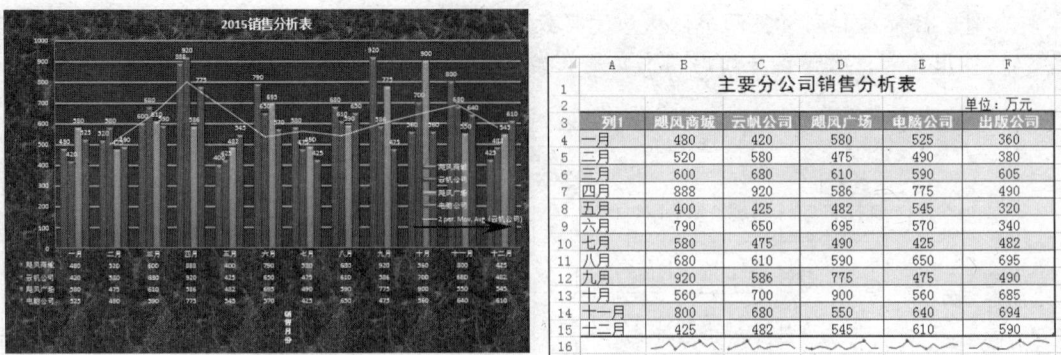

图 9-58 "销售分析表"工作簿最终效果

（1）创建图表

图表可以将数据表以图例的方式展现出来。创建图表时，首先需要创建或打开数据表，然后根据数据表创建图表。下面在"销售分析表.xlsx"工作簿的基础上创建图表，其具体操作如下。

① 打开"销售分析表.xlsx"工作簿，选择 A3:F15 单元格区域，在【插入】/【图表】组中单击"柱形图"按钮📊，在打开的下拉列表的"二维柱形图"栏中选择"簇状柱形图"选项。

② 此时即可在当前工作表中创建一个柱形图，图表中显示了各公司每月的销售情况。将鼠标指针移动到图表中的某一系列，即可查看该系列对应的分公司在该月的销售数据，如图 9-59 所示。

> 在 Excel 2010 中，如果不选择数据直接插入图表，则图表中将显示空白。这时可以在图表工具的【设计】/【数据】组中单击"选择数据"按钮📊，打开"选择数据源"对话框，在其中设置图表数据对应的单元格区域，即可在图表中添加数据。

③ 在【设计】/【位置】组中单击"移动图表"按钮📊，打开"移动图表"对话框，单击选中"新工作表"单选项，在后面的文本框中输入工作表的名称，这里输入"销售分析图表"，单击 确定 按钮。

④ 此时图表将移动到新工作表中，同时图表将自动调整为适合工作表区域的大小，如图 9-60 所示。

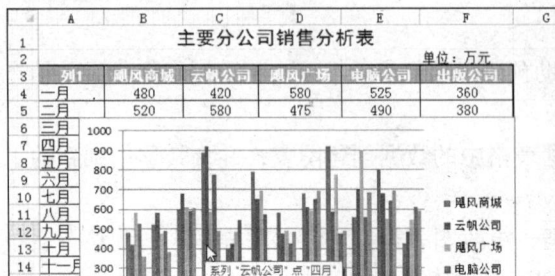

图 9-59 插入图表效果

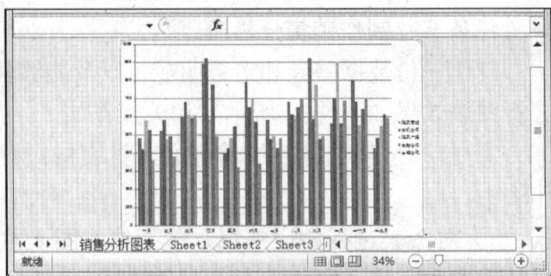

图 9-60 移动图表效果

（2）编辑图表

编辑图表包括修改图表数据、修改图表类型、设置图表样式、调整图表布局、设置图表格式、调整图表对象的显示以及分布和使用趋势线等操作，其具体操作如下。

① 选择创建好的图表，在【数据透视图工具-设计】/【数据】组中单击"选择数据"按钮，打开"选择数据源"对话框，单击"图表数据区域"文本框右侧的按钮。

② 对话框将折叠，在工作表中选择 A3:E15 单元格区域，单击按钮打开"选择数据源"对话框，在"图例项（系列）"和"水平（分类）轴标签"列表框中即可看到修改的数据区域，如图 9-61 所示。

③ 单击 确定 按钮，返回图表，可以看出图表所显示的序列发生了变化，如图 9-62 所示。

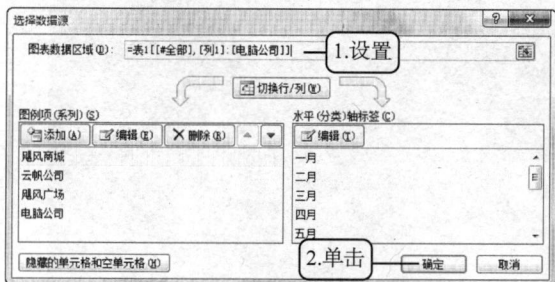

图 9-61　选择数据源

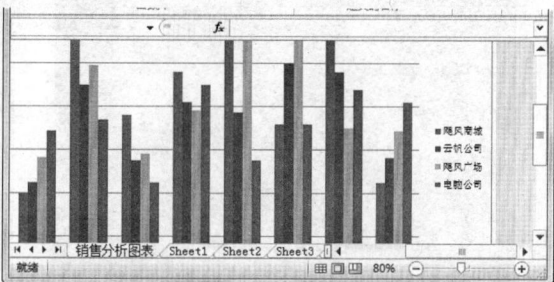

图 9-62　修改图表数据后的效果

④ 在【设计】/【类型】组中单击"更改图表类型"按钮，打开"更改图表类型"对话框，在左侧的列表框中单击"条形图"选项卡，在右侧列表框的"条形图"栏中选择"三维簇状条形图"选项，如图 9-63 所示，单击 确定 按钮。

⑤ 更改所选图表的类型与样式，更换后，图表中展现的数据并不会发生变化，如图 9-64 所示。

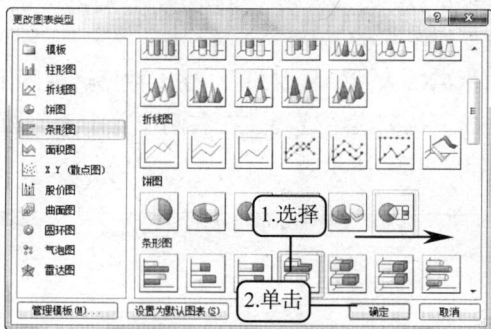

图 9-63　选择图表类型

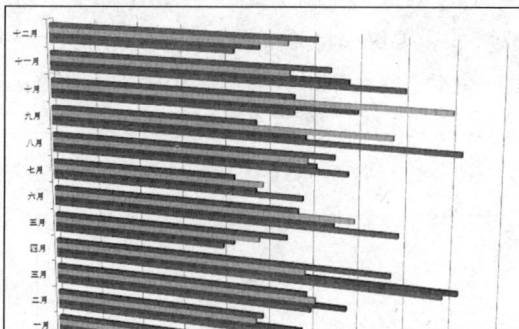

图 9-64　修改图表类型后的效果

⑥ 在【设计】/【图表样式】组中单击"快速样式"按钮，在打开的下拉列表框中选择"样式 42"选项，此时即可更改所选图表样式。

⑦ 在【设计】/【图表布局】组中单击"快速布局"按钮，在打开的列表框中选择"布局 5"选项。

⑧ 此时即可更改所选图表的布局为同时显示数据表与图表，效果如图 9-65 所示。

⑨ 在图表区中单击任意一条绿色数据条（"飓风广场"系列），Excel 将自动选择图表中所有该数据系列，在【格式】/【图表样式】组中单击"其他"按钮，在打开的下拉列表框中选择"强烈效果-橙色，强调颜色 6"选项，图表中该序列的样式亦随之变化。

⑩ 在【数据透视图工具-格式】/【当前所选内容】组中的下拉列表框中选择"水平（值）轴

主要网格线"选项，在【数据透视图工具-格式】/【形状样式】组的列表框中选择一种网格线的样式，这里选择"粗线-强调颜色3"选项。

⑪ 在图表空白处单击选择整个图表，在【数据透视图工具-格式】/【形状样式】组中单击"形状填充"按钮，在打开的下拉列表中选择【纹理】/【绿色大理石】选项，完成图表样式的设置，效果如图9-66所示。

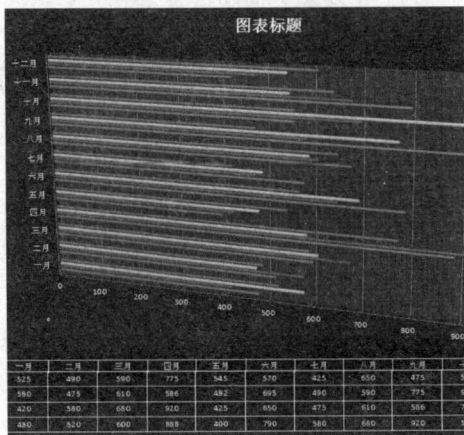

图 9-65　更改图表布局

图 9-66　设置图表格式

⑫ 在【数据透视图工具-布局】/【标签】组中单击"图表标题"按钮，在打开的下拉列表中选择"图表上方"选项，此时在图表上方显示图表标题文本框，单击后输入图表标题内容，这里输入"2015销售分析表"。

⑬ 在【数据透视图工具-标签】/【标签】组中单击"坐标轴标题"按钮，在打开的下拉列表中选择【主要纵坐标轴标题】/【竖排标题】选项，如图9-67所示。

⑭ 在水平坐标轴下方显示出坐标轴标题框，单击后输入"销售月份"，在【数据透视图工具-标签】/【标签】组中单击"图例"按钮，在打开的下拉列表中选择"在右侧覆盖图例"选项，即可将图例显示在图表右侧并不改变图表的大小，如图9-68所示。

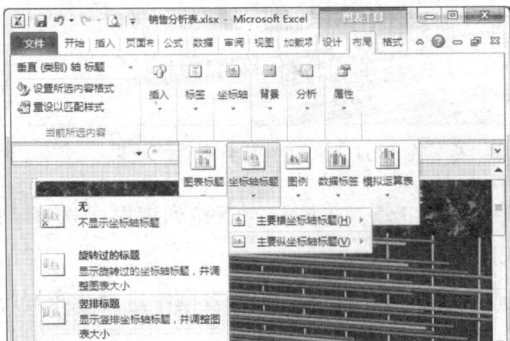

图 9-67　选择坐标轴标题的显示位置

图 9-68　设置图例的显示位置

⑮ 在【数据透视图工具-标签】/【标签】组中单击"数据标签"按钮，在打开的下拉列表中选择"显示"选项，即可在图表的数据序列上显示数据标签。

（3）使用趋势线

趋势线用于对图表数据的分布与规律进行标识，从而使用户能够直观地了解数据的变化趋

势，或对数据进行预测分析。下面为"销售分析表.xlsx"工作簿中的图表
添加趋势线，其具体操作如下。

① 在【设计】/【类型】组中单击"更改图表类型"按钮 ，打开"更
改图表类型"对话框，在左侧的列表框中单击"柱形图"选项卡，在右侧
列表框的"柱形图"栏中选择"簇状柱形图"选项，单击 确定 按钮，如
图 9-69 所示。

② 在图表中单击需要设置趋势线的数据系列，这里单击"云帆公司"系列；在【数据透视
图工具-布局】/【分析】组中单击"趋势线"按钮 ，在打开的下拉列表中选择"双周期移动平
均"选项，此时即可为图表中的"云帆公司"数据系列添加趋势线，右侧图例下方将显示出趋势
线信息，效果如图 9-70 所示。

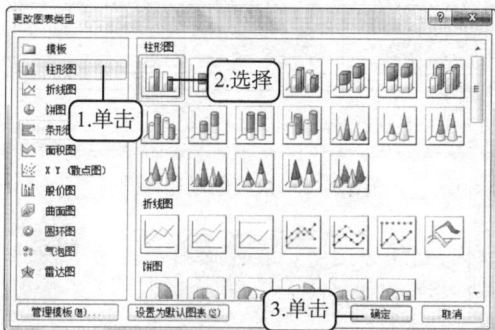

图 9-69　更改图表类型

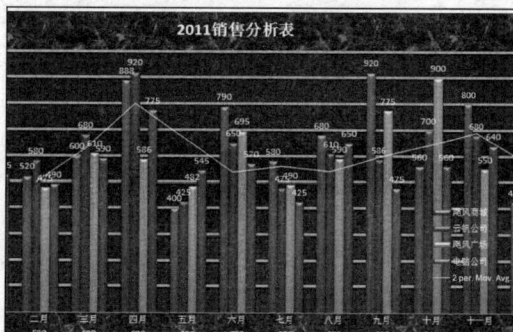

图 9-70　添加趋势线

> 这里再次对图表类型进行了更改，是因为更改前的图表类型不支持设置趋势线。要
> 查看图表是否支持趋势线，只需单击图表，在【数据透视图工具-布局】/【分析】组中
> 查看"趋势线"按钮 是否可用。

（4）插入迷你图

迷你图不但简洁美观，而且可以清晰展现数据的变化趋势，并且占用空
间也很小，因此为数据分析工作提供了极大的便利，插入迷你图的具体操作
如下。

① 选择 B16 单元格，在【插入】/【迷你图】组中单击"折线图"按钮
 ，打开"创建迷你图"对话框，在"选择所需的数据"栏的"数据范围"
文本框中输入飓风商城的数据区域"B4:B15"，单击 确定 按钮即可看到插入的迷你图，如图 9-71
所示。

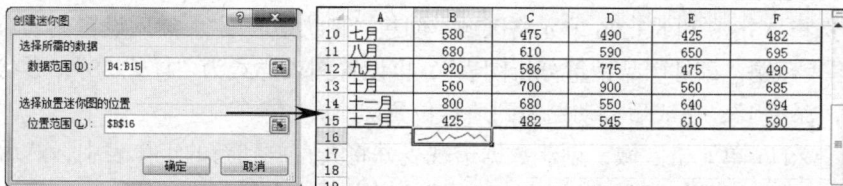

图 9-71　创建迷你图

② 选择 B16 单元格，在【迷你图工具-设计】/【显示】组中单击选中"高点"和"低点"复

选框，在"样式"组中单击"标记颜色"按钮■▾，在打开的下拉列表中选择【高点】/【红色】选项，如图 9-72 所示。

③ 用同样的方法将低点设置为"绿色"，拖动单元格控制柄为其他数据序列快速创建迷你图，如图 9-73 所示。

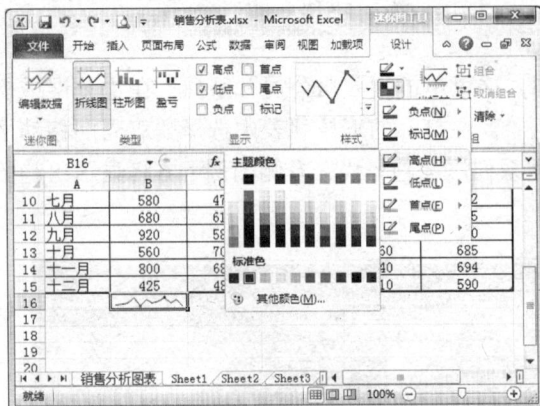

图 9-72　设置高点和低点

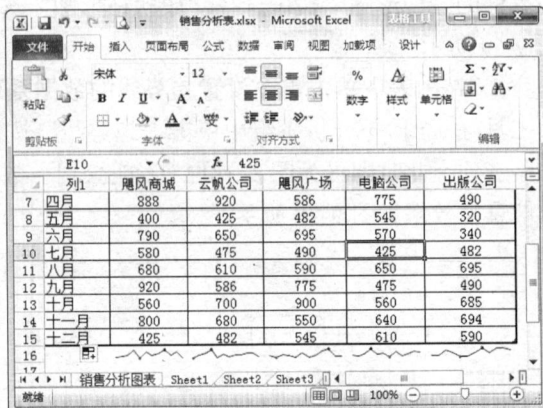

图 9-73　快速创建迷你图

> **提示**　迷你图无法使用【Delete】键删除，正确的删除方法是：在迷你图工具的【设计】/【分组】组中单击"清除"按钮🧽。

5. 思考与练习

（1）打开素材文件"员工工资表.xlsx"工作簿，按照下列要求对表格进行操作。

① 选择 F5:F20 和 J5:J20 单元格区域，然后在【公式】/【函数库】组中单击 Σ 自动求和 按钮快速计算应领工资和应扣工资。

② 分别选择 K5:K20 和 M5:M20 单元格区域，在编辑栏中输入公式"=F5-J5"和"=K5-L5"，完成后按【Ctrl+Enter】组合键计算实发工资和税后工资。

③ 选择 L5:L20 单元格区域，在编辑栏中输入函数"=IF(K5-1500<0,0,IF(K5-1500 < 1500, 0.03*(K5 - 1500) - 0, IF(K5 – 1500 < 4500, 0.1*(K5- 1500) - 105, IF(K5 -1500<9000,0.2*(K5-1500)-555, IF(K5-1500<35000,0.25*(K5-1500)-1005)))))"，完成后按【Ctrl+Enter】组合键计算个人所得税。

④ 选择 A3:M4 单元格区域，在"排序和筛选"组中单击"筛选"按钮🔽，完成后在工作表中相应表头数据对应的单元格右侧单击🔽按钮筛选需查看的数据。

（2）打开"每月销量分析表.xlsx"工作簿，按照下列要求对表格进行以下操作。

① 在 A7 单元格中输入数据"迷你图"，然后在 B7:M7 单元格区域中创建迷你图，并显示迷你图标注和设置迷你图样式为"迷你图样式彩色#2"，完成后调整行高。

② 同时选择 A3:A6 和 N3:N6 单元格区域，创建"簇状条形图"，然后设置图表布局为"布局5"，并输入图表标题"每月产品销量分析图表"，再设置图表样式为"样式28"，形状样式为"细微效果-黑色，深色 1"，完成后移动图表到适合位置。

③ 选择 A2:N6 单元格区域，创建数据透视表并将其存放到新的工作表中，然后添加每月对应的字段，完成后设置数据透视表样式为"数据透视表样式中等深浅 10"。

（3）打开"产品销售统计表.xlsx"工作簿，按照下列要求对文档进行以下操作。

① 在【数据】/【数据工具】组中单击"删除重复项"按钮▦▦，删除重复项。

② 选择 F 列任意单元格，在【数据】/【排序和筛选】组中单击"升序"按钮⬆️，此时可将数据表按照"总计"值大小由低到高排序。

③ 选择数据表中的任意单元格，单击"排序和筛选"组中的"筛选"按钮▽，进入筛选状态。

④ 单击"区域"单元格中的"筛选"下拉按钮▾，在打开的下拉列表中取消对其他 3 个工种选项的选择，撤销选中"新城地区"复选框，单击 确定 按钮。

⑤ 选择 A 列的任意一个单元格，在【数据】/【分级显示】组中单击▦分类汇总按钮，打开"分类汇总"对话框。

⑥ 在"分类字段"下拉列表中选择"区域"选项，在"汇总方式"下拉列表框中选择"求和"选项，在"选定汇总"列表框中单击选中"总计"复选框，单击 确定 按钮。

第 10 章 PowerPoint 2010 演示文稿

在这个竞争非常激烈的时代，要想让别人接受自己的一项计划或建议，展示系列产品，作一个汇报，或进行电子教学等工作时，最好的办法就是制作一些带有文字和图表、图像及动画等对象的幻灯片，用于阐述论点或讲解内容，利用 PowerPoint 就能轻易地完成这些工作。

本章主要讲解演示文稿的创建以及幻灯片的页面设计制作，并在此基础上介绍放映幻灯片的方法。

10.1 实验七 演示文稿的基本操作

1. 实验目的

熟悉 PowerPoint 2010 的基本操作，掌握制作演示文稿的基本技能。

2. 实验内容

（1）掌握 PowerPoint 2010 演示文稿的建立、保存、关闭、打开的基本方法。

（2）掌握 PowerPoint 2010 中的演示文稿、幻灯片的基本操作。

（3）掌握在幻灯片中插入艺术字、图片、图形、表格、媒体文件等对象。

3. 实验相关知识

（1）熟悉 PowerPoint 2010 工作界面

选择【开始】/【所有程序】/【Microsoft Office】/【Microsoft PowerPoint 2010】命令或双击计算机磁盘中保存的 PowerPoint 2010 演示文稿文件（其扩展名为.pptx）即可启动 PowerPoint 2010，并打开 PowerPoint 2010 工作界面，如图 10-1 所示。

从图 10-1 可以看出 PowerPoint 2010 的工作界面与 Word 2010 和 Excel 2010 的工作界面基本类似，其中快速访问工具栏、标题栏、选项卡和功能区等的结构及作用更是基本相同（选项卡的名称以及功能区的按钮会因为软件的不同而不同），下面将对 PowerPoint 2010 特有部分的作用进行介绍。

① 幻灯片窗格。位于演示文稿编辑区的右侧，用于显示和编辑幻灯片的内容，其功能与 Word 的文档编辑区类似。

② "幻灯片/大纲"浏览窗格。位于演示文稿编辑区的左侧，其上方有两个选项卡，单击不同的选项卡，可在"幻灯片"浏览窗格和"大纲"浏览窗格两个窗格之间切换。其中在"幻灯片"浏览窗格中将显示当前演示文稿的所有幻灯片的缩略图，单击某个幻灯片缩略图，将在右侧的幻灯片窗格中显示该幻灯片的内容，如图 10-2 所示；在"大纲"浏览窗格中，可以显示当前演示文稿中所有幻灯片的标题与正文内容，用户在"大纲"浏览窗格或"幻灯片"窗格中编辑文本内容，

将同步在另一个窗格中产生变化，如图 10-3 所示。

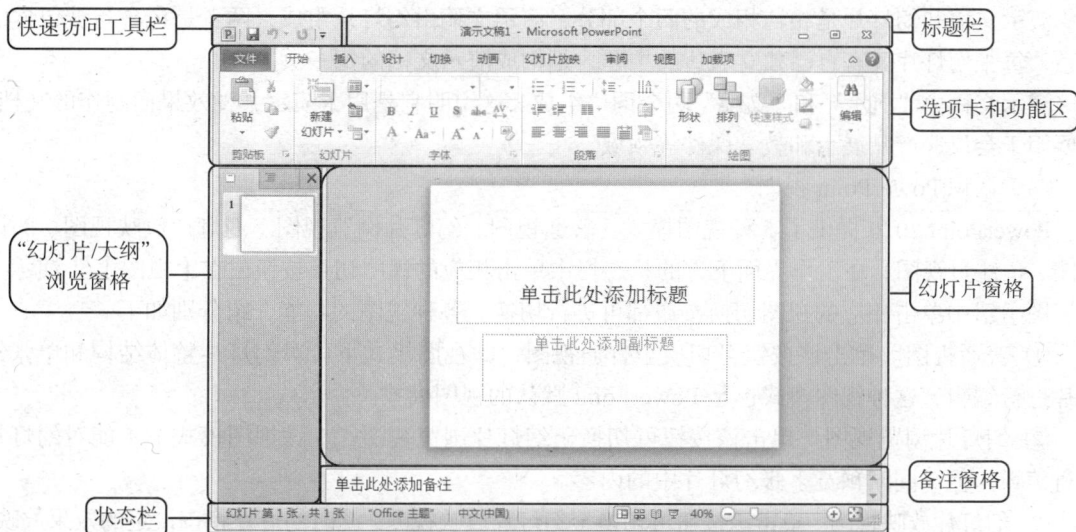

图 10-1　PowerPoint 2010 工作界面

图 10-2　"幻灯片"浏览窗格

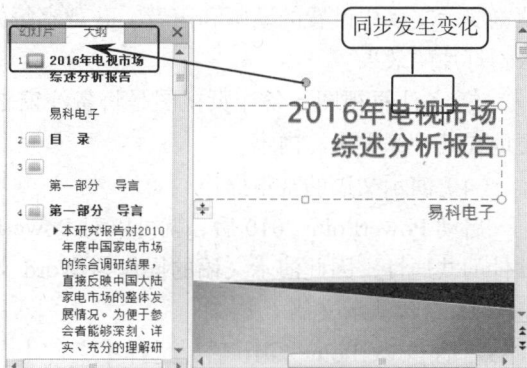

图 10-3　"大纲"浏览窗格

③ 备注窗格。在该窗格中输入当前幻灯片的解释和说明等信息，以方便演讲者在正式演讲时参考。

④ 状态栏。位于工作界面的下方，如图 10-4 所示，它主要由状态提示栏、视图切换按钮、显示比例栏 3 部分组成。其中状态提示栏用于显示幻灯片的数量、序列信息，以及当前演示文稿使用的主题；视图切换按钮用于在演示文稿的不同视图之间切换，单击相应的视图切换按钮即可切换到对应的视图中，从左到右依次是"普通视图"按钮、"幻灯片浏览"按钮、"阅读视图"按钮、"幻灯片放映"按钮；显示比例栏用于设置幻灯片窗格中幻灯片的显示比例，单击按钮或按钮，将以 10%的比例缩小或放大幻灯片，拖动两个按钮之间的图标，将适时放大或缩小幻灯片，单击右侧的按钮，将根据当前幻灯片窗格的大小显示幻灯片。

图 10-4　状态栏

（2）认识演示文稿与幻灯片

演示文稿和幻灯片是相辅相成的两个部分，演示文稿由幻灯片组成，两者是包含与被包含的关系，每张幻灯片又有自己独立表达的主题，是构成演示文稿的每一页。

演示文稿由"演示"和"文稿"两个词语组成，这说明它是用于演示某种效果而制作的文档，主要用于会议、产品展示和教学课件等领域。

（3）认识 PowerPoint 视图

PowerPoint 2010 提供了 5 种视图模式：普通视图、幻灯片浏览视图、幻灯片放映视图、阅读视图、备注页视图，在工作界面下方的状态栏中单击相应的视图切换按钮或在【视图】/【演示文稿视图】组中单击相应的视图切换按钮都可进行切换。各种视图的功能介绍分别如下。

① 普通视图。单击该按钮可切换至普通视图，此视图模式下可对幻灯片整体结构和单张幻灯片进行编辑，这种视图模式也是 PowerPoint 默认的视图模式。

② 幻灯片浏览视图。单击该按钮可切换至幻灯片浏览视图，在该视图模式下不能对幻灯片进行编辑，但可同时预览多张幻灯片中的内容。

③ 幻灯片放映视图。单击该按钮可切换至幻灯片放映视图，此时幻灯片将按设定的效果放映。

④ 阅读视图。单击该按钮可切换至阅读视图，在阅读视图中可以查看演示文稿的放映效果，预览演示文稿中设置的动画和声音，并观察每张幻灯片的切换效果，它将以全屏动态方式显示每张幻灯片的效果。

⑤ 备注页视图。备注页视图是将备注窗格以整页格式进行查看和使用备注，制作者可以方便地在其中编辑备注内容。

（4）演示文稿的基本操作

启动 PowerPoint 2010 后，就可以对 PowerPoint 文件（即演示文稿）进行操作了，由于 Office 软件的共通性，因此演示文稿的操作与 Word 文档的操作也有一定相似之处。

① 新建演示文稿

启动 PowerPoint 2010 后，选择【文件】/【新建】命令，将在工作界面右侧显示所有与演示文稿新建相应的选项，如图 10-5 所示。

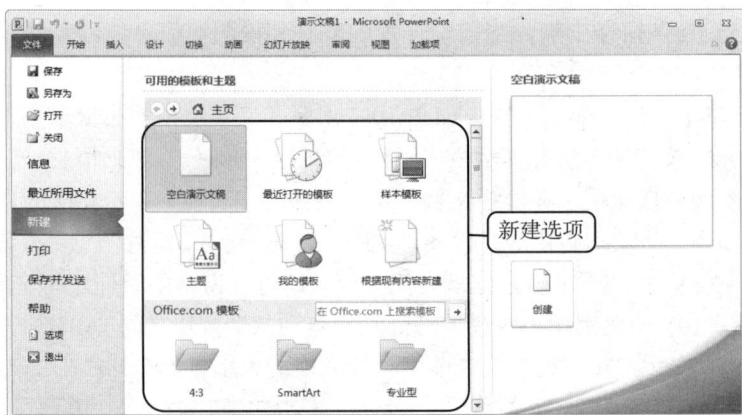

图 10-5　新建相应的选项

在工作界面右侧的 "可用的模板和主题"栏和"Office.com 模板"栏下选择相应的选项，可选择不同的演示文稿的新建模式，选择一种需要新建的演示文稿类型后，单击右侧的"创建"按钮，可新建该演示文稿。

下面分别介绍工作界面右侧各选项的作用。

a. 空白演示文稿。选择该选项后，将新建一个没有内容，只有一张标题幻灯片的演示文稿。此外，启动 PowerPoint 2010 后，系统会自动新建一个空白演示文稿，或在 PowerPoint 2010 界面按【Ctrl+N】组合键快速新建一个空白演示文稿。

b. 最近打开的模板。选择该选项后，将在打开的窗格中显示用户最近使用过的演示文稿模板，选择其中的一个，将以该模板为基础新建一个演示文稿。

c. 样本模板。选择该选项后，将在右侧显示 PowerPoint 2010 提供的所有样本模板，选择一个后单击"创建"按钮 ，将新建一个以选择的样式模板为基础的演示文稿。此时演示文稿中已有多张幻灯片，并有设计的背景、文本等内容。可方便用户依据该样本模板，快速制作出类似的演示文稿效果，如图 10-6 所示。

d. 主题。选择该选项后，将在右侧显示提供的主题选项，用户可选择一个进行演示文稿的新建。通过"主题"新建的演示文稿只有一张标题幻灯片，但其中已有设置好的背景及文本效果，同样可以简化用户的设置操作。

e. 我的模板。选择该选项后，将打开"新建演示文稿"对话框，在其中选择用户以前保存为 PowerPoint 模板文件的选项（关于保存为 PowerPoint 模板文件的方法将在后面详细讲解），单击 确定 按钮，完成演示文稿的新建，如图 10-7 所示。

f. 根据现有内容新建。选择该选项后，将打开 "根据现有演示文稿新建"对话框，选择以前保存在计算机磁盘中的任意一个演示文稿，单击 新建(C) 按钮，将打开该演示文稿，用户可在此基础上修改制作成自己的演示文稿效果。

g. "Office.com 模板"栏。该栏下列出了多个文件夹，每个文件夹是一类模板，选择一个文件夹，将显示该文件夹下的 Office 网站上提供的所有该类演示文稿模板，选择一个需要的模板类型后，单击"下载"按钮 ，将自动下载该模板，然后以该模板为基础新建一个演示文稿。需注意的是要使用"Office.com 模板"栏中的功能需要计算机连接网络后才能实现，否则无法下载模板并进行演示文稿新建。

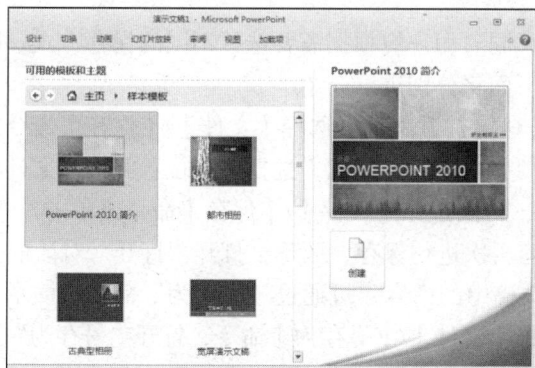

图 10-6　样本模板

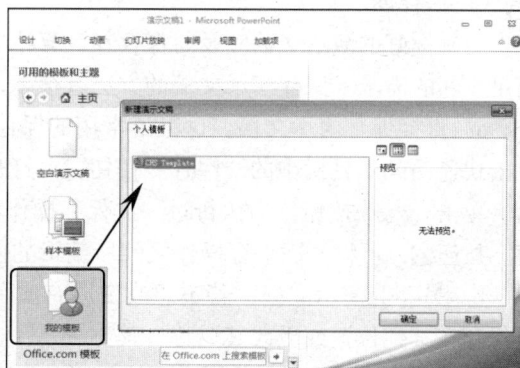

图 10-7　我的模板

② 打开演示文稿

当需要对已有的演示文稿进行编辑、查看或放映时，需将其打开。打开演示文稿的方式有多种，如果未启动 PowerPoint 2010，可直接双击需打开的演示文稿的图标。如果启动 PowerPoint 2010 后，可分为以下 4 种情况来打开演示文稿。

a. 打开演示文稿的一般方法。启动 PowerPoint 2010 后，选择【文件】【打开】命令或按【Ctrl+O】

组合键，打开"打开"对话框，在其中选择需要打开的演示文稿，单击 打开(O) 按钮，即可打开选择的演示文稿。

b. 打开最近使用的演示文稿。PowerPoint 2010 提供了记录最近打开演示文稿保存路径的功能，如果想打开刚关闭的演示文稿，可选择【文件】/【最近所用文件】命令，在打开的页面中将显示最近使用的演示文稿名称和保存路径，然后选择需打开的演示文稿即可将其打开。

c. 以只读方式打开演示文稿。以只读方式打开的演示文稿只能进行浏览，不能更改演示文稿中的内容。其打开方法是：选择【文件】/【打开】命令，打开"打开"对话框，在其中选择需要打开的演示文稿，单击 打开(O) 按钮右侧的下拉按钮 ，在打开的下拉列表中选择"以只读方式打开"选项，如图 10-8 所示。此时，打开的演示文稿"标题"栏中将显示"只读"字样。

d. 以副本方式打开演示文稿。以副本方式打开演示文稿是将演示文稿作为副本打开，对演示文稿进行编辑时不会影响源文件的效果。其打开方法和以只读方式打开演示文稿方法类似，在打开的"打开"对话框中选择需打开的演示文稿后，单击 打开(O) 按钮右侧的下拉按钮 ，在打开的下拉列表中选择"以副本方式打开"选项，在打开的演示文稿"标题"栏中将显示"副本"字样。

图 10-8 以只读方式打开

> **提示** 在"打开"对话框中按住【Ctrl】键的同时选择多个演示文稿选项，单击 打开(O) 按钮，可一次性打开多个演示文稿。

③ 保存演示文稿

对制作好的演示文稿应及时保存在计算机中，同时用户应根据需要选择不同的保存方式，以满足实际的需求。保存演示文稿的方法有很多，下面将分别进行介绍。

a. 直接保存演示文稿。这是最常用的保存方法，其方法是：选择【文件】/【保存】命令或单击快速访问工具栏中的"保存"按钮 ，打开"另存为"对话框，选择保存位置并输入文件名后，单击 保存(S) 按钮。当执行过一次保存操作后，再次选择【文件】/【保存】命令或单击 "保存"按钮 ，可将两次保存操作之间所编辑的内容再次进行保存，而不会打开"打开"对话框。

b. 另存为演示文稿：若不想改变原有演示文稿中的内容，可通过"另存为"命令将演示文稿保存在其他位置或更改其名称。其方法是：选择【文件】/【另存为】命令，打开"另存为"对话框，重新设置保存的位置或文件名，单击 保存(S) 按钮，如图 10-9 所示。

c. 将演示文稿保存为模板。将制作好的演示文稿保存为模板，可提高制作同类演示文稿的速度。其方法是：选择【文件】/【保存】命令，打开"另存为"对话框，在"保存类型"下拉列表框中选择"PowerPoint 模板"选项，单击 保存(S) 按钮。

d. 保存为低版本演示文稿。如果希望保存的演示文稿可以在 PowerPoint 97 或 PowerPoint 2003 软件中打开或编辑，应将其保存为低版本，其方法是：在"另存为"对话框的"保存类型"下拉列表中选择"PowerPoint 97－2003 演示文稿"选项，其余操作与直接保存演示文稿操作相同。

　　e．自动保存演示文稿。在制作演示文稿的过程中，为了减少不必要的损失，可设置演示文稿定时保存，即到达指定时间后，无需用户执行保存操作，系统将自动对其进行保存。其方法是：选择【文件】/【选项】命令，打开"PowerPoint 选项"对话框，单击"保存"选项卡，在"保存演示文稿"栏中单击选中两个复选框，然后在"保存自动恢复信息时间间隔"复选框后面的数值框中输入自动保存的时间间隔，在"自动恢复文件位置"文本框中输入文件未保存就关闭时的临时保存位置，单击 确定 按钮，如图 10-10 所示。

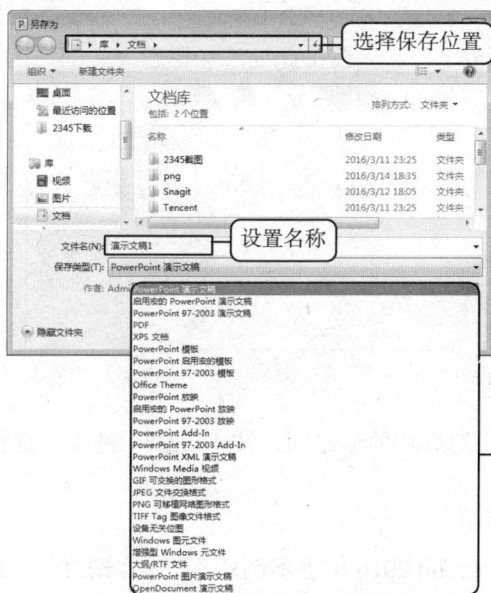

图 10-9　"另存为"对话框　　　　　　　　图 10-10　自动保存演示文稿

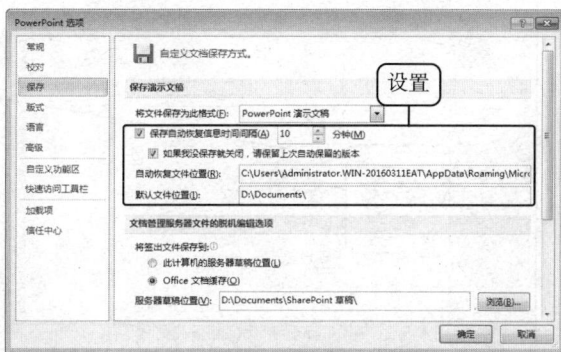

　　④ 关闭演示文稿

　　完成演示文稿的编辑或结束放映操作后，若不再需要对演示文稿进行其他操作，可将其关闭。关闭演示文稿的常用方法有以下 3 种。

　　a．通过单击按钮关闭。单击 PowerPoint 2010 工作界面标题栏右上角的 ✕ 按钮，关闭演示文稿并退出 PowerPoint 程序。

　　b．通过快捷菜单关闭。在 PowerPoint 2010 工作界面标题栏上单击鼠标右键，在弹出的快捷菜单中选择"关闭"命令。

　　c．通过命令关闭。选择【文件】/【关闭】命令，关闭当前演示文稿。

　　（5）幻灯片的基本操作

　　幻灯片是演示文稿的组成部分，一个演示文稿一般都由多张幻灯片组成，所以操作幻灯片就成了在 PowerPoint 2010 中编辑演示文稿最主要的操作之一。

　　① 新建幻灯片

　　创建的空白演示文稿默认只有一张幻灯片，当一张幻灯片编辑完成后，就需要新建其他幻灯片。用户可以根据需要在演示文稿的任意位置新建幻灯片。常用的新建幻灯片的方法主要有如下 3 种。

　　a．通过快捷菜单。在工作界面左侧的"幻灯片"浏览窗格中需要新建幻灯片的位置处，单击鼠标右键，在弹出的快捷菜单中选择"新建幻灯片"命令。

b. 通过选项卡。版式用于定义幻灯片中内容的显示位置，用户可根据需要向里面放置文本、图片以及表格等内容。选择【开始】/【幻灯片】组，单击"新建幻灯片"按钮下的下拉按钮，在打开的下拉列表框中选择新建幻灯片的版式，将新建一张带有版式的幻灯片，如图 10-11 所示。

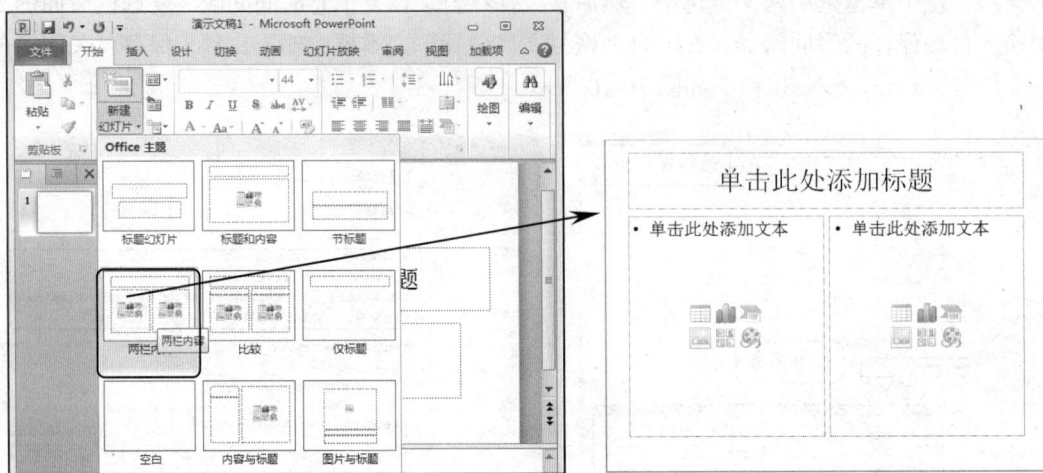

图 10-11　选择幻灯片版式

c. 通过快捷键。在幻灯片窗格中，选择任意一张幻灯片的缩略图，按【Enter】键将在选择的幻灯片后新建一张与所选幻灯片版式相同的幻灯片。

② 选择幻灯片

先选择后操作是计算机操作的默认规律，在 PowerPoint 2010 中也不例外，要操作幻灯片，必须要先进行选择操作。需要选择的幻灯片的张数不同，其方法也有所区别，主要有以下 4 种。

a. 选择单张幻灯片。在"幻灯片/大纲"浏览窗格或"幻灯片浏览"视图中，单击幻灯片缩略图，可选择该幻灯片。

b. 选择多张相邻的幻灯片。在"大纲/幻灯片"浏览窗格或"幻灯片浏览"视图中，单击要连续选择的第 1 张幻灯片，按住【Shift】键不放，再单击需选择的最后一张幻灯片，释放【Shift】键后两张幻灯片之间的所有幻灯片均被选择。

c. 选择多张不相邻的幻灯片。在"大纲/幻灯片"浏览窗格或"幻灯片浏览"视图中，单击要选择的第 1 张幻灯片，按住【Ctrl】键不放，再依次单击需选择的幻灯片。

d. 选择全部幻灯片。在"大纲/幻灯片"浏览窗格或"幻灯片浏览"视图中，按【Ctrl+A】组合键，选择当前演示文稿中所有的幻灯片。

③ 移动和复制幻灯片

在制作演示文稿的过程中，可能需要对各幻灯片的顺序进行调整，或者需要在某张已完成的幻灯片上修改信息，将其制作成新的幻灯片，此时就需要对幻灯片进行移动和复制操作，其方法分别如下。

a. 通过鼠标拖动。选择需移动的幻灯片，按住鼠标左键不放拖动到目标位置后释放鼠标完成移动操作；选择幻灯片后，按住【Ctrl】键的同时拖动到目标位置可实现幻灯片的复制。

b. 通过菜单命令。选择需移动或复制的幻灯片，在其上单击鼠标右键，在弹出的快捷菜单中选择"剪切"或"复制"命令。将鼠标定位到目标位置，单击鼠标右键，在弹出的快捷菜单中选择"粘贴"命令，完成幻灯片的移动或复制。

c. 通过快捷键。选择需移动或复制的幻灯片，按【Ctrl+X】组合键（移动）或【Ctrl+C】组合键（复制），然后在目标位置按【Ctrl+V】组合键，完成移动或复制操作。

④ 删除幻灯片

在"幻灯片/大纲"浏览窗格和"幻灯片浏览"视图中可删除演示文稿中多余的幻灯片，其方法是：选择需删除的一张或多张幻灯片后，按【Delete】键或单击鼠标右键，在弹出的快捷菜单中选择"删除幻灯片"命令。

（6）幻灯片文本设计原则

文本是制作演示文稿最重要的元素之一，文本不仅要求设计美观，更重要的是符合演示文稿的需求，如根据演示文稿的类型设置文本的字体，为了方便观众查看，设置相对较大的字号等。

① 字体设计原则

字体搭配效果的好坏与否，与演示文稿的阅读性和感染力息息相关，实际上，字体设计也有一定的原则可循的，下面介绍 5 种常见的字体设计原则。

a. 幻灯片标题字体最好选用更容易阅读的较粗的字体。正文使用比标题更细的字体，以区分主次。

b. 在搭配字体时，标题和正文尽量选用常用到的字体，而且还要考虑标题字体和正文字体的搭配效果。

c. 在演示文稿中如果要使用英文字体，可选择 Arial 与 Times New Roman 两种英文字体。

d. PowerPoint 不同于 Word，其正文内容不宜过多，正文中只列出较重点的标题即可，其余扩展内容可留给演示者临场发挥。

e. 在商业、培训等较正式的场合，其字体可使用较正规的字体，如标题使用方正粗宋简体、黑体、方正综艺简体等，正文可使用微软雅黑、方正细黑简体和宋体等；在一些相对较轻松的场合，其字体可更随意一些，如方正舒体、楷体（加粗）和方正卡通简体等。

② 字号设计原则

在演示文稿中，字体的大小不仅会影响观众接受信息的多少，还会影响演示文稿的专业度。因此，字体大小的设计也非常重要。

字体大小还需根据演示文稿演示的场合和环境来决定，因此在选用字体大小时要注意以下两点。

a. 如果演示的场合较大，观众较多，那么幻灯片中的字体就应该越大，要保证最远的位置都能看清幻灯片中的文字。此时，标题建议使用 36 号以上的字号，正文使用 28 号以上的字号。为了保证听众更易查看，一般情况下，演示文稿中的字号不应小于 20 号。

b. 同类型和同级别的标题和文本内容要设置同样大小的字号，这样可以保证内容的连贯性，让观众更容易地把信息归类，也更容易理解和接受信息。

> **注意**　除了字体、字号之外，对文本显示影响较大的元素还有颜色，文本的颜色一般使用与背景颜色反差较大的颜色，从而方便查看。另外一个演示文稿中最好用统一的文本颜色，只有需重点突出的文本才使用其他的颜色。

（7）幻灯片对象布局原则

幻灯片中除了文本之外，还包含图片、形状和表格等对象，在幻灯片中合理使用这些元素，将这些元素有效地布局在各张幻灯片中，不仅可以使演示文稿更加美观，更重要的是提高演示文稿的说服力，达到其应有的作用。幻灯片中的各个对象在分布摆放时，可考虑以下 5 个原则。

a. 画面平衡。布局幻灯片时应尽量保持幻灯片页面的平衡，以避免左重右轻、右重左轻或头重脚轻的现象，使整个幻灯片画面更加协调。

b. 布局简单。虽然说一张幻灯片是由多种对象组合在一起的，但在一张幻灯片中对象的数量不宜过多，否则幻灯片就会显得很复杂，不利于信息的传递。

c. 统一和谐。同一演示文稿中各张幻灯片的标题文本的位置、文字采用的字体、字号、颜色和页边距等应尽量统一，不能随意设置，以避免破坏幻灯片的整体效果。

d. 强调主题。要想使观众快速、深刻地对幻灯片中表达的内容产生共鸣，可通过颜色、字体以及样式等手段对幻灯片中要表达的核心部分和内容进行强调，以引起观众的注意。

e. 内容简练。幻灯片只是辅助演讲者传递信息，而且人在短时间内可接收并记忆的信息量并不多，因此，在一张幻灯片中只需列出要点或核心内容。

4. 实验过程

任务一 制作工作总结演示文稿

公司要求员工结合自己的工作情况写一份工作总结，并且在年终总结会议上进行演说。请利用 PowerPoint，通过简单操作实现演示文稿如图 10-12 所示的效果。

图 10-12 "工作总结"演示文稿

具体要求如下。

① 启动 PowerPoint 2010，新建一个以"聚合"为主题的演示文稿，然后以"工作总结.pptx"为名保存在桌面上。

② 在标题幻灯片中输入演示文稿标题和副标题。

③ 新建一张"内容与标题"版式的幻灯片，作为演示文稿的目录，再在占位符中输入文本。

④ 新建一张"标题和内容"版式的幻灯片，在占位符中输入文本后，添加一个文本框，再在文本框中输入文本。

⑤ 新建 8 张"标题和内容"版式幻灯片，然后分别在其中输入需要的内容。

⑥ 复制第 1 张幻灯片到最后，然后调整第 4 张幻灯片的位置到第 6 张幻灯片后面。

⑦ 在第 10 张幻灯片中移动文本的位置。

⑧ 在第 10 张幻灯片中复制文本，再对复制后的文本进行修改。

⑨ 在第 12 张幻灯片中修改标题文本，删除副标题文本。

（1）新建并保存演示文稿

下面将新建一个主题为"聚合"的演示文稿，然后以"工作总结.pptx"
为名保存在计算机桌面上。

① 选择【开始】/【所有程序】/【Microsoft Office】/【Microsoft PowerPoint 2010】命令，启动 PowerPoint 2010。

② 选择【文件】/【新建】命令，在"可用的模板和主题"栏中选择"聚合"选项，单击右侧的"创建"按钮，如图 10-13 所示。

③ 在快速访问工具栏中单击"保存"按钮，打开"另存为"对话框，在上方的保存位置栏中单击第一个 ▶ 按钮，在打开的下拉列表中选择"桌面"选项，在"文件名"文本框中输入"工作总结"，在"保存类型"下拉列表框中选择"PowerPoint 演示文稿"选项，单击 保存(S) 按钮，如图 10-14 所示。

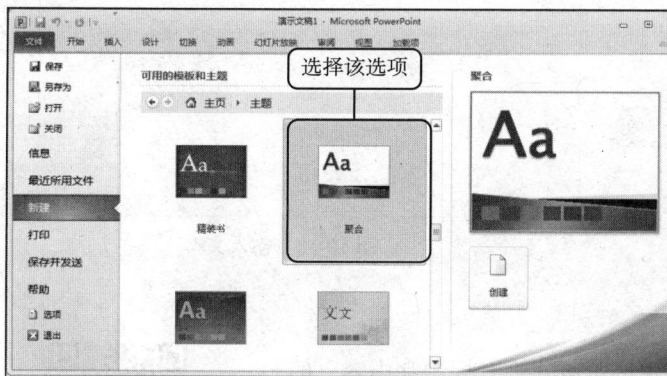

图 10-13 选择主题

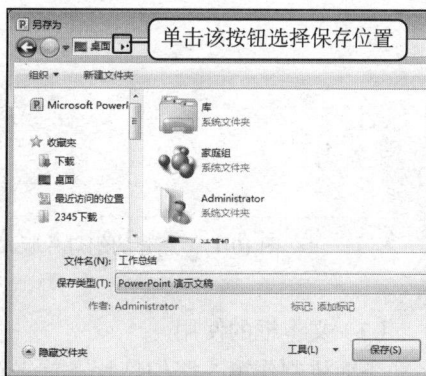

图 10-14 设置保存参数

（2）新建幻灯片并输入文本

下面将制作前两张幻灯片，首先在标题幻灯片中输入主标题和副标题文本，然后新建第 2 张幻灯片，其版式为"内容与标题"，再在各占位符中输入演示文稿的目录内容。

① 新建的演示文稿有一张标题幻灯片，在"单击此处添加标题"占位符中单击，其中的文字将自动消失，切换到中文输入法输入"工作总结"。

② 在副标题占位符中单击，然后输入"2015 年度 技术部王林"，如图 10-15 所示。

③ 在"幻灯片"浏览窗格中将鼠标光标定位到标题幻灯片后，选择【开始】/【幻灯片】组，单击"新建幻灯片"按钮下的下拉按钮 ▾，在打开的下拉列表中选择"内容与标题"选项，如图 10-16 所示。

④ 在标题幻灯片后新建一张"内容与标题"版式的幻灯片，如图 10-17 所示。然后在各占位符中输入如图 10-18 所示的文本，在上方的内容占位符中输入文本时，系统默认在文本前添加项目符号，用户无需手动完成，按【Enter】键对文本进行分段，完成第 2 张幻灯片的制作。

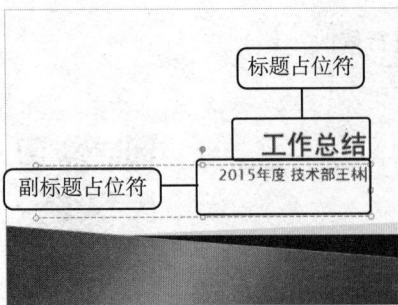

图 10-15　制作标题幻灯片

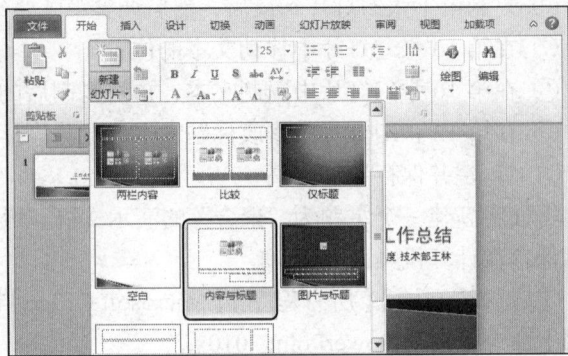

图 10-16　选择幻灯片版式

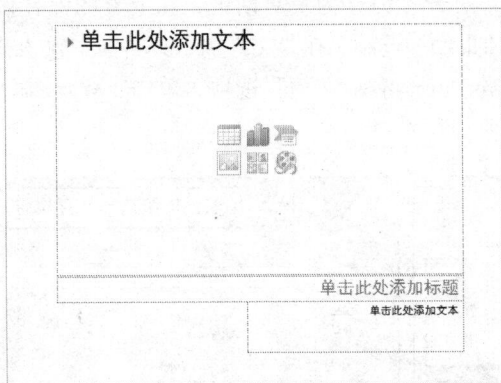

图 10-17　新建的幻灯片版式

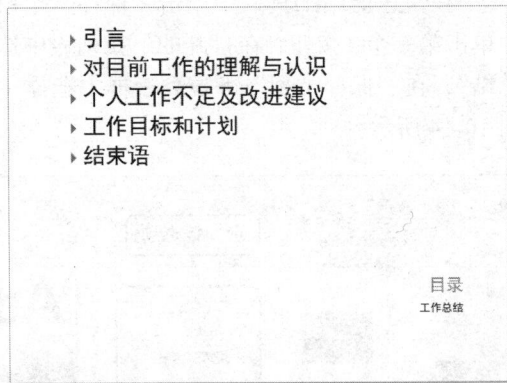

图 10-18　输入文本

（3）文本框的使用

下面将制作第 3 张幻灯片，首先新建一张版式为"标题和内容"的幻灯片，然后在占位符中输入内容，并删除文本占位符前的项目符号，再在幻灯片右上角插入一个横排文本框，在其中输入文本内容。

① 在"幻灯片"浏览窗格中将鼠标光标定位到第 2 张幻灯片后，选择【开始】/【幻灯片】组，单击"新建幻灯片"按钮🖼下的下拉按钮▾，在打开的下拉列表中选择"标题和内容"选项，新建一张幻灯片。

② 在标题占位符中输入文本"引言"，将鼠标光标定位到文本占位符中，按【Backspace】键，删除文本插入点前的项目符号。

③ 输入引言下的所有文本。

④ 选择【插入】/【文本】组，单击"文本框"按钮🅰下的下拉按钮▾，在打开的下拉列表中选择"横排文本框"选项。

⑤ 此时鼠标光标呈↓形状，移动鼠标光标到幻灯片右上角单击定位文本插入点，输入文本"帮助、感恩、成长"，效果如图 10-19 所示。

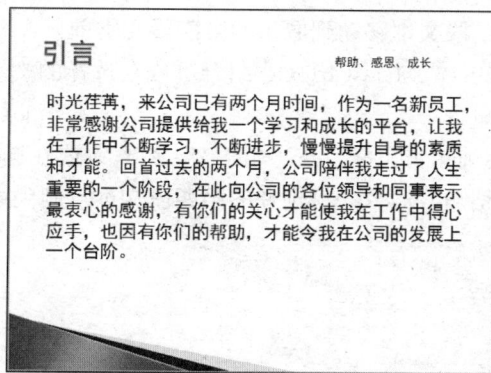

图 10-19　第 3 张幻灯片效果

（4）复制并移动幻灯片

下面将制作第 4 张～第 12 张幻灯片，首先新建 8 张幻灯片，然后分别在其中输入需要的内容，再复制第 1 张幻灯片到最后，最后调整第 4 张幻灯片的位置到第 6 张后面。

① 在"幻灯片"浏览窗格的第 3 张幻灯片后单击，按【Enter】键 8 次，新建 8 张幻灯片。

② 分别在 8 张幻灯片的标题占位符和文本占位符中输入需要的内容。

③ 选择第 1 张幻灯片，按【Ctrl+C】组合键，然后在第 11 张灯片后按【Ctrl+V】组合键，在第 11 张幻灯片后新增加一张幻灯片，其内容与第 1 张幻灯片完全相同，如图 10-20 所示。

④ 选择第 4 张幻灯片，按住鼠标不放，拖动到第 6 张幻灯片后释放鼠标，此时第 4 幻灯片将移动到第 6 张幻灯片后；如图 10-21 所示。

图 10-20　复制幻灯片

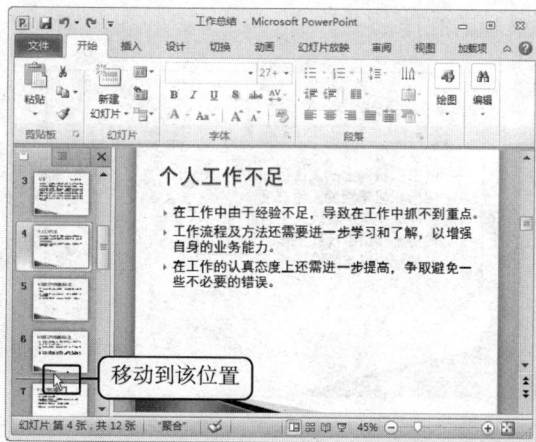

图 10-21　移动幻灯片

（5）编辑文本

下面将编辑第 10 张幻灯片和第 12 张幻灯片，首先在第 10 张幻灯片中移动文本的位置，然后复制文本并对其内容进行修改；在第 12 张幻灯片中将对标题文本进行修改，再删除副标题文本。

① 选择第 10 张幻灯片，在右侧幻灯片窗格中拖动鼠标选择第一段和第二段文本，按住鼠标不放，此时鼠标光标变为 形状，拖动鼠标到第四段文本前，如图 10-22

所示。将选择的第一段和第二段文本移动到原来的第四段文本前。

② 选择调整后的第四段文本，按【Ctrl+C】组合键或在选择的文本上单击鼠标右键，在弹出的快捷菜单中选择"复制"命令。

③ 在原始的第五段文本前单击鼠标，按【Ctrl+V】组合键或在选择的文本上单击鼠标右键，在弹出的快捷菜单中选择"粘贴"命令，将选择的第四段文本复制到第五段，如图 10-23 所示。

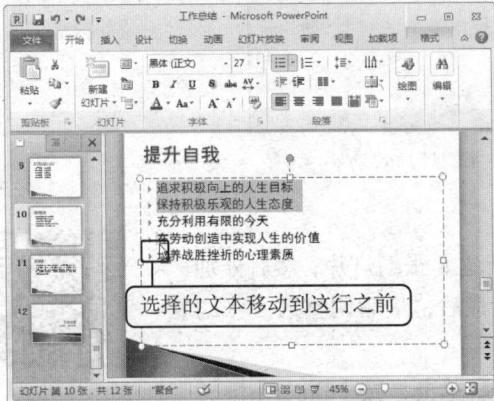

图 10-22　移动文本

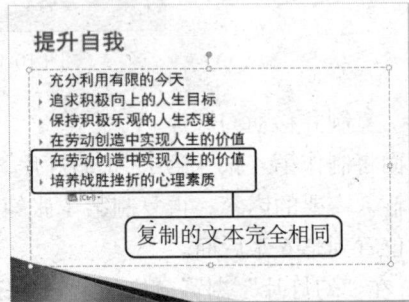

图 10-23　复制文本

④ 将鼠标光标定位到复制后的第五段文本的"中"字后，输入"找到工作的乐趣"，然后多次按【Delete】键，删除多余的文字，最终效果如图 10-24 所示。

⑤ 选择第 12 张幻灯片，在幻灯片窗格中选择原来的标题"工作总结"，然后输入正确的文本"谢谢"，将在删除原有文本的基础上修改成新文本。

⑥ 选择副标题中的文本，如图 10-25 所示，按【Delete】键或【Backspace】键删除，完成演示文稿的制作。

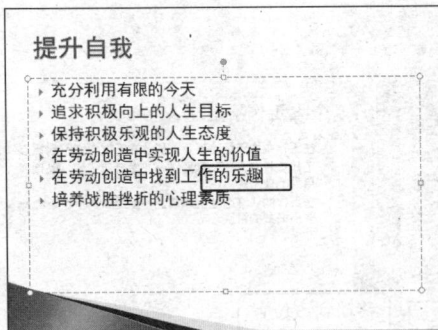

图 10-24　增加和删除文本

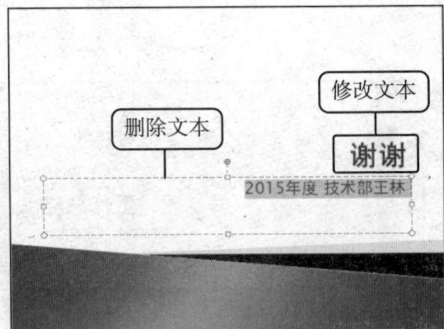

图 10-25　修改和删除文本

任务二　编辑产品上市策划演示文稿

公司最近开发了一个新的果汁饮品，产品不管是从原材料、加工工艺、产品包装都无可挑剔，现在产品已准备上市。现在方案已基本"出炉"，需要将方案制作为成演示文稿，目前已完成了演示文稿的部分内容，请按如下要求完成编辑。如图 10-26 所示为编辑完成后的"产品上市策划"演示文稿效果。

图 10-26 "产品上市策划"演示文稿

具体要求如下。

① 在第 4 张幻灯片中将 2、3、4、6、7、8 段正文文本降级，然后设置降级文本的字体为楷体、加粗，字号为 22 号；设置未降级文本的颜色为红色。

② 在第 2 张幻灯片中插入一个样式为第二列的最后一排的艺术字"目录"。移动艺术字到幻灯片顶部，再设置其字体为"华文琥珀"，使用图片"橙汁"填充艺术字，其映像效果为第一列最后一项。

③ 在第 4 张幻灯片中插入"饮料瓶"图片，缩小后放在幻灯片右边，图片向左旋转一点角度，再删除其白色背景，并设置阴影效果为"左上对角透视"；在第 11 张幻灯片中插入剪贴画"💿"。

④ 在第 6、7 张幻灯片中新建一个 SmartArt 图形，分别为"分段循环、棱锥型列表"，输入文字，第 7 张幻灯片中的 SmartArt 图形添加一个形状，并输入文字。然后将第 8 张幻灯片中的 SmartArt 图形布局改为"圆箭头流程"，SmartArt 样式为"金属场景"，艺术字样式为最后一排第 3 个。

⑤ 在第 9 张幻灯片绘制"房子"，在矩形中输入"学校"，设置格式为"黑体、20 号、深蓝"；绘制五边形输入"分杯赠饮"，设置格式为"楷体、加粗、28、白色、段落居中"；设置房子的快速样式为第 3 排第 3 个；组合绘制的图形，向下垂直复制两个，再分别修改其中的文字。

⑥ 在第 10 张幻灯片中制作 5 行 4 列的表格，输入内容后增加表格的行距，在最后一列和最后一行后各增加一列和一行，并输入文本，合并最后一行中除最后一个单元格外的所有单元格，设置该行底纹颜色为"浅蓝"；为第一个单元格绘制一条白色的斜线，设置表格 "单元格凹凸效果" 为"圆"。

⑦ 在第 1 张幻灯片中插入一个跨幻灯片循环播放的音乐文件，并设置声音图标在播放时不显示。

（1）设置幻灯片中的文本格式

下面将打开"产品上市策划.pptx"演示文稿，在第 4 张幻灯片中将 2、3、4、6、7、8 段正文文本降级，然后设置降级文本的字体为"楷体、加粗"，字号为"22 号"；设置未降级文本的颜色为"红色"。

① 选择【文件】/【打开】命令，打开"打开"对话框，选择需要打开的"产品上市策划.pptx"

演示文稿，单击 [打开(O)] 按钮将其打开。

② 在"幻灯片"浏览窗格中选择第 4 张幻灯片，再在右侧窗格中选择第 2、3、4 段正文文本，按【Tab】键，将选择的文本降低一个等级。

③ 保持文本的选择状态，选择【开始】/【字体】组，在"字体"下拉列表框中选择"楷体"选项，在"字号"下拉列表框中输入"22"，如图 10-27 所示。

④ 保持文本的选择状态，选择【开始】/【剪贴板】组，单击"格式刷"按钮，此时鼠标光标变为 形状。

⑤ 使用鼠标拖动选择第 6、7、8 段正文文本，为其应用 2、3、4 段正文的格式，如图 10-28 所示。

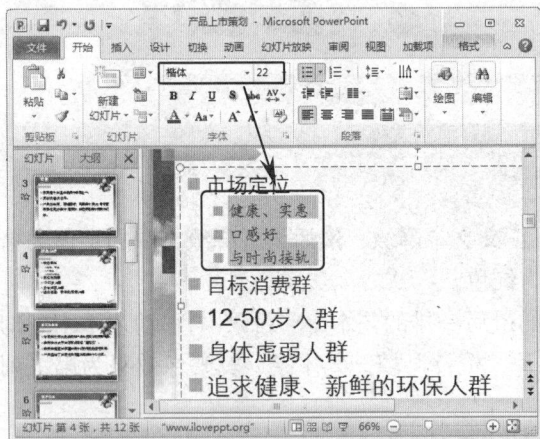

图 10-27 设置文本级别、字体、字号

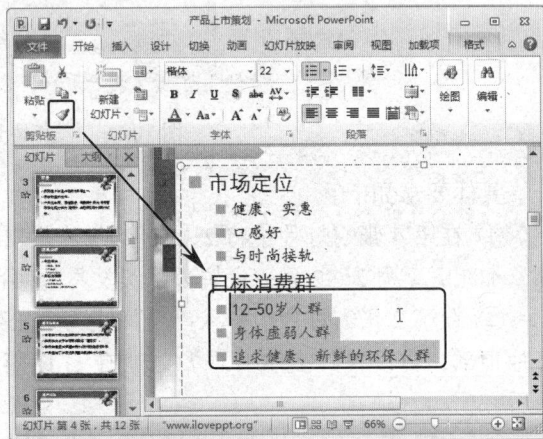

图 10-28 使用格式刷

⑥ 选择未降级的两段文本，选择【开始】/【字体】组，单击"字体颜色"按钮后的下拉按钮，在打开的下拉列表中选择"红色"选项，效果如图 10-29 所示。

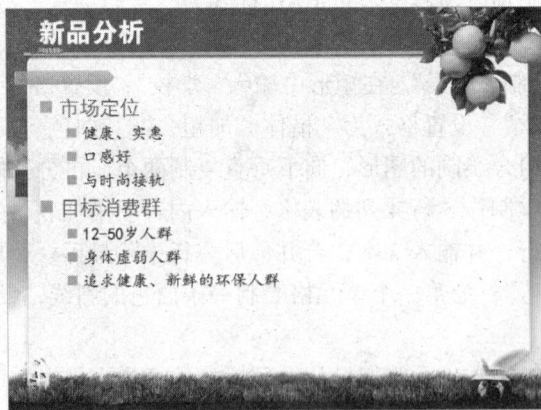

图 10-29 设置文本后的效果

要想更详细地设置字体格式，可以通过"字体"对话框来进行设置。其方法是：选择【开始】/【字体】组，单击右下角的 按钮，打开"字体"对话框，在"字体"选项卡中不仅可设置字体格式，在"字符间距"选项卡中还可设置字与字之间的距离。

（2）插入艺术字

艺术字拥有比普通文本更多的美化和设置功能，如渐变的颜色、不同的形状效果、立体效果等。艺术字在演示文稿中使用十分频繁。下面将在第2张幻灯片中输入艺术字"目录"。要求样式为第2列的最后一排的效果，移动艺术字到幻灯片顶部，再设置其字体为"华文琥珀"，然后设置艺术字的填充为图片"橙汁"，艺术字映像效果为第一列最后一项。

① 选择【插入】/【文本】组，单击"艺术字"按钮 下的下拉按钮，在打开的下拉列表框中选择第2列的最后一排艺术字效果。

② 将出现一个艺术字占位符，在"请在此放置您的文字"占位符中单击，输入"目录"。

③ 将鼠标光标移动到"目录"文本框四周的非控制点上，鼠标光标变为 形状，按住鼠标不放拖动鼠标至幻灯片顶部，将艺术字"目录"移动到该位置。

④ 选择其中的"目录"文本，选择【开始】/【字体】组，在"字体"下拉列表框中选择"华文琥珀"选项，修改艺术字的字体，如图10-30所示。

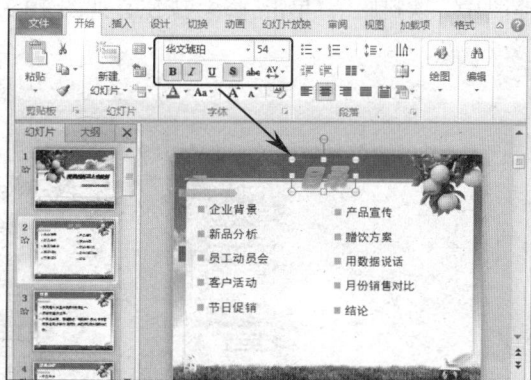

⑤ 保持文本的选择状态，此时将自动激活"绘图工具"的"格式"选项卡，选择【格式】/【艺术字样式】组，单击 文本填充 按钮，在打开的下拉列表中选择"图片"选项，打开"插入图片"对话框，选择需要填充到艺术字的图片"橙汁"，单击 插入(S) 按钮。

图 10-30　移动艺术字并修改字体

⑥ 选择【格式】/【艺术字样式】组，单击 文本效果 按钮，在打开的下拉列表中选择【映像】/【紧密映像，8#pt 偏移量】选项，如图10-31所示，最终效果如图10-32所示。

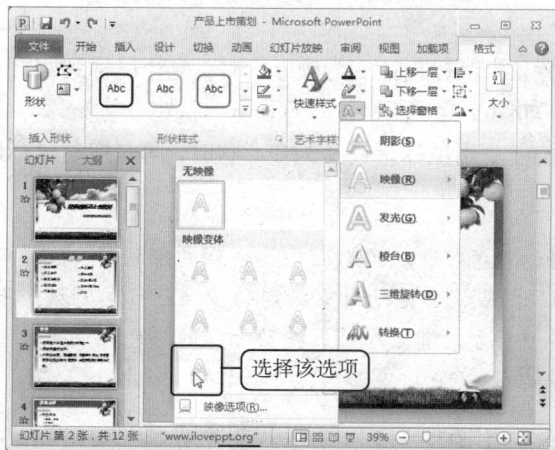

图 10-31　选择文本映像

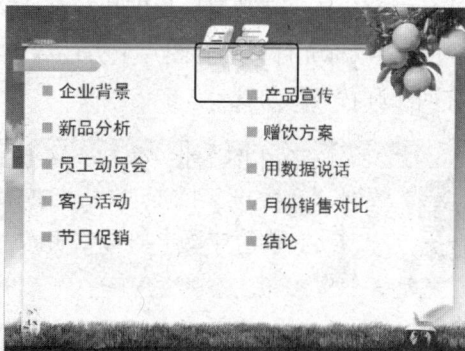

图 10-32　插入并编辑艺术字效果

> **提示**　选择输入的艺术字，在激活的"格式"选项卡中还可设置艺术字的多种效果，其设置方法基本类似，如选择【格式】/【艺术字样式】组，单击 文本效果 按钮，在打开的

下拉列表中选择"转换"选项，在打开的子列表中所有变形的艺术字效果，选择任意一个，即可设置为该变形效果。

（3）插入图片

图片是演示文稿中非常重要的一部分，在幻灯片中可以插入计算机中保存的图片，也可以插入 PowerPoint 自带的剪贴画。下面将在第 4 张幻灯片中插入"饮料瓶"图片，只需选择图片，在其缩小后放在幻灯片右边，图片向左旋转一点角度，再删除其白色背景，并设置阴影效果为"左上对角透视"；在第 11 张幻灯片中插入剪贴画"🐱"。

① 在"幻灯片"浏览窗格中选择第 4 张幻灯片，选择【插入】/【图像】组，单击"图片"按钮▣。

② 打开"插入图片"对话框，选择需插入图片的保存位置，这里的位置为"桌面"，在中间选择图片"饮料瓶"，单击 插入(S) 按钮，如图 10-33 所示。

图 10-33　插入图片

③ 返回 PowerPoint 工作界面即可看到插入图片后的效果。将鼠标光标移动到图片四角的圆形控制点上，拖动鼠标调整图片大小。

④ 选择图片，将鼠标指针移到图片任意位置，当鼠标指针变为✥形状时，拖动鼠标到幻灯片右侧的空白位置，释放鼠标将图片移到该位置，如图 9-34 所示。

⑤ 将鼠标光标移动到图片上方的绿色控制点上，当鼠标指针变为↻形状时，向左拖动鼠标使图片向左旋转一定角度。

> 除了图片之外，前面讲解的占位符和艺术字，以及后面即将讲到的形状等，选择后在对象的四周、中间，以及上面都会出现控制点，拖动对象四周的控制点可同时放大缩小对象；拖动四边中间的控制点，可向一个方向缩放对象；拖动上方的绿色控制点，可旋转对象。

⑥ 继续保持图片的选择状态，选择【格式】/【调整】组，单击"删除背景"按钮▣，在幻灯片中使用鼠标拖动图片每一边中间的控制点，使饮料瓶的所有内容均显示出来，如图 10-35 所示。

⑦ 激活"背景消除"选项卡，单击"关闭"功能区的"保留更改"按钮✓，饮料瓶的白色背景将消失。

图 10-34　缩放并移动图片

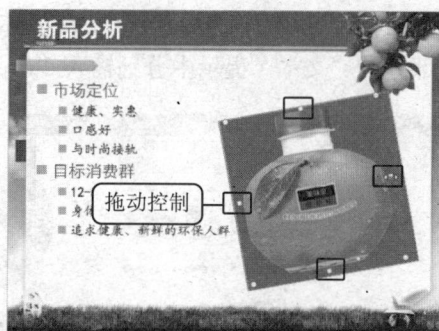

图 10-35　显示饮料瓶所有内容

⑧ 选择【格式】/【图片样式】组，单击 📃 图片效果 ▾ 按钮，在打开的下拉列表中选择【阴影】/【左上对角透视】选项，为图片设置阴影后的效果如图 9-36 所示。

⑨ 选择第 11 张幻灯片，单击占位符中的"剪贴画"按钮 🖼，打开"剪贴画"窗格，在"搜索文字"文本框中不输入任意内容（表示搜索所有剪贴画），单击选中"包括 Office.com 内容"复选框，单击 搜索 按钮，在下方的列表框中选择需插入的剪贴画，该剪贴画将插入幻灯片的占位符中，如图 9-37 所示。

图 10-36　设置阴影

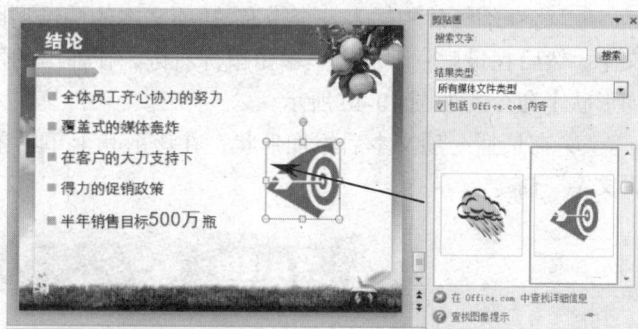

图 10-37　插入剪贴画

> 📁 **提示**　图片、剪贴画、SmartArt 图片、表格等都可以通过选项卡或占位符插入，即这两种方法是插入幻灯片中各对象的通用方式。

（4）插入 SmartArt 图形

SmartArt 图形用于表明各种事物之间的关系，它在演示文稿中使用非常广泛，SmartArt 图形是从 PowerPoint 2007 开始新增的功能。下面将在第 6、7 张幻灯片中新建一个 SmartArt 图形，分别为"分段循环"和"棱锥型列表"，然后输入文字，其中第 7 张幻灯片中的 SmartArt 图形需要添加一个形状，并输入文字"神秘、饥饿促销"。接着编辑第 8 张幻灯片已有的 SmartArt 图形，包括更改布局为"圆箭头流程"选项，SmartArt 样式为"金属场景"，艺术字样式为最后一排第 3 个。

① 在"幻灯片"浏览窗格中选择第 6 张幻灯片，在右侧单击占位符中的"插入 SmartArt 图形"按钮 📊。

② 打开"选择 SmartArt 图形"对话框，在左侧选择"循环"选项，在右侧选择"分段循环"选项，单击 确定 按钮，如图 9-38 所示。

③ 此时在占位符处插入一个"分段循环"样式的 SmartArt 图形，该图形主要由 3 部分组成，在每一部分的"文本"提示中分别输入"产品+礼品""夺标行动""刮卡中奖"，如图 9-39 所示。

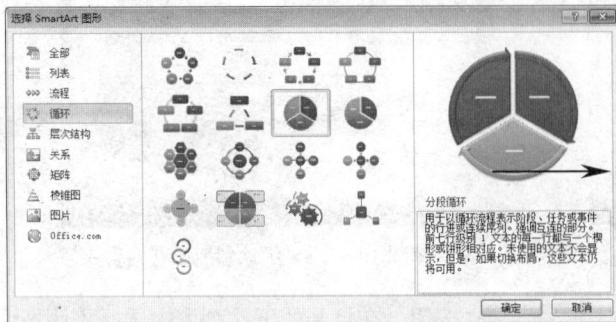

图 10-38　选择 SmartArt 图形　　　　　　图 10-39　输入文本内容

④ 选择第 7 张幻灯片，在右侧选择占位符按【Delete】键将其删除，选择【插入】/【插图】组，单击"SmartArt"按钮。

⑤ 打开"选择 SmartArt 图形"对话框，在左侧选择"棱锥图"选项，在右侧选择"棱锥型列表"选项，单击　确定　按钮。

⑥ 将在幻灯片中插入一个带有 3 项文本的棱锥型图形，分别在各个文本提示框中输入对应文字，然后在最后一项文本上单击鼠标右键，在弹出的快捷菜单中选择【添加形状】/【在后面添加形状】命令，如图 10-40 所示。

⑦ 在最后一项文本后添加形状，在该形状上单击鼠标右键，在弹出的快捷菜单中选择"编辑文字"命令。

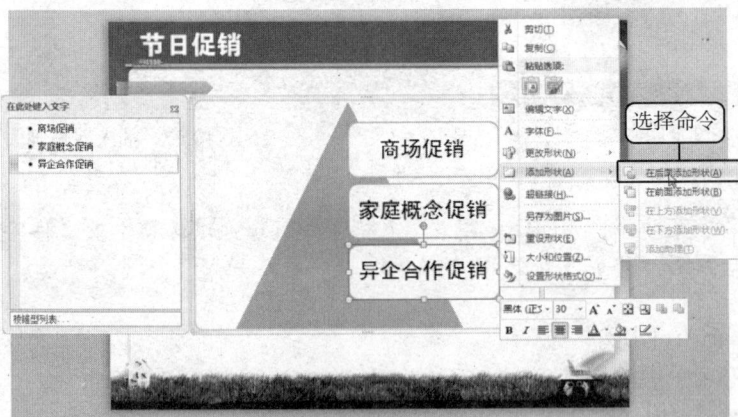

图 9-40　在后面插入形状

⑧ 文本插入点自动定位到新添加的形状中，输入新的文本"神秘、饥饿促销"。

⑨ 选择第 8 张幻灯片，选择其中的 SmartArt 图形，选择【设计】/【布局】组，在中间的列表框中选择"圆箭头流程"选项。

⑩ 选择【设计】/【SmartArt 样式】组，在中间的列表框中选择"金属场景"选项，如图 10-41 所示。

⑪ 选择【格式】/【艺术字样式】组，在中间的列表框中选择最后一排第 3 个选项，最终效果如图 10-42 所示。

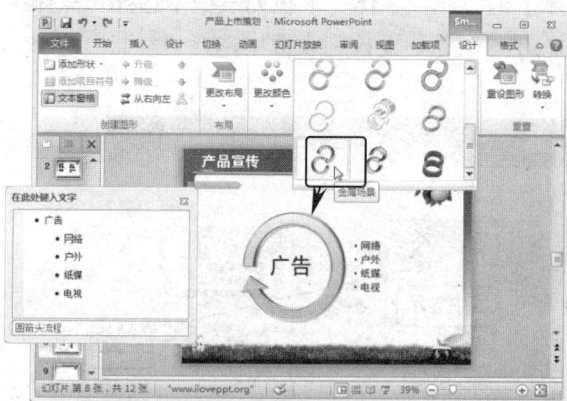

图 10-41　修改布局和样式

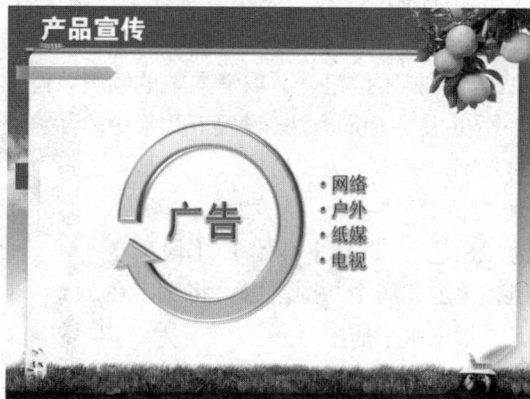

图 10-42　设置艺术字样式

（5）插入形状

形状是 PowerPoint 提供的基础图形，通过基础图形的绘制、组合，有时可达到比图片和系统预设的 SmartArt 图形更好的效果。下面将通过绘制梯形和矩形，组合成房子的形状，在矩形中输入文字"学校"，设置文字的"字体"为"黑体"，"字号"为"20 号"，"颜色"为"深蓝"，取消"倾斜"；绘制一个五边形输入文字"分杯赠饮"，设置"字体"为"楷体"，"字形"为"加粗"，"字号"为"28"，颜色为"白色"，段落居中，使文字距离文本框上方 0.4 厘米；设置房子的快速样式为第 3 排的第 3 个选项；组合绘制的几个图形，向下垂直复制两个，再分别修改其中的文字。

① 选择第 9 张幻灯片，在【插入】/【插图】组中单击"形状"按钮，在打开的列表中选择"基本形状"栏中的"梯形"选项，此时鼠标光标变为十形状，在幻灯片右上方拖动鼠标绘制一个梯形，作为房顶的示意图，如图 10-43 所示。

② 选择【插入】/【插图】组，单击"形状"按钮，在打开的下拉列表中选择【矩形】/【矩形】选项，然后在绘制的梯形下方绘制一个矩形，作为房子的主体。

③ 在绘制的矩形上单击鼠标右键，在弹出的快捷菜单中选择"编辑文字"命令，文本插入点将自动定位到矩形中，此时输入文本"学校"。

④ 使用前面相同的方法，在已绘制好的图形右侧绘制一个五边形，并在五边形中输入文字"分杯赠饮"，如图 10-44 所示。

图 10-43　绘制屋顶

图 10-44　绘制图形并输入文字

⑤ 选择"学校"文本，选择【开始】/【字体】组，在"字体"下拉列表框中选择"黑体"选项，在"字号"下拉列表框中选择"20"选项，在"颜色"下拉列表框中选择"深蓝"选项，单击"倾斜"按钮 I，取消文本的倾斜状态。

⑥ 使用相同方法，设置五边形中的文字"字体"为"楷体"、"字形"为"加粗"，"字号"为"28"，"颜色"为"白色"。选择【开始】/【段落】组，单击"居中"按钮 ≡，将文字在五边形中水平居中对齐。

⑦ 保持五边形中文字的选择状态，单击鼠标右键，在弹出的快捷菜单中选择"设置形状格式"命令，在打开的"设置形状格式"对话框左侧选择"文本框"选项，在对话框右侧的"上"数值框中输入"0.4 厘米"，

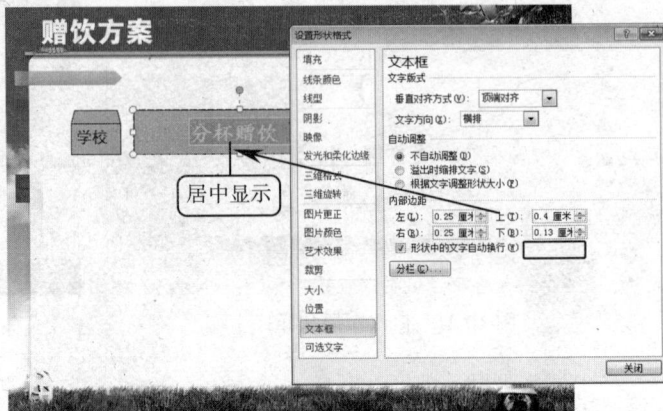

图 10-45　设置形状格式

单击 关闭 按钮，使文字在五边形中垂直居中，如图 10-45 所示。

> **注意**　在打开的"设置形状格式"对话框中可对形状进行各种不同的设置，甚至可以说关于形状的所有设置都可以通过该对话框完成。除了形状之外，在图形、艺术字和占位符等形状上单击鼠标右键，在弹出的快捷菜单中选择"设置形状格式"命令，也会打开对应的设置对话框，在其中也可进行样式的设置。

⑧ 选择左侧绘制的房子图形，选择【格式】/【形状样式】组，在中间的列表框中选择第 3 排的第 3 个选项，快速更改房子的填充颜色和边框颜色。

⑨ 同时选择左侧的房子图形，右侧的五边形图形，单击鼠标右键，在弹出的快捷菜单中选择【组合】/【组合】命令，将绘制的 3 个形状组合为一个图形，如图 10-46 所示。

⑩ 选择组合的图形，按住【Ctrl】键和【Shift】键不放，向下拖动鼠标，将组合的图形再复制两个。

⑪ 对所复制图形中的文本进行修改，修改后的文本如图 10-47 所示。

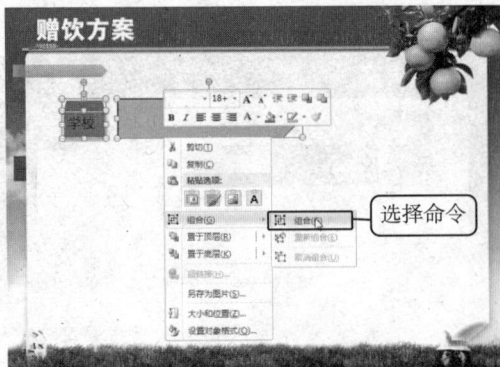

图 10-46　组合图形

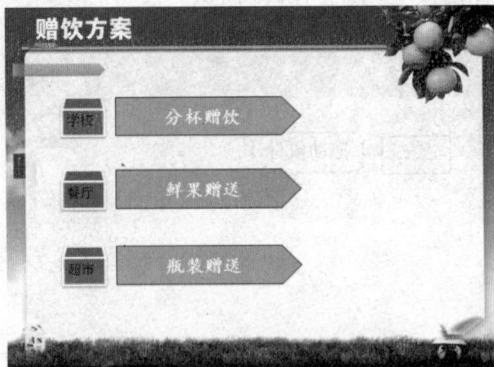

图 10-47　复制并编辑图形

> 选择图形后，在拖动鼠标的同时按住【Ctrl】键是为了复制图形，按住【Shift】键
> 则是为了复制的图形与原始选择的图形能够在一个方向平行或垂直，从而使最终制作的
> 图形更加美观。在绘制形状的过程中，【Shift】键也是经常使用的一个键，在绘制线和
> 矩形等形状中，按住【Shift】键可绘制水平线、垂直线、正方形、圆。

（6）插入表格

表格可直观形象地表达数据情况，在 PowerPoint 中既可在幻灯片中插入表格，还能对插入的表格进行编辑和美化。下面将在第 10 张幻灯片制作一个表格，首先插入一个 5 行 4 列的表格，输入表格内容后向下移动鼠标，并增加表格的行距，然后在最后一列和最后一行后各增加一列和一行，并在其中输入文本，合并新增加的一行中除最后一个单元格外的所有单元格，设置该行的底纹颜色为"浅蓝"；为第一个单元格绘制一条白色的斜线，最后设置表格的"单元格凹凸效果"为"圆"。

① 选择第 10 张幻灯片，单击占位符中的"插入表格"按钮，打开"插入表格"对话框，在"列数"数值框中输入"4"，在"行数"数值框中输入"5"，单击 确定 按钮。

② 在幻灯片中插入一个表格，分别在各单元格中输入表格内容，如图 10-48 所示。

③ 将鼠标光标移动到表格中的任意位置处单击，此时表格四周将出现一个操作框，将鼠标光标移动到操作框上，鼠标光标变为 形状，按住【Shift】键不放的同时向下拖动鼠标，使表格向下移动。

④ 将鼠标光标移动到表格操作框下方中间的控制点处，当鼠标光标变为 形状时，向下拖动鼠标，增加表格各行的行距，如图 10-49 所示。

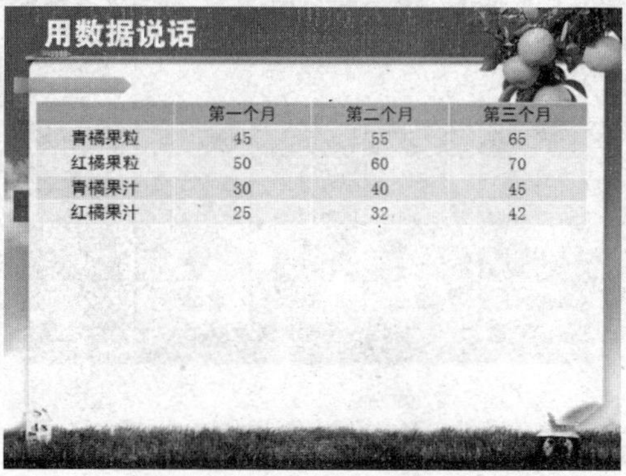

图 10-48　插入表格并输入文本

图 10-49　调整表格位置和大小

⑤ 将鼠标光标移动到"第三个月"所在列上方，当鼠标光标变为 形状时单击，选择该列，在选择的区域单击鼠标右键，在弹出的快捷菜单中选择【插入】/【在右侧插入列】命令。

⑥ 在"第三个月"列后面插入新列，并输入"季度总计"的内容。

⑦ 使用相同方法，在"红橘果汁"一行下方插入新行，并在第一个单元格中输入"合计"，在最后一个单元格中输入所有饮料的销量合计"559"，如图 10-50 所示。

⑧ 选择"合计"文本所在的单元格及其后的空白单元格，选择【布局】/【合并】组，单击"合并单元格"按钮，如图 10-51 所示。

图 10-50　插入列和行

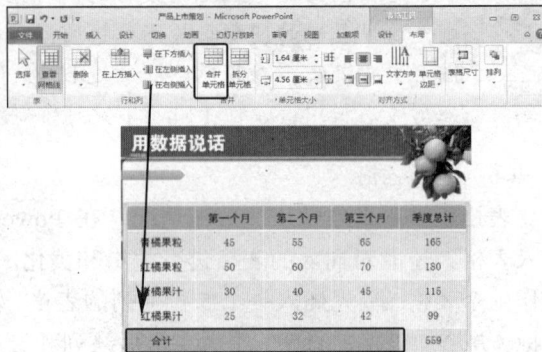

图 10-51　合并单元格

⑨　选择"合计"所在的行，选择【设计】/【表格样式】组，单击底纹·按钮，在打开的下拉列表中选择"浅蓝"选项。

⑩　选择【设计】/【绘图边框】组，单击笔颜色·按钮，在打开的下拉列表中选择"白色"选项，自动激活该组的"绘制表格"按钮。

⑪　此时鼠标光标变为形状，移动鼠标光标到第一个单元格，从左上角到右下角按住鼠标不放，绘制斜线表头，如图 10-52 所示。

⑫　选择整个表格，选择【设计】/【表格样式】组，单击效果·按钮，在打开的下拉列表中选择【单元格凹凸效果】/【圆】选项，将表格中的所有单元格都应用该样式，最终效果如图 10-53 所示。

图 10-52　绘制斜线表头

图 10-53　设置元格凹凸效果

> 以上操作将表格的常用操作串在一起进行了简单讲解，用户在实际操作过程中，制作表格的方法相对简单，只是其编辑的内容较多，此时可选择需要操作的单元格或表格，然后自动激活"设计"选项卡和"布局"选项卡，其中"设计"选项卡与美化相关，"布局"选项卡与表格的内容相关，在这两个选项卡中通过其中的选项、按钮即可实现不同的表格效果的设置。

（7）插入媒体文件

媒体文件即指音频和视频文件，PowerPoint 支持插入媒体文件，和图片一样，用户可根据需要插入剪贴画中的媒体文件，也可以插入计算机中保存的媒体文件。下面将在演示文稿中插入一

个音乐文件，并设置该音乐跨幻灯片循环播放，在放映幻灯片时不显示
声音图标。

① 选择第 1 张幻灯片，选择【插入】/【媒体】组，单击"音频"按
钮🔊，在打开的下拉列表中选择"文件中的音频"选项。

② 打开"插入音频"对话框，在上方的下拉列表框中选择背景音
乐的存放位置，在中间的列表框中选择背景音乐，单击 插入(S) ▾ 按钮，如图 10-54 所示。

③ 自动在幻灯片中插入一个声音图标🔊，选择该声音图标，将激活音频工具，选择【播放】/
【预览】组，单击"播放"按钮▶，将在 PowerPoint 中播放插入的音乐。

④ 选择【播放】/【音频选项】组，单击选中"放映时隐藏"复选框，单击选中"循环播放，
直到停止"复选框，在"开始"下拉列表框中选择"跨幻灯片播放"选项，如图 10-55 所示。

> **提示**　选择【插入】/【媒体】组，单击"音频"按钮🔊，或单击"视频"按钮📹，在打
> 开的下拉列表中选择相应选项即可插入相应类型的声音和视频文件。插入音频文件后，
> 选择声音图标🔊，将在图标下方自动显示声音工具栏 ▶　◀ ▶ 00:00.00 🔊，单击对应的按
> 钮，可对声音执行播放、前进、后退和调整音量大小的操作。

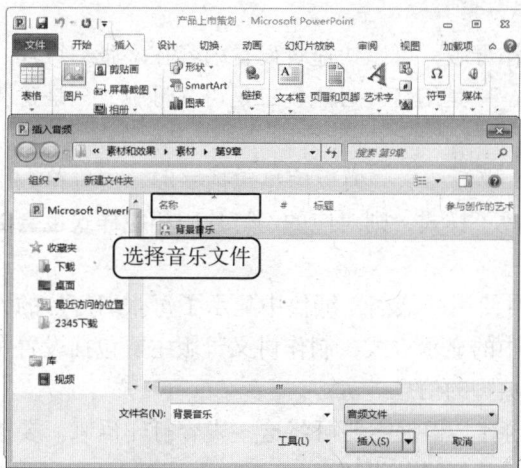

图 10-54　插入声音

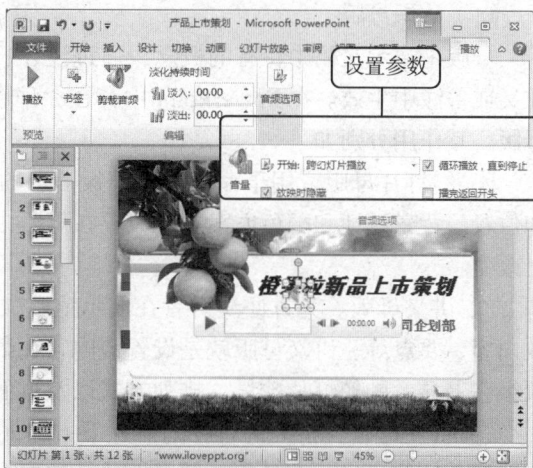

图 10-55　设置声音选项

5. 思考与练习

（1）按照下列要求制作一个"yswg.pptx"演示文稿，并保存在桌面上。

① 使用主题"奥斯汀"新建演示文稿。

② 在标题幻灯片中的主标题中输入"交通安全知识讲座"，设置字体为"楷体""加粗"，在
副标题中输入"安全驾驶常识"。

③ 新建一张版式为"两栏内容"的幻灯片，删除标题占位符，插入一个样式为最后一种样
式的艺术字，输入"第一要求"，并移动到幻灯片的标题位置。

④ 在左侧文本占位符中输入两段文字，分别是"喝酒不开车""开车不喝酒"。

⑤ 在右侧插入位于考生文件夹中的图片"酒后驾驶"。

（2）打开"yswg-1.pptx"演示文稿，按照下列要求对演示文稿进行编辑并保存。

① 在标题幻灯片左上方插入一个横排文本框，输入"领导力培训"，设置"字体"为"黑体"，
"字号"为"40"。

② 在标题幻灯片右上方插入一个上箭头，设置形状样式为"强烈效果-蓝色，强调颜色 1"。

③ 调整第 7 张幻灯片和第 8 张幻灯片的位置。

④ 在调整后的第 8 张幻灯片中插入一张剪贴画。

10.2　实验八 演示文稿的个性化设置

1.　实验目的

掌握快速美化演示文稿的方法，通过 PowerPoint 的动画与放映使其变得生动灵活。

2.　实验内容

（1）认识 PowerPoint 中的母版。

（2）掌握幻灯片中的动画的设计与制作。

（3）掌握演示文稿的放映设置。

（4）掌握演示文稿中的其他个性化设置。

3.　实验相关知识

（1）认识母版

母版是演示文稿中特有的概念，通过设计、制作母版，可以快速将设置内容在多张幻灯片、讲义或备注中生效。在 PowerPoint 中存在 3 种母版，一是幻灯片母版，二是讲义母版，三是备注母版。其作用分别如下。

① 幻灯片母版。用于存储关于模板信息的设计模板，这些模板信息包括字形、占位符大小和位置、背景设计和配色方案等，只要在母版中更改了样式，则对应的幻灯片中相应样式也会随之改变。

② 讲义母版。为方便演讲者在演示演示文稿时使用的纸稿，纸稿中显示了每张幻灯片的大致内容、要点等。讲义母版就是设置该内容在纸稿中的显示方式，制作讲义母版主要包括设置每页纸张上显示的幻灯片数量、排列方式以及页面和页脚的信息等。

③ 备注母版。指演讲者在幻灯片下方输入的内容，根据需要可将这些内容打印出来。要想使这些备注信息显示在打印的纸张上，就需要对备注母版进行设置。

（2）认识幻灯片动画

演示文稿之所以在演示、演讲领域成为主流软件，动画在其中占了非常重要的作用。在 PowerPoint 中，幻灯片动画有两种类型，一种是幻灯片切换动画，另一种是幻灯片对象动画。这两种动画都是在幻灯片放映时才能看到并生效。

幻灯片切换动画是指放映幻灯片时幻灯片进入及离开屏幕时的动画效果；幻灯片对象动画是指为幻灯片中添加的各对象设置动画效果，多种不同的对象动画组合在一起可形成复杂而自然的动画效果。在 PowerPoint 中幻灯片切换动画种类较简一，而对象动画相对较复杂，其类别主要有 4 种。

① 进入。指对象从幻灯片显示范围之外，进入到幻灯片内部的动画效果。例如对象从左上角飞入幻灯片中指定的位置，对象在指定位置以翻转效果由远及近地显示出来等。

② 强调。指对象本身已显示在幻灯片之中，然后对其进行突出显示，从而起到强调作用。例如将已存在的图片放大显示或旋转等。

③ 离开。指对象本身已显示在幻灯片之中，然后以指定的动画效果离开幻灯片。例如对象

从显示位置左侧飞出幻灯片，对象从显示位置以弹跳方式离开幻灯片等。

④ 路径。指对象按用户自己绘制的或系统预设的路径进行移动的动画。例如对象按圆形路径进行移动等。

（3）幻灯片放映类型

演示文稿的最终目的是放映，在 PowerPoint 2010 中用户可以根据实际的演示场合选择不同的幻灯片放映类型，PowerPoint 2010 提供了 3 种放映类型。其设置方法为：选择【幻灯片放映】/【设置】组，单击"设置幻灯片放映"按钮 🖳，打开"设置放映方式"对话框，在"放映类型"栏中单击选中不同的单选项即可选择相应的放映类型，如图 10-56 所示，设置完成后单击 确定 按钮。

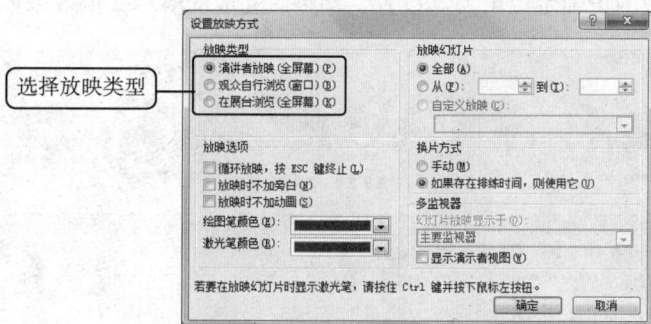

图 10-56　"设置放映方式"对话框

各种放映类型的作用和特点如下。

① 演讲者放映（全屏幕）。默认的放映类型，此类型将以全屏幕的状态放映演示文稿，在演示文稿放映过程中，演讲者具有完全的控制权，演讲者可手动切换幻灯片和动画效果，也可以将演示文稿暂停，添加会议细节等；还可以在放映过程中录下旁白。

② 观众自行浏览（窗口）。此类型将以窗口形式放映演示文稿，在放映过程中可利用滚动条、【PageDown】键、【PageUp】键来对放映的幻灯片进行切换，但不能通过单击鼠标放映。

③ 在展台放映（全屏幕）。这是放映类型中最简单的一种，不需要人为控制，系统将自动全屏循环放映演示文稿。使用这种类型时，不能单击鼠标切换幻灯片，但可以通过单击幻灯片中的超链接和动作按钮来进行切换，按【Esc】键可结束放映。

（4）幻灯片输出格式

在 PowerPoint 2010 除了可以将制作的文件保存为演示文稿，还可以输出成其他多种格式。操作方法较简单，选择【文件】/【另存为】命令，打开"另存为"对话框。选择文件的保存位置，在"保存类型"下拉列表中选择需要输出的格式选项，单击 保存(S) 按钮。下面讲解 4 种常见的输出格式。

① 图片。选择"GIF 可交换的图形格式（*.gif）""JPEG 文件交换格式（*.jpg）""PNG 可移植网络图形格式（*.png）"或"TIFF Tag 图像文件格式（*.tif）"选项，单击 保存(S) 按钮。根据提示进行相应操作，可将当前演示文稿中的幻灯片保存为一张对应格式的图片。如果要在其他软件中使用，还可以将这些图片插入对应的软件中。

② 视频。选择"Windows Media 视频（*.wmv ）"选项，可将演示文稿保存为视频，如果在演示文稿中排练了所有幻灯片，则保存的视频将自动播放这些动画。保存为视频文件后，文件播放的随意性更强，不受字体、PowerPoint 版本的限制，只要计算机中安装了视频播放软件，就可

以播放，这对于一些需要自动展示演示文稿的场合非常有用。

③ 自动放映的演示文稿。选择"PowerPoint 放映（*.ppsx）"选项，可将演示文稿保存为自动放映的演示文稿，以后双击该演示文稿将不再打开 PowerPoint 2010 的工作界面，而是直接启动放映模式，开始放映幻灯片。

④ 大纲文件。选择"大纲/RTF 文件（*.rtf）"选项，可将演示文稿中的幻灯片保存为大纲文件，生成的大纲 RTF 文件中将不再包含幻灯片中的图形、图片以及插入幻灯片的文本框中的内容。

4. 实验过程

任务一　设置市场分析演示文稿

某公司准备在政策新规划的地块新建一座商贸城，请将调查到周边的商家和人员情况，制作一个演示文稿为商贸城的正确定位出力。设置、调整后完成的演示文稿效果如图 10-57 所示。

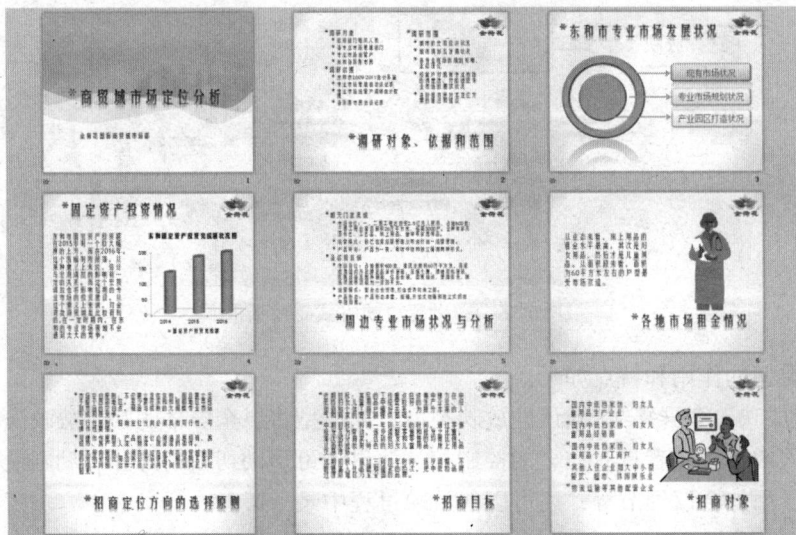

图 10-57　"市场分析"演示文稿

具体要求如下。

① 打开演示文稿，应用"气流"主题，设置"效果"为"主管人员"，"颜色"为"凤舞九天"。

② 为演示文稿的标题页设置背景图片"首页背景.jpg"。

③ 在幻灯片母版视图中设置正文占位符的"字号"为"26"，向下移动标题占位符，调整正文占位符的高度。插入名为"标志"的图片并去除标志图片的白色背景；插入艺术字，设置"字体"为"隶书"，"字号"为"28"；设置幻灯片的页眉页脚效果；退出幻灯片母版视图。

④ 对幻灯片中各个对象进行适当的位置调整，使其符合应用主题和设置幻灯片母版后的效果。

⑤ 为所有幻灯片设置"旋转"切换效果，设置切换声音为"照相机"。

⑥ 为第 1 张幻灯片中的标题设置"浮入"动画，为副标题设置"基本缩放"动画，并设置效果为"从屏幕底部缩小"。

⑦ 为第 1 张幻灯片中的副标题添加一个名为"对象颜色"的强调动画，修改效果为红色，动画开始方式为"上一动画之后"，"持续时间"为"01:00"，"延迟"为"00:50"。最后将标题动画的顺序调整到最后，并设置播放该动画时的声音为"电压"。

（1）应用幻灯片主题

主题是一组预设的背景、字体格式的组合，在新建演示文稿时可以使用主题新建，对于已经创建好的演示文稿，也可对其应用主题。已应用的主题还可以修改搭配好的颜色、效果及字体等。下面将打开"市场分析.pptx"演示文稿，应用"气流"主题，设置效果为"主管人员"，颜色为"凤舞九天"。

① 打开"市场分析.pptx"演示文稿，选择【设计】/【主题】组，在中间的列表框中选择"气流"选项，为该演示文稿应用"气流"主题。

② 选择【设计】/【主题】组，单击 效果 按钮，在打开的下拉列表中选择"主管人员"选项，如图 10-58 所示。

③ 选择【设计】/【主题】组，单击 颜色 按钮，在打开的下拉列表中选择"凤舞九天"选项，如图 10-59 所示。

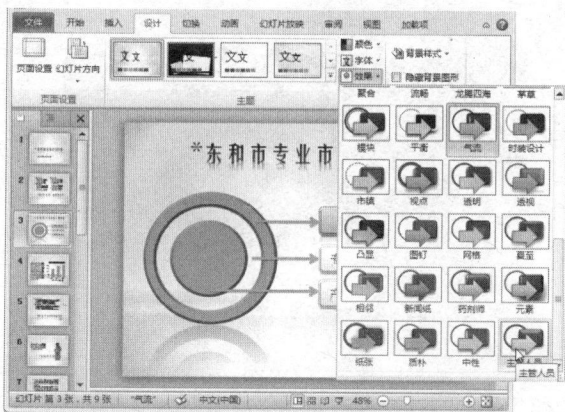

图 10-58　选择主题效果

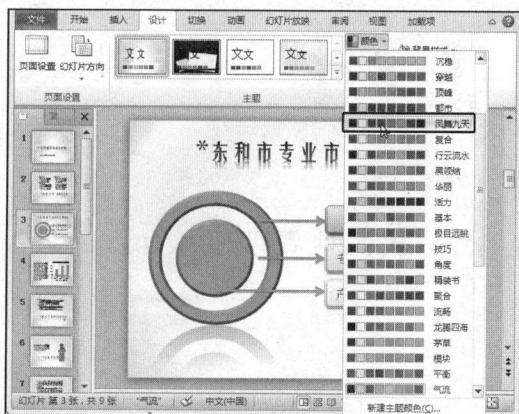

图 10-59　选择主题颜色

（2）设置幻灯片背景

幻灯片的背景可以是一种颜色，也可以是多种颜色，还可以是图片。设置幻灯片背景是快速改变幻灯片效果的方法之一。下面将为演示文稿的标题页设置已存在的图片"背景"。

① 选择标题幻灯片，在幻灯片的空白处单击鼠标右键，在弹出的快捷菜单中选择"设置背景格式"命令。

② 打开"设置背景格式"对话框，单击"填充"选项卡，单击选中"图片或纹理填充"单选项，在"插入自"栏中单击 文件(F)… 按钮，如图 10-60 所示。

③ 打开"插入图片"对话框，选择图片的保存位置后，选择"首页背景"选项，单击 插入(S) 按钮，如图 10-61 所示。

④ 返回"设置背景格式"对话框，单击选中"隐藏背景图形"复选框，单击 关闭 按钮。即可看到标题幻灯片已应用到选择的背景图片中，如图 10-62 所示。

> **提示**　设置幻灯片背景后，在"设置背景格式"对话框中单击 全部应用(L) 按钮，可将该背景应用到演示文稿的所有幻灯片中，否则将只应用到选择的幻灯片中。

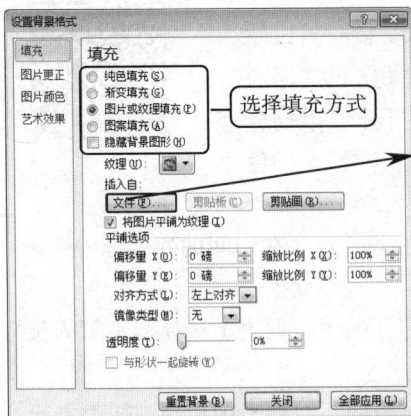

图 10-60　选择填充方式

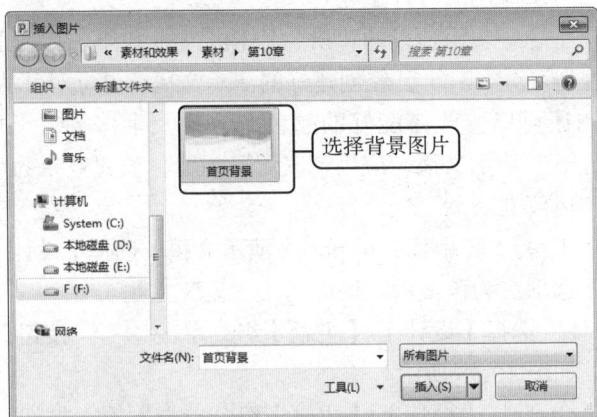

图 10-61　选择背景图片

图 10-62　设置标题幻灯片背景

（3）制作并使用幻灯片母版

　　母版在幻灯片的编辑过程中使用频率非常高，在母版中编辑的每一项操作，都可能影响使用该版式的所有幻灯片。下面将进入幻灯片母版视图，设置正文占位符的"字号"为"26"，向下移动标题占位符，调整正文占位符的高度；插入标志图片和艺术字，并编辑标志图片，删除白色背景，设置艺术字的"字体"为"隶书"，"字号"为"28"；然后设置幻灯片的页眉页脚效果。最后退出幻灯片母版视图，查看应用母版后的效果，并对幻灯片中各对象进行位置调整，达到符合应用主题、幻灯片母版后的效果。

　　① 选择【视图】/【母版视图】组，单击"幻灯片母版"按钮，进入幻灯片母版编辑状态。

　　② 选择第 1 张幻灯片母版，表示在该幻灯片下的编辑将应用于整个演示文稿，将鼠标光标移动到标题占位符左侧中间的控制点外，按住鼠标左键再向左拖动，使占位符将所有的文本内容显示完全。

　　③ 选择正文占位符的第一项文本，选择【开始】/【字体】组，在"字号"下拉列表框中输入"26"，将正文文本的字号放大，如图 10-63 所示。

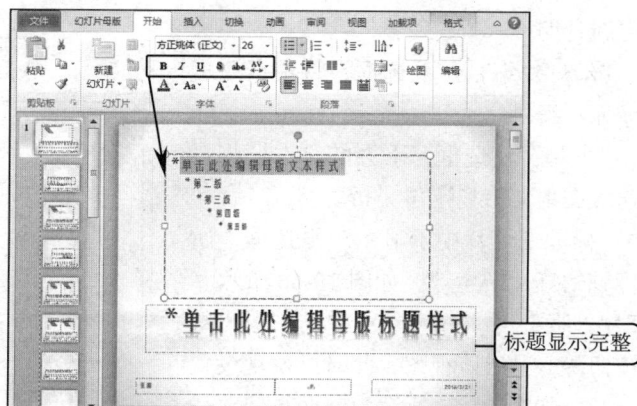
图 10-63　设置正文占位符字号

④ 选择标题占位符，使用鼠标向下拖动至正文占位符的下方；将鼠标光标移动到正文占位符下方中间的控制点，向下拖动增加占位符的高度，如图 10-64 所示。

⑤ 选择【插入】/【图像】组，单击"图片"按钮，打开"插入图片"对话框，在上面选择图片位置，在中间选择图片为"标志"，单击 插入(S) 按钮。

⑥ 将"标志"图片插入幻灯片中，适当缩小后移动到幻灯片右上角。

⑦ 选择【格式】/【调整】组，单击"删除背景"按钮，在幻灯片中使用鼠标拖动图片每一边中间的控制点，使"标志"的所有内容均显示出来。

⑧ 激活"背景消除"选项卡，单击"关闭"功能区的"保留更改"按钮✓，"标志"的白色背景将消失，如图 10-65 所示。

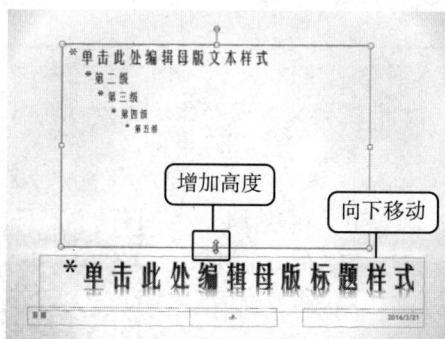
图 10-64　调整占位符

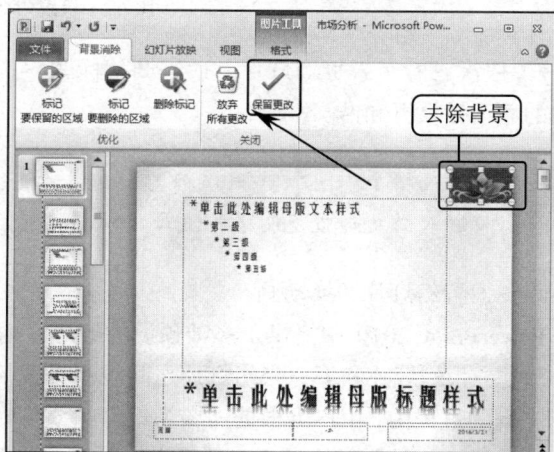
图 10-65　插入并调整标志

⑨ 选择【插入】/【文本】组，单击"艺术字"按钮下的下拉按钮，在打开的下拉列表中选择第 2 列的第 4 个艺术字效果。

⑩ 在艺术字占位符中输入"金荷花"，选择【开始】/【字体】组，在"字体"下拉列表框中选择"隶书"选项，在"字号"下拉列表框中选择"28"选项，移动艺术字到"标志"图片下。

⑪ 选择【插入】/【文本】组，单击"页眉和页脚"按钮，打开"页眉和页脚"对话框。

⑫ 单击"幻灯片"选项卡，单击选中"日期和时间"复选框，其中的单选项将自动激活，再单击选中"自动更新"单选项，即可在每张幻灯片下方显示日期和时间，并且每次根据打开的

日期不同而自动更新日期。

⑬ 单击选中"幻灯片编号"复选框，将根据演示文稿幻灯片的顺序显示编号。

⑭ 单击选中"页脚"复选框，下方的文本框将自动激动，在其中输入文本"市场定位分析"。

⑮ 单击选中"标题幻灯片中不显示"复选框，所有的设置都不在标题幻灯片中生效，如图 10-66 所示。

⑯ 在【幻灯片母版】/【关闭】组中单击"退出幻灯片母版视图"按钮 ，退出该视图，此时可发现设置于应用于各张幻灯片，如图 10-67 所示为前两页修改后的效果。

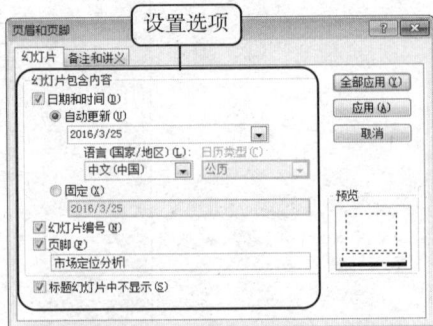

图 10-66　"页眉和页脚"对话框

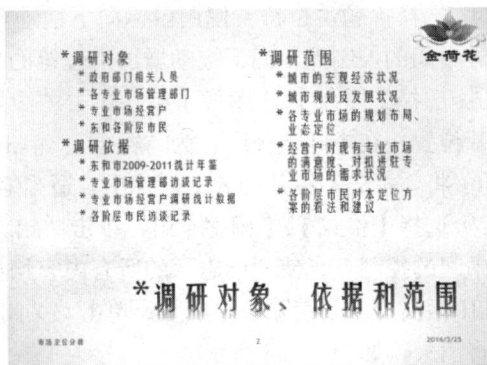

图 10-67　设置母版后的效果

⑰ 依次查看每一页幻灯片，适当调整标题、正文和图片等对象之间的位置，使幻灯片中各对象的显示效果更和谐。

> **提示**　选择【视图】/【母版视图】组，单击"讲义母版"按钮 或"备注母版"按钮 ，将进入讲义母版视图或备注母版视图，然后在其中设置讲义页面和备注页面的版式。

（4）设置幻灯片切换动画

PowerPoint 2010 中提供了多种预设的幻灯片切换动画效果，在默认情况下，上一张幻灯片和下一张幻灯片之间没有设置切换动画效果，但在制作演示文稿的过程中，用户可根据需要为幻灯片添加切换动画。下面将为所有幻灯片设置"旋转"切换效果，然后设置其切换声音为"照相机"。

① 在"幻灯片"浏览窗格中按【Ctrl+A】组合键，选择演示文稿中的所有幻灯片，选择【切换】/【切换到此张幻灯片】组，在中间的列表框中选择"旋转"选项，如图 10-68 所示。

② 选择【切换】/【计时】组，在 声音 按钮后的下拉列表框中选择"照相机"选项，将设置应用到所有幻灯片中。

图 10-68　选择切换动画

③ 选择【切换】/【计时】组，在"换片方式"栏下单击选中"单击鼠标时"复选框，表示在放映幻灯片时，单击鼠标将进行切换操作。

> 选择【切换】/【计时】组，单击 全部应用 按钮，可将设置的切换效果应用到当前演示文稿的所有幻灯片中，其目的与选择所有幻灯片再设置切换效果的方法相同。设置幻灯片切换动画后，选择【切换】/【预览】组，单击"预览"按钮，可查看设置的切换动画。

（5）设置幻灯片动画效果

为幻灯片中的各对象设置动画对于演示文稿的效果提升有很大的帮助，设置幻灯片动画效果即为幻灯片中的各对象设置动画效果。下面将为第 1 张幻灯片中的各对象设置动画，首先为标题设置"浮入"动画，为副标题设置"基本缩放"动画，并设置效果为"从屏幕底部缩小"，然后为副标题再次添加一个强调动画，修改效果的"对象颜色"为"红色"。接着为新增加的动画修改开始方式，持续时间和延迟时间。最后将标题动画的顺序调整到最后，并设置播放该动画时有"电压"声音。

① 选择第 1 张幻灯片的标题，选择【动画】/【动画】组，在其列表框中选择"浮入"动画效果。

② 选择副标题，选择【动画】/【高级动画】组，单击"添加动画"按钮✦，在打开的下拉列表中选择"更多进入效果"选项。

③ 打开"添加进入效果"对话框，选择"温和型"栏的"基本缩放"选项，单击 确定 按钮，如图 10-69 所示。

④ 选择【动画】/【动画】组，单击"效果选项"按钮✦，在打开的下拉列表中选择"从屏幕底部缩小"选项，修改动画效果，如图 10-70 所示。

⑤ 继续选择副标题，选择【动画】/【高级动画】组，单击"添加动画"按钮✦，在打开的下拉列表中选择"强调"栏的"对象颜色"选项。

⑥ 选择【动画】/【动画】组，单击"效果选项"按钮✦，在打开的下拉列表中选择"红色"选项。

图 10-69　选择进入效果

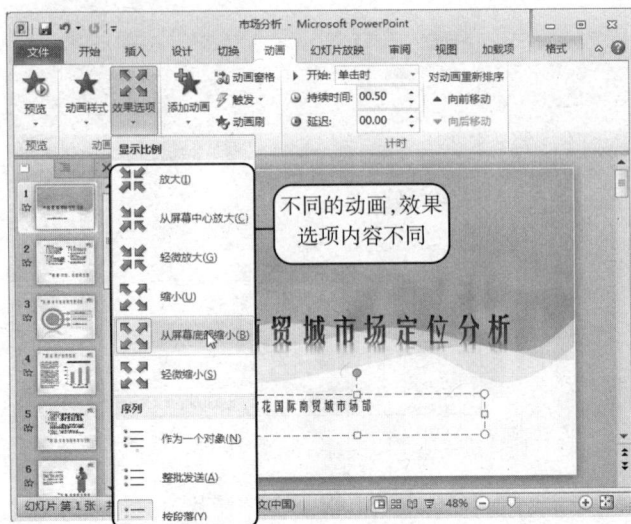

图 10-70　修改动画的效果选项

> 通过第 5 步和第 6 步操作，即为副标题再增加一个"对象颜色"动画，用户可根据需要为一个对象设置多个动画。设置动画后，在对象前方将显示一个数字，它表示动画的播放顺序。

⑦ 选择【动画】/【高级动画】组，单击 动画窗格 按钮，在工作界面右侧增加一个窗格，其中显示了当前幻灯片中所有对象已设置的动画。

⑧ 选择第 3 个选项，选择【动画】/【计时】组，在"开始"下拉列表框中选择"上一动画之后"选项，在"持续时间"数值框中输入"01:00"，在"延迟"数值框中输入"00:50"，如图 10-71 所示。

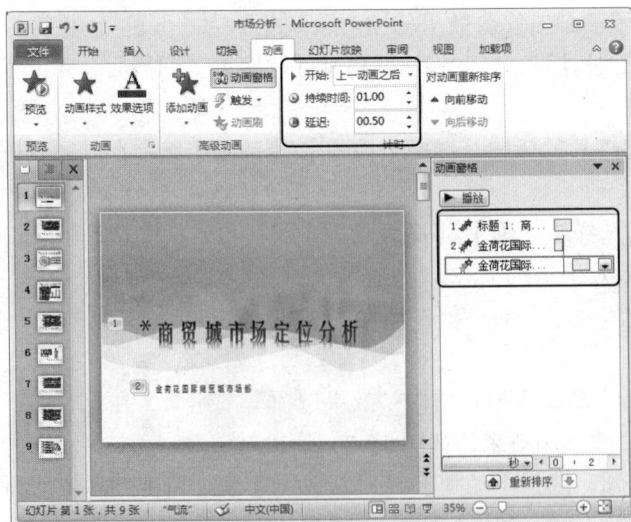

图 10-71　设置动画计时

> 选择【动画】/【计时】组，在"开始"下拉列表框中各选项的含义如下："单击时"表示单击鼠标时开始播放动画；"与上一动画同时"表示播放前一动画的同时播放该动

画；"上一动画之后"表示前一动画播放完之后，在约定的时间自动播放该动画。

⑨ 选择动画窗格中的第一个选项，按住鼠标不放，将其拖动到最后，调整动画的播放顺序。

⑩ 在调整后的最后一个动画选项上单击鼠标右键，在弹出的快捷菜单中选择"效果选项"命令。

⑪ 打开"上浮"对话框，在"声音"下拉列表框中选择"电压"选项，单击其后的█按钮，在打开的列表中拖动滑块，调整音量大小，单击████按钮，如图 10-72 所示。

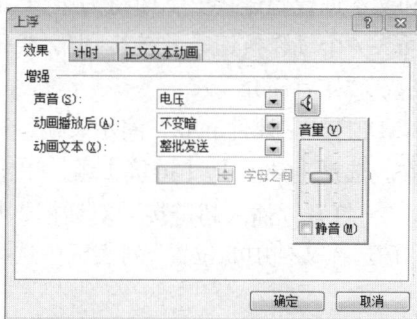

图 10-72　动画效果选项

任务二　放映并输出课件演示文稿

请制作关于李清照的重点诗词赏析的课件用于课堂演示，如图 10-73 所示为创建好的超链接，并设置放映的演示文稿效果。

具体要求如下。

① 根据第 4 张幻灯片的各项文本的内容创建超链接，并链接到对应的幻灯片中。

② 在第 4 张幻灯片右下角插入一个动作按钮，并链接到第 2 张幻灯片；在动作按钮下方插入艺术字"作者简介"。

③ 放映制作好的演示文稿，并使用超链接快速定位到"一剪梅"所在的幻灯片，然后返回上次查看的幻灯片，依次查看各幻灯片和对象。

④ 在最后一页使用红色的"荧光笔"标记"要求"下的文本，最后退出幻灯片放映视图。

⑤ 隐藏最后一张幻灯片，然后再次进行幻灯片放映视图，查看隐藏幻灯片后的效果。

⑥ 对演示文稿中各动画进行排练。

⑦ 将课件打印出来，要求一页纸上显示两张幻灯片，两张幻灯片四周加框，并且幻灯片的大小根据纸张的大小调整。

⑧ 将设置好的课件打包到文件夹中，并命名为"课件"。

图 10-73　"课件"演示文稿

（1）创建超链接与动作按钮

在浏览网页的过程中，单击某段文本或某张图片时，就会自动弹出另一个相关的网页，通常这些被单击的对象称为超链接，在 PowerPoint 2010 中也可为幻灯片中的图片和文本创建超链接。下面将为第 4 张幻灯片的各项文本创建超链接，然后插入一个动作按钮，并链接到第 2 张幻灯片；最后在动作按钮下方插入艺术字"作者简介"。

① 打开"课件.pptx"演示文稿，选择第 4 张幻灯片，选择第一段正文文本，选择【插入】/【链接】组，单击"超链接"按钮🔗。

② 打开"插入超链接"对话框，单击"链接到"列表框中的"本文档中的位置"按钮📄，在"请选择文档中的位置"列表框中选择要链接到的第 5 张幻灯片，单击 确定 按钮，如图 10-74 所示。

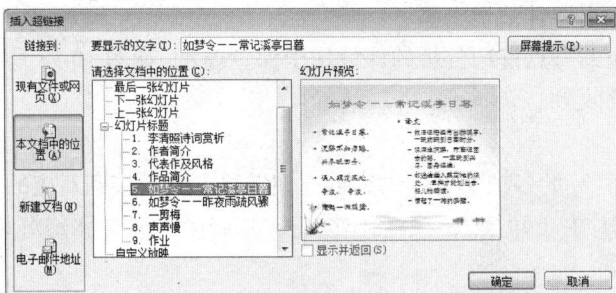

图 10-74　选择链接的目标位置

③ 返回幻灯片编辑区即可看到设置超链接的文本颜色已发生变化，并且文本下方有一条蓝色的线，使用相同方法，依次为各项文本设置超链接。

④ 选择【插入】/【链接】组，单击"形状"按钮🔲，在打开的下拉列表中选择"动作按钮"栏的第 5 个选项，如图 10-75 所示。

⑤ 此时鼠标光标变为+形状，在幻灯片右下角空白位置按住鼠标不放拖动鼠标，绘制一个动作按钮，如图 10-76 所示。

图 10-75　选择动作按钮类型

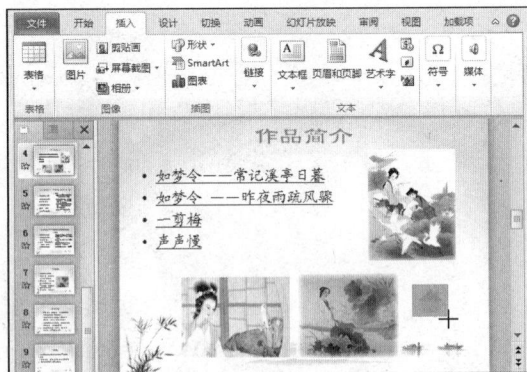

图 10-76　绘制动作按钮

⑥ 自动打开"动作设置"对话框，单击选中"超链接到"单选项，在下方的下拉列表框中选择"幻灯片"选项，如图 10-77 所示。

⑦ 打开"超链接到幻灯片"对话框，选择第 2 张幻灯片，依次单击 确定 按钮，使超链接生效，如图 10-78 所示。

图 10-77　"动作设置"对话框　　　　　图 10-78　选择超链接到的目标

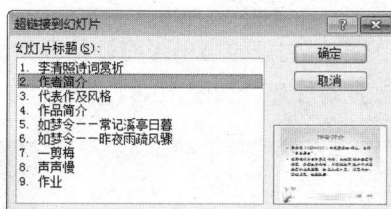

⑧ 返回 PowerPoint 编辑界面，选择绘制的动作按钮，选择【格式】/【形状样式】组，在中间的列表框中选择第 4 排的第 2 个样式，如图 10-79 所示。

⑨ 选择【插入】/【文本】组，单击"艺术字"按钮，在打开的下拉列表中选择第 4 排的第 2 个样式。

⑩ 在艺术字占位符中输入文字"作者简介"，设置其"字号"为"24"，然后将设置好的艺术字移动到动作按钮下方，如图 10-80 所示。

图 10-79　选择形状样式　　　　　　　图 10-80　插入艺术字

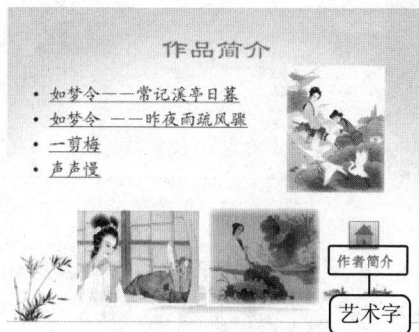

提示　如果进入幻灯片母版，在其中绘制动作按钮，并创建好超链接，该动作按钮将应用到该幻灯片版式对应的所有幻灯片中。

（2）放映幻灯片

制作演示文稿的最终目的就是要将制作的演示文稿展示给观众欣赏，即放映演示文稿。下面将放映前面制作好的演示文稿，并使用超链接快速定位到"一剪梅"所在的幻灯片，然后返回上次查看的幻灯片，依次查看各幻灯片和对象，在最后一页标记重要内容，最后退出幻灯片放映视图，其具体操作如下。

① 选择【幻灯片放映】/【开始放映幻灯片】组，单击"从头开始"按钮 ，进入幻灯片放映视图。

② 将从演示文稿的第 1 张幻灯片开始放映，如图 10-81 所示，单击鼠标左键依次放映下一个动画或下一张幻灯片，如图 10-82 所示。

图 10-81　进入幻灯片放映视图

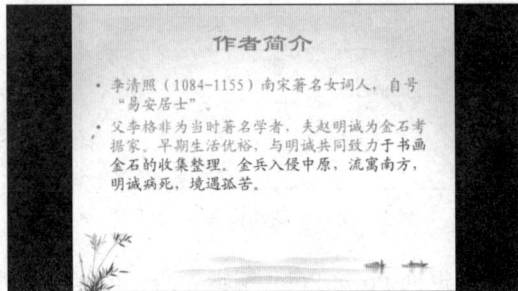

图 10-82　放映动画

③ 当播放到第 4 张幻灯片时，将鼠标光标移动到"一剪梅"文本上，此时鼠标光标变为 形状，单击鼠标，如图 10-83 所示。

④ 即可切换到超链接的目标幻灯片，此时可使用前面的方法单击鼠标进行幻灯片的放映。在幻灯片上单击鼠标右键，在弹出的快捷菜单中选择"上次查看过的"命令，如图 10-84 所示。

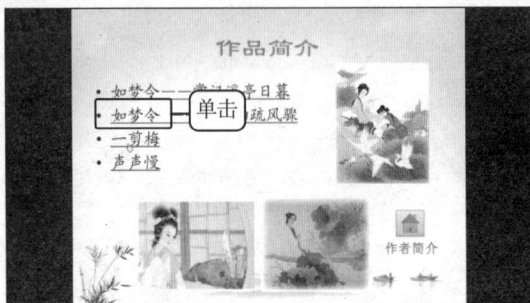

图 10-83　单击超链接

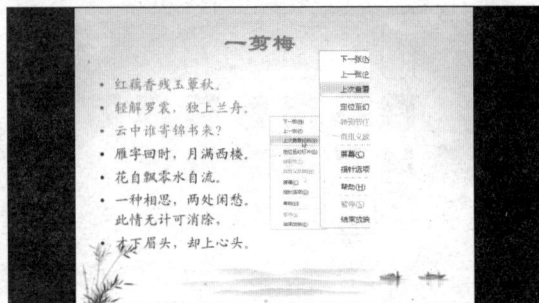

图 10-84　定位幻灯片

⑤ 返回上一次查看的幻灯片，然后依次播放幻灯片中的各个对象，当播放到最后一张幻灯片的内容时，单击鼠标右键，在弹出的快捷菜单中选择【指针选项】/【墨迹颜色】/【红色】命令，然后再次单击鼠标右键，在弹出的快捷菜单中选择【指针选项】/【荧光笔】命令，如图 10-85 所示。

⑥ 此时鼠标光标变为 形状，按住鼠标左键不放并拖动鼠标，标记重要的内容，播完最后一张幻灯片后，单击鼠标，打开一个黑色页面，提示"放映结束，单击鼠标退出"，单击鼠标退出。

⑦ 由于前面标记了内容，将提示是否保留墨迹注释的对话框，单击 放弃(D) 按钮，删除绘制的标注，如图 10-86 所示。

> 选择【幻灯片放映】/【开始放映幻灯片】组，单击"从当前幻灯片开始"按钮 或在状态栏中单击"幻灯片放映"按钮 ，可从选择的幻灯片开始播放幻灯片。在播放幻灯片的过程中，通过右键快捷菜单，可快速定位到上一张幻灯片、下一张幻灯片或具体的某张幻灯片。

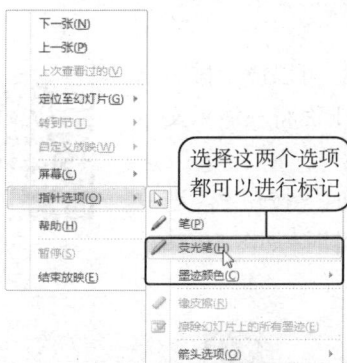

图 10-85　选择标记使用的笔

图 10-86　选择是否保留墨迹注释

（3）隐藏幻灯片

放映幻灯片时，系统将自动按设置的放映方式依次放映每张幻灯片，但在实际放映过程中，可以将暂时不需要的幻灯片隐藏起来，等到需要时再将其显示。下面将隐藏最后一张幻灯片，然后放映查看隐藏幻灯片后的效果。

① 在"幻灯片"浏览窗格中选择第 9 张幻灯片，选择【幻灯片放映】/【设置】组，单击"隐藏幻灯片"按钮，隐藏幻灯片，如图 10-87 所示。

② 在"幻灯片"浏览窗格中选择的幻灯片上将出现叉标志，选择【幻灯片放映】/【开始放映幻灯片】组，单击"从头开始"按钮，开始放映幻灯片，此时隐藏的幻灯片将不再放映出来。

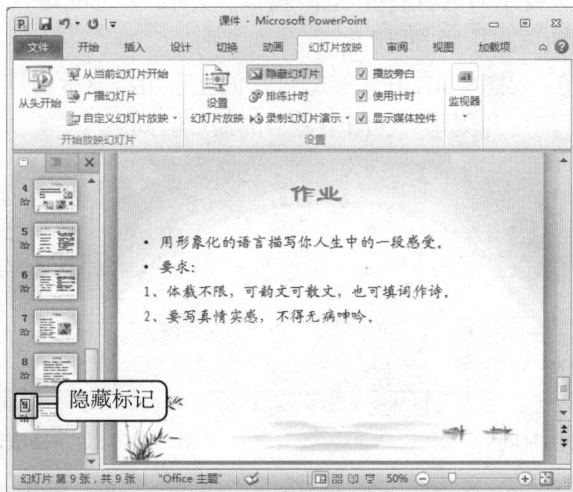

图 10-87　隐藏幻灯片

> 若要显示隐藏的幻灯片，在放映幻灯片时，单击鼠标右键，在弹出的快捷菜单中选择"定位至幻灯片"命令，再在弹出的子菜单中选择隐藏的幻灯片名称。如要取消隐藏幻灯片，可再次执行隐藏操作，即选择【幻灯片放映】/【设置】组，单击"隐藏幻灯片"按钮。

（4）排练计时

对于某些需要自动放映的演示文稿，设置动画效果后，可以设置排练计时，从而在放映时可根据排练的时间和顺序进行放映。下面将在演示文稿中对各动画进行排练计时。

① 选择【幻灯片放映】/【设置】组，单击"排练计时"按钮 。进入放映排练状态，同时打开"录制"工具栏自动为该幻灯片计时，如图 10-88 所示。

图 10-88　"录制"工具栏

② 通过单击鼠标或按【Enter】键控制幻灯片中下一个动画出现的时间，如果用户确认该幻灯片的播放时间，可直接在"录制"工具栏的时间框中输入时间值。

③ 一张幻灯片播放完成后，单击鼠标切换到下一张幻灯片，"录制"工具栏中的时间将从头开始为该张幻灯片的放映进行计时。

④ 放映结束后，打开提示对话框，提示排练计时时间，并询问是否保留幻灯片的排练时间，单击 是(Y) 按钮进行保存，如图 10-89 所示。

⑤ 打开"幻灯片浏览"视图样式，在每张幻灯片的左下角将显示幻灯片的播放时间，图 10-90 所示为前两张幻灯片在"幻灯片浏览"视图中显示的播放时间。

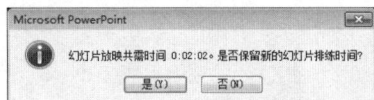

图 10-89　是否保留排练时间

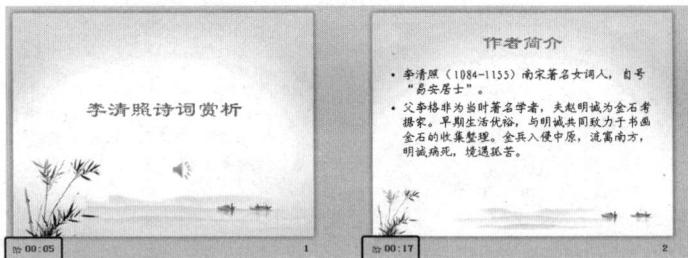

图 10-90　显示播放时间

> 如果不想使用排练好的时间自动放映该幻灯片，可选择【幻灯片放映】/【设置】组，撤销选中"使用计时"复选框，这样在放映幻灯片时就能手动进行切换。

（5）打包演示文稿

演示文稿制作好后，有时需要在其他计算机上进行放映，要想在其他没有安装 PowerPoint 2010 的计算机上也能正常播放其中的声音和视频等对象，除了将演示文稿保存为视频之外，还可将制作的演示文稿打包。下面将把前面设置好的课件打包到文件夹中，并命名为"课件"。

① 选择【文件】/【保存并发送】命令，在工作界面右侧的"文件类型"栏中选择"将演示文稿打包成 CD"选项，然后单击"打包成 CD"按钮 ⊕。

② 打开"打包成 CD"对话框，单击 复制到文件夹(F)... 按钮，打开"复制到文件夹"对话框，在"文件夹名称"文本框中输入"课件"，在"位置"文本框中输入打包后的文件夹的保存位置，单击 确定 按钮，如图 10-91 所示。

③ 打开提示对话框，提示是否保存链接文件，单击 是(Y) 按钮，如图 10-92 所示。稍作等待后即可将演示文稿打包成文件夹。

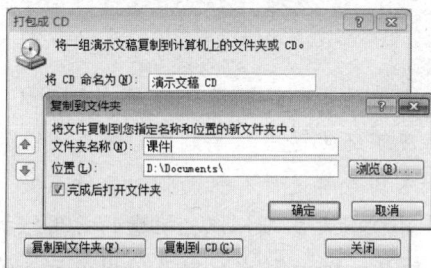

图 10-91　复制到文件夹　　　　　　　　　　　　　　图 10-92　保存链接文件

5. 思考与练习

（1）打开"yswg.pptx"演示文稿，按照下列要求对演示文稿进行操作。

① 为所有幻灯片应用"聚合"主题。

② 在第 1 张幻灯片前添加一个版式为"标题幻灯片"的幻灯片；主标题内容为"销售计划"；副标题内容为"百佳电器产品有限公司"。

③ 进入幻灯片母版，在第 1 张幻灯片的左下角插入一个链接到第 1 张幻灯片的动作按钮。

④ 设置所有幻灯片的切换方式为"揭开"，换片方式为单击"鼠标时换片"。

⑤ 设置标题幻灯片的主标题动画为"飞入"，副标题动画为"缩放"。

⑥ 从第 1 张幻灯片开始放映幻灯片。

（2）打开"yswg-1.pptx"演示文稿，按照下列要求对演示文稿进行编辑并保存。

① 在标题幻灯片中设置标题的"字体"为"黑体"，"字号"为"40"；为下方的文本设置超链接，链接到第 4 张幻灯片。

② 在第 5 张幻灯片中插入图片"别墅"，并将其移动到幻灯片右侧。

③ 调整第 5 张和第 6 张幻灯片的位置。

④ 设置所有幻灯片的切换动画为"旋转"，声音为"照相机"。

⑤ 设置标题幻灯片的标题"动画"为"出现"，"开始方式"为"单击时"，"声音"为"爆炸"；再设置标题"动画"为"画笔颜色"，"开始方式"为"上一动画之后"，"持续时间"为"01.50"，"延迟"为"00.50"。

第 **11** 章　计算机维护与安全

计算机的功能强大，但是其维护操作更不能缺少。在日常工作中，计算机的磁盘、系统都需要进行相应的维护和优化操作，在保证计算机正常运行的情况下还可适当提高效率。随着网络的深入发展，计算机安全也成为用户关注的重点之一，病毒和木马等都是计算机面临的各种不安全的因素。本章主要介绍计算机磁盘和系统维护基础知识、计算机病毒基础知识、磁盘的常用维护操作、设置虚拟内存、管理自启动程序、自动更新系统、启动 Windows 防火墙以及使用第三方的软件保护系统等。

11.1　实验九　磁盘与系统维护

1．实验目的
掌握计算机磁盘及系统维护的基本工具的使用。

2．实验内容
（1）掌握磁盘分区与格式化的方法。
（2）掌握磁盘清理与整理方法。
（3）认识虚拟内存与设置方法。

3．实验相关知识
（1）磁盘维护基础知识

磁盘是计算机中使用频率非常高的硬件设备，在日常的使用中应注意对其进行维护，下面讲解磁盘维护过程中可能会遇到的一些基础知识。

① 认识磁盘分区

一个磁盘由若干个磁盘分区组成，分为主分区和扩展分区，其含义分别如下。

a．主分区。通常位于硬盘的第一个分区中，即 C 磁盘。主要用于存放当前计算机操作系统的内容，其中的主引导程序用于检测硬盘分区的正确性，并确定活动分区，负责把引导权移交给活动分区的 Windows 或其他操作系统中。在一个硬盘中最多只能存在 4 个主分区。

b．扩展分区。除了主分区以外的都是扩展分区，严格地讲它不是一个实际意义的分区，而是一个指向下一个分区的指针。扩展分区中可建立多个逻辑分区，逻辑分区是可以实际存储数据的磁盘，如我们常说的 D 盘、E 盘等。

② 认识磁盘碎片

计算机使用时间长了，磁盘上会保存大量的文件，这些文件并非保存在一个连续的磁盘空间上，而是分散在许多地方，这些零散的文件称作"磁盘碎片"。由于硬盘读取文件需要在多个碎片之间跳转，所以磁盘碎片过多会降低硬盘的运行速度，从而降低整个 Windows 的性能。

磁盘碎片产生的原因主要有如下两种。

a. 下载。在下载电影之类的大文件时，用户可能也在使用计算机处理其他工作，下载文件被迫分割成若干个碎片存储于硬盘中。

b. 文件的操作。在删除文件、添加文件和移动文件时，如果文件空间不够大，就会产生大量的磁盘碎片，随着文件操作的频繁，情况会日益严重。

（2）系统维护基础知识

计算机安装操作系统后，用户还需要时常对其进行维护，操作系统的维护一般有固定的设置场所，下面讲解 4 个常用的系统维护场所。

① "系统配置"窗口。系统配置可以帮助用户确定可能阻止 Windows 正确启动的问题，使用它可以在禁用服务和程序的情况下启动 Windows，从而提高系统运行速度。选择【开始】/【运行】命令，打开"运行"对话框，在"打开"文本框中输入"msconfig"，单击 确定 按钮或按【Enter】键，将打开"系统配置"窗口，如图 11-1 所示。

② "计算机管理"窗口。"计算机管理"窗口中集合了一组管理本地或远程计算机的 Windows 管理工具，如任务计划管理器、事件查看器、设备管理器、磁盘管理器等。在桌面的"计算机"图标 上单击鼠标右键，在弹出的快捷菜单中选择"管理"命令；或打开"运行"对话框，在其中输入"compmgmt.msc"，将打开"计算机管理"窗口，如图 11-2 所示。

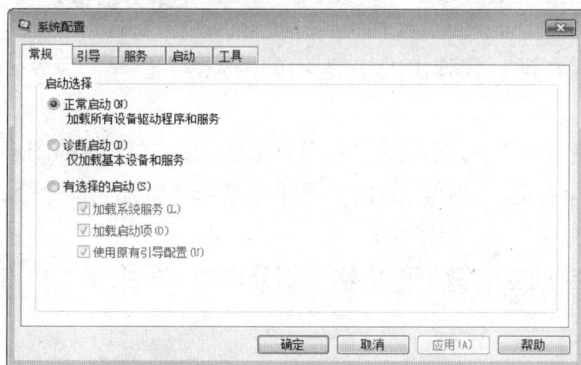

图 11-1　"系统配置"窗口

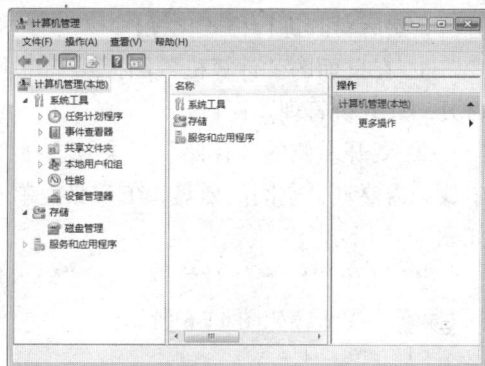

图 11-2　"计算机管理"窗口

③ 任务管理器。任务管理器提供了计算机性能的信息和在计算机上运行的程序和进程的详细信息，如果连接到网络，还可以查看网络状态。按【Ctrl+Shift+Esc】组合键或在任务栏的空白处单击鼠标右键，在弹出的快捷菜单中选择"启动任务管理器"命令，均可打开"Windows 任务管理器"窗口，如图 11-3 所示。

④ 注册表。注册表是 Windows 操作系统中的一个重要数据库，用于存储系统和应用程序的设置信息，在整个系统中起着核心作用。选择【开始】/【运行】命令，打开"运行"对话框，在"打开"文本框中输入"regedit"，按【Enter】键，打开"注册表编辑器"窗口，如图 11-4 所示。

图 11-3　"Windows 任务管理器"窗口

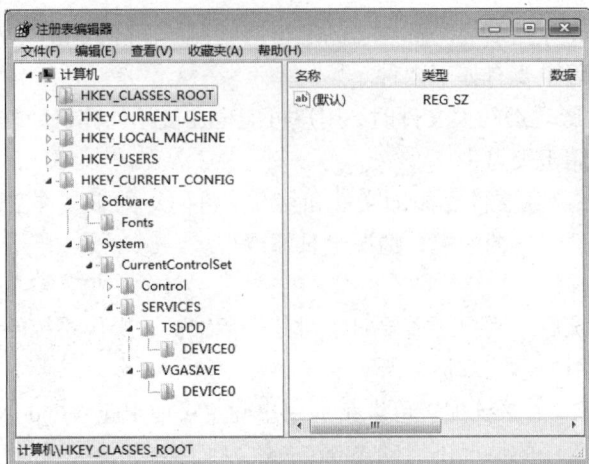

图 11-4   "注册表编辑器"窗口

4. 实验过程

（1）硬盘分区与格式化

一个新硬盘默认只有一个分区，若要使硬盘能够储存数据，必须对硬盘分区并进行格式化。

【例 11-1】 使用"计算机管理"窗口将 E 盘划分出一部分新建一个 H 分区，然后对其进行格式化操作。

① 在桌面的"计算机"图标 上单击鼠标右键，在弹出的快捷菜单中选择"管理"命令，打开"计算机管理"窗口。

② 展开左侧的"存储"目录，选择"磁盘管理"选项，打开磁盘列表窗口，在下面的图表中找到需要划分空间的磁盘，在 E 盘上单击鼠标右键，在弹出的快捷菜单中选择"压缩卷"命令，如图 11-5 所示。

③ 打开"压缩"对话框，在"输入压缩空间量"数值框中输入划分出的空间大小，单击 压缩(S) 按钮，如图 11-6 所示。

图 11-5   查找需划分空间的磁盘

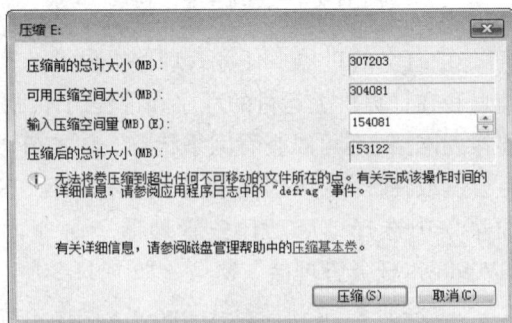

图 11-6   设置划分的空间大小

④ 返回"磁盘管理"设置窗口，此时将增加一个可用空间，在该空间上单击鼠标右键，在弹出的快捷菜单中选择"新建简单卷"命令，打开"新建简单卷向导"对话框，单击 下一步(N) > 按钮。

⑤ 打开"指定卷大小"对话框，默认新建分区的大小，单击 下一步(N) 按钮，打开"分配驱动器号和路径"对话框，单击选中"分配以下驱动器号"单选项，在其后的下拉列表框中选择新建分区的驱动器号，单击 下一步(N) 按钮，如图 11-7 所示。

⑥ 打开"格式化分区"对话框，保持默认值即使用 NTFS 文件格式化，单击 下一步(N) 按钮，如图 11-8 所示，打开完成向导对话框，单击 完成 按钮。

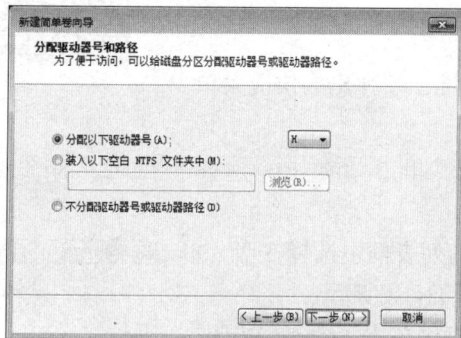

图 11-7　分配驱动器号

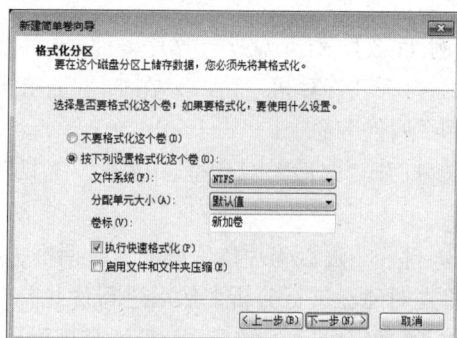

图 11-8　格式化分区

（2）清理磁盘

在使用计算机的过程中会产生一些无用的垃圾文件和临时文件，这些文件会占用磁盘空间，定期清理可提高系统运行速度。

【例 11-2】　清理计算机中的 C 盘。

① 选择【开始】/【控制面板】命令，打开"控制面板"窗口，单击"性能信息和工具"超链接。

② 在打开窗口左侧单击"打开磁盘清理"超链接，打开"磁盘清理:驱动器选择"对话框，在中间的下拉列表中选择 C 盘，单击 确定 按钮，如图 11-9 所示。

③ 在打开的对话框中，提示计算磁盘释放的空间大小，打开 C 盘对应的磁盘清理对话框，在"要删除的文件"列表框中单击选中需要删除文件前面对应的复选框，单击 确定 按钮。

④ 打开"磁盘清理"提示对话框，询问是否永久删除这些文件，单击 删除文件 按钮，如图 11-10 所示。

⑤ 系统执行删除命令，并且打开对话框提示文件的清理进度，完成后将自动关闭该对话框。

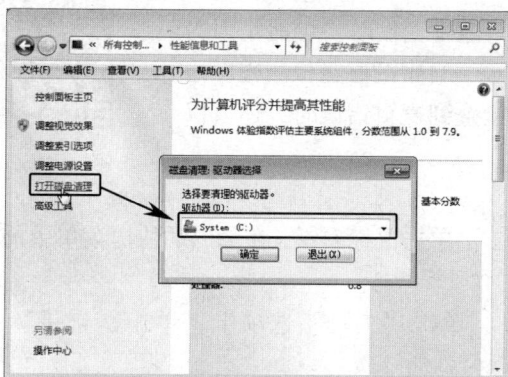

图 11-9　选择需清理的磁盘

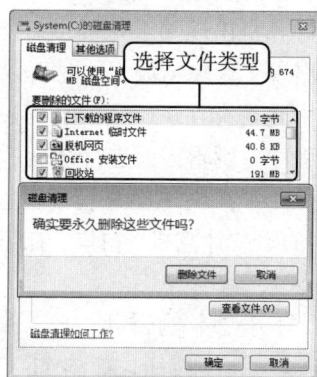

图 11-10　选择清理的文件

> 提示　打开"计算机"窗口，在需要清理的磁盘上单击鼠标右键，在弹出的快捷菜单中选择"属性"命令，在打开的对话框中单击 磁盘清理(D) 按钮，也可完成磁盘清理操作。

（3）整理磁盘碎片

磁盘碎片的存在将影响计算机的运行速度，定期清理磁盘碎片无疑会提高系统运行速度。

【例 11-3】　对 F 盘进行碎片整理。

① 打开"计算机"窗口，在 F 盘上单击鼠标右键，在弹出的快捷菜单中选择"属性"命令。

② 打开"属性"对话框，单击"工具"选项卡，单击 立即进行碎片整理(D)... 按钮，如图 11-11 所示。

③ 打开"磁盘碎片整理程序"对话框，在中间的列表框中选择 F 盘，单击 磁盘碎片整理(D) 按钮，系统将先对磁盘进行分析，然后进行优化整理，如图 11-12 所示。

④ 整理完成后，在"磁盘碎片整理程序"对话框中单击 关闭(C) 按钮。

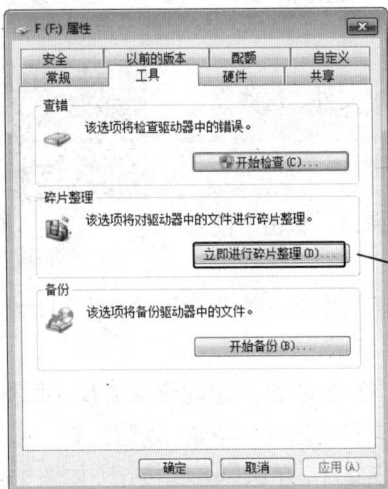

图 11-11　进入碎片整理程序　　　　　　　　图 11-12　开始整理

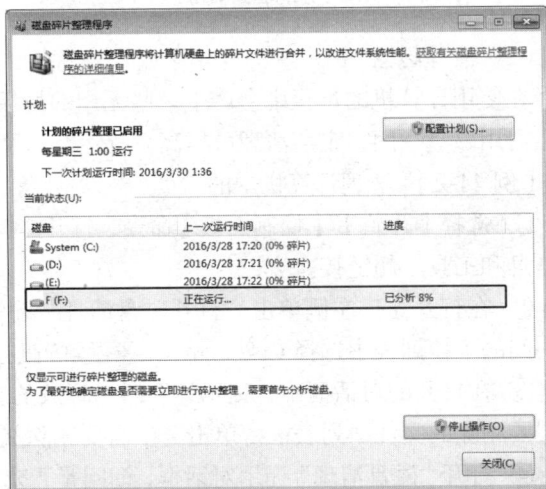

（4）检查磁盘

当计算机出现频繁死机、蓝屏或者系统运行速度变慢时，可能是因为磁盘上出现了逻辑错误。这时可以使用 Windows 7 自带的磁盘检测程序检查系统中是否存在逻辑错误，当磁盘检测程序检查到逻辑错误时，还可以使用该程序对逻辑错误进行修复。

【例 11-4】　对 E 盘进行磁盘检查。

① 打开"计算机"窗口，在需检查的磁盘 E 上单击鼠标右键，在弹出的快捷菜单中选择"属性"命令。

② 打开"本地磁盘（E:）属性"对话框，单击"工具"选项卡，单击"查错"栏中的 开始检查(C)... 按钮，如图 11-13 所示。

③ 打开"检查磁盘 本地磁盘（E:）"对话框，单击选中"自动修复文件系统错误"和"扫描并尝试恢复坏扇区"复选框，单击 开始(S) 按钮，程序开始自动检查磁盘逻辑错误，如图 11-14

所示。

④ 扫描结束后，系统将打开提示框提示扫描完毕，单击 [关闭(C)] 按钮完成磁盘检查操作。

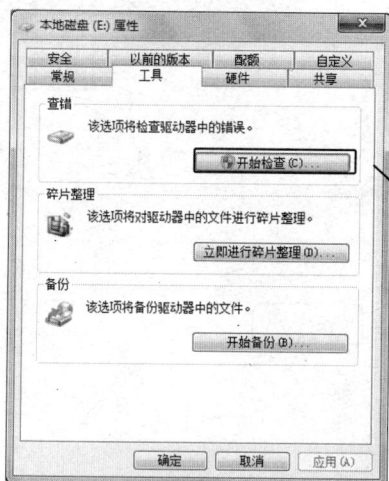

图 11-13　"本地磁盘（E:）属性"对话框　　　　图 11-14　设置磁盘检查选项

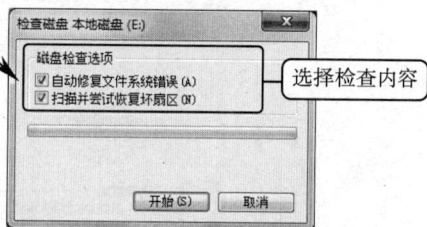

（5）关闭无响应的程序

在使用计算机的过程中，可能会遇到某个应用程序无法操作的情况，即程序无响应，此时通过正常的方法已无法关闭程序，程序也无法继续使用，此时，需要使用任务管理器关闭该程序。

【例 11-5】　使用 Windows 任务管理器关闭无响应的程序。

① 按【Ctrl+Shift+Esc】组合键，打开"Windows 任务管理器"窗口。

② 单击"应用程序"选项卡，选择应用程序列表中没有响应的选项，单击 [结束任务(E)] 按钮结束程序，如图 11-15 所示。

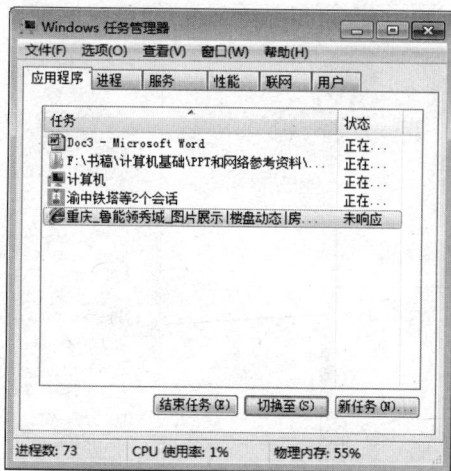

图 11-15　关闭无响应的程序

（6）设置虚拟内存

计算机中的程序均需经由内存执行，若执行的程序占用内存过多，则会导致计算机运行缓慢甚至死机，通过设置 Windows 的虚拟内存，可将部分硬盘空间划分来充当内存使用。

【例 11-6】 为 C 盘设置虚拟内存。

① 在"计算机"图标上单击鼠标右键，在弹出的快捷菜单中选择"属性"命令，打开"系统"窗口，单击左侧导航窗格中的"高级系统设置"超链接。

② 打开"系统属性"对话框，单击"高级"选项卡，单击"性能"栏的 设置(S)... 按钮，如图 11-16 所示。

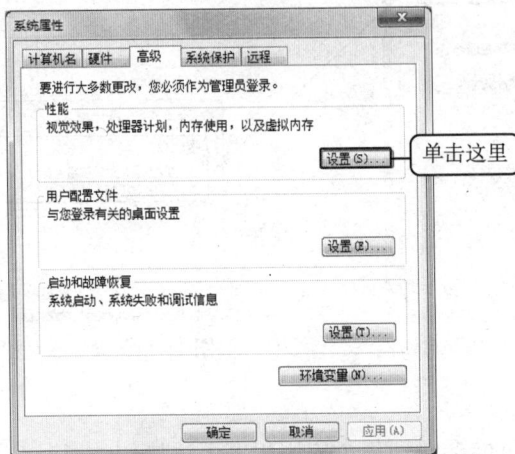

图 11-16 "系统属性"对话框

③ 打开"性能选项"对话框，单击"高级"选项卡，单击"虚拟内存"栏中的 更改(C)... 按钮，如图 11-17 所示。

④ 打开"虚拟内存"对话框，撤销选中"自动管理所有驱动器的分页文件大小"复选框，在"每个驱动器的分页文件大小"栏中选择"C:"选项。单击选中"自定义大小"单选项，在"初始大小"文本栏中输入相应数值，如"1000"，在"最大值"文本框中输入相应数值，如"5000"，如图 11-18 所示，依次单击 设置(S) 按钮和 确定 按钮完成设置。

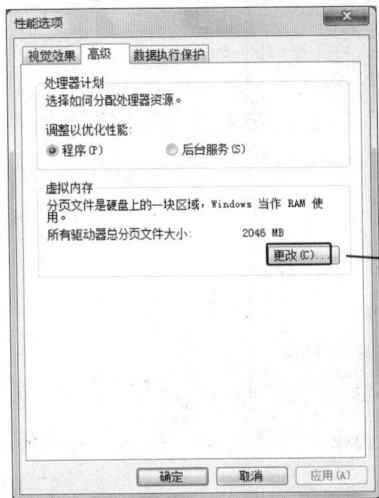

图 11-17 "性能选项"窗口

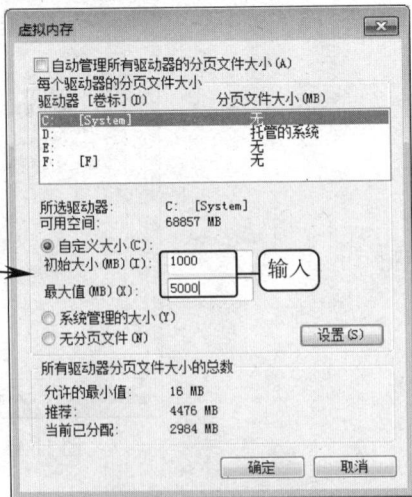

图 11-18 设置 C 盘虚拟内存

（7）管理自启动程序

在安装软件时，有些软件会自动设置随计算机启动时一起启动，这种方式虽然方便了用户的操作，但是如果随计算机启动的软件过多，会使开机速度变慢，而且即使开机成功，也会消耗过多的内存。

【例 11-7】　设置部分软件在开机时不自动启动。

① 选择【开始】/【运行】命令，打开"运行"对话框，在"打开"文本框中输入"msconfig"，单击 ▢确定▢ 按钮或按【Enter】键，如图 11-19 所示。

② 打开"系统配置"窗口，单击"启动"选项卡，在中间的列表框中撤销选中不随计算机启动的程序前的复选框，单击 ▢应用(A)▢ 按钮和 ▢确定▢ 按钮，如图 11-20 所示。

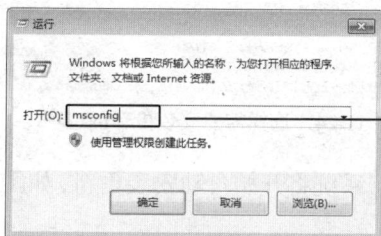

图 11-19　输入命令

图 11-20　撤销选中复选框

③ 打开提示对话框提示需要重启计算机使设置生效，单击 ▢重新启动(R)▢ 按钮。

（8）自动更新系统

系统的漏洞容易让计算机被病毒或木马程序入侵，使用 Windows 7 系统提供的 Windows 更新功能可以检索发现漏洞并将其修复，达到保护系统安全的目的。

【例 11-8】　使用 Windows 更新功能检查并安装更新。

① 选择【开始】/【控制面板】命令，打开"所有控制面板项"窗口，单击"Windows Update"超链接，打开"Windows Update"窗口，单击左侧的"更改设置"超链接，如图 11-21 所示。

② 打开"更改设置"窗口，在"重要更新"下拉列表框中选择"自动安装更新"选项，其他保持默认设置不变，单击 ▢确定▢ 按钮，如图 11-22 所示。

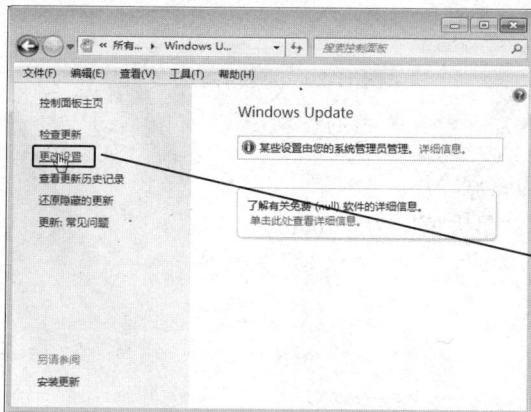

图 11-21　单击"更改设置"超链接

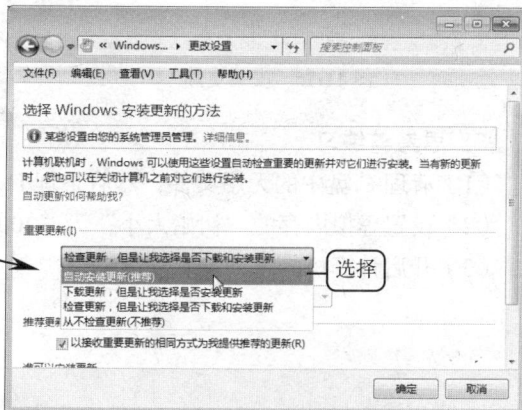

图 11-22　设置更新选项

③ 返回"Windows 更新"窗口，自动检查更新，检查更新完成后，将显示需要更新内容的数量，单击"34 个重要更新可用"超链接，如图 11-23 所示。

④ 打开"选择要安装的更新"窗口，在其列表框中显示了需要更新的内容，单击选中需要更新内容前面的复选框，单击 安装 按钮，如图 11-24 所示。

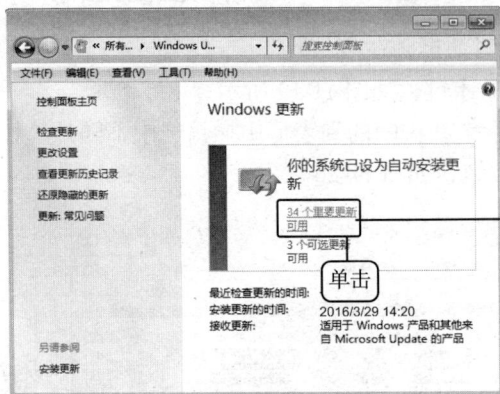

图 11-23　单击检测到的更新内容

图 11-24　选择需要安装更新的选项

⑤ 系统开始下载更新并显示进度，下载完更新文件后，系统将开始自动安装更新，如图 11-25 所示。

⑥ 完成安装后，在"Windows 更新"窗口中单击 立即重新启动(R) 按钮，如图 11-26 所示，立刻重启计算机，重启完成后在"Windows 更新"窗口中将提示成功安装更新。

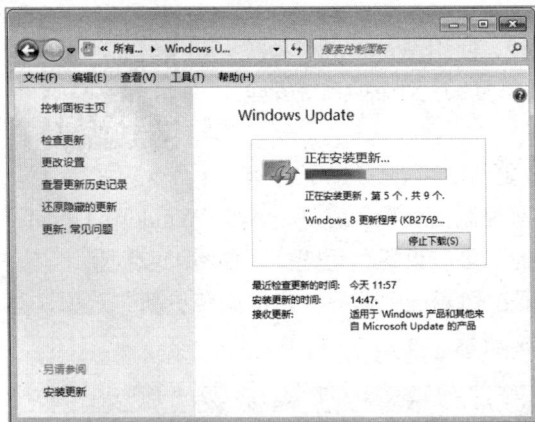

图 11-25　安装更新

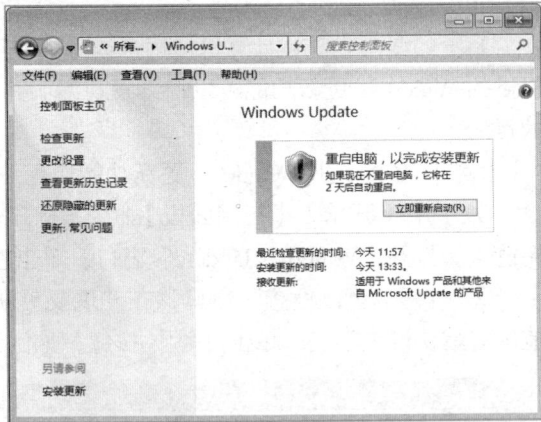

图 11-26　重新启动计算机

5. 思考与练习

（1）清理 C 盘中的无用文件，然后整理 D 盘的磁盘碎片。

（2）设置虚拟内存的"初始大小"为"2000"，"最大值"为"7000"。

（3）开启计算机的自动更新功能。

11.2 实验十 计算机备份与病毒防护

1. 实验目的

掌握常用的计算机备份与杀毒软件。

2. 实验内容

（1）认识计算机病毒的特征、分类、防治方法。

（2）掌握运用系统备份工具 Symantec Ghost 进行系统备份的方法。

（3）掌握 360 杀毒软件的使用。

3. 实验相关知识

（1）计算机病毒的特点和分类

计算机病毒是一种具有破坏计算机功能或数据、影响计算机使用并且能够自我复制传播的计算机程序代码，它常常寄生于系统启动区、设备驱动程序以及一些可执行文件内，并能利用系统资源进行自我复制传播。计算机中毒后会出现运行速度突然变得慢、自动打开不知名的窗口或者对话框、突然死机、自动重启、无法启动应用程序和文件被损坏等情况。

① 计算机的病毒特点

计算机病毒虽然是一种程序，但是和普通的计算机程序又有着很大的区别，计算机病毒通常具有以下特征。

a. 破坏性。病毒的目的在于破坏系统，主要表现在占用系统资源、破坏数据以及干扰运行，有些病毒甚至会破坏硬件。

b. 传染性。当对磁盘进行读写操作时，病毒程序将自动复制到被读写的磁盘或其他正在执行的程序中，以达到传染其他设备和程序的目的。

c. 隐蔽性。病毒往往寄生在 U 盘、光盘或硬盘的程序文件中，等待外界条件触动其发作，有的病毒有固定的发作时间。

d. 潜伏性。计算机被感染病毒后，一般不会立刻发作，病毒的潜伏时间有的是固定的，有的却是随机的，不同的病毒有不同的潜伏期。

② 计算机病毒的分类

计算机病毒从产生之日起到现在，发展了多年，也产生了很多不同的病毒种类，总体说来，病毒的分类可根据其病毒名称的前缀判断，主要有如下 9 种。

a. 系统病毒。可以感染 Windows 操作系统的后缀名为*.exe 和 *.dll 的文件，并通过这些文件进行传播，如 CIH 病毒。系统病毒的前缀是 Win32、PE、Win95、W32、W95 等。

b. 蠕虫病毒。通过网络或者系统漏洞进行传播，很多蠕虫病毒都有向外发送带毒邮件，阻塞网络的特性。比如冲击波病毒和小邮差病毒。蠕虫病毒的前缀是 Worm。

c. 木马病毒、黑客病毒。木马病毒是通过网络或者系统漏洞进入用户的系统，然后向外界泄露用户的信息；黑客病毒则有一个可视的界面，能对用户的计算机进行远程控制。木马病毒和黑客病毒通常是一起出现的，即木马病毒负责入侵用户的计算机，而黑客病毒则会通过该木马病毒来进行控制。木马病毒的前缀是 Trojan，黑客病毒前缀名一般为 Hack。

d. 脚本病毒。脚本病毒是使用脚本语言编写，通过网页进行传播的病毒，如红色代码（Script.Redlof）。脚本病毒的前缀一般是 Script，有时还会有表明以何种脚本编写的前缀，如 VBS、

JS 等。

e. 宏病毒。感染 Office 系列文档，然后通过 Office 模板进行传播，如美丽莎（Macro.Melissa）。宏病毒也属于脚本病毒的一种，其前缀是 Macro、Word、Word97、Excel、Excel97 等。

f. 后门病毒。通过网络传播，找到系统，给用户计算机带来安全隐患。后门病毒的前缀是 Backdoor。

g. 病毒种植程序病毒。运行时从病毒体内释放出一个或几个新的病毒到系统目录下，由释放出来的新病毒产生破坏。如冰河播种者（Dropper.BingHe2.2C）、MSN 射手（Dropper.Worm.Smibag）等。病毒种植程序病毒的前缀是 Dropper。

h. 破坏性程序病毒。通过好看的图标来诱惑用户单击，从而对用户计算机产生破坏。如格式化 C 盘（Harm.formatC.f）、杀手命令（Harm.Command.Killer）等。破坏性程序病毒的前缀是 Harm。

i. 捆绑机病毒。使用特定的捆绑程序将病毒与应用程序捆绑起来，当用户运行这些程序时，表面上运行应用程序，实际上同时也在运行捆绑在一起的病毒，从而给用户造成危害。如捆绑 QQ（Binder.QQPass.QQBin）、系统杀手（Binder.killsys）等。捆绑机病毒前缀是 Binder。

> **提示** 按其寄生场所不同，计算机病毒可分为引导型病毒和文件型病毒两大类，按对计算机的破坏程度不同，病毒可分为良性病毒和恶性病毒两大类。

（2）计算机感染病毒的表现

计算机感染病毒后，根据感染的病毒不同其症状差异也较大，当计算机出现如下情况时，可以考虑是否已感染病毒。

① 计算机系统引导速度或运行速度减慢，经常无故发生死机。

② Windows 操作系统无故频繁出现错误，计算机屏幕上出现异常显示。

③ Windows 系统异常，无故重新启动。

④ 计算机存储的容量异常减少，执行命令出现错误。

⑤ 在一些非要求输入密码的时候，要求用户输入密码。

⑥ 不应驻留内存的程序一直驻留在内存。

⑦ 磁盘卷标发生变化，或者不能识别硬盘。

⑧ 文件丢失或文件损坏，文件的长度发生变化。

⑨ 文件的日期、时间、属性等发生变化，文件无法正确读取、复制或打开。

（3）计算机病毒的防治方法

计算机病毒的危害性很大，用户可以采取一些方法来防范病毒的感染。在使用计算机的过程中注意一些方法技巧可减少计算机感染病毒的概率。

① 切断病毒的传播途径。最好不要使用和打开来历不明的光盘和可移动存储设备，使用前最好先进行查毒操作以确认这些介质中无病毒。

② 良好的使用习惯。网络是计算机病毒最主要的传播途径，因此用户在上网时不要随意浏览不良网站，不要打开来历不明的电子邮件，不下载和安装未经过安全认证的软件。

③ 提高安全意识。在使用计算机的过程中，应该有较强的安全防护意识，如及时更新操作系统、备份硬盘的主引导区和分区表、定时体检计算机、定时扫描计算机中的文件并清除威胁等。

④ 及时备份系统重要文件。当系统由于计算机病毒不能正常运行时，可使用备份软件对系

统进行恢复。

4. 实验过程

任务一　系统备份工具 Symantec Ghost

Symantec Ghost 是备份系统常用的工具。它可以把一个磁盘上的全部内容复制到另外一个磁盘上，也可以把磁盘内容复制为一个磁盘的镜像文件，以后可以用镜像文件创建一个原始磁盘的备份。它可以最大限度地减少安装操作系统的时间，并且多台配置相似的计算机可以共用一个镜像文件。

（1）一键备份 C 盘和一键恢复 C 盘

① 从网站下载一键 GHOST v2011.07.01 硬盘版，安装后双击桌面上的"一键 GHOST"图标，弹出"一键备份系统"对话框。在该对话框中选中"一键备份系统"单选钮，并单击 备份 按钮，如图 11-27 所示。

注意：在该对话框中，如果"一键恢复系统"单选钮以灰色显示，则表示该操作系统还没有进行备份。如果用户备份了系统，则"一键恢复系统"单选钮以黑色显示，并且可以选择该选项。

② 计算机重新启动，并自动选择"一键 GHOST v2011.07.01 硬盘版"启动选项。

③ 自动引导该软件所支持的文件，并弹出

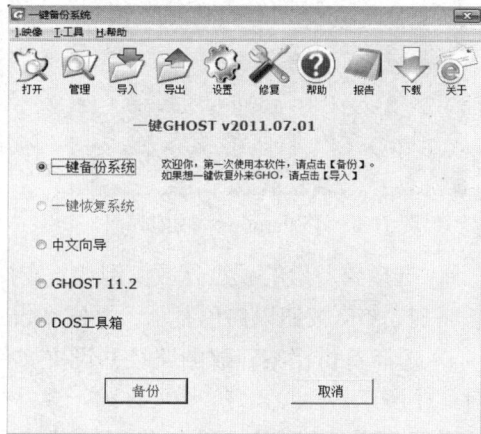

图 11-27　选中一键备份选项

"一键备份系统"对话框，单击 备份 按钮或者按<B>键，系统开始备份。

（2）中文向导

在一键 GHOST 硬盘版中，还包含有"中文向导"备份方式，可以帮助用户进行可视操作。例如，选中"中文向导"单选钮，单击"向导"按钮，计算机重新启动，并自动选择"一键 GHOST v2011.07.01 硬盘版"启动选项，并自动引导该软件所支持的文件。

最后，弹出"中文向导"列表对话框，有"备份向导""恢复向导""对拷向导""高格向导""硬盘侦测""指纹信息"和"删除映像"7 个选项，选中需要的选项即可。

（3）使用 GHOST11.2

除了上述两种方法外，还可以通过 GHOST 进行手动备份操作系统。使用 GHOST 进行系统备份，有整个硬盘（Disk）和分区硬盘（Partition）两种方式。

① 分区备份

通过 GHOST 进行分区备份是最常用的方法。用户无须进入操作系统，即可备份 C 盘系统文件。也可以通过"一键 GHOST"对话框进行操作，步骤如下。

a. 在"一键 GHOST"对话框中选中"GHOST 11.2"单选钮，单击 GHOST 按钮。

b. 计算机重新启动，并自动选择"一键 GHOST v2011.07.01 硬盘版"启动选项，并自动引导该软件所支持的文件。

c. 此时，将弹出 Symantec Ghost 11.2 对话框，单击 OK 按钮。然后在 Local（本地）菜单中选择 Partition 子菜单，并执行 To Image 命令，如图 11-28 所示。

在 Local（本地）菜单中包含 3 个子菜单。其含义如下：Disk——表示备份整个硬盘（即克隆）；Partition——表示备份硬盘的单个分区；Check——表示检查硬盘或备份文件，查看是否可能因分区、硬盘被破坏等造成备份或还原失败。

d. 在弹出的对话框中选择该计算机中的硬盘，如图 11-29 所示。

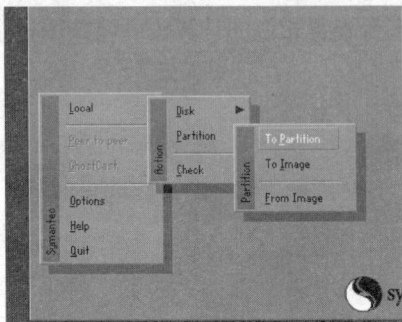

图 11-28　"Partition"功能界面

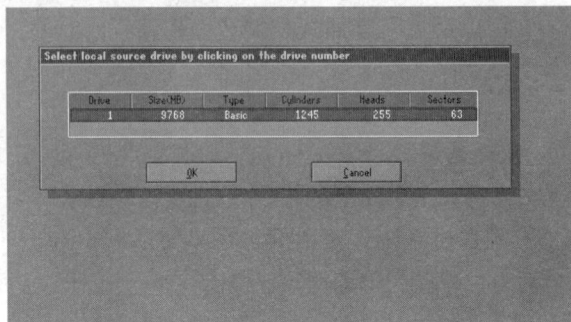

图 11-29　选择要备份的硬盘

e. 选择要备份的硬盘分区。例如，选择第一个分区（C 盘），可以按<Tab>键切换至 OK 按钮。此时，OK 按钮以白色显示，再按<Enter>键，如图 11-30 所示。

f. 选择备份档案存放的路径并设置文件名。备份的镜像文件不能放在要备份的分区内，如图 11-31 所示。

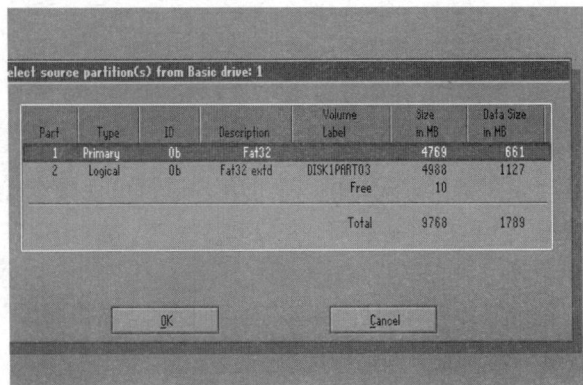

图 11-30　选择要备份的硬盘分区

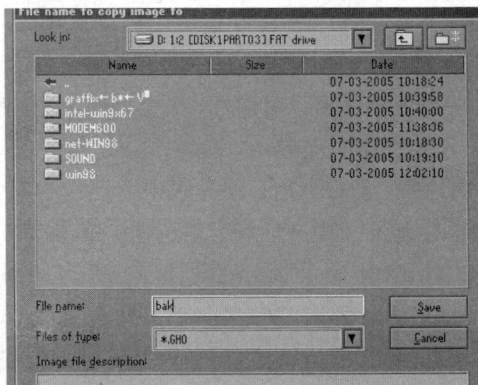

图 11-31　选择设置路径和文件名

g. 回车确定后，程序提示是否要压缩备份，有 3 种选择，如图 11-32 所示。

- No：备份时，基本不压缩资料（速度快，占用空间较大）。
- Fast：快速压缩，压缩比例较低（速度一般，建议使用）。
- Hight：最高比例压缩（可以压缩至最小，但备份/还原时间较长）。

h. 选择一个压缩比例后，在弹出的对话框中单击 Yes 按钮进行备份，如图 11-33 所示。

i. 备份完成后，将弹出对话框，单击

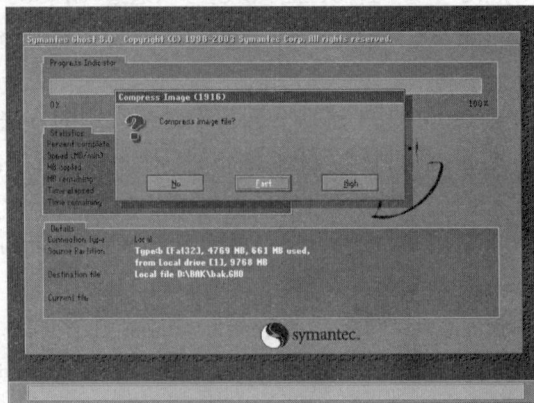

图 11-32　压缩选项

Continue 按钮，如图 11-34 所示。备份的文件以 .gho 为扩展名存储在指定的目录中。

最后，用户可以执行菜单中的"Quit"命令，在弹出的对话框中单击 Yes 按钮，重新启动计算机即可。

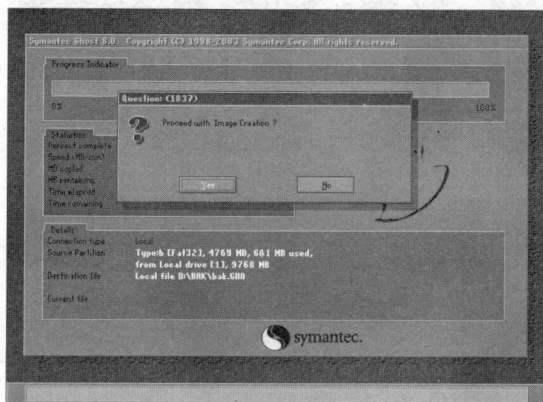

图 11-33　备份确认选项

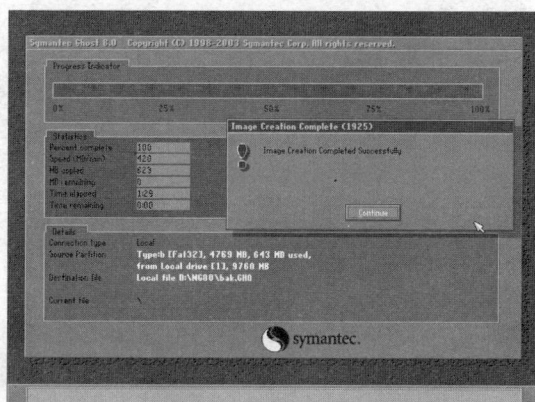

图 11-34　备份完成

② 硬盘备份

硬盘的备份是对整个硬盘的备份。例如，在 GHOST 对话框中，选择 Local 菜单，再选择 Disk 子菜单，执行 To Disk 命令。

在弹出的窗口中选择源硬盘（第一个硬盘），然后选择要复制到的目标硬盘（第二个硬盘）。

在备份过程中，用户可以设置目标硬盘各个分区的大小，GHOST 可以自动对目标硬盘按指定的分区数值进行分区和格式化。单击 Yes 按钮开始执行备份操作。

③ 还原备份

如果硬盘中的分区数据遭到损坏，用一般数据修复方法不能修复，以及系统被破坏后不能启动，都可以用备份的数据进行完全的复原而无须重新安装程序或系统。也可以将备份还原到另一个硬盘上，操作方法如下。

> 还原分区一定要小心，因为还原后原硬盘上的资料将被全部抹除，无法恢复，如果用错了镜像文件，计算机将可能无法正常启动。

a. 还原操作与备份操作正好是相反操作。出现 Ghost 主菜单后，用光标方向键移动并选择菜单"Local"|"Partition"|"From Image"，如图 11-35 所示，然后按<Enter>键。

b. 在打开的菜单中选择要还原的备份档案，如果有多个，一定不要选错文件。确认后单击 Open 按钮，如图 11-36 所示。

c. 选择被还原的目的分区所在的物理硬盘，然后选择要恢复的分区，就是目的分区。这一步很关键，一定不要选错。一般是恢复第一个系统主分区即 C 分区，如图 11-37 所示。

d. 程序要求确认"是否要进行分区恢复，恢复后目的分区将被覆盖"。这一步之后的操作将不可逆，一定要核对下方的操作信息提示。确认后选择 Yes 执行恢复操作，如图 11-38 所示。

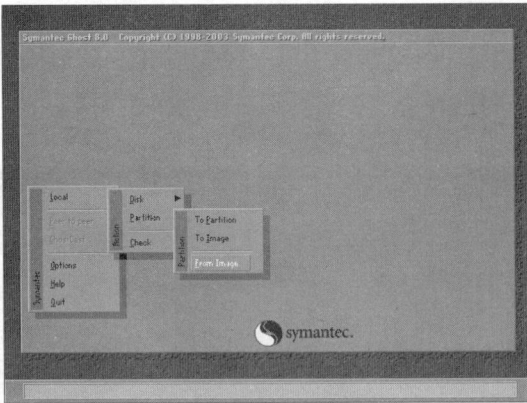

图 11-35　从文件还原分区

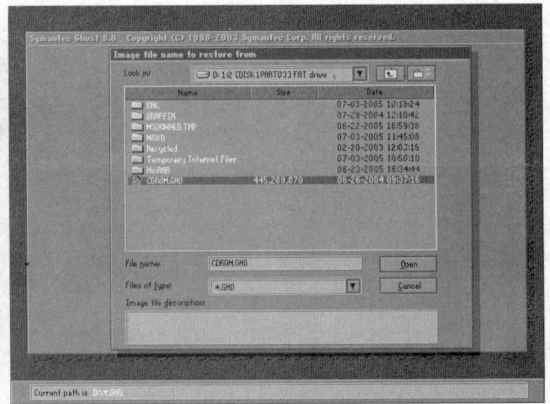

图 11-36　选择备份的镜像文件

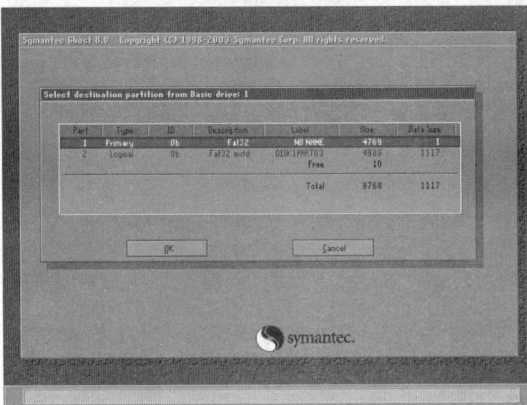

图 11-37　选择目的分区

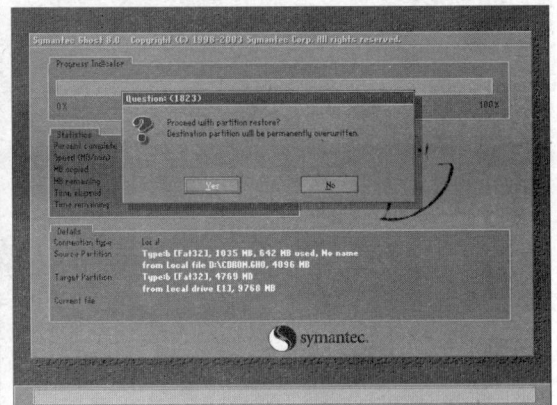

图 11-38　还原确认菜单

e. 还原完毕后，出现还原完毕窗口，如图 11-39 所示，选择 "Reset Computer"，按回车键重新启动计算机，还原工作完成。

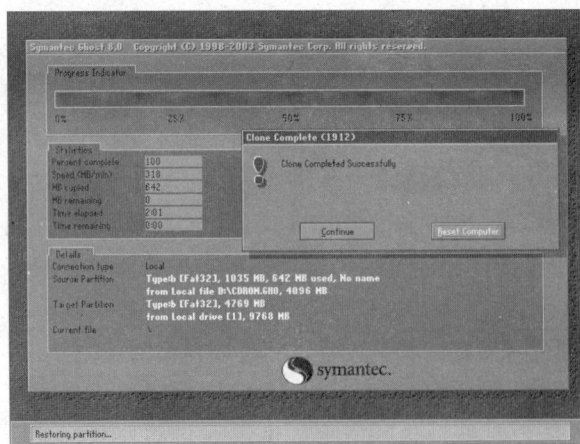

图 11-39　还原完毕确认窗口

（4）DOS 工具箱

磁盘操作系统（Disk Operating System，DOS）是一种面向磁盘的系统软件。除上述的磁盘还原及备份操作外，用户还可以通过该软件提供的 DOS 工具箱对磁盘进行其他的操作。

任务二　计算机病毒的防护

（1）启用 Windows 防火墙

防火墙是协助确保信息安全的硬件或者软件，使用防火墙可以过滤掉不安全的网络访问服务，提高上网安全性。Windows 7 操作系统提供了防火墙功能，用户应将其开启。

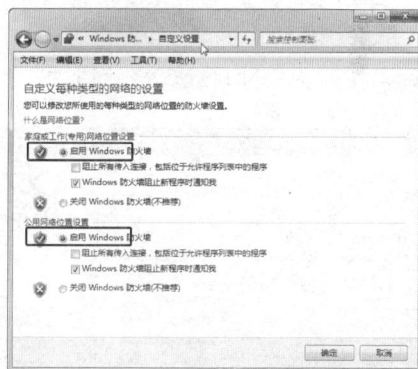

【例 11-9】 启用 Windows 7 的防火墙。

① 选择【开始】/【控制面板】命令，打开"所有控制面板项"窗口，单击"Windows 防火墙"超链接。

② 打开"Windows 防火墙"窗口，单击左侧的"打开或关闭 Windows 防火墙"超链接，如图 11-40 所示。

③ 打开"自定义设置"窗口，在"专用网络位置设置"和"公用网络位置设置"栏中单击选中"启用 Windows 防火墙"单选项，单击 确定 按钮，如图 11-41 所示。

图 11-40　单击超链接　　　　图 11-41　开启 Windows 防火墙

（2）使用第三方软件保护系统

对于普通用户而言，防范计算机病毒、保护计算机最有效、最直接的措施是使用第三方软件。一般使用两类软件即可满足需求，一是安全管理软件，如 QQ 电脑管家、360 安全卫士等；二是杀毒软件，如 360 杀毒、金山新毒霸、百度杀毒、卡巴斯基等。这些杀毒软件的使用方法都类似。

【例 11-10】 使用 360 杀毒软件快速扫描计算机中的文件，然后清理有威胁的文件；接着在 360 安全卫士软件中对计算机进行体检，修复后扫描计算机中是否存在木马病毒。

① 安装 360 杀毒软件后，启动计算机的同时默认自动启动该软件，其图标在状态栏右侧的通知栏中显示，单击状态栏中的"360 杀毒"图标 。

② 打开 360 杀毒工作界面，选择扫描方式，这里选择"快速扫描"选项，如图 11-42 所示。

③ 程序开始对指定位置的文件进行扫描，将疑似病毒文件，或对系统有威胁的文件都扫描出来，并显示在打开的窗口中，如图 11-43 所示。

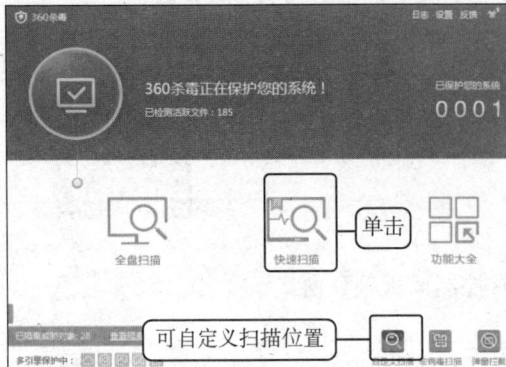

图 11-42　选择扫描位置

图 11-43　扫描文件

④ 扫描完成后，单击选中要清理的文件前的复选框，单击 立即处理 按钮，然后在打开的提示对话框中单击 确认 按钮确认清理文件，如图 11-44 所示。清理完成后，打开对话框提示本次扫描和清理文件的结果，并提示需要重新启动计算机，单击 立即重启 按钮。

⑤ 单击状态栏中的"360 安全卫士"图标，启动 360 安全卫士并打开其工作界面，单击中间的 立即体检 按钮，软件自动运行并扫描计算机中的各个位置，如图 11-45 所示。

图 11-44　清理文件

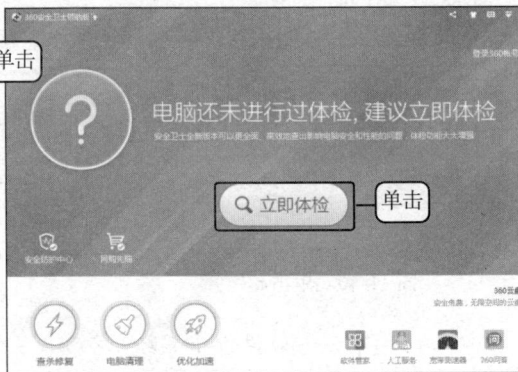

图 11-45　360 安全卫士

⑥ 360 安全卫士将检测到的不安全的选项列在窗口中显示，单击 一键修复 按钮，对其进行清理，如图 11-46 所示。

图 11-46　修复系统

⑦ 返回 360 工作界面，单击左下角的"查杀修复"按钮⊘，在打开界面中单击"快速扫描"按钮⊙，将开始扫描计算机中的文件，查看其中是否存在木马文件，如存在木马文件，则根据提示单击相应的按钮进行清除。

5. 思考与练习

（1）对计算机的 C 盘进行备份。

（2）扫描 F 盘中的文件，如有病毒对其进行清理。

（3）使用 360 安全卫士对计算机进行体检，对体检有问题的部分进行修复。

参 考 文 献

［1］教育部考试中心. 全国计算机等级考试二级教程公共基础知识［M］. 北京：高等教育出版社，2016.

［2］教育部考试中心. 全国计算机等级考试一级教程计算机基础及 MS Office 应用［M］. 北京：高等教育出版社，2016.

［3］江苏省高等学校计算机等级考试指导委员会. 江苏省高等学校计算机等级考试大纲与样卷［M］. 北京：高等教育出版社，2015.

［4］张福炎、孙志挥. 大学计算机信息技术基础（第 6 版）［M］. 南京：南京大学出版社，2013.

［5］周炯槃，庞沁华，续大我，吴伟陵，杨鸿文. 通信原理（第 3 版）［M］. 北京：北京邮电大学出版社，2008.

［6］刘春燕. 计算机基础应用教程（第 3 版）［M］. 机械工业出版社，2015.

［7］武新华，李伟，等. Excel 2010 实用技巧集锦［M］. 北京：机械工业出版社，2011.

［8］吕继祥，宋燕林. 计算机使用技术基础（第二版）［M］. 北京：清华大学出版社，2012.

［9］刘勇，邹广慧. 计算机网络基础［M］. 北京：清华大学出版社，2016.